全国高等职业教育“十二五”规划教材
中国电子教育学会推荐教材
全国高等职业院校规划教材·精品与示范系列

学练一本通：
51 单片机应用技术

陈宏希　主编

贾　达　主审

電子工業出版社
Publishing House of Electronics Industry
北京·BEIJING

内 容 简 介

本书是一本特色鲜明、易学易练的51单片机入门教材，使用C语言编程，通过46个真实案例，由浅入深、循序渐进，介绍51单片机的基本知识、基本操作方法和应用开发技术。主要内容包括：发光二极管显示输出，数码管显示输出，键盘输入及中断，液晶显示输出，LED点阵显示输出，A/D转换，D/A转换，串口通信，步进电机控制，使用DS18B20温度传感器测温，使用DS12C887设计高精度时钟，I^2C总线和语音芯片。附录还给出常用字符ASCII代码对照表以及单片机程序下载烧片的具体方法。

单片机应用开发是一门综合学科。为了给学习者提供最大方便，本书所有实例都给出完整的电路图和源程序清单，并就实例涉及的C语言知识和单片机知识，也给予适度及时的介绍、解释和说明，便于读者掌握与单片机相关的知识，并在实践中逐步提高综合应用与开发能力。另外，本书配有免费的电子教学课件和思考题参考答案。

本书图文并茂，语言严谨精练，操作步骤清晰易懂，为高等职业本专科院校单片机技术课程的教材，也可作为开放大学、成人教育、自学考试、中职学校和培训班的教材，以及技术开发人员的参考用书。

图书在版编目（CIP）数据

学练一本通：51单片机应用技术/陈宏希主编. —北京：电子工业出版社，2013.8
全国高等职业院校规划教材·精品与示范系列
ISBN 978-7-121-20749-5

Ⅰ. ①学… Ⅱ. ①陈… Ⅲ. ①单片微型计算机－高等职业教育－教材 Ⅳ. ①TP368.1

中国版本图书馆CIP数据核字（2013）第135010号

策划编辑：陈健德（E-mail：chenjd@phei.com.cn）
责任编辑：郝黎明
印　　刷：北京京师印务有限公司
装　　订：北京京师印务有限公司
出版发行：电子工业出版社
　　　　　北京市海淀区万寿路173信箱　邮编 100036
开　　本：787×1 092　1/16　印张：22.5　字数：576千字
版　　次：2013年8月第1版
印　　次：2017年7月第3次印刷
定　　价：42.00元

凡所购买电子工业出版社图书有缺损问题，请向购买书店调换。若书店售缺，请与本社发行部联系，联系及邮购电话：（010）88254888，88258888。

质量投诉请发邮件至 zlts@phei.com.cn，盗版侵权举报请发邮件至 dbqq@phei.com.cn。

本书咨询联系方式：chenjd@phei.com.cn。

前　言

单片机是单片微型计算机的简称。目前，51 系列、STC 系列、PIC 系列、AVR 系列和 430 等多个系列的单片机共存于市场和应用开发领域，51 单片机以其简单实用、性价比高、应用开发技术成熟等优势，占有单片机市场的大部分份额，因此要很好地学习和掌握 51 单片机的开发技能。

单片机的应用开发是一个“软硬兼施”的过程，硬件和软件缺一不可，且需要密切配合和相互弥补。单片机的软件编程语言有汇编语言和 C 语言，与汇编语言相比较，C 语言具有可读性、可移植性、可维护性好等优点，使用 C 语言编写单片机的软件程序已是必然的选择。本书根据教育部最新的职业教育教学改革要求，紧紧围绕电子行业技术发展与职业岗位技能，结合高职教育人才培养目标与特点进行编写。

在编写过程中，打破了以往传统的单片机学习模式，设计一系列从简单到复杂的单片机应用开发项目实例，使读者在由浅入深地学习和掌握这些实例的过程中，边练边学，步步深入，逐步学习和掌握 C 语言单片机应用开发的方法和技巧。为保证实例的正确性，本书所有实例都通过实际电路的实践验证，同时，为了方便读者实践学习，同时给出所有实例完整的硬件电路图、源程序。对于实例涉及的 C 语言知识点、单片机知识点，以实用、够用为原则，以解决实际问题为最终目的，将其融入具体项目的编写中，进行现场及时的介绍、解释或说明；实例不涉及的知识点暂且不提，使单片机应用开发这门综合性学科，变得简单易学和易用。这样，无论你以前学过还是没有学过 C 语言、了解还是不了解 51 单片机，都没有关系，只要紧跟本书的章节和每个具体实例，认真操作，积极思考，通过不断的研究和学习，你一定会掌握单片机 C 语言应用开发的精髓，成为单片机应用开发的高手。本书除正常的章节内容目录外，作者还专门将本书涉及的 C 语言知识点和单片机知识点在目录中悉数列出，方便读者查找使用。

本书由陈宏希主编和统稿，其中第 1、2 章及附录 A 由刘伟编写，第 4、9 章及附录 B 由梁璐编写，第 3、5～8、10～13 章由陈宏希编写。在本书编写的整个过程中，一直得到主审贾达教授的悉心指教，在教材规划、内容安排、实例设计等方面都给予了建设性的意见和建议；书中实物照片部分由自动化研究所肖军高工拍摄并做相应处理；其他参与编写和资料整理的人员有曹岩炳、赵晓林、权建军、陈琛、李泉、潘丽；我院 2011 年全国大学生电子设计竞赛的部分参赛选手，在培训期间参阅了本书的部分初稿，并提出了许多中肯的建议，在此一并表示感谢！

在本书的编写过程中，借鉴了许多现行教材的宝贵经验，在此仅向这些作者表示诚挚的感谢！

由于作者水平有限，加之时间仓促，书中错误之处在所难免，恳请广大读者朋友批评指正。

为了方便教师教学，本书配有免费的电子教学课件、思考题参考答案以及硬件电路图和源程序代码，请有需要的教师登录华信教育资源网（http://www.hxedu.com.cn）免费注册后再进行下载，有问题时请在网站留言或与电子工业出版社联系（E-mail:hxedu@phei.com.cn）。

编　者

目录

第 1 章　基础知识 ……（1）

1.1　单片机的概念和应用领域 ……（1）

1.2　单片机应用系统的组成 ……（2）

1.3　单片机应用系统的硬件与软件开发特点 ……（3）

1.4　单片机应用系统的软件开发步骤 ……（4）

1.5　MCS-51 单片机的主要引脚 ……（15）

1.6　晶振电路和复位电路 ……（17）

1.7　电平 ……（18）

1.8　数制及其转换 ……（19）

1.9　单片机 C 语言基础 ……（20）

1.9.1　数据类型 ……（20）

1.9.2　常量和变量 ……（21）

1.9.3　C 语言的运算符 ……（23）

1.9.4　C 语言程序基本结构 ……（24）

思考题 1 ……（27）

第 2 章　发光二极管的显示输出 ……（28）

2.1　发光二极管 ……（28）

2.2　点亮一只发光二极管 ……（29）

2.2.1　硬件电路 ……（29）

2.2.2　源程序及其结构分析 ……（30）

C 语言知识　sfr 和 sbit ……（33）

C 语言知识　赋值语句 ……（35）

实例 1　使用 P1 口 ……（38）

实例 2　使用 P0 口 ……（39）

2.3　一只闪烁的发光二极管 ……（39）

C 语言知识　循环语句 ……（40）

2.3.1　源程序及其结构分析 ……（42）

C 语言知识　宏 ……（43）

C 语言知识　注释 ……（43）

2.3.2　for 循环延时时间的测量 ……（44）

2.3.3　延时子函数及其调用 ……（46）

2.4 流水灯 ······ (49)
2.4.1 硬件电路 ······ (49)
2.4.2 源程序 ······ (50)
2.4.3 使用数组查表方法实现流水灯 ······ (51)
C 语言知识 数组 ······ (51)
2.4.4 使用位运算中的左/右移位方法 ······ (53)
2.5 蜂鸣器控制和继电器控制 ······ (55)
思考题 2 ······ (57)
第 3 章 数码管显示输出 ······ (59)
3.1 数码管的结构与分类 ······ (59)
3.1.1 数字和字符的数码管显示图样 ······ (60)
3.1.2 共阳和共阴数码管 ······ (60)
3.2 数码管的显示输出原理 ······ (61)
3.2.1 共阳数码管的显示输出原理 ······ (61)
3.2.2 共阴数码管的显示输出原理 ······ (62)
实例 2 用数码管静态显示 ······ (64)
实例 3 用数码管动态显示字符（1） ······ (66)
实例 4 用数码管动态显示字符（2） ······ (67)
实例 5 用数码管动态显示时间 ······ (70)
思考题 3 ······ (72)
第 4 章 键盘输入及中断 ······ (73)
4.1 独立按键 ······ (74)
实例 5 按键计数 ······ (75)
C 语言知识 if 语句 ······ (76)
实例 6 多个按键的识别 ······ (80)
C 语言知识 switch 语句 ······ (82)
实例 7 用一键实现多功能按键 ······ (83)
4.2 矩阵键盘 ······ (85)
实例 8 4×4 矩阵键盘序号显示 ······ (86)
4.3 中断 ······ (92)
4.3.1 中断的概念 ······ (92)
4.3.2 单片机中使用中断的意义 ······ (93)
4.3.3 单片机的中断源 ······ (93)
实例 9 使用外部中断控制数字显示 ······ (93)
4.3.4 单片机的外部中断 ······ (96)
C 语言知识 中断服务子函数 ······ (98)
实例 10 有优先级的外部中断控制数字显示 ······ (99)
4.4 定时器/计数器 ······ (102)
4.4.1 定时器/计数器的基本概念 ······ (102)

实例 11　定时器工作在方式 1 下的电子钟设计 ……（103）
4.4.2　机器周期与外接晶振频率的关系……（106）
4.4.3　定时器的工作原理……（107）
4.4.4　与定时器有关的寄存器……（108）
实例 12　定时器工作在方式 2 下的电子钟设计……（110）
4.4.5　定时器/计数器初值的计算与装载……（112）
实例 13　定时器工作在查询方式下的电子钟设计……（113）
思考题 4……（115）
第 5 章　液晶显示输出……（116）
5.1　1602/0802 字符液晶显示输出……（116）
5.1.1　1602/0802 字符型液晶的引脚定义……（117）
5.1.2　1602/0802 液晶的特点与使用……（117）
实例 14　1602 液晶的字符显示……（119）
5.2　不带字库 12864 液晶显示输出……（121）
5.2.1　12864 点阵液晶的引脚功能……（121）
5.2.2　12864 点阵液晶的特点与使用……（122）
实例 15　无字库 12864 液晶的显示输出……（124）
5.2.3　51 单片机存储器类型和数据的存储类型……（136）
5.2.4　存储器映像寻址……（137）
5.2.5　对片外存储器的访问……（137）
5.3　带字库 12864 液晶显示输出……（138）
5.3.1　带字库 12864 液晶的引脚功能……（138）
5.3.2　带字库 12864 液晶的特点与使用……（139）
实例 16　并行工作方式下带字库 12864 液晶显示输出……（142）
实例 17　串行工作方式下带字库 12864 液晶显示输出……（147）
思考题 5……（150）
第 6 章　LED 点阵显示输出……（151）
6.1　8×8 LED 点阵显示输出……（151）
6.1.1　初识 8×8 LED 点阵……（151）
6.1.2　8×8 LED 点阵的显示原理……（153）
实例 18　8×8 LED 点阵显示输出……（154）
实例 19　8×8 LED 点阵显示运动的箭头……（158）
6.2　16×16 LED 点阵显示输出……（160）
6.2.1　用 8×8 LED 点阵模块搭建 16×16 LED 点阵……（160）
6.2.2　16×16 LED 点阵的驱动……（160）
实例 20　16×16 LED 点阵屏显示汉字……（162）
6.3　32×64 LED 点阵显示输出……（166）
实例 21　使用 32×64 LED 点阵显示汉字……（168）

思考题 6 ········ (171)
第 7 章　A/D 转换 ········ (172)
7.1　A/D 转换器的转换分辨率和时间 ········ (172)
7.2　ADC0809 的功能与使用 ········ (173)
实例 22　模拟口线方式下 ADC0809 模数转换 ········ (175)
实例 23　总线控制方式下 ADC0809 模数转换 ········ (178)
C 语言知识　指针 ········ (181)
7.3　AD574 的功能与使用 ········ (186)
7.3.1　AD574 的引脚功能 ········ (186)
7.3.2　AD574 控制逻辑及特点 ········ (188)
实例 24　总线控制方式下 AD574 单极性模数转换 ········ (190)
实例 25　模拟口线方式下 AD574 单极性模数转换 ········ (193)
7.4　ADC0832 的功能特点与使用 ········ (196)
7.4.1　ADC0832 的引脚功能 ········ (196)
7.4.2　ADC0832 的特点 ········ (197)
实例 26　用 ADC0832 实现 A/D 转换 ········ (198)
7.5　TLC2543 的功能特点与使用 ········ (201)
7.5.1　TLC2543 的引脚功能 ········ (201)
7.5.2　TLC2543 的特点 ········ (202)
实例 27　用 TLC2543 实现 A/D 转换 ········ (204)
思考题 7 ········ (207)
第 8 章　D/A 转换 ········ (208)
8.1　D/A 转换器的分辨率和建立时间 ········ (208)
8.2　DAC0832 的功能特点与使用 ········ (209)
实例 28　多种工作模式下的 DAC0832 数模转换 ········ (211)
实例 29　用两片 DAC0832 实现多模式数模转换 ········ (214)
8.3　AD7237 的结构功能及特点 ········ (217)
实例 30　AD7237 数模转换 ········ (221)
8.4　TLV5625 的功能特点与使用 ········ (224)
实例 31　TLV5625 数模转换 ········ (227)
8.5　AD7543 的引脚功能与使用 ········ (229)
实例 32　AD7543 数模转换 ········ (231)
思考题 8 ········ (232)
第 9 章　串口通信 ········ (233)
9.1　串行通信的分类 ········ (233)
9.2　串行通信的制式 ········ (234)
9.3　单片机的串口缓冲器和工作寄存器 ········ (235)
9.3.1　串口缓冲器 SBUF ········ (235)

9.3.2 串行口的工作寄存器 …………………………………………………………………（235）
9.3.3 串行口工作方式 ……………………………………………………………………（237）
9.3.4 波特率 ………………………………………………………………………………（238）
实例 33 单片机间的串行通信 ……………………………………………………（239）
9.4 单片机多机通信 …………………………………………………………………………（242）
实例 34 三个单片机间的通信与显示控制 ………………………………………（243）
9.5 单片机与 PC 间通信 ……………………………………………………………………（250）
实例 35 单片机向 PC 发送和显示数据 …………………………………………（253）
实例 36 PC 向单片机发送数据 ……………………………………………………（255）
思考题 9 ……………………………………………………………………………………（257）
第 10 章 步进电机控制 …………………………………………………………………（258）
10.1 步进电机的工作原理与控制 …………………………………………………………（258）
10.1.1 步进电机的分类 …………………………………………………………………（258）
10.1.2 步进电机的工作原理 ……………………………………………………………（259）
10.1.3 步进角和励磁线圈通电方式 ……………………………………………………（259）
10.1.4 步进电机的驱动电路 ……………………………………………………………（261）
10.2 步进电机的线路连接 …………………………………………………………………（270）
10.2.1 二相四线步进电机 ………………………………………………………………（270）
10.2.2 4 相 6 线步进电机 ………………………………………………………………（270）
10.2.3 4 相 8 线步进电机 ………………………………………………………………（270）
实例 37 用独立按键控制步进电机的转速 ………………………………………（271）
思考题 10 …………………………………………………………………………………（275）
第 11 章 使用 DS18B20 温度传感器测温 ……………………………………………（276）
11.1 DS18B20 温度传感器 …………………………………………………………………（276）
11.2 DS18B20 温度传感器的测温工作原理 ………………………………………………（277）
11.2.1 DS18B20 内部的存储器 …………………………………………………………（277）
11.2.2 DS18B20 的指令 …………………………………………………………………（279）
11.2.3 DS18B20 的通信规则 ……………………………………………………………（280）
11.2.4 DS18B20 的初始化、数据读写操作时序 ………………………………………（280）
实例 38 用一片 DS/8B20 实现温度测量 …………………………………………（283）
实例 39 用四片 DS18B20 实现温度测量 …………………………………………（287）
思考题 11 …………………………………………………………………………………（292）
第 12 章 使用 DS12C887 设计高精度时钟 ……………………………………………（293）
12.1 时钟芯片 DS12C887 的特性与引脚功能 ……………………………………………（293）
12.2 DS12C887 实时时钟芯片工作原理 ……………………………………………………（295）
12.2.1 DS12C887 内部的存储器 …………………………………………………………（296）
12.2.2 DS12C887 工作时序分析 …………………………………………………………（299）
实例 40 可调高精度时钟设计 ………………………………………………………（300）

实例 41 具有闹铃功能的高精度时钟设计……（310）
思考题 12……（317）
第 13 章 I^2C 总线和语音芯片……（318）
13.1 单片机与 I^2C 总线通信……（318）
13.1.1 I^2C 总线与单片机的连接和工作方式……（318）
13.1.2 I^2C 总线的通信协议……（319）
13.2 串行 I^2C 总线 E^2PROM 芯片 AT24C02……（322）
实例 42 使用 I^2C 总线通信对 AT24C02 进行数据读/写操作……（325）
13.3 XF-S4240A 语音合成模块及应用……（329）
实例 43 采用 UART 通信方式通过 XF-S4240 播放合成语音……（332）
实例 44 采用 SPI 通信方式通过 XF-S4240 播放合成语音……（334）
实例 45 采用 I^2C 通信方式通过 XF-S4240 播放合成语音……（336）
实例 46 采用 I^2C 通信方式在 AT24C02 中存/取数据并使用 XF-S4240 播放合成语音……（338）
思考题 13……（342）
附录 A 常用字符与 ASCII 码对照表……（343）
附录 B 单片机程序的下载烧片……（344）
参考文献……（350）

第1章 基础知识

1.1 单片机的概念和应用领域

在深入、全面学习单片机开发应用技术之初，初学者一定会提出许多与单片机有关的问题（如下所列），正确回答并理解掌握这些问题，无疑为学好、用好单片机开了个好头。

1. 什么是单片机

单片机是单片微型计算机的简称。图 1-1 是常见单片机实物图，其中包括 51 系列、STC 系列、PIC 系列和 AVR 系列单片机。说它们是一款计算机，读者可能会产生质疑：这也是计算机？从外观来看，它与人们日常使用的台式计算机、笔记本电脑大相径庭，但它们的确是计算机。俗话说："麻雀虽小，五脏俱全。"一般计算机所拥有的基本结构，如处理器、存储器、输入/输出设备等，单片机同样拥有。之所以称为单片计算机，是因为它们将处理器、存储器、输入/输出等组件全部集成在一块芯片上的原因。

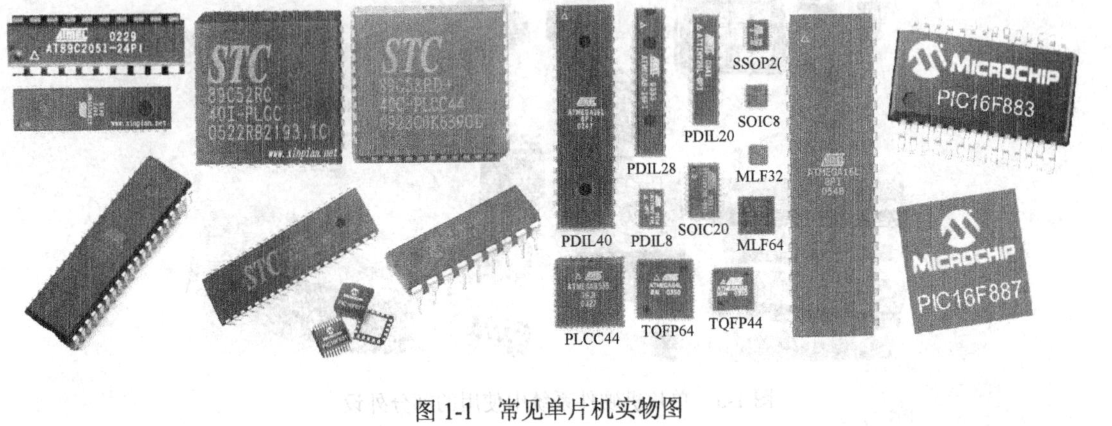

图 1-1 常见单片机实物图

2. 单片机能干什么

目前，单片机在工业控制、智能仪器仪表、消费类电子、军事、医用、网络通信等领域都有十分广泛的应用，且其应用领域还在进一步地拓展。

（1）工业控制领域：工业现场实时测控、数据采集等。

（2）智能仪器仪表领域：数字万用表、数字示波器、数字信号源、数字频率计等。

（3）消费类电子领域：洗衣机、电冰箱、空调、电视机、微波炉、IC 卡、电子玩具、数码相机、数码摄像机等。

（4）军事领域：飞机、坦克、导弹、鱼雷、制导、智能武器等。

（5）医用领域：呼吸机、监护仪、超声诊断、病床呼叫等。

（6）网络通信领域：电话机、手机、程控交换机、楼宇自动呼叫、无线通信等。

总之，单片机的应用已经渗透到人类工作和生活的多个领域。

1.2 单片机应用系统的组成

单片机应用系统是软件、硬件相结合的综合应用系统，软件和硬件二者缺一不可，如图 1-2 所示。

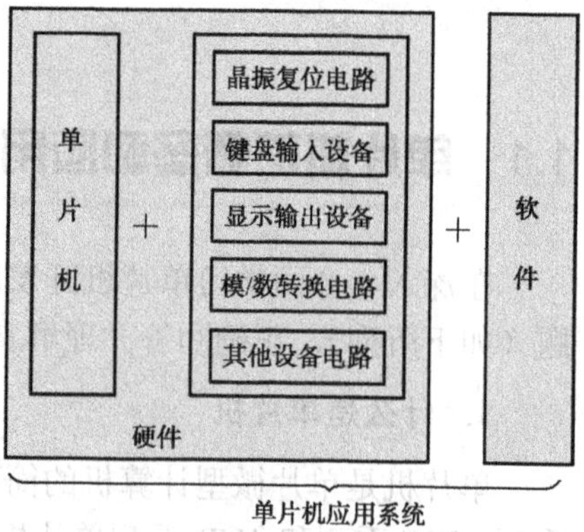

图 1-2 单片机应用系统组成

对于硬件，指的就是单片机。单片机种类较多（51、AVR、PIC、STC 等系列），我们选用 51 系列单片机，图 1-1 中就有 40 个引脚的双列直插式（PDIP40）封装的 51 系列单片机。

一个单片机应用系统的硬件部分，只有单片机是远远不够的。单片机是必需的，但还需其他外部硬件设备或元件，这些外部硬件设备或元件一般被称为外部设备，简称外设，如图 1-3 所示。这些外设器件与单片机一起工作，才能完成或者实现具体功能。

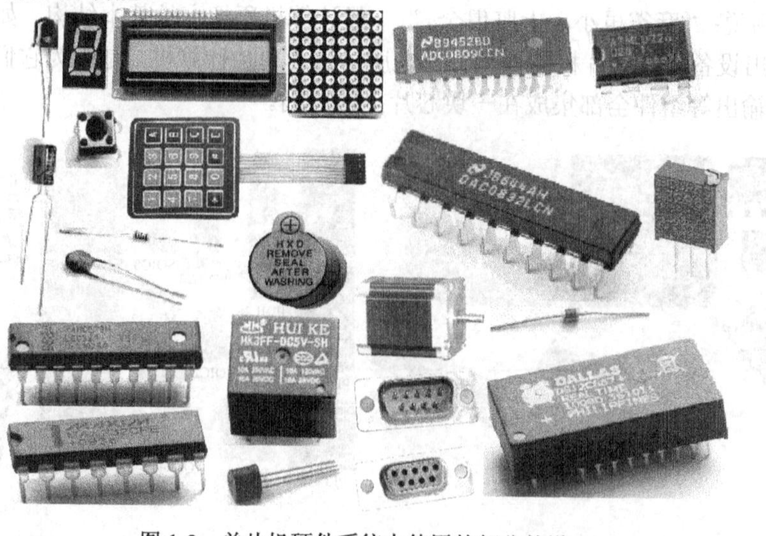

图 1-3 单片机硬件系统中使用的部分外设

对于软件，软件开发简言之就是编写程序。选用什么语言、用什么软件、怎样编写单片机 C 语言程序等问题都将接踵而来，以下先简单介绍一下这些问题。

选用什么语言？C 语言！其实，在单片机软件系统开发中，有两种编程语言：C 语言和汇编语言。之所以选用 C 语言而未选用汇编语言，是由于在编写单片机程序方面，C 语言相比汇编语言有许多优势，在此，不再介绍那些优势具体是什么，总之，就用 C 语言了。

用什么软件？Keil！这是目前用得最多、最广泛的单片机 C 语言软件开发环境。Keil 有μVision2、μVision3、μVision4 等版本，这里选用μVision3。

怎样编写单片机 C 语言程序？这个问题不是一两句话能解释清楚的，但有一个总体的目标，这就是以硬件为基础，准确运用 C 语言，编写出结构完整、具有一定功能、能在单片机上实际运行、能实现具体功能的 C 语言程序。C 语言的语法比较少，单片机中用到的 C 语言语法更少，所以在使用 C 语言进行单片机编程前，没有必要将 C 语言的全部知识系统地学习或复习一遍。以往，要学习单片机，并准备用 C 语言编写程序，一般是先系统地学习 C 语言，再系统地学习单片机知识，最后将二者结合起来，再学习 C 语言的单片机开发应用。现在，我们的思路与以前大不相同，具体做法是，打破传统的知识体系框架，设计一系列从简单到复杂的单片机应用开发项目，将 C 语言知识、单片机知识融入具体项目中，在具体应用开发项目的实际工作过程中，学习并掌握基于 C 语言的单片机应用开发技术。教学中，针对具体项目，仅对本项目涉及的 C 语言知识点、单片机知识点做细化讲解，本项目不涉及的知识点暂且不提，以够用、实用为原则，以解决实际问题为最终目的。在一个个应用项目开发的实践和实现过程中，逐步学习和掌握 C 语言单片机开发的方法和技巧。在本书后续章节中，将举出大量单片机 C 语言应用开发的实例，结合这些具体实例，无论读者以前学过还是没有学过 C 语言、了解不了解单片机知识，都没有关系，只要紧跟本书的章节和每一个具体实例，深入研究和学习，相信读者一定会掌握单片机 C 语言开发的技术，成为单片机应用开发的高手。

1.3 单片机应用系统的硬件与软件开发特点

如图 1-2 所示，单片机应用系统包括硬件系统和软件系统，对应地，单片机应用系统的开发，也主要包括硬件部分开发和软件部分开发。实际工作中，当软件和硬件开发工作完成之后，还要将软件开发生成的.hex 文件下载（俗称“烧片）到单片机的程序存储器 ROM 中。由于下载烧片工作一般使用专门的设备（如编程器）来完成，因此操作比较简单，使用者只要正确操作该设备及相关软件，一般都能成功下载烧片，所以在单片机应用系统的开发流程中，下载烧片这一开发环节往往被淡化或者忽略不提。本书沿袭惯例，对下载烧片环节不做过多说明，有兴趣的读者请参看本书附录 B 或其他资料。此处专门提出这一环节，只是希望能引起读者的注意，不要忘记最后这一环节。

再说单片机开发中的软件和硬件，可以说，硬件是整个应用系统的基础，而软件则依赖于系统的硬件。在硬件不再改变的条件下，软件程序的改变，可以部分改变系统的功能。但从整体而言，单片机应用系统的开发，本是一个“软硬兼施”的过程，软件和硬件需要互相弥补，密切配合。部分用硬件不能实现或者不便实现的功能，可以考虑用软件去补充或实现；同样道理，选择适当的硬件，也可以弥补软件功能上的缺憾或不足，二者相得益彰，互相配合，才能使任务最终实现。

就单片机应用系统的开发流程而言，硬件和软件在开发次序方面，原则上无先后之分，先开发哪一个都可以，有时二者还可以同步进行设计和开发。但考虑到硬件是基础，所以通常情况下是先开发硬件，再开发软件。

对于硬件部分的开发，简言之就是设计和加工电子线路板，或者手动焊接电子线路板。具体而言，硬件部分的开发绝非易事。首先是硬件电路所用元器件种类繁多，特性各异，全部掌握或了解实属不大可能；再次，硬件电路的设计开发需要很高的设计技巧，绝非一日之功可以成就。本书作为单片机初学者的入门教材，对后续各章节中列举的各个实例，针对不同的任务要求，直接给出了硬件电路图，并对部分主要和重要元器件的特性和功能，也做了详细介绍，方便初学者参考学习并逐渐积累硬件设计的经验，以便日后能自行设计较复杂的硬件电路。

相对于硬件部分的开发，软件部分的开发则较为灵活。正如前面所述，开发语言可以选择汇编语言，也可以选择 C 语言，还可以选择汇编语言和 C 语言混合编程。本书主要选用的是 C 语言，开发环境则选用 Keil μVision3。需要特别说明的是，在软件开发部分，开发流程几乎是固定不变的，如图 1-4 所示，主要包括工程建立、源程序编写和编译调试三个步骤；软件开发的结果是生成扩展名为.hex 的文件，该文件被用于下载或者烧片到单片机的程序存储器 ROM 中，供单片机上电后再读出来执行，从而驱动或者控制外部设备按照预定的要求正常工作。从软件开发的流程可见，针对不同的项目任务，编写的源程序不大相同，其余步骤则基本固定不变。与硬件开发的处理思路一样，本书对于后续各章节中列举的各个实例，针对不同的任务要求，直接给出源程序清单，对主要和重要的功能模块，给予解释和说明，供初学者参考学习，而软件开发过程中的其他步骤则一概简化或略去，重点放在功能实现和源程序的编写上，其他与 Keil 相关的软件操作则被淡化，只因这些操作和步骤基本上是固定不变的。

鉴于以上概述，以下仅就软件开发的具体流程做详细说明。图 1-5 是在图 1-4 的基础上，细化其中的三个主要步骤所得单片机软件开发流程图。

1.4 单片机应用系统的软件开发步骤

1. 工程建立

1）*启动 Keil Vision3 软件*

假设 Keil μVision3 软件已正确安装，启动 Keil μVision3 软件与启动其他软件的方法完全相同：选择【开始】→【程序】→【Keil μVision3】选项，或者直接双击桌面上 Keil μVision3 的快捷方式图标，均可启动 Keil μVision3。启动过程中，屏幕出现如图 1-6 所示的启动界面。启动界面消失后，Keil μVision3 就进入了如图 1-7 所示的编辑界面，此时 Keil μVision3 软件已成功启动。

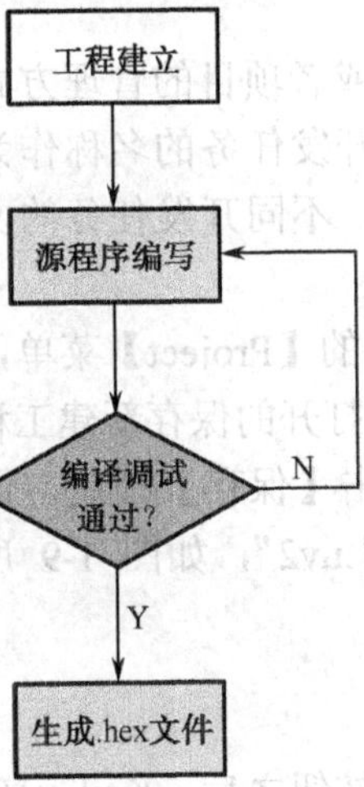

图 1-4 软件开发流程

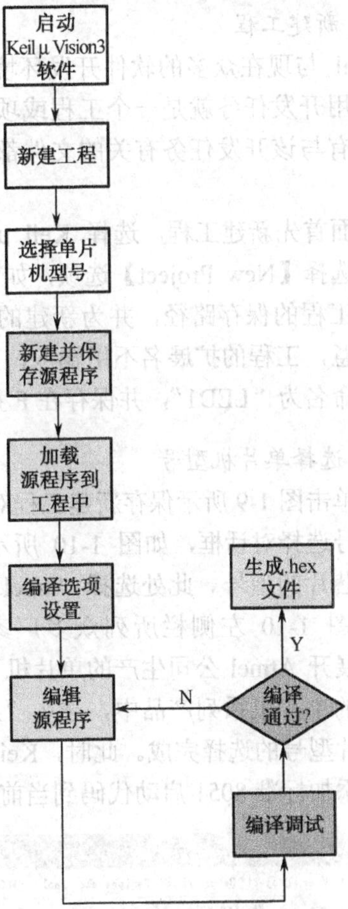

图 1-5 细化的软件开发流程

图 1-6 Keil µVision3 启动界面

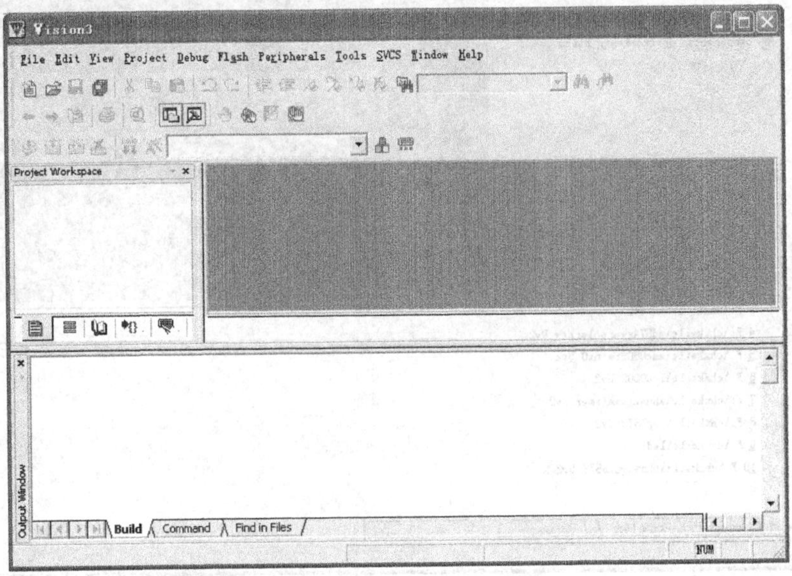

图 1-7 Keil µVision3 启动成功后的编辑界面

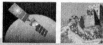

2）新建工程

Keil 与现在众多的软件开发环境一样，均采用工程或者项目的管理方式来管理文件。一个应用开发任务就是一个工程或项目。一般来说，以开发任务的名称作为新建的文件夹名，所有与该开发任务有关的文件都存放在该文件夹中，不同开发任务的文件夹名一般不相同。

下面首先新建工程。选择 Keil μVision3 编辑界面中的【Project】菜单，在展开的下拉菜单中选择【New Project】选项，如图 1-8 所示。在随后打开的保存新建工程对话框中，选择新建工程的保存路径，并为新建的工程命名，最后单击【保存】按钮，保存该新建的工程。注意，工程的扩展名不用输入，系统会默认选择为“.uv2”，如图 1-9 所示。此处将工程暂且命名为“LED1”，并保存在 F 盘的文件夹 LED 下。

3）选择单片机型号

当单击图 1-9 所示保存新建工程对话框中的【保存】按钮之后，Keil μVision3 会弹出单片机型号选择对话框，如图 1-10 所示。在该对话窗口中，要求用户选择该工程准备使用的单片机芯片的型号。此处选择 Atmel 公司生产、使用最普及的 AT89C51 芯片。具体操作是：在图 1-10 左侧栏所列众多厂家中找见“Atmel”，单击“Atmel”名称前面的加号“+”，展开 Atmel 公司生产的单片机系列产品，如图 1-11 所示；接着，在展开的 Atmel 公司生产的单片机系列产品中，选中“AT89C51”，如图 1-12 所示；最后，单击【确定】按钮，芯片型号的选择完成。此时，Keil μVision3 会弹出如图 1-13 所示的对话框，询问是否复制并添加标准 8051 启动代码到当前工程，一般单击【是】按钮即可。

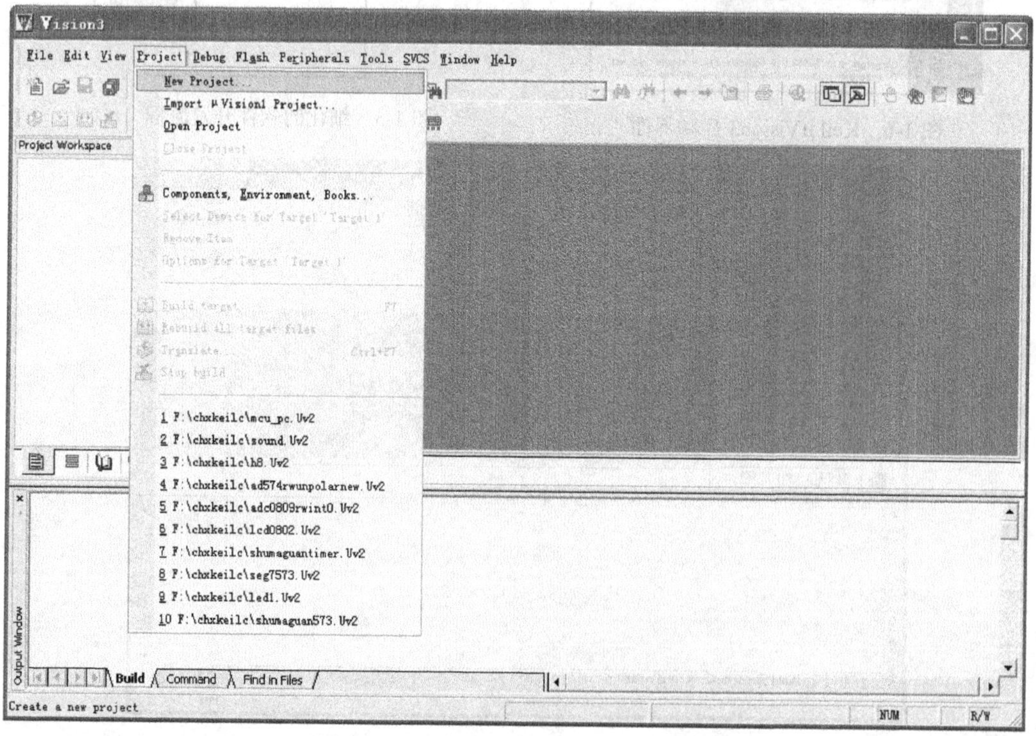

图 1-8　新建工程

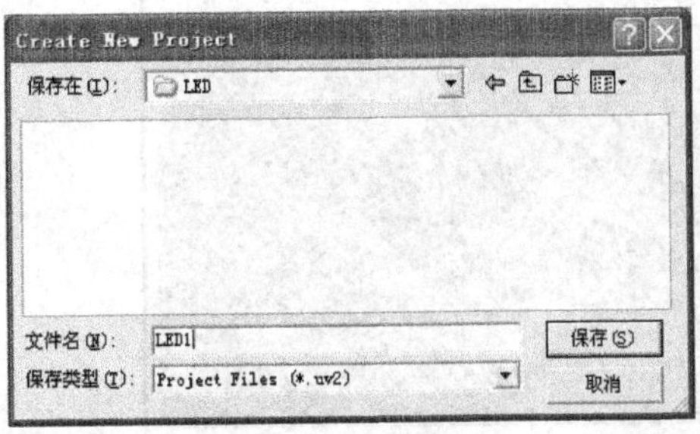

图 1-9　保存工程

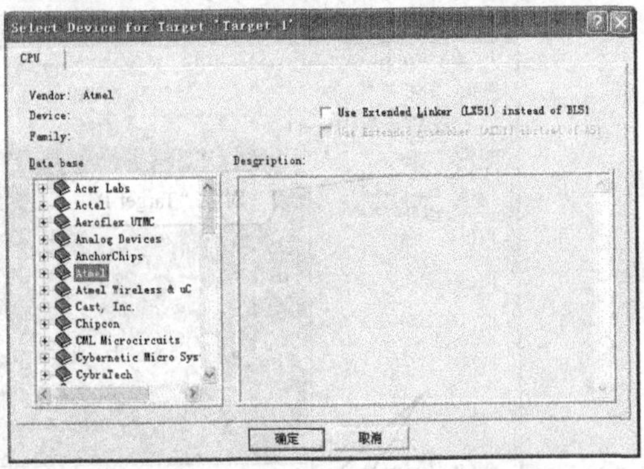

图 1-10　选择 51 单片机的生产厂家

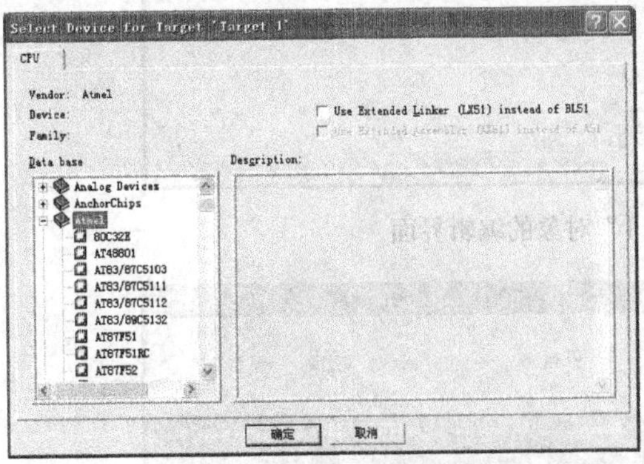

图 1-11　展开 Atmel 公司生产的单片机产品

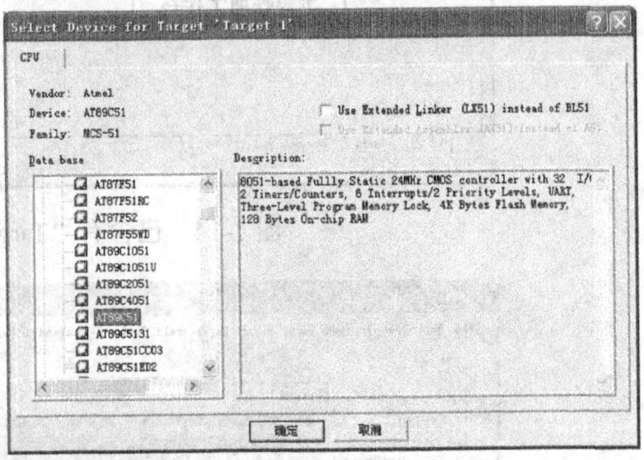

图 1-12　选中 Atmel 公司生产的单片机 AT89C51

图 1-13　是否添加 8051 启动代码到当前工程对话框

完成以上步骤之后，屏幕重新回到如图 1-14 所示的编辑界面，图 1-14 与图 1-7 基本相同，不同之处是左侧“工程管理工作台”中的内容。图 1-7 中，“工程管理工作台”中什么也没有；而图 1-14 中，“工程管理工作台”中有名为“Target 1”的对象，单击其名称前面的加号，还可以看到该对象内所包含的文件。

2. 源程序编写

新建工程完成之后，下面该进入源程序的编写环节了。

1）*新建并保存源程序文件*

选择【File】→【New】选项，或者直接单击工具栏中“创建一个新文件”快捷图标 ，都可以新建一个默认名字为“Text 1”的文件。新建之后，“I”形光标就在“Text 1”文件的编辑窗口中闪烁，如图 1-15 所示。需要说明的是，默认的文件名也许由于多次新建文件而出现“Text x”的字样，其中 x 是一整数，因为马上要将该文件进行保存或另存为其他名称的文件，所以原来的文件名是什么都无关紧要。

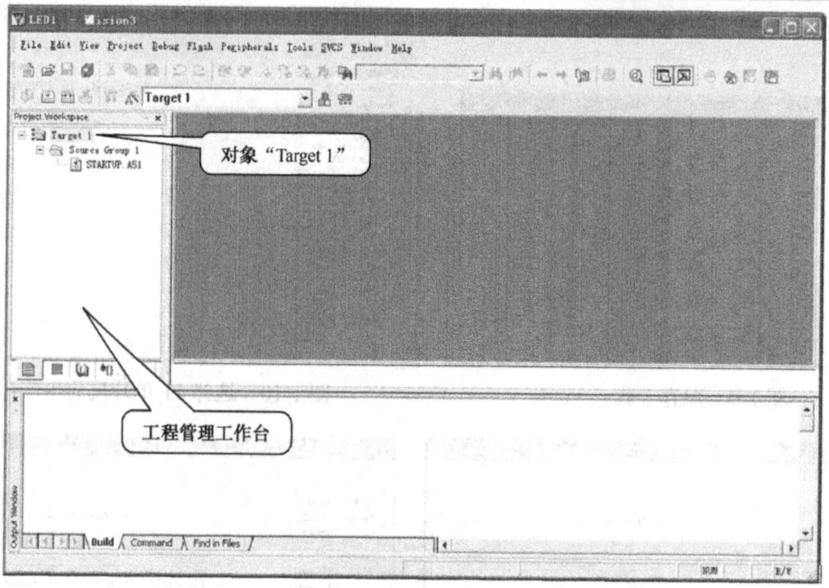

图 1-14　已含有“Target 1”对象的编辑界面

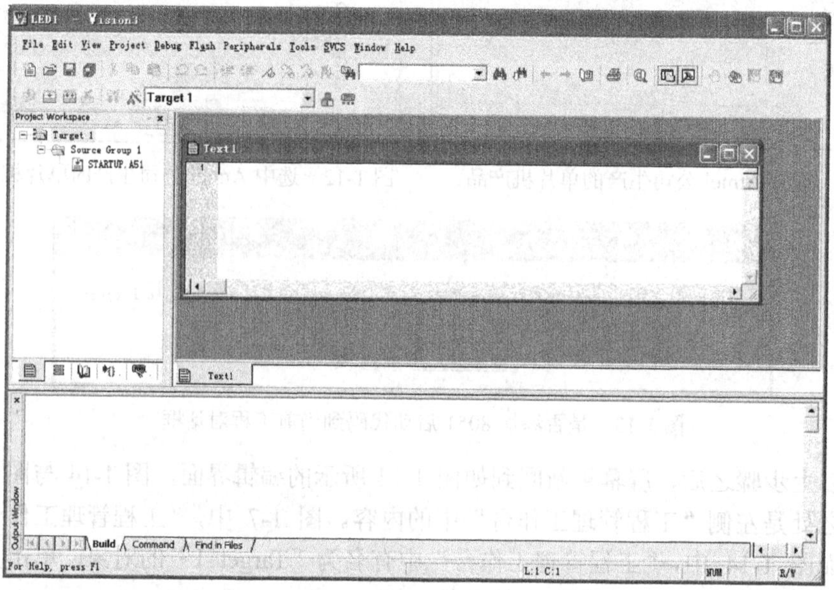

图 1-15　新建源程序文件界面

接下来将源文件进行重新命令后保存。选择【File】菜单中的【Save】或者【Save As】，也可直接单击工具栏中的“存盘”快捷图标，都可打开如图 1-16（a）所示的“文件另存为”对话框。将其中的原始默认文件名“Text 1”更换为“led1.c”。此处特别要提起注意的是，因为我们使用 C 语言来编写源程序，所以源程序文件名的扩展名必须是“.c”，正如前面提到的，单片机的编程语言除 C 语言外，还有汇编语言，如果使用汇编语言编写源程序，则源程序文件名的扩展名就必须是“.asm”。此处，源文件更名为“led1.c”，其中的扩展名“.c”表明这是用 C 语言编写的源程序，如图 1-16（b）所示。最后单击【保存】按钮。

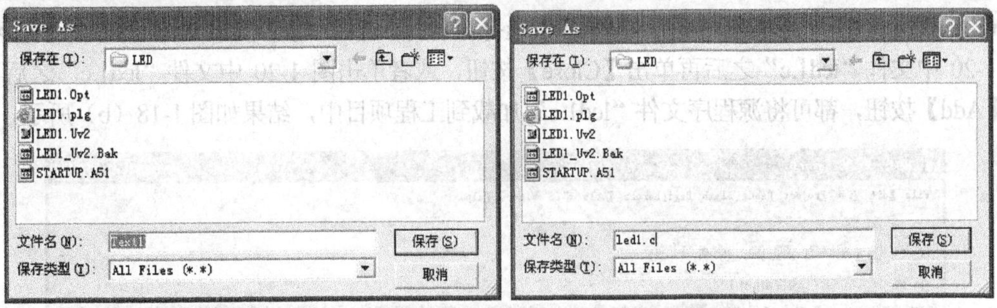

（a）源程序文件更名前界面　　　　（b）源程序文件更名后界面

图 1-16　源程序文件更名前后界面

单击【保存】按钮后，源程序文件的名字已经更换，且源程序编辑窗口的标题栏显示为“F:\LED\led1.c”字样，如图 1-17 所示。

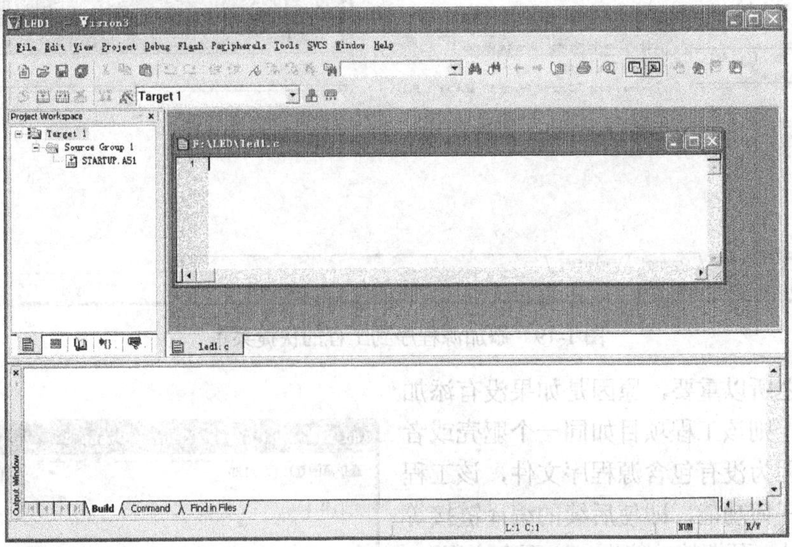

图 1-17　更名保存后的源程序文件界面

2）加载源程序到工程中

加载源程序到项目工程是非常重要的一个步骤。未加载源程序之前，该项目工程管理工作台如图 1-18（a）所示，加载源程序文件之后如图 1-18（b）所示。可见，加载源程序之后，源程序文件 led1.c 被添加进入了工程管理工作台中。

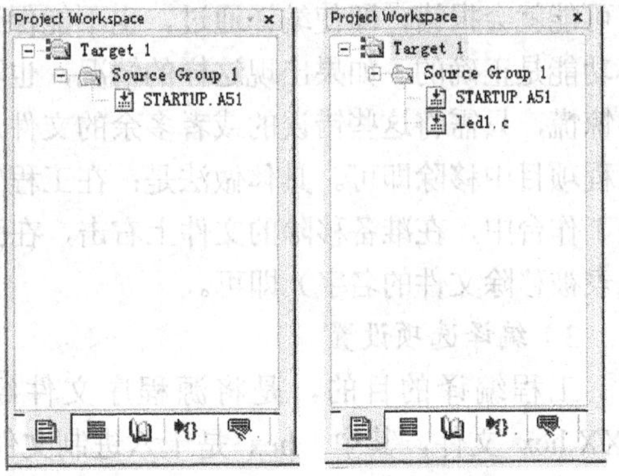

（a）加载源程序之前　　　　（b）加载源程序之后

图 1-18　加载源程序

加载源程序的具体过程如下。

在工程管理工作台中，单击对象“Target 1”前面的加号“＋”将其展开，右击文件夹“Source Group 1”图标，在弹出如图 1-19 所示的快捷菜单中，选择“Add Files to Group

'Source Group 1'" 菜单项。随后，弹出"选择源程序文件"对话框，如图 1-20 所示。双击图 1-20 中文件"led1.c"之后再单击【Close】按钮，或者单击图 1-20 中文件"led1.c"之后再单击【Add】按钮，都可将源程序文件"led1.c"加载到工程项目中，结果如图 1-18（b）所示。

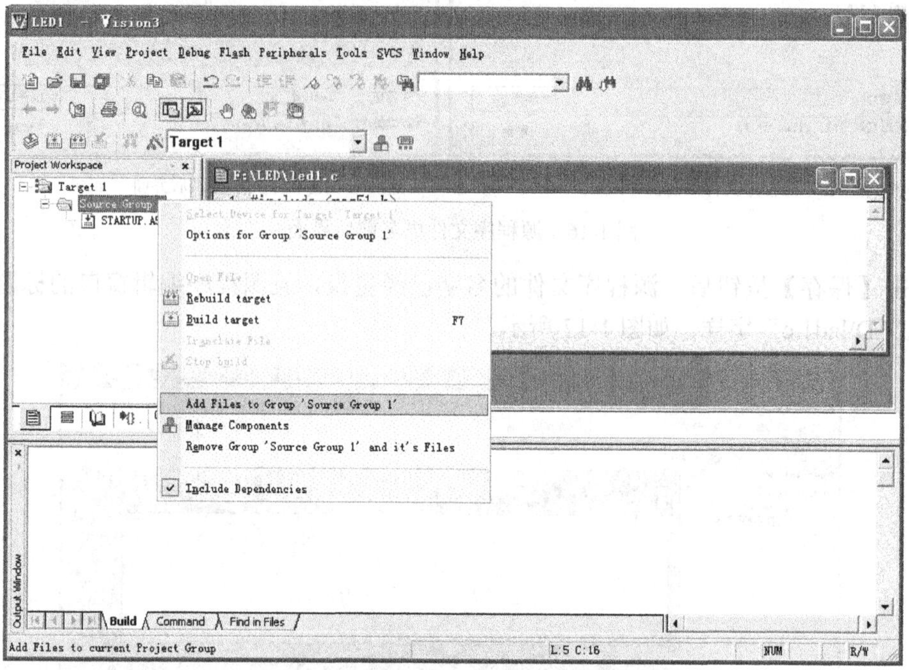

图 1-19 添加源程序到工程的快捷菜单

此过程之所以重要，原因是如果没有添加源程序文件，则该工程项目如同一个躯壳或者空的框架，因为没有包含源程序文件，该工程自然不具有任何功能，即使后续的编译链接等环节顺利通过，预期的功能也一定不会实现。

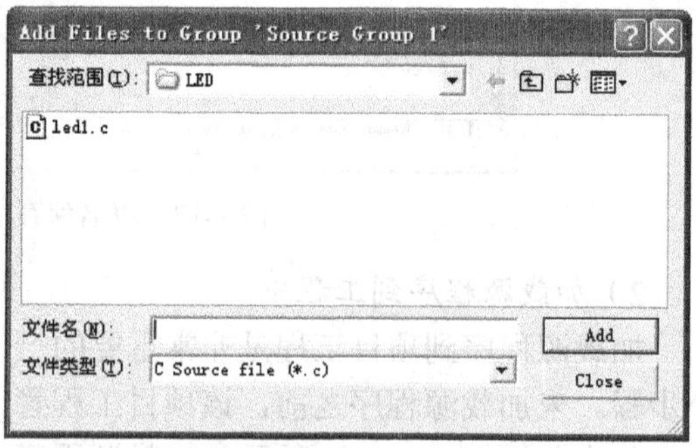

图 1-20 "选择源程序文件"对话框

另一方面，如果给工程项目添加了错误的或者多余的源程序文件，在工程的编译调试环节可能就会报错，即使编译通过，也不能保证其功能是正确的。如果出现这样的情况，也不必惊慌，只需将这些错误的或者多余的文件从工程项目中移除即可。具体做法是：在工程管理工作台中，在准备移除的文件上右击，在弹出的快捷菜单中选择"Remove File xxx.c"（xxx 代表被移除文件的名字）即可。

3）编译选项设置

工程编译的目的，是将源程序文件经编译、链接，最终生成可以用于下载烧片的 XXX.hex 文件，其中，hex 是十六进制文件的扩展名，XXX 是该文件的主名，文件主名一般与工程名相同。

在进行工程的编译、链接之前，首先要对编译环境进行必要的设置，设置完成后才可以进行编译。

打开【Project】下拉菜单，在展开的下拉菜单项目中，选择【Options for Target 'Target 1'】，或者直接单击工具栏中 Options for Target 快捷方式图标，都可以打开编译选项设置对话框，如图 1-21 所示。可以看到，尽管此窗口包含多个用于编译选项设置的选项卡，但在一般使用中，只有两个选项卡中的部分选项需要设置，其余选项卡则保持原始默认值即可。这两个选项卡就是 Output 和 Debug 选项卡，如图 1-21 所示。

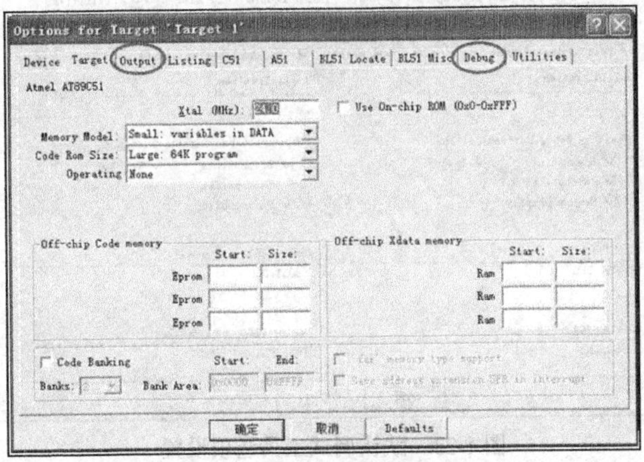

图 1-21 编译选项设置窗口

单击【Output】选项卡，即可打开 Output（输出）选项设置对话框，如图 1-22（a）所示。在此窗口中，只需选中"创建.hex 文件选项"：在如图 1-22（a）中选中标注指示的复选框，表明工程编译之后，输出或者生成用于下载烧片的.hex 文件。相反，如果此选项没有被选中，即使工程完全正确，且编译通过，但不会生成用于下载烧片的.hex 文件。因此，如果需要进行程序的下载烧片或仿真调试，则此选项必须要选中。此选项选中后如图 1-22（b）所示。

接下来就该设置 Debug 选项了。单击如图 1-21 所示的【Debug】选项卡，即可打开 Debug（调试）选项设置对话框，如图 1-23 所示。

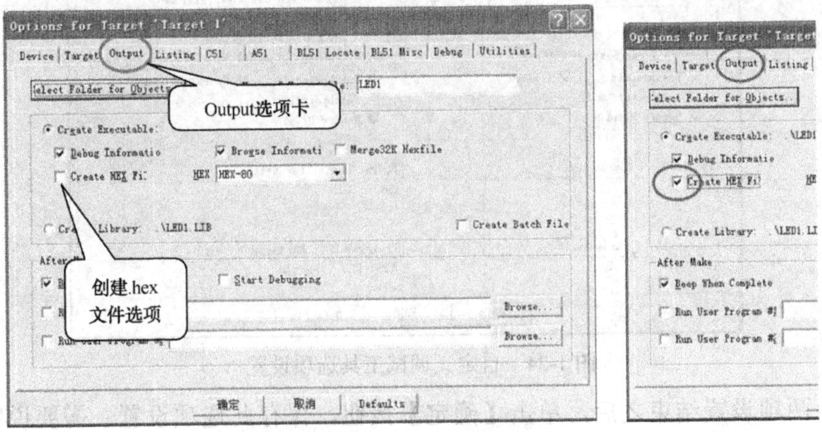

（a）Output 选项设置（创建.hex 文件选项未选中）　　（b）创建.hex 文件选项选中

图 1-22 Output 选项设置

此选项卡默认的调试工具是 Simulator。如果使用默认的调试工具，具体调试时，可以从 Keil μVision3 软件的部分调试窗口中观察部分数据的变化情况，不用外接实际的硬件电路，自然也看不到硬件电路中元器件的实际动作和运作现象。在没有仿真器的条件下，一般选默认调试工具。另外，在调试时，为了让程序能直接跳转到主函数 main 后再开始继续运行，一般都将图 1-23 所示的“Go till main()”复选框选中。

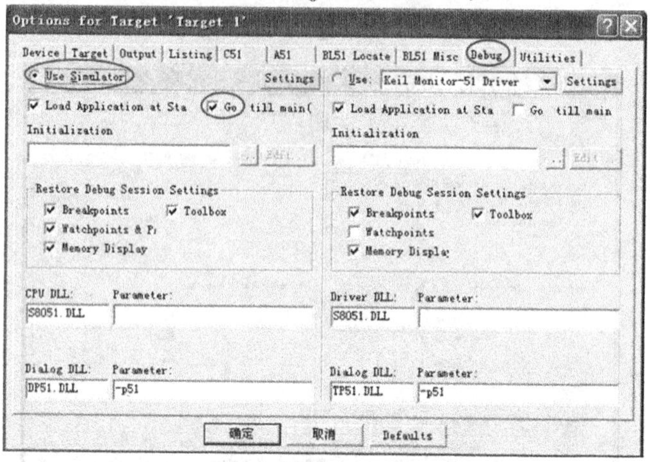

图 1-23　默认调试工具选项设置

如果有仿真器或使用仿真软件来调试，可不使用默认的调试工具，可以选定自己熟悉的、手头上可用的调试工具。选中 Debug 选项卡右边的“Use”单选按钮（默认调试工具“Simulator”与此处的“Use”二者只能选择其一），并从其右侧的下拉列表栏中选中自己使用的调试工具，如图 1-24 所示。例如，作者一般使用“伟福 V 系列仿真器”驱动、“Proteus VSM Simulator”、“Keil Monitor-51 Driver”等调试工具。同样，在调试时，为了让程序直接运行到主函数 main 后再开始继续运行，则需选中“Go till main()”复选项。

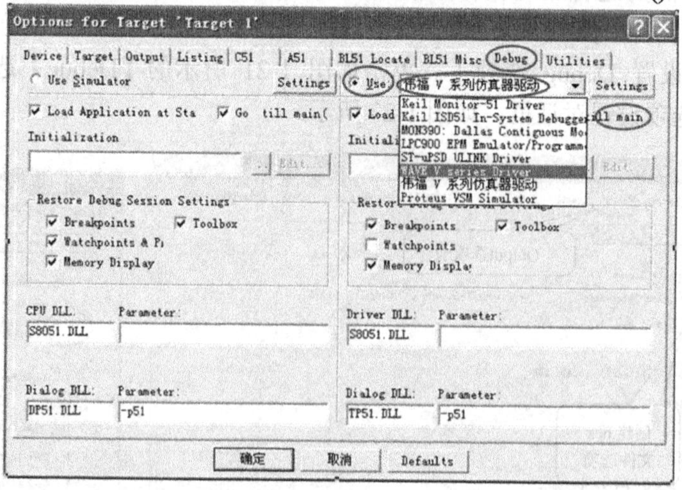

图 1-24　自定义调试工具选项设置

当以上两项设置结束之后，单击【确定】按钮，保存此选项设置。需要说明的是，对于一个工程，此编译调试选项设置只需做一次；新建了新的工程后，此编译调试选项需重新设置一次，并且每次设置几乎完全相同。

4）编辑源程序

接下来就该编写源程序文件了，源程序文件在源程序编辑窗口中编辑输入。假定源程序文件如下：

```
#include <reg52.h>
sbit LED0=P2^0;
main()
{
   LED0=0;
}
```

在编辑输入或修改源程序期间，编辑窗口标题栏显示为“F:\LED\led1.c*”，其中，文件名后面紧跟一个星号“*”，星号表明此源文件正处于编辑未保存状态。无论在任何时候，都可通过单击工具栏中的“保存”快捷图标（打开【File】菜单后选择“保存”选项也一样）保存源程序文件，此时，标题栏中文件名后的星号就会消失，表明文件已保存。

在编辑输入上述源程序并保存之后，源程序的编辑即已完成。注意，在编辑或者修改完源程序之后，一定要保存源程序，这样做的意义是，能保证编译及生成的.hex 文件是编辑或修改后的源程序生成的，而非编辑或修改前源程序编译生成的。另外，此处不用急于弄清楚这个源程序的具体功能，读者只需按照原样编辑输入即可，因为现在的重点是掌握使用 Keil μVision3 软件来生成单片机下载（烧片）所需文件的具体流程，重点不在于源程序的具体功能。相反，在后续章节中，结合多个具体的实例，分析源程序的功能，甚至每一条语句的功能，自然成为了重点。

3. 编译调试

接下来该对工程进行编译和调试了，编译和调试的目标就是生成可用于下载烧片的.hex 文件。对于软件程序开发而言，编译调试与源程序的编辑修改是一个循环往复的过程，一般是经历编辑—编译—再编译—再修改这样一个循环往复的过程，直至编译成功、预期的功能完全实现为止。

在 Keil μVision3 的工具栏中，有三个编译快捷方式图标和一个调试快捷方式图标，如图 1-25 所示。

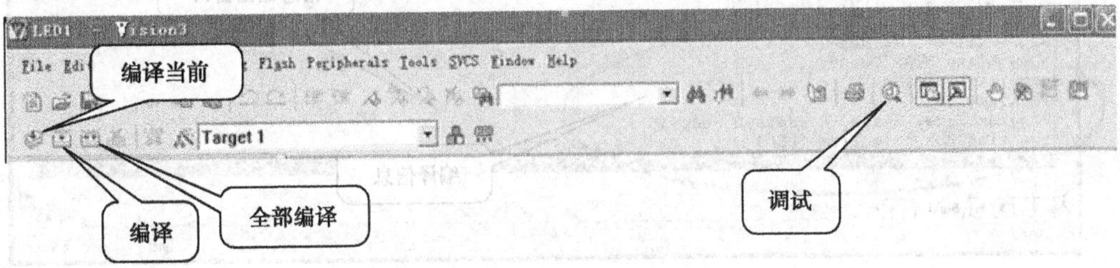

图 1-25 编译和调试快捷图标

从字面理解，编译当前就是对当前正在操作的文件进行编译；全部编译就是将该工程中所有文件全部重新编译；而编译则是仅将本次修改过的文件进行编译，没有修改或变动的文件不编译。实际使用中，为了防止疏漏，一般选择全部编译者居多。

对于调试，单击如图 1-25 所示的“调试”快捷方式图标，可使工程进入调试状态。此时，Keil μVision3 的工具栏出现如图 1-26 所示的调试工具栏。运用这些调试工具，可以监控和调试程序的每一条语句及其执行结果的每一个细节。

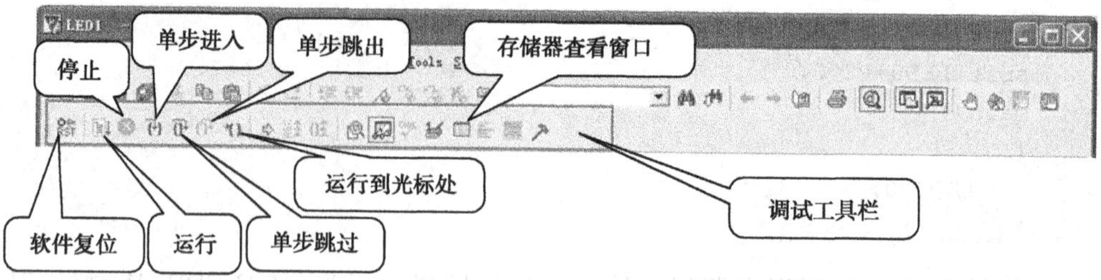

图 1-26　调试工具栏

介绍了编译和调试工具之后，下面仅就如何编译做具体说明，有关调试的相关细节，请读者参阅第 2 章部分内容，也可参阅其他书籍或资料，还可自己通过实践去掌握。

现在，源程序已经编辑完成，并且已被加载到工程中，相关的编译调试选项也已设置完毕，下面就开始工程的编译了。单击如图 1-25 所示的“全部编译”快捷图标，工程开始编译。编译结束后，编译信息就出现在信息输出窗口中，如图 1-27 所示。此处的编译信息表明，该工程编译是成功的，生成了.hex 文件（led1.hex），编译时没有出现错误，也没有出现警告（“0 Error(s), 0 Warning(s). ”）。此时，若查验存放该工程的文件夹，就会发现，与该工程同名、扩展名为.hex 的文件在该文件夹中存在，该文件就是本工程编译生成的、用于下载烧片的文件 led1.hex。

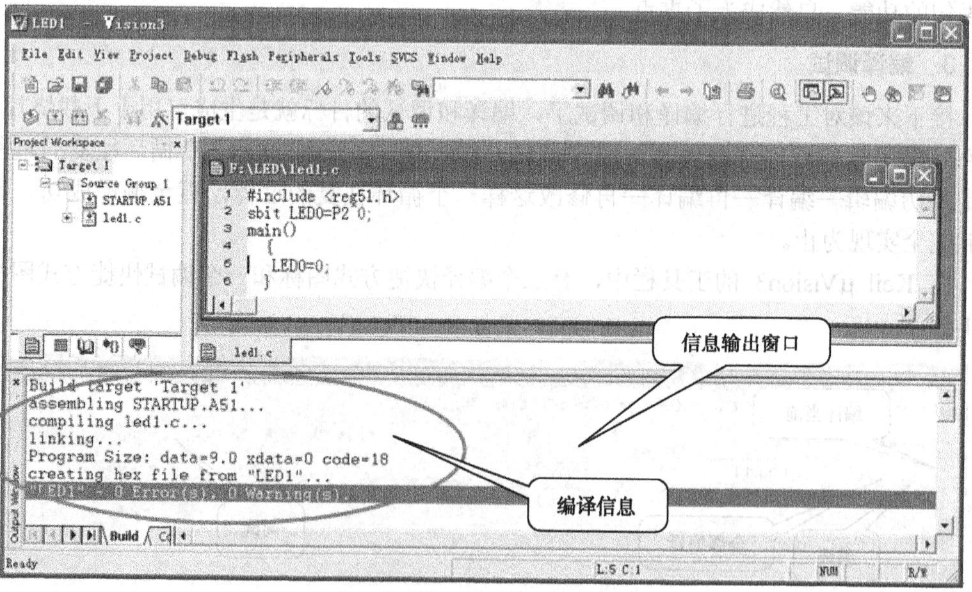

图 1-27　信息输出窗口中的编译信息

如果源程序文件有错误，在工程编译时，就会在信息输出窗口中显示错误的位置所在和错误、警告的个数。在信息输出窗口中，通过在提示出现错误的信息行文字上双击，鼠标的光标就会定位在源程序中出现错误的位置附近，依据错误提示信息，找出错误所在并修改，修改完成后要注意保存源程序。保存修改后的源程序之后，再进行编译，直到工程没有错误（警告可以忽略），并且生成正确的.hex 文件为止。

至此，软件开发过程结束。通过软件开发，最终生成了下载烧片所需要的.hex 文件。后续的工作就是通过编程器或者下载器，将.hex 文件下载或者烧片到单片机的程序存储器中，然后给硬件电路上电，让单片机与其外部的硬件设备一起工作，完成预定的各项任务功能。下载和烧片的相关内容可参阅附录 B。

1.5　MCS-51 单片机的主要引脚

MCS-51 系列单片机中，双列直插、40 引脚单片机的实物图和引脚图如图 1-28 所示。

（a）DIP40引脚51单片机实物图

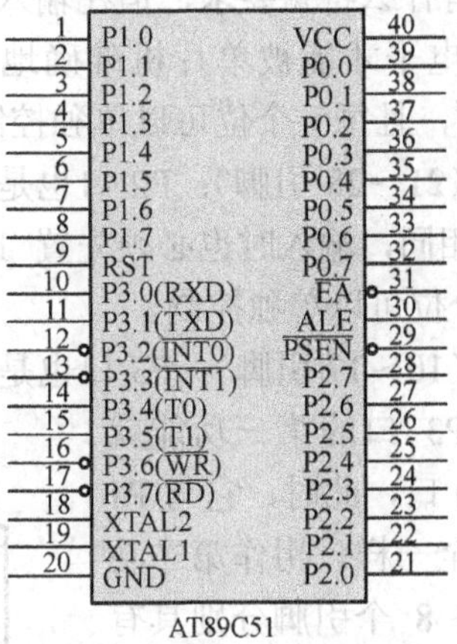

（b）DIP40引脚51单片机引脚图

图 1-28　MCS-51 单片机的实物图和引脚图

观察 51 单片机芯片实物，可以发现其正面顶端中央有一个直径约 2.5 mm 的半圆形凹坑，凹坑左侧、引脚旁边有一引脚起始标记。对于起始标记，一般用一个小三角形作为标记，也有用一个小圆点和指向小圆点的三角形箭头共同作为标记的。无论用什么作起始标记都不大重要，重要的是这个标记左侧的第一个引脚就是该芯片的第一只引脚，即引脚 1。然后沿逆时针方向，引脚号依次为 2、3、4、…、40，共计 40 只引脚。在芯片上印有起始引脚标记，不是单片机芯片特有的，几乎所有的芯片都有此标记，依据此标记，可以找到起始引脚 1，沿逆时针方向，其他引脚自然能够找到。芯片引脚在硬件电路的设计和焊接过程中非常重要。如果一个单片机系统的硬件部分出现引脚的连接错误或其他类似问题，这个系统自然不会正常工作，也不可能得到预期的功能和结果。

在能清楚地找到和区别 51 单片机的 40 只引脚后，下面就这 40 只引脚做较为细致的说明。51 单片机的 40 只引脚，可以分成以下三类。

（1）电源和时钟引脚：VCC，GND，XTAL2，XTAL1。

（2）I/O 口引脚：P0 口、P1 口、P2 口、P3 口，每一个口有 8 只引脚。

（3）编程和控制引脚：RST，ALE，$\overline{\text{PSEN}}$，$\overline{\text{EA}}$。

① VCC（40 引脚）：电源端，一般接 5V±10%电源。

② GND（20 引脚）：接地端（此引脚也可用 VSS 命名）。

③ XTAL2（18 引脚）和 XTAL1（19 引脚）：外接时钟引脚。当单片机使用内部振荡电路时，此两引脚之间连接石英晶体（晶振）和振荡电容。常用晶振的频率有 6 MHz、12 MHz、11.0592 MHz、24 MHz，一般选 12 MHz 者居多。如果是串行通信，则选 11.0592 MHz 为最佳。振荡电容一般选无极性电容，容量在 30 pF 左右均可。

④ P0 口（32～39 引脚）：P0 口是一个漏极开路 8 位双向三态口，由于内部没有上拉电阻，故呈高阻态，因而不能正常输出高或者低电平，在使用时要外接上拉电阻，一般取 4.7 kΩ或 5.1 kΩ均可。P0 口的 8 个位分别是 P0.0、P0.1、P0.2、…、P0.7，且每一个位可以单独控制。

⑤ P1 口（1～8 引脚）：P1 口是一个内部有上拉电阻的 8 位准双向 I/O 口。由于输入不能锁存，输出没有高阻态，因此不是真正的双向 I/O 口，姑且称为“准”双向 I/O 口。P1 口在输出时没有什么特殊要求，但在输入时，必须先置 1，即先向口写入高电平 1，然后外部的高或者低电平才能被单片机准确地“读”取。P1 口的 8 个位分别是 P1.0、P1.1、P1.2、…、P1.7，且每一个位可以单独控制。

⑥ P2 口（21～28 引脚）：P2 口也是一个内部有上拉电阻的 8 位准双向 I/O 口。其特点与 P1 口完全相同，输入时也必须先置 1。P2 口的 8 个位分别是 P2.0、P2.1、P2.2、…、P2.7，且每一个位可以单独控制。

⑦ P3 口（10～17 引脚）：P3 口也是一个内部有上拉电阻的 8 位准双向 I/O 口，但它具有第二功能。P3 口的第一功能就是用作一般 I/O 口，此时，它与 P1 口和 P2 口完全一样。用作第二功能时，P3 口的 8 个引脚分别具有不同的功能，具体如表 1-1 所示。P3 口的 8 个位分别是 P3.0、P3.1、P3.2、…、P3.7，且每一个位可以单独控制。需要特殊说明的是，P3 口大多使用其第二功能。

表 1-1　P3 口第二功能

引脚序号	引脚名 1	引脚名 2	第二功能描述
10	P3.0	RXD	串行输入（数据接收）引脚
11	P3.1	TXD	串行输出（数据发送）引脚
12	P3.2	$\overline{INT0}$	外部中断 0 输入引脚
13	P3.3	$\overline{INT1}$	外部中断 1 输入引脚
14	P3.4	T0	定时器 0 外部输入引脚
15	P3.5	T1	定时器 1 外部输入引脚
16	P3.6	$\overline{WR}$	外部存储器写选通信号输出引脚
17	P3.7	$\overline{RD}$	外部存储器读选通信号输入引脚

⑧ RST（9 引脚）：单片机复位引脚。在单片机电源上电接通的情况下，从该引脚向单片机输入连续两个以上机器周期（12 MHz 晶振时，约 2μs）的高电平，就可以使单片机复位，即让单片机从程序存储器（ROM）的 0000H 地址处开始（H 代表十六进制），重新执行程序。

⑨ ALE（30 引脚）：地址锁存信号输出端。此引脚的功能有 3 个。一是当单片机在访问扩展的片外存储器时，该引脚上出现的下降沿（高电平到低电平）信号，用于将 P0 口上的地址信号送入锁存器（如 74HC573 或 373）锁存起来，从而实现 P0 口上输出的地址信息和数据信息的隔离；二是该引脚在没有访问扩展的片外存储器时，其上固定输出 1/6 晶振频率的时钟信号，例如，当外接晶振 12 MHz 时，ALE 引脚将固定输出 2 MHz 的时钟信号，此信号可作为其他相关外部器件的时钟信号使用；三是在烧片（程序下载）时要用到此引脚，目前烧片工作有专门的设备（编程器）来完成，开发者对该引脚不用做任何额外的电

路设计或操作，此功能可以不予关注。

⑩ $\overline{\text{PSEN}}$（29 引脚）：片外程序存储器输出允许控制端，低电平有效。目前所用单片机的程序存储器空间已经足够大，中小型应用开发一般不需要外接片外程序存储器，所以此引脚也暂且不用关注。

⑪ $\overline{\text{EA}}$（31 引脚）：内部和外部程序存储器选择端。当单片机内部没有程序存储器时，必须要在单片机的外部扩展挂接程序存储器，此时，该引脚必须接低电平（接地）。目前所使用的单片机内部都有程序存储器，且容量足够大，故该引脚应接高电平（接+5 V 电源）。考虑到 51 单片机在复位以后，所有悬空未接的引脚都呈现高电平，所以此引脚可以悬空不接。若想保证该引脚上是稳定可靠的高电平，也可以直接将其与+5 V 电源正极连接。

至此，51 单片机的 40 只引脚已经一一列举，可以看到，具有固定硬件连接的引脚有电源和时钟引脚、复位引脚：VCC、GND、XTAL2、XTAL1 和 RST，共计 5 个。ALE、$\overline{\text{PSEN}}$、$\overline{\text{EA}}$三只引脚几乎不用，特别是$\overline{\text{PSEN}}$和$\overline{\text{EA}}$引脚，暂时可以不予关注。剩余 32 只引脚，分属 4 个 I/O 口，P0、P1、P2、P3，它们是单片机应用系统中，单片机与外界联系的通道，自然是以后学习的重点。

1.6 晶振电路和复位电路

单片机的晶振电路和复位电路，对于任何一个基于单片机的应用系统都是必不可少的，并且该电路具有典型性和通用性。只要是基于 51 单片机的应用系统，其晶振电路和复位电路几乎完全相同，所以直接给出电路图，读者只要依据此电路图的要求，选取相关元器件，正确焊接，就可以完成 51 单片机应用系统的晶振电路和复位电路。图 1-29 给出晶振和复位电路中用到的瓷片电容、电解电容、晶振、按钮和电阻的实物图及其典型参数。

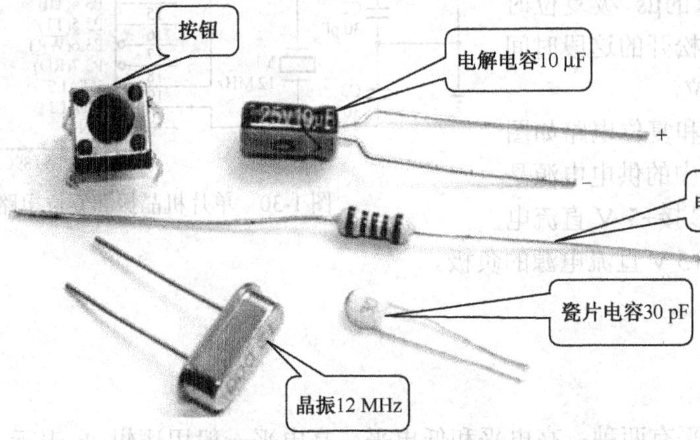

图 1-29 单片机晶振及复位电路使用元件及其参数

瓷片电容无正、负极之分，晶振和复位电路中，需要两片电容值相同的瓷片电容，其典型参数是 30 pF；电解电容有正、负极之分，具体焊接时应注意区分正负极，引脚相对较长的为正极，引脚相对较短的为负极，如图 1-29 中引脚端头正、负号（+，-）所示，其典型参数值为 10 μF；对于晶振，两根引脚无正、负极之分，常用晶振的晶振频率有 6 MHz、

11.0592 MHz、12 MHz、24 MHz 等，图 1-29 所示标有参数“12.000”的晶振就是 12 MHz 晶振；图 1-29 所示的按钮有 4 个引脚，但是引脚是两两短路接通的，具体哪两个引脚短路接通，用万用表简单测量便知；51 单片机的晶振和复位电路中使用的电阻是阻值为 10 kΩ的色环电阻，如果不熟悉色环电阻的标称值读法也没有关系，用万用表的欧姆挡直接测量即知其阻值大小。

1）晶振电路

为什么单片机要接晶振电路？简言之，单片机应用开发电路属于时序电路范畴，没有晶振就无法产生时序电路所必需的时钟信号，单片机就无法按照时钟信号提供的时序，一步步地执行程序代码，自然无法正常工作，所以必须要接晶振电路。

2）复位电路

单片机为什么要接复位电路？单片机的复位如同计算机的重新启动一样。单片机一旦复位，便重新从程序存储器（ROM）的 0000H 地址处开始，逐条取出并执行已经“烧”录在单片机内部程序存储器中的每一条指令，这些指令属于单片机应用系统的软件部分，也就是先前编写的具有一定功能的程序。

单片机的复位电路有上电复位和按钮复位两类。上电复位是单片机电源上电，单片机就复位，复位后就开始工作；另一类是按钮复位，通过按下按钮，使单片机的第 9 引脚 RST 上有连续两个以上机器周期（一般约 2 μs）的高电平输入到单片机，就可使单片机复位。而人的手指迅速按一下按钮（按下并松开）的时间至少在 ms 级，远远大于单片机复位所要求的μs 级复位时间，所以按钮按下再松开的这段时间完全可以使单片机复位。

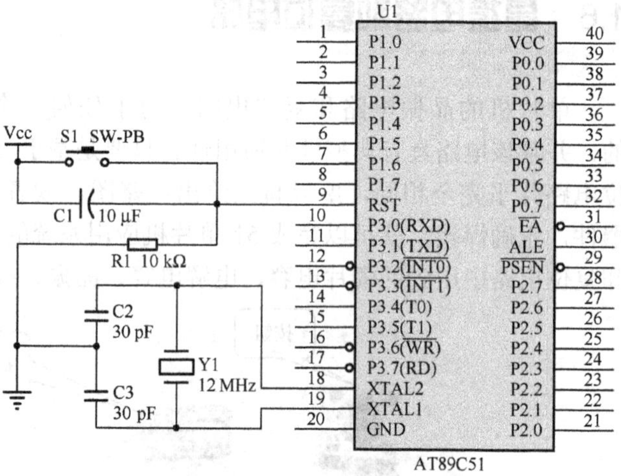

图 1-30　单片机晶振和复位电路

常见的通用晶振和复位电路如图 1-30 所示。注意，图中的供电电源是+5 V 直流电源，VCC 接+5 V 直流电源的正极，接地端接+5 V 直流电源的负极。

1.7　电平

数字电路中的电平有两种：高电平和低电平，高电平一般用逻辑 1 表示，低电平一般用逻辑 0 表示。那么，电压多高属于高电平，电压多低属于低电平呢？简单地说，+5 V 电压是高电平，0 V 是低电平，这种说法是针对最常见的 TTL 电平而言的，除 TTL 电平以外，常见的还有 CMOS 电平等，且电平的高低判定不是以一个数值点为依据，相反，电平高低是一个范围。例如，对于 TTL 电平，5 V 是高电平，4.9 V、4.8 V 也是高电平；0 V 属于低电平，0.5 V 也是低电平。可见，高电平是一个范围，处于这个范围的电平都可以认为是高电平，用逻辑 1 表示；低电平也是一个范围，处于这个范围的电平都可以认为是低电平，用逻辑 0 表示。表 1-2 以最常见的 5 V TTL 和 5 V CMOS 电平为对象，说明其高低电平的范围。

表 1-2 TTL 电平和 CMOS 电平范围

名 称	含 义	TTL	CMOS（5 V 电源）
VOH_{min}	输出高电平的下限	2.4 V	4.99 V
VOL_{max}	输出低电平的上限	0.4 V	0.01 V
VIH_{min}	输入高电平的下限	2.0 V	3.5 V
VIL_{max}	输入低电平的上限	0.8 V	1.5 V

可见，对于 TTL 电平，输出电压只要大于 2.4 V，都可认为是高电平；输出电压低于 0.4 V，都可认为是低电平。输入时，输入电压大于 2 V，就可认为是高电平；输入电压低于 0.8 V，即可认为输入的是低电平。需要注意的是：当输出电压处于[0.4 V，2.4 V]区间时，即电平不高也不低，电平高低不能确定，属逻辑混乱。输入电压在[0.8 V，2.0 V]区间，电平高低也不能确定，同样属逻辑混乱。

对于 CMOS 电平，输出电压只要大于 4.99 V，都可认为是高电平；输出电压低于 0.01 V，都可认为是低电平。当输入时，输入电压大于 3.5 V，就可认为是高电平；输入电压低于 1.5 V，即可认为输入的是低电平。

51 单片机系统属于数字电路系统，与其相关的电平大多是 TTL 和 CMOS 电平。

1.8 数制及其转换

在单片机应用系统中，常用的数制有十进制、二进制和十六进制。

十进制数是人们最熟悉的一种数制，有 0、1、2、3、4、5、6、7、8、9 共十个元素，计数规则是：逢十进一，借一当十。

类似的，二进制数就只有两个元素，即 0 和 1；计数规则是：逢二进一，借一当二。例如，0+1=1,1+0=1，而 1+1=10，此处 10 读作“一零”或者“幺零”，不读“十”，原因它不是十进制，而是二进制，并且二进制数 10 就等于十进制数 2。

对于十六进制数，自然就有 16 个元素，即 0、1、2、3、4、5、6、7、8、9、A、B、C、D、E、F。其中，A 代表十进制数 10，B 代表十进制数 11，C 代表十进制数 12，D 代表十进制数 13，E 代表十进制数 14，F 代表十进制数 15。计数规则：逢十六进一，借一当十六。十进制数 0～15 对应的二进制数、十六进制数如表 1-3 所示。

表 1-3 十进制数 0～15 对应的二进制数和十六进制数

十进制数	二进制数	十六进制数	十进制数	二进制数	十六进制数
0	0000	0	8	1000	8
1	0001	1	9	1001	9
2	0010	2	10	1010	A
3	0011	3	11	1011	B
4	0100	4	12	1100	C
5	0101	5	13	1101	D
6	0110	6	14	1110	E
7	0111	7	15	1111	F

在书写中，一般可在二进制数据后面添加后缀字母 B，十进制数据后面添加后缀字母 D，十六进制数据后面添加后缀字母 H 以示区别。

在单片机应用系统的开发过程中，可以借助 Windows 系统中自带的计算器，方便地实现数制的转换或变换。计算器在 Windows 系统的附件里，执行【开始】→【程序】→【附件】→【计算器】命令就可以打开。默认状态下的计算器是标准型的，如图 1-31 所示。

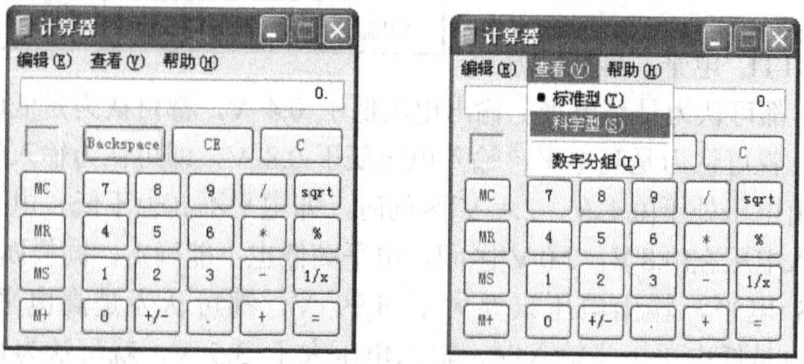

图 1-31 标准型计算器窗口

可以通过其【查看】菜单，选择【科学型】选项，即可打开如图 1-32 所示科学型计算器窗口，在其中就可方便地进行各类数制的相互转换及常规运算了。

图 1-32 科学型计算器窗口

1.9 单片机 C 语言基础

1.9.1 数据类型

在 C 语言数据类型的基础上，增加"位类型"，就构成了单片机 C 语言的数据类型，图 1-33 为单片机 C 语言数据类型分类。表 1-4 为单片机 C 语言中常用数据类型名称、长度及取值范围。

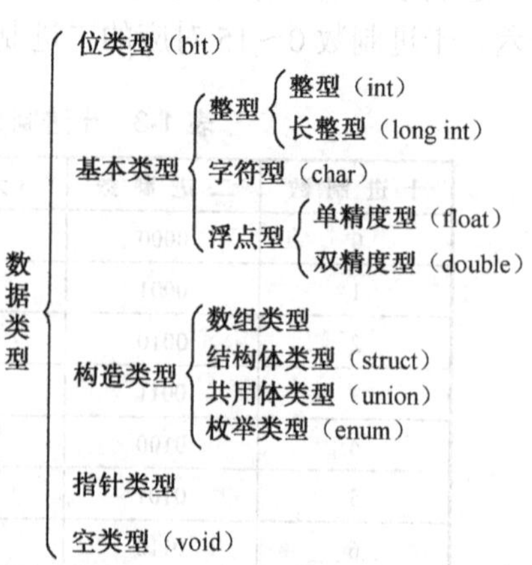

图 1-33 单片机 C 语言基本数据类型分类

表 1-4 单片机 C 语言基本数据类型名称、长度及取值范围

数据类型			长度		取值范围
类型		类型名	bit（位）数	Byte（字节）数	
位类型	位变量	bit	1		0，1
字符型	无符号字符型	unsigned char	8	1	0～255
	有符号字符型	(signed) char	8	1	−128～127
整型	无符号整型	unsigned int	16	2	0～65535
	有符号整型	int	16	2	−32768～32767
长整型	无符号长整型	unsigned long	32	4	$0\sim 2^{32}-1$
	有符号长整型	long	32	4	$-2^{31}\sim (2^{31}-1)$
浮点型	单精度浮点型	float	32	4	$-3.4\times 10^{-38}\sim 3.4\times 10^{38}$
	双精度浮点型	double	64	8	$-1.7\times 10^{-308}\sim 1.7\times 10^{308}$

1.9.2 常量和变量

1. 常量和符号常量

在程序运行过程中，其值不发生变化的量称为常量。依据数据类型的不同，常量可分为不同类型。例如，'a'、'm'为字符型常量；27、0、−2 为整型常量；3.14、−2.34567 为浮点型常量。

1）整型常量

整型常量就是整型常数。在单片机 C 语言中，十进制和十六进制表示形式最为常见。例如，27、0、−2 为十进制整型常量；0x25、0xcf、0x3ef5 为十六进制常量。需要注意的是：十六进制常量必须以 0x（数字零和小写字母 x）开头。

2）浮点型常量

浮点型数据就是人们熟知的实数，浮点型常数就是实数常量。在 C 语言中一般有小数和指数两种表示方式。例如，3.14、−2.34567 为小数形式的浮点型常量；3.14e2、−2.34567e-3 为指数形式的浮点型常量。其中 3.14e2 相当于 3.14×10^{2}，而−2.34567e-3 相当于 -2.34567×10^{-3}。

3）字符型常量

在 C 语言中，字符型常量是指用单撇号括（或引）起来的一个字符。例如，'a'、'A'、'! '、'6'为字符型常量，需要注意的是：'a'和'A'是两个不同的字符型常量，数字 0～9 用单撇号括起来也是字符型常量，另外，单撇号是英文格式下的单撇号。

字符型常量的值是该字符相应的 ASCII 代码的值（参见附录 A）。例如，'A'的 ASCII 值为十进制数 65（十六进制的 0x41）；'a'的 ASCII 值为十进制数 97（十六进制的 0x61）；字符型常量'6'的 ASCII 码值不是十进制数 6，而是十进制数 54。

小技巧：字符型常量'0'的 ASCII 值是十进制数 48，加上数值 6 是 54，刚好就是字符型常量'6'的 ASCII 码值，所以字符型常量'6'也可以用'0'+6 表示。据此有结论：某个数字(0 - 9)对应的 ASCII 值，可以用字符型常量'0'加上该数字得到。

4）字符串常量

C 语言中的字符串是由一对双撇号括（或引）起来的字符序列。例如，"How are you? "、"China"、"a"、"123.456"都是字符串常量。注意：'a'和"a"是有本质的差别：'a'是字符型常量，而"a"是字符串常量，'a'在计算机内存中占一个字节的存储空间，而"a"则占两个字节的存储空间（字符串结束标志"\0"占一个字节）。

2. 变量

变量是在程序运行期间，其值可以改变的量。就本质而言，变量代表内存中的一个存储单元，该存储单元可以用来存放数据，存放的数据就是该变量的值，而存储单元的编号则称为地址。任意一个变量都有两个基本属性——变量值和变量名，变量名就是变量的名字，又称为变量的标识符，只有拥有名字的变量才方便被引用。

1）标识符和变量名

C 语言中，给变量、符号常量、函数、数组、数据类型等对象命名的名字统称为标识符。C 语言规定，标识符只能由字母、数字和下划线（“_”是下划线，“-”是减号）3 种字符组成，且第一个字符必须为字母或下划线，即不能用数字开头。

变量名就是给变量起的名字，它是一种标识符，理应遵守有关标识符的要求和规定。同时，在给变量起名或命名时，还应尽量做到“见名知意”，即选取有含义的英文单词（或其缩写）做变量名。对于 C 语言本身已经使用的专用名称（称为关键字），在给变量起名时应该避免使用。

2）变量的声明或定义

C 语言规定，所有的变量在引用或使用之前必须要先进行声明或定义，即要求变量是“先定义，后使用”。声明或定义变量的一般形式是：

```
类型名␣变量序列;
```

其中，␣表示空格，言下之意，类型名和变量序列之间至少要有一个空格；常见的类型名如表 1-4 中所列；变量序列的意思是，类型名后面可以是一个变量名，也可以是同类型的多个变量名，多个变量名之间用逗号（,）分隔开；变量序列的最后是分号（;），表示这条语句结束（分号是 C 语言语句的结束符）。

例如，声明定义 2 个变量 i 和 j 为无符号整型变量：

```
unsigned int i,j;
```

声明定义 2 个变量 ch1 和 ch2 为字符型变量：

```
char ch1,ch2;
```

3）给变量赋初值

变量最初的值称为初始值，给变量一个初始值称为“赋初值”。可以在变量声明定义之后对其赋初值，也可以在声明定义的同时赋初值。

例 2-1 先声明定义 2 个变量 i 和 j 为无符号整型变量，再给 i 赋初值 12，给 j 赋初值 65535：

```
unsigned int i,j;
i=12;
j=65535;
```

例 2-2 声明定义 2 个变量 i 和 j 为无符号整型变量，同时给 i 赋初值 12，给 j 赋初值 65535：

```
unsigned int i=12,j=65535;
```

1.9.3 C 语言的运算符

单片机 C 语言的运算符主要有算术运算符、关系运算符、逻辑运算符、赋值运算符、指针运算符和位运算符等，如表 1-5 所列。

表 1-5 单片机 C 语言常用运算符

运算符		范例	说明	举例
算数运算符	+	a+b	a 变量值加上 b 变量值	a=5、b=3 时，a+b 的值为 8
	-	a-b	a 变量值减去 b 变量值	a=5、b=3 时，a-b 的值为 2
	*	a*b	a 变量值乘以 b 变量值	a=5、b=3 时，a*b 的值为 15
	/	a/b	a 变量值除以 b 变量值	a=5、b=2 时，a/b 的值为 2[1]
	%	a%b	对整型变量 a 以整型变量 b 为模求余	a=5、b=3 时，a%b 的值为 2
关系运算符	>	a>b	判断变量 a 是否大于变量 b	a=5、b=3 时，a>b 的值为 1[2]
	>=	a>=b	判断变量 a 是否大于或者等于变量 b	a=5、b=3 时，a>=b 的值为 1[3]
	<	a<b	判断变量 a 是否小于变量 b	a=5、b=3 时，a<b 的值为 0
	<=	a<=b	判断变量 a 是否小于或者等于变量 b	a=5、b=3 时，a<=b 的值为 0
	==	a==b	判断变量 a 是否等于变量 b	a=5、b=3 时，a==b 的值为 0[4]
	!=	a!=b	判断变量 a 是否不等于变量 b	a=5、b=3 时，a!=b 的值为 1
逻辑运算符	&&	a&&b	a 和 b 作逻辑与运算	a 和 b 都为真，与运算结果才是真[5]
	||	a||b	a 和 b 作逻辑或运算	a 和 b 只要一个为真，或结果就为真
	!	!a	对变量 a 取反	a 为真，!a 为假；a 为假，则!a 为真
赋值运算符	=	a=7	给变量 a 赋值	将 7 赋值给变量 a，即 a 的值为 7
	++	a++	a 的值自增 1	a=5;a++;此时 a 的值为 6[6]
	--	a--	a 的值自减 1	a=5;a--;此时 a 的值为 4[7]
指针运算符	&	&a	取变量 a 的地址	p=&a;变量 a 的地址存入指针变量 p[8]
	*	*p	取指针变量 p 指向地址内的值	如果 p=&a,则*p 就是 a 的值

续表

运算符		范例	说明	举例
位运算符	&	a&b	变量 a 和变量 b 按位作“与”运算	a=5,b=3 时，a&b=1[9]
	|	a|b	变量 a 和变量 b 按位作“或”运算	a=5,b=3 时，a|b=7
	^	a^b	变量 a 和变量 b 按位作“异或”运算	a=5,b=3 时，a^b=6
	～	～a	变量 a 按位取反	a=5 时，～a=0xFA
	<<	a<<b	把 a 按位左移 b 个位，低位补 0	a=5 时,a<<2，结果是 a=20[10]
	>>	a>>b	把 a 按位右移 b 个位，高位补 0	a=8 时,a>>2，结果是 a=2

注：[1]两个整数相除时，其结果一般只保留整数部分，小数部分舍弃；a=5、b=2 时，a 除以 b 的数学运算结果为 2.5，当小数部分舍弃（注意：不是四舍五入，而是直接舍弃）后结果为 2（C 语言整除结果）；

[2]关系运算符的结果为逻辑值真（值为 1）或者假（值为 0）。5>3 是成立的，即逻辑值为真，所以结果是 1；

[3]关系运算符大于等于（>=）中大于或者等于只要有一项成立，则大于等于的结果就为逻辑真。5>=3 中 5>3 是成立的，故结果为真（1）；3>=3 中 3=3 成立，故结果也为真；

[4]判断两个数是否相等属于关系运算，使用双等号“==”，应与赋值符号的单等号加以区别；

[5]C 语言中，所有非零值都视为逻辑真；例如，5&&3 等同于 1&&1，其结果为逻辑 1；

[6]a++等同于赋值语句 a=a+1；当 a=5 时，执行 a=a+1 之后，a 就变成了 6；

[7]a--等同于赋值语句 a=a-1；当 a=5 时，执行 a=a-1 之后，a 就变成了 4；

[8]指针，简言之就是地址，也就是变量等数据对象在计算机内存中存放时所占存储器单元的地址。C 语言中可以将某一变量的地址赋值给另一个特殊的变量——指针变量，例如，假设变量 p 是一个整型指针变量，变量 a 是一整型变量，且变量 a 的值为 5，则 p=&a；语句就可以将变量 a 的地址存储到变量 p 中，即变量 p 的值是变量 a 的地址，此时，*p 就是变量 p 指向地址（变量 a 的地址）中的值（a），即*p 就是变量 a 的值 5；

[9]两个数的位与运算是先将这两个数变换为二进制数，再逐位进行与运算。a=5、b=3 时，a 的二进制是 00000101，b 的二进制是 00000011，按位逐位与运算后是 00000001，即数字 1；

[10]将一个数左移 1 位，相当于将该数乘以 2；左移 2 位，相当于乘以 4；相反，将一个数右移 1 位，相当于将该数除以 2，右移 2 位，相当于除以 4。

1.9.4 C 语言程序基本结构

1. 单片机 C 语言程序的基本结构

单片机 C 语言程序一般包括：头文件包含、宏定义，全局变量、位寻址单元定义、数组定义，子函数，主函数和中断服务子函数。对某个单片机 C 语言程序而言，这六部分并非全部包括，头文件包含和主函数（main 函数）是必需的，主函数 main 有且只有一个，名字必须是 main，其余三部分的有无视任务或问题而定。举例如下：

```
#include <reg52.h>
#include <absacc.h>
#define uchar unsigned char
#define IN XBYTE[0x7ff8]
```

头文件包含、宏定义部分

```
uchar ad=0,*ad0809=0;
sbit RS=P3^3;
sbit RW=P3^4;
sbit E=P3^5;
uchar code tab[10]="0123456789";
```

全局变量、位寻址单元、数组定义部分

```
void wrcmd(uchar cmd)
{
    uchar m;
    P1=cmd;
    for(m=0;m<=2;m++);
    E=0;
}
...... ......
...... ......
void disp0802(uchar x,uchar y,uchar ch)
{
    uchar m;
    wrcmd(0x80+x*0x40+y);
    wrdata(ch);
}
```

子函数 1

子函数 n

子函数部分

```
main()
{
    uchar I;
    ad0809=&IN;
    while(1)
    {
    ad0809=0;
    disp0802(1,0,ad/100+'0');
    }
}
```

主函数部分

```
void adc0809int(void) interrupt 0
{
    ad=*ad0809;
}
```

中断服务子函数部分

2. C 语言函数的一般形式

C 语言程序是由函数构成的，函数是 C 程序的基本单位。一个 C 语言源程序有且仅有一个 main 函数，该 main 函数被称为主函数。除主函数外，一个 C 语言源程序还可以包含若干个其他函数，即“子函数”。不论主函数在源程序中的位置如何，C 程序的执行总是从主函数开始的。主函数与子函数的关系是：主函数可以调用子函数，子函数不能调用主函数，子函数之间可以互相调用。

C 语言主函数和子函数形式相同，都是由函数头和函数体两部分组成的。函数的输入称为参数，函数的输出称为函数值。

函数的一般形式如下：

```
类型名  函数名（参数列表）
{
      声明部分
      执行部分
}
```

其中第一行的“类型名 函数名（参数列表）”称为函数头；函数头下面的大括号内的部分称为函数体。

以求两个整数和的子函数 sum2 为例来说明函数的一般形式。该子函数如下：

```
int sum2(int x,int y)
{
    int s;
    s=x+y;
    return(s);
}
```

函数头为：int sum2(int x,int y)

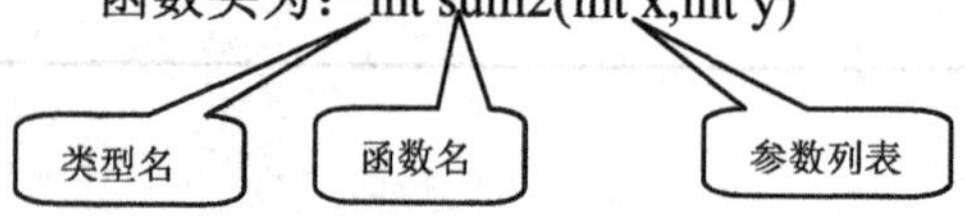

（1）类型名是表 1-4 所列的 char、int、float、bit、void 等关键字。函数的类型名是由函数返回值（输出）的类型决定的，函数的返回值是整型，则函数的类型就是整型；如果函数的返回值是字符型，则该函数的类型为字符型。一个特殊情况是：函数如果没有返回值，则函数的类型为空类型，即 void 类型。本例中两个整数的和依旧是整数，所以函数返回值是整型，则函数的类型为整型 int。

（2）函数名即函数的名字，它是 C 语言的标识符中的一种。函数起名最好能见名知意。本例函数名为 sum2，意指两个数的求和。

（3）参数列表，函数的参数类似于数学中函数的自变量或者输入，函数有几个输入，就称该函数有几个参数。函数的参数必须依次声明其类型和名称。本例函数有两个整型变量 x 和 y 作为输入，所以参数列表为：int x,int y。需要注意的是：函数名后紧跟一对圆括号（其间无空格），圆括号内即为参数列表。而函数类型与函数名之间是有空格的。

函数体为：

```
{
 int s;
 s=x+y;
 return(s);
}
```

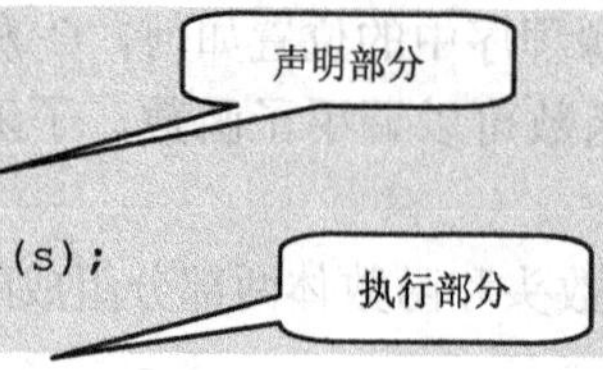

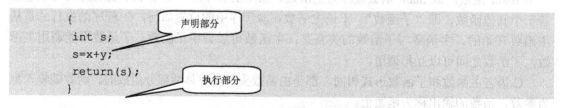

函数体放在一对大括号中，一般包括声明部分和执行部分。

思考题 1

1. 简述单片机的概念及用途，它是数字器件还是模拟器件？
2. 简述 MCS-51 单片机的典型产品及其型号。
3. 简述单片机应用系统的概念。
4. 单片机应用系统的开发流程是怎样的？
5. 常用的单片机程序编译、调试软件有哪些？
6. 在单片机应用开发系统中使用电平是如何规定的？
7. 在单片机系统中常用的数制有哪些？它们之间如何转换？
8. 简述 51 单片机的晶振电路由哪些元件构成？其作用各是什么，机器周期与它们有何关系？
9. 简述 51 单片机的复位电路由哪些元件构成？其作用是什么？复位电路有哪些类型？
10. 单片机 C 语言支持哪几种数据类型？它们的值域范围各是多少？
11. 简述单片机 C 语言程序基本结构的组成。

第2章 发光二极管的显示输出

与台式计算机或笔记本电脑相比，单片机自身没有键盘这样的输入设备，也没有显示器这样的输出设备。单片机外部的数据要输入到单片机内部，必须借助外接的按钮、键盘等输入设备；相反，单片机内部的数据或运算处理结果，要输出或直观地显示出来供人们查看，必须通过外接的显示设备，如发光二极管、LED 点阵、数码管、液晶等。本章及后续几章中，主要从单片机的输入和输出设备入手，重点解决如何向单片机输入数据、数据如何从单片机输出这两大类问题。

发光二极管是最基本、最简单的数字量输出设备，它仅有“亮”和“灭”两种状态，很适合、也很方便用单片机去控制。本章重点介绍单片机控制发光二极管的显示输出，在本章末尾，简单介绍单片机是如何控制蜂鸣器和继电器这两类器件的。

2.1 发光二极管

1. 发光二极管的应用与图形符号

发光二极管（Light Emitting Diode，LED）是半导体二极管的一种，它可以把电能转化成光能，且具有体积小、工作电压低、工作电流小、发光均匀稳定、响应速度快（白炽灯的响应时间在毫秒级，而 LED 灯的响应时间在纳秒级）、寿命长等优点，它属于电流控制型半导体器件，使用时需串接合适的限流电阻。LED 经常在电路、仪器仪表中用作电源指示灯，或者多个 LED 组合显示文字或数字信息（如 LED 点阵屏），也可将其管心做成条状从而构成半导体数码管（如七段式数码管），进而显示信息。LED 不仅具有节能省电的优点，并且伴随着价格的逐年下降、亮度的大幅度提高，LED 照明灯、节能灯已广泛出现在城市公路、学校、厂区等公共场所。另外，在高速发展的汽车工业中，汽车信号灯也是 LED 光源应用的重要领域之一。

发光二极管可分为普通单色发光二极管、高亮度发光二极管、超高亮度发光二极管、变色发光二极管、闪烁发光二极管、电压控制型发光二极管、红外发光二极管和负阻发光二极管等。依据制造时所用半导体材料的不同，普通单色发光二极管可以发出红、橙、黄、绿等不同的颜色。图 2-1 是发光二极管的实物图和电路图形符号。

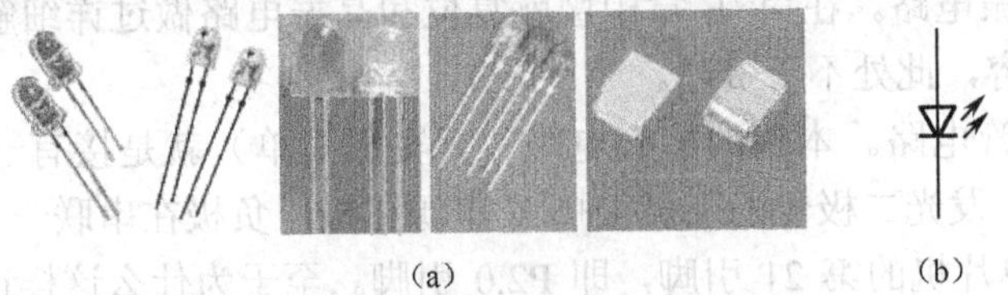

图 2-1 发光二极管的实物图和电路图形符号

2. 发光二极管引脚的极性识别

发光二极管的两根引脚分别是其正极和负极，究竟哪个是正极？哪个是负极呢？常用的判断方法有直接观察识别和万用表检测识别两种。①直接观察识别，当拿到一只发光二极管时，会发现，发光二极管两根引脚的长短不一样，其中较长的一根就是正极，较短的一根是负极。有的发光二极管的两根引脚一样长，但管壳上有一凸起的小舌，靠近小舌的引脚即为正极，另一根引脚则为负极。也可直接观察发光二极管内部两个电极的大小，一般而言，较小的电极是正极，较大的电极是负极。②万用表检测识别。首先将万用表的挡位旋钮旋转至二极管挡（此时，短接红、黑两只表笔，万用表会发出“嘀嘀嘀”的响声），再用红、黑表笔分别搭接发光二极管的两根引脚，如果发光二极管发出微弱的光亮，说明与红表笔连接的引脚就是正极，与黑表笔连接的引脚就是负极；如果发光二极管没有发光，则需要将红、黑表笔对调再去检测。

作为二极管的一种，发光二极管自然也遵循单向导电这一基本特性，所以要想让发光二极管发光，就要给它加正向电压，即发光二极管的正极接电源正极，负极接电源负极。如果加反向电压，它不仅不能工作发光，还可能被击穿。

通常情况下，发光二极管的正常工作电流为 5～30 mA，电流越大，发光二极管的亮度就越亮。由于发光二极管的正向导通电阻一般在几十欧姆左右，如果将它的正、负极引脚分别直接连接到 5 V 直流电源的正、负极，就会因为电流过大而导致发光二极管烧毁，因此实际电路中，一般是通过串联限流电阻的方法，把一个阻值为 200 Ω的电阻与发光二极管串联，使发光二极管工作在正常的工作电流之下，从而正常发光。

2.2 点亮一只发光二极管

下面就从最基本的点亮一只发光二极管开始，学习单片机应用开发技术。

2.2.1 硬件电路

点亮一只发光二极管的硬件电路很简单，如图 2-2 所示。从图中可见，除 51 单片机、复位和晶振电路以外，只有连接到 P2.0 引脚（21 引脚）的发光二极管电路。

（1）51 单片机。本例的 51 单片机可以是 51 系列单片机的任意一款，如 AT89C51、

AT89C52 或 AT89S52 等。需要注意的是，51 单片机必须跟电源连接并且上电后才可以工作，因此，51 单片机的 40 引脚 VCC 连接+5 V 直流电源的正极，20 引脚 GND 连接+5 V 直流电源的负极（51 单片机的工作电压是直流 5 V，不是 220 V 交流电）。直流电源为 51 单片机提供正常的工作电压。

（2）复位和晶振电路。在第 1 章中曾就复位和晶振电路做过详细解释和说明，请读者参见第 1 章相关内容，此处不再赘述。

（3）发光二极管电路。本例的核心电路（其实很简单）就是接有一只发光二极管的电路。如图 2-2 所示，发光二极管的正极接+5 V 电源正极，负极在串联一只 330 Ω的限流电阻后，再连接到 51 单片机的第 21 引脚，即 P2.0 引脚。至于为什么这样连接，本节后面会给出详细解释。此处，读者只需按图正确连接即可。

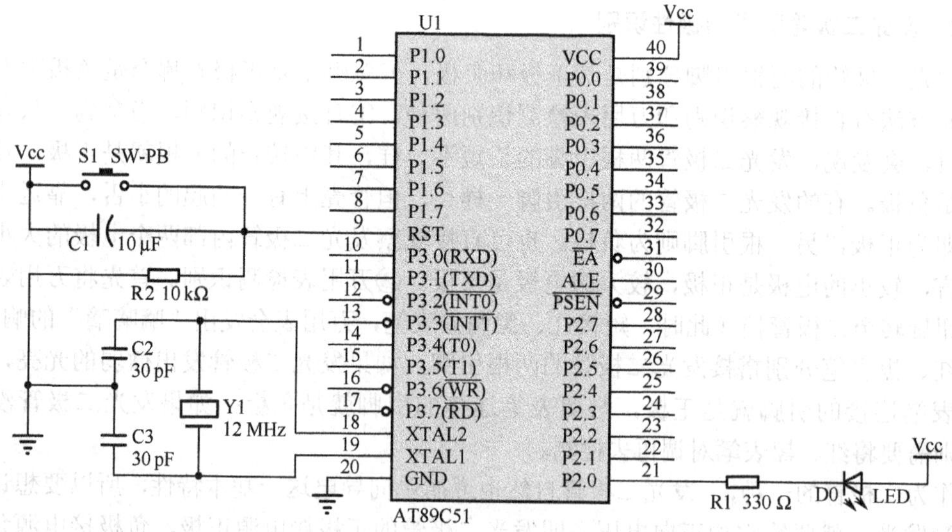

图 2-2 一只发光二极管与单片机的连接电路图

2.2.2 源程序及其结构分析

本例的源程序如下：

```
#include <reg52.h>
main()
{
P2=0xFE;
}
```

可以看到，本实例的源程序特别简单，包括一对大括号，总共只有五行，其中主函数占用了 4 行，而主函数的函数体仅仅只有一条语句。下面就来说明它们的具体功用。

1. 第一行：#include <reg52.h>

这一行一般被称为“头文件包含”。编辑输入这一行时必须注意：①#include 与其后面的左尖括号之间至少有一个空格（多几个空格没有关系，但不能没有空格）；②一对尖括号可以更换为一对双撇号，即#include "reg52.h"也可以，但最好使用尖括号；③尖括号中的reg52.h 更换为 reg51.h 也可以，但建议最好使用 reg52.h。

对于头文件包含，最重要的一点是：这一行是必需的，也是通用的，即所有 51 单片机应用开发的源程序，只要是使用 C 语言编写，这一行就是必需的，并且一般都放在源程序的第一行，格式也相对固定，就是#include <reg52.h>。

那么，为什么要包含头文件？该头文件放在源程序开头起什么作用？要想搞清楚这些问题，我们有必要先了解一下该头文件的内容，具体做法是：在源程序中该头文件所在的行，单击鼠标右键，在弹出的快捷菜单中选择“Open do cament<reg52.h>”，即可打开该头文件，该头文件的内容如下：

```
/*--------------------------------------------------------------------
REG52.H

Header file for generic 80C52 and 80C32 microcontroller.
Copyright (c) 1988-2002 Keil Elektronik GmbH and Keil Software, Inc.
All rights reserved.
--------------------------------------------------------------------*/
#ifndef __REG52_H__
#define __REG52_H__

/*  BYTE Registers  */
sfr P0    = 0x80;
sfr P1    = 0x90;
sfr P2    = 0xA0;
sfr P3    = 0xB0;
sfr PSW   = 0xD0;
sfr ACC   = 0xE0;
sfr B     = 0xF0;
sfr SP    = 0x81;
sfr DPL   = 0x82;
sfr DPH   = 0x83;
sfr PCON  = 0x87;
sfr TCON  = 0x88;
sfr TMOD  = 0x89;
sfr TL0   = 0x8A;
sfr TL1   = 0x8B;
sfr TH0   = 0x8C;
sfr TH1   = 0x8D;
sfr IE    = 0xA8;
sfr IP    = 0xB8;
sfr SCON  = 0x98;
sfr SBUF  = 0x99;

/*  8052 Extensions  */
sfr T2CON  = 0xC8;
```

```
sfr RCAP2L = 0xCA;
sfr RCAP2H = 0xCB;
sfr TL2    = 0xCC;
sfr TH2    = 0xCD;

/*  BIT Registers  */
/*  PSW  */
sbit CY    = PSW^7;
sbit AC    = PSW^6;
sbit F0    = PSW^5;
sbit RS1   = PSW^4;
sbit RS0   = PSW^3;
sbit OV    = PSW^2;
sbit P     = PSW^0; //8052 only

/*  TCON  */
sbit TF1   = TCON^7;
sbit TR1   = TCON^6;
sbit TF0   = TCON^5;
sbit TR0   = TCON^4;
sbit IE1   = TCON^3;
sbit IT1   = TCON^2;
sbit IE0   = TCON^1;
sbit IT0   = TCON^0;

/*  IE  */
sbit EA    = IE^7;
sbit ET2   = IE^5; //8052 only
sbit ES    = IE^4;
sbit ET1   = IE^3;
sbit EX1   = IE^2;
sbit ET0   = IE^1;
sbit EX0   = IE^0;

/*  IP  */
sbit PT2   = IP^5;
sbit PS    = IP^4;
sbit PT1   = IP^3;
sbit PX1   = IP^2;
sbit PT0   = IP^1;
sbit PX0   = IP^0;

/*  P3  */
sbit RD    = P3^7;
sbit WR    = P3^6;
sbit T1    = P3^5;
```

```
sbit T0    = P3^4;
sbit INT1  = P3^3;
sbit INT0  = P3^2;
sbit TXD   = P3^1;
sbit RXD   = P3^0;

/*  SCON  */
sbit SM0   = SCON^7;
sbit SM1   = SCON^6;
sbit SM2   = SCON^5;
sbit REN   = SCON^4;
sbit TB8   = SCON^3;
sbit RB8   = SCON^2;
sbit TI    = SCON^1;
sbit RI    = SCON^0;

/*  P1  */
sbit T2EX  = P1^1; // 8052 only
sbit T2    = P1^0; // 8052 only

/*  T2CON  */
sbit TF2    = T2CON^7;
sbit EXF2   = T2CON^6;
sbit RCLK   = T2CON^5;
sbit TCLK   = T2CON^4;
sbit EXEN2  = T2CON^3;
sbit TR2    = T2CON^2;
sbit C_T2   = T2CON^1;
sbit CP_RL2 = T2CON^0;

#endif
```

可能粗略一看，几乎看不懂这些内容是什么，但不用着急，它们其实很简单，只要我们稍微耐心一点，完全可以理解和掌握。简单地说，该头文件的内容就是 51 系列单片机内部所有寄存器的定义，或者说，该头文件定义了 51 系列单片机内部所有的寄存器。其中使用了标准 C 语言中没有的关键字，但在单片机 C 语言中扩展出来的两个关键字 sfr 和 sbit。sfr 和 sbit 的使用说明请看下面的具体解释。

C 语言知识　sfr 和 sbit

sfr 和 sbit 是单片机 C 语言扩展出来的、用于对特殊功能寄存器及特殊功能位进行数据声明的关键字，它与 C 语言中的宏定义类似，可以用来对数据对象进行别名定义或声明。

1）sfr

单片机内部有许多寄存器，每个寄存器都被分配了一个唯一且不变的地址（类似于编号）。单片机应用开发人员在使用这些寄存器时，如果直接用这些地址编号（如 0x80、0x8A、0xA0 等）去区分每个寄存器，显然不够方便，或者说不够高效。比较好的解决办法就是，依据每一个寄存器在功能上的不同和差异，分别命名一个唯一的、能体现其功能的名字，这样使用起来无疑方便多了。而给地址编号命名一个名字，使用的关键字就是 sfr。

使用 sfr 对特殊功能寄存器依据地址命名的格式为：

```
sfr 名字=地址;
```

例如：

```
sfr P0=0x80;
sfr P1=0x90;
sfr P2=0xA0;
sfr P3=0xB0;
```

当使用 sfr 对特殊功能寄存器完成命名之后，就可以改用名字去访问寄存器了，而不必再使用地址访问了，这无疑更加方便。

2）sbit

sbit 是用来对特殊功能寄存器的某一位进行声明的。类似于 sfr 的使用方法和作用，对于可以进行位访问的特殊功能寄存器，我们可以对它的某一位，命名一个能体现这一位具体功能的名字，这样就可以使用该名字访问该寄存器的这一位，并方便使用者对这一位进行操作。

使用 sbit 对特殊功能寄存器的某一位命名的格式为：

```
sbit 名字=寄存器名^数字;
```

其中寄存器名，可以用前述 sfr 定义的寄存器名称，而数字则代表寄存器的第几位。需要注意的是寄存器的位数，一般从 0 开始数起，如 8 位寄存器，第 0 位是其最低位，第 7 位是其最高位。

使用 sbit 对特殊功能寄存器的某一位命名，实例如下：

```
sbit  P20=P2^0;
sbit  P21=P2^1;
sbit  L0=P1^0;
sbit  L1=P1^1;
```

此例中，将 P2 口的第 0 位命名为 P20，P2 口的第 1 位命名为 P21；将 P1 口第 0 位命名为 L0，P1 口第 1 位命名为 L1。将 P1 口的两位命名为 L0 和 L1 的原因，也许是 P1 口的第 0 位引脚和第 1 位引脚上各连接了一只发光二极管，一般将它们分别称呼为 L0 和 L1，具体使用时，L0 和 L1 的名称远比 P1 的第 0 位、P1 的第 1 位方便得多。

通过以上说明，可以看出，头文件的内容，就是给单片机的特殊功能寄存器及其相关的位命名，或者说是定义一个别名。命名完成后，将它们放在源程序的开头，编程者就可以在源程序中使用这些名字，方便对这些特殊功能寄存器及其相应的位进行访问或者操作。因为每一个单片机的源程序都需要这样的定义或声明，所以每一个单片机 C 语言源程序的第一行，都是该内容的头文件包含。

目前，我们没有必要掌握头文件内容所列举的全部寄存器，依据目前需要，只要掌握单片机的输入/输出口，即 I/O 口所涉及的寄存器就可以了，它们是 P0 口、P1 口、P2 口和 P3 口，这四个寄存器都是 8 位寄存器，每一个都可以进行位操作或访问。需要注意的是，头文件中，P0、P1、P2 和 P3 中的字母 P 是大写字母 P，使用时不能写成小写的 p0、p1、p2、p3。

2. 主函数及赋值语句

主函数部分如下阴影部分所示，其名字必须是 main，且这四个字母必须全部小写，其后紧跟的是一对圆括号，尽管圆括号内什么也没有，但圆括号必须保留。C 语言函数的函数体必须用一对大括号（花括号）括起来，大括号内部就是 C 语言的语句了。C 语言要求，所有的语句都必须以分号（;）作为语句结束的标志，此例中的语句“P2=0xFE;”就是以分号结束的。

```
main()
 {
   P2=0xFE;
 }
```

下面重点解释语句“P2=0xFE;”的作用。

从 C 语言的角度来看，“P2=0xFE;”是一条赋值语句。

C 语言知识 赋值语句

C 语言赋值语句是将赋值符号右侧的常量或者变量表达式的值，赋值给赋值符号左侧的变量名，并以分号作为语句的结束标志。例如，假设变量 a 和变量 b 都已声明为整型变量，即已有语句“int a,b;”存在，此时给变量 a 和变量 b，分别赋值常数 3 和 5 的赋值语句为：

```
a=3; b=5;
```

关于赋值语句，有以下几点需要具体说明：

1）赋值符号

赋值语句使用的赋值符号，是数学中的等号（=），但在 C 语言中，该符号被称为赋值符号，不称为等号。在逻辑比较中使用的双等号（= =）与赋值符号作用截然不同，双等号是用来判断它两边的数或者值是否相等的逻辑判断符号，其运算结果是逻辑值真或者假（1 或者 0），此二者的差别极大，请一定区分开来。

2）赋值语句的优先级别很低

C 语言的优先级别，类似于在数学中计算加、减、乘、除四则运算时，在无括号的前提下，先做乘除运算，再做加减运算，即先乘除后加减的运算规则，此规则说明乘除的优先级比加减的优先级高。而赋值语句在 C 语言众多运算中的运算优先级很低，一般是将赋值符号右侧表达式的最终值计算出来后，才将该最终结果赋值给赋值符号左侧的变量。例如，语句“c=3+5*3-2;”的结果是将 16 赋值给变量 c，而非数字 3 赋给变量 c。

3）赋值符号左侧只能是变量名

赋值符号左侧只能是变量名，不能是表达式或其他类型，且变量名必须满足 C 语言标识符的具体要求。例如，赋值语句“c=a+b;”是正确的，而“c+a=b;”则是错误的。

有关赋值语句的其他细节，请读者参看 C 语言教材中的详细说明。

在点亮一只发光二极管这个实例中，赋值语句“P2=0xFE;”的具体功能就是将十六进制数 0xFE 赋值给 P2 口，但为什么仅这样一条赋值语句，就可以将与单片机 21 引脚连接的发光二极管点亮呢？

首先，P2 口已在前述的头文件中定义声明，此处就可以直接使用了。其次，P2 口是 51 单片机 4 个 I/O 口之一，P2 口既可以将外界的数据输入到单片机内部，也可以将单片机内部的数据输出给外部的元件或设备。P2 口在输出数据时，只需要将被输出数据赋值给 P2 口就可以了（另外三个口，除 P0 口有一点特殊外，P1 和 P3 口在输入或输出数据时的使用方法与 P2 口完全一样）。此处，赋值语句“P2=0xFE;”就是将 P2 口用做输出数据口，被输出的数据是十六进制数 0xFE。十六进制数 0xFE 对应的二进制数是 11111110，恰好是 8 位二进制数字，与 P2 口的 8 根引脚依次对应（P2 口的 8 根引脚是单片机的 21～28 引脚，名称依次为 P2.0 至 P2.7），如表 2-1 所示。需要特别注意的是：28 引脚 P2.7，是 8 位二进制数据中的最高位；21 引脚 P2.0 则是最低位。

表 2-1　赋值语句 P2=0xFE; 赋给 P2 口各位的值

引脚编号		28	27	26	25	24	23	22	21
引脚名称		P2.7	P2.6	P2.5	P2.4	P2.3	P2.2	P2.1	P2.0
位的编号		位 7	位 6	位 5	位 4	位 3	位 2	位 1	位 0
赋给 P2 口的数值	二进制	1	1	1	1	1	1	1	0
	十六进制	F				E			

为便于分析说明，现将本例硬件电路的核心部分重新罗列此处，如图 2-3 所示。

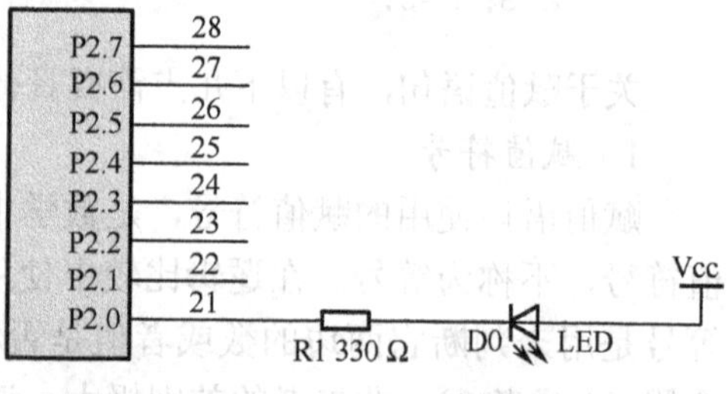

图 2-3　点亮一只发光二极管核心电路部分

由硬件电路可见，如果单片机的 21 引脚，即 P2.0 引脚输出的电平是低电平，则外接电源 Vcc 与该低电平间的电压，恰好使发光二极管工作在正向导通所需的正向电压之下，又有限流电阻的保护，所以发光二极管可以正常发光。从表 2-1 可见，赋值语句“P2=0xFE;”使 P2 口的高 7 位对应的 7 根引脚输出均为 1（高电平），只有最低位的 P2.0 引脚输出 0（低电平）。这刚好满足了硬件电路中点亮发光二极管的低电平条件，因此发光二极管被点亮了。

至此，点亮一只发光二极管任务的源程序分析顺利完成，与其说是赋值语句“P2=0xFE;”刚好满足硬件电路的需要，还不如说是编程者依据硬件电路的特点，刻意将 P2 口的第 0 位设置为低电平。此处，可以得出这样的结论：在硬件如图 2-3 所示形式连接的条件下，单片机 I/O 口的某个引脚输出低电平，就可以点亮和它对应连接的发光二极管。

源程序编写完成后，可参考第 1 章所述软件部分的操作过程，最终生成用于仿真调试或者下载烧片所需的.hex 文件。仿真调试或者下载烧片到硬件电路之后，可以看到，选定的发光二极管的确被点亮了。

在一只发光二极管被点亮之后，我们对该实例进行深入的分析和思考，极力主张变通，**举一反三**，此种思考和变通将会帮助我们澄清许多的概念，帮助我们彻底熟练地掌握使用单片机控制发光二极管。

（1）硬件电路可否将发光二极管反方向连接？

依据图 2-3 所示硬件连接，单片机的 P2.0 输出低电平，发光二极管正向导通，就可使发光二极管被点亮。那么，能否将发光二极管反方向连接，如图 2-4 所示，在发光二极管负极接地的条件下，让 P2.0 引脚输出高电平，使发光二极管工作在正向电压之下，此时，发光二极管能被点亮吗？粗略分析之下，似乎合乎逻辑，感觉可以点亮，但答案却刚好相反——不能点亮。原因是 51 单片机 I/O 口输出的电流太小（仅有 1～2 mA），不足以驱动发光二极管发光。对于图 2-3 所示硬件电路，电流是流入单片机的（俗称灌电流），有外接电源的能量源存在，足可以提供点亮二极管所需的驱动电流。所以在 51 单片机的硬件电路中，发光二极管一般都接成灌电流的形式。

（2）只对这一只发光二极管输出低电平并将其点亮。

本例源程序赋值语句“P2=0xFE;”中，只有第 0 位输出了低电平，其余 7 位均输出高电平，此处输出高电平没有任何意义，原因是，硬件连接中，P2 口高 7 位对应的 7 只引脚（P2.1 至 P2.7）闲置未用，只有 P2 口第 0 位对应的 P2.0 引脚连接了发光二极管。设想，能否只对 P2 口的第 0 位 P2.0 这一只引脚输出低电平，其余七只引脚不予关注，同样实现点亮这一只发光二极管呢？回答是肯定的。方法是只对 P2 口 P2.0 这一位进行赋值操作，若赋值为 1（高电平），发光二极管不发光；若赋值为 0（低电平），发光二极管就发光。在图 2-3 中，发光二极管的名字是 D0，可以用 sbit 关键字在源程序中定义或者声明 P2 口的第 0 位为 D0，即语句“sbit D0=P2^0;”，然后，将 0 赋值给 D0，就相当于让 P2 口的第 0 位输出低电平，与本例原来赋值语句“P2=0xFE;”的功能完全相同，自然可以点亮发光二极管。

改变后源程序如下：

```
#include <reg52.h>
sbit D0=P2^0;
main()
{
D0=0;
}
```

（3）如何将发光二极管电路连接到 P2 口的其他引脚？

如果硬件部分的发光二极管电路连接到 P2 口的其他引脚，这时软件部分的源程序必须要修改，以适应硬件的变化。例如，如图 2-5 所示的硬件电路，发光二极管电路连接到了 P2 口的 P2.7 引脚，此时，软件的源程序将赋值语句“P2=0xFE;”改变为“P2=0x7F;”即可，也可以如同上面中所述那样，直接将“sbit D0=P2^0;”改换为“sbit D0=P2^7;”，主程序都不用改变，即可使连接的发光二极管被点亮。原理请读者自己分析。

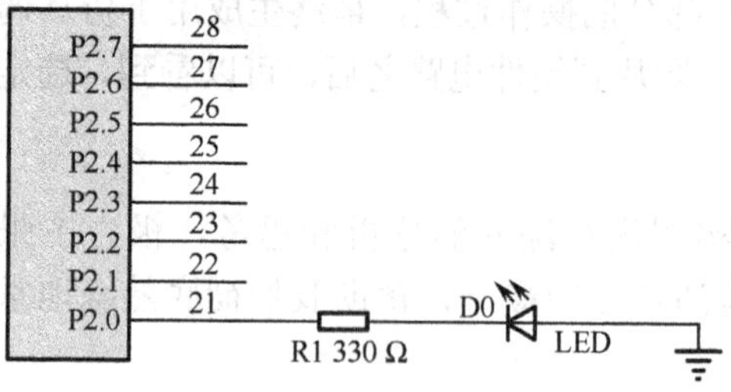

图 2-4　错误的点亮一只发光二极管硬件电路

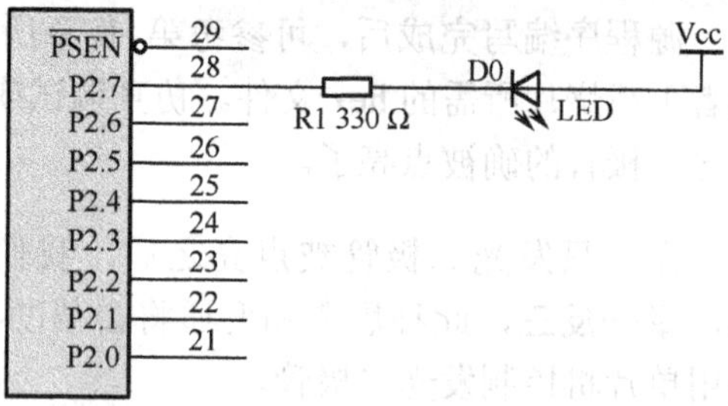

图 2-5　发光二极管连接到 P2.7 引脚电路（部分）

（4）将发光二极管电路连接到其他 I/O 口的某一引脚上。

51 单片机有 4 个 I/O 口，分别是 P0 口、P1 口、P2 口和 P3 口，每一个口都有 8 根引脚，都可以用来进行输入和输出操作。如果本例的发光二极管电路，未连接到 P2 口的某一引脚，而是连接到了 P0 口、P1 口或者 P3 口的某一引脚上，此时，这只发光二极管又如何被点亮呢？

就 51 单片机的 4 个 I/O 口而言，除 P0 口以外，其余的 3 个口在用做输入/输出时，用法完全相同；只有 P0 口在用做输入/输出时，必须外接上拉电阻，其阻值一般选取 4.7 kΩ、5.1 kΩ或 10 kΩ。这样连接的原因简单解释为 51 单片机 P0 口的硬件电路（集成在单片机内部）中没有上拉电阻，而 P1 口、P2 口和 P3 口中都有上拉电阻，所以在将 P0 口用做输入/输出时，必须外接上拉电阻。

以下使用 P1 口和 P0 口各举一例，来说明本拓展中如何点亮发光二极管。

实例 1　使用 P1 口

硬件电路如图 2-6 所示。

程序清单 1：

```
    #include
<reg52.h>
    sbit D0=P1^0;
    main()
    {
    D0=0;
    }
```

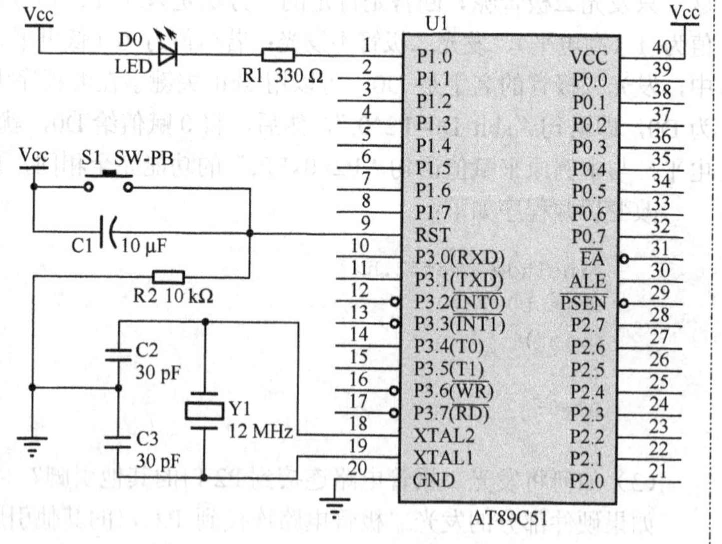

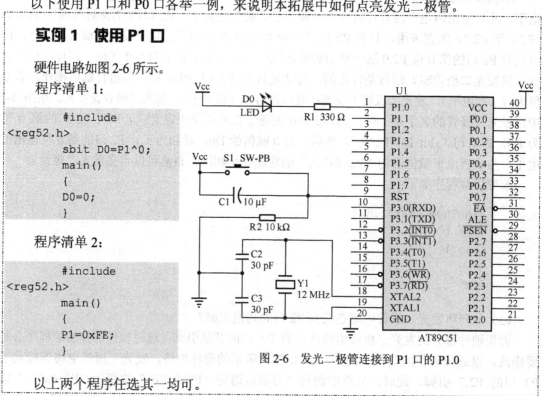

图 2-6　发光二极管连接到 P1 口的 P1.0

程序清单 2：

```
    #include
<reg52.h>
    main()
    {
    P1=0xFE;
    }
```

以上两个程序任选其一均可。

实例 2　使用 P0 口

硬件电路如图 2-7 所示。除了原有的发光二极管电路，还有一只 4.7 kΩ的电阻连接在电源 Vcc 和 P0 口的 P0.7 引脚上，此电阻就是上拉电阻。如果给 P0 口的 8 根引脚都接上拉电阻，则可以使用排阻完成，此内容在后面章节中进行介绍。

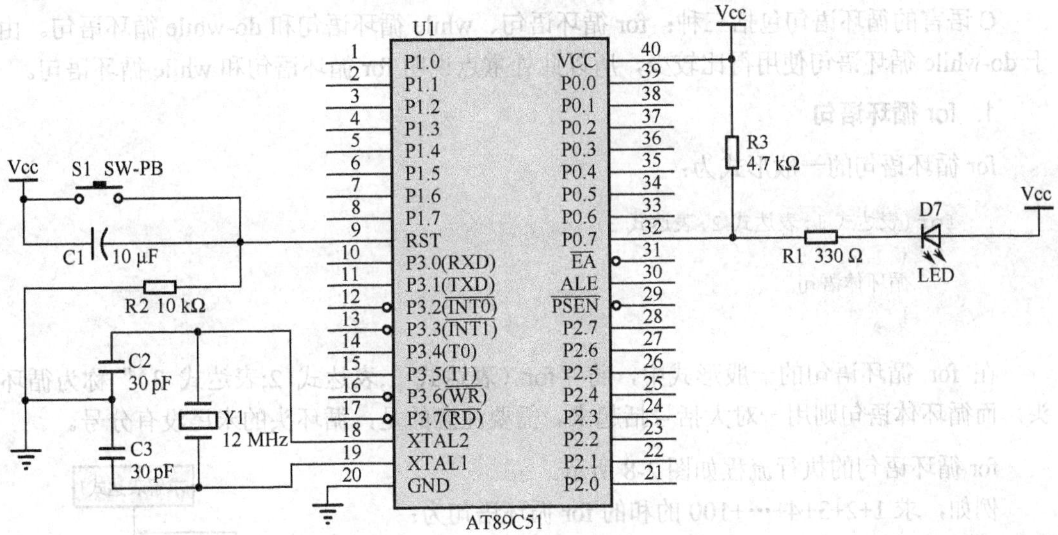

图 2-7　发光二极管连接到 P0 口的 P0.7

程序清单 1：

```
#include <reg52.h>
sbit D7=P0^7;
main()
{
D7=0;
}
```

程序清单 2：

```
#include <reg52.h>
main()
{
    P0=0x7F;
}
```

以上两个程序任选其一均可。

（5）如何使发光二极管不发光？

本例使用赋值语句“P2=0xFE;”将 P2 口 8 只引脚的最低位引脚设置为低电平，将发光二极管点亮。可以设想，一旦发光二极管被点亮，只要系统正常供电，则发光二极管就一直处于点亮状态，除非程序停止运行或者系统断电，发光二极管才会熄灭。相反，如果将数据 0xFF 赋值给 P2 口，即赋值语句变为“P2=0xFF;”，则 P2 口 8 根引脚的最低位引脚将输出高电平，这就令发光二极管不发光，即处于熄灭状态。

2.3　一只闪烁的发光二极管

在掌握了如何点亮和熄灭一只发光二极管之后，接下来自然想到的就是如何让发光二极管一亮一灭地闪烁起来。就本质而言，闪烁就是点亮和熄灭的反复交替，即先让发光二极管点亮并保持点亮状态一小段时间，再将发光二极管熄灭并保持熄灭状态一小段时间，然后重复此过程，即点亮一段时间，熄灭一段时间，再点亮一段时间，再熄灭一段时间，如此反复执行，眼睛看到的现象就是发光二极管在闪烁了。

由于点亮和熄灭的交替过程需要反复执行，此处必然涉及 C 语言的循环语句，现说明如下。

C 语言知识　循环语句

C 语言的循环语句包括三种：for 循环语句、while 循环语句和 do-while 循环语句。由于 do-while 循环语句使用得比较少，所以此处重点说明 for 循环语句和 while 循环语句。

1. for 循环语句

for 循环语句的一般形式为：

```
for(表达式 1;表达式 2;表达式 3)
    {
    循环体语句
    }
```

在 for 循环语句的一般形式中，将“for（表达式 1;表达式 2;表达式 3）”称为循环头，而循环体语句则用一对大括号括起来。需要注意的是，循环头的末尾没有分号。

for 循环语句的执行流程如图 2-8 所示。

例如，求 1+2+3+4+…+100 的和的 for 循环语句为：

```
sum=0;
for(i=1;i<=100;i++)
{
    sum=sum+i;
}
```

在使用 C 语言编写单片机程序时，for 循环除一般正常使用外，还有两类特殊的用法：一类是 for 循环被用做延时，另一类是 for 循环被用做死循环。

1）for 循环被用做延时

延时程序是单片机编程中很重要的一类程序，延时的目的多种多样。有些延时是为了让元器件保持某种状态不变并持续一定的时间，持续的这段时间就是延时；有些延时是为了了等待，等待元器件的某一状态从不稳定趋于稳定，或者等待某一信号发生变化等。总之，在单片机的程序设计中，延时程序是非常重要的。

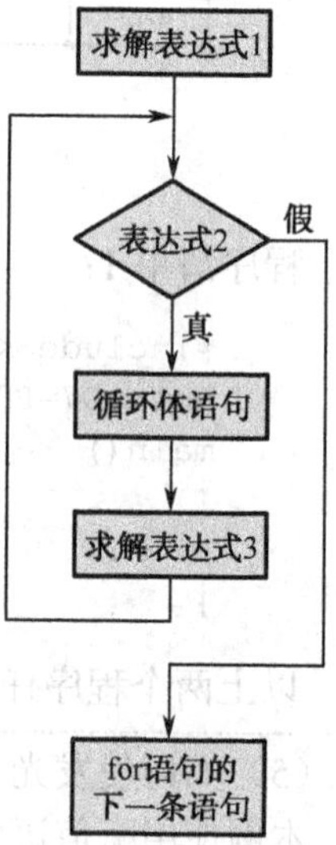

图 2-8　for 循环执行流程图

使用 for 语句可以实现延时。为了与 for 循环语句的一般格式一致，此处的编程略显笨拙，但功能和意义却较明确。使用 for 循环的延时语句举例如下：

```
for(i=0;i<=255;i++)
{
    ;
}
```

很明显，这个 for 循环语句的循环体语句比较特殊，仅仅是一个分号，言下之意，这只是一条空语句，即循环体不执行任何操作。依照图 2-8 所示 for 循环的执行过程，分析可知，这个 for 循环就是让变量 i 从 0 开始，反复地加 1，一直加到 i>255 时为止。那么，变量 i 反复加 1 与延时又有何关联呢？众所周知，单片机执行任何运算或操作都是需要时间的，有些运算或操作执行一次可能需要 1 μs，有些可能需要 2 μs，等等。此处，单片机在执行反复加 1 运算时，同样需要时间。在这段时间内，单片机仅仅在做反复加 1 的加法运算，而单片机自身以外的元器件及设备，则保持现有状态不变。从这些元器件及设备的角度来看，单片机忙于做低级的加 1 运算，使这些元器件及设备现有的状态保持不变一段时间，即这些元器件及设备的状态延续了一段时间，即称为延时。

C 语言中，源程序的编辑格式是非常灵活的，所以可将上述使用 for 循环实现延时的语句编辑成如下样式：

```
for(i=0;i<=255;i++);
```

显然，该样式仅仅是将循环体的空语句（即分号）编辑放置到循环头的后面。乍一看，此行末尾的分号，好像是 C 语言中语句的结束标志，实际却是循环体空语句的分号。

至此，凡在源程序中见到此类型的 for 循环语句，其功能就是延时，延时长短取决于表达式 2 中的数值大小（上面例子中是 255），此数值越大，则延时时间越长。

2）for 循环被用做死循环

首先解释一下什么是死循环。所谓死循环，就是程序一旦进入该循环，就再无法从该循环跳出和停止，循环体将被一遍又一遍地永远执行下去。

在 C 语言中，编程者往往要避免死循环的发生，但在单片机编程中，却往往需要编写死循环，原因是，只要单片机的系统正常供电，就要求有些程序一遍又一遍地反复执行，且永远如此，所以单片机编程中需要死循环。

使用 for 循环语句，可实现死循环。其一般格式为：

```
for(;;)
{
    循环体语句
}
```

可以看到，此格式与 for 循环语句的一般格式的差别，仅在循环头部分。此处的循环头中没有 for 循环语句一般格式中的表达式 1，表达式 2 和表达式 3，仅留有两个分号，言下之意就是无条件执行循环体语句，故称为死循环。

for 循环语句是使用非常频繁的一类循环语句，有关其细节，请读者参考其他 C 语言书籍或专著。

2. while 循环语句

while 循环语句的一般形式为：

```
while(表达式)
{
    循环体语句
}
```

在 while 循环语句的一般形式中，当表达式逻辑为真时，就执行循环体语句。while 循环的执行流程如图 2-9 所示。

例如，求 1+2+3+4+…+100 的和，当表达式逻辑为真的 while 循环语句为：

```
sum=0;
i=1;
while(i<=100)
{
    sum=sum+i;
    i++;
}
```

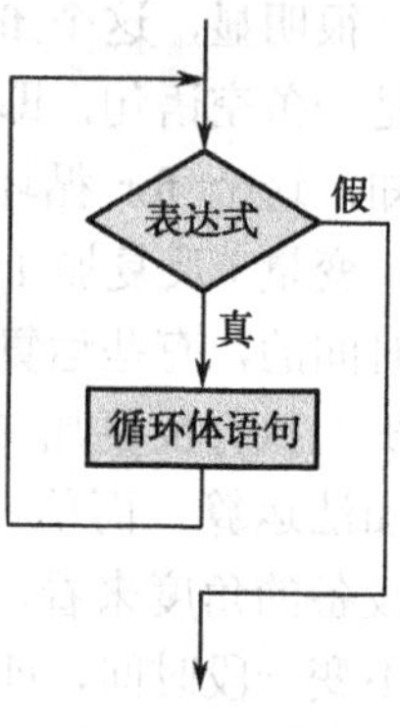

图 2-9　while 循环流程图

在使用 C 语言编写单片机程序时，除一般正常使用外，while 循环语句还被用做死循环语句，其格式为：

```
while(1)
{
  循环体语句
}
```

在此死循环语句格式中，while 循环语句一般形式中的表达式被常数 1 所代替。C 语言中，非 0 即为逻辑真，所以 while(1)中的常数 1 就是永远为真。程序一旦进入该 while 循环，由于表达式永远为真，所以循环无法停止或结束，循环体自然就会被永远反复执行，构成死循环。

由于篇幅原因，同 for 循环语句一样，while 循环语句的具体细节，请读者参考其他资料学习掌握。

2.3.1　源程序及其结构分析

在学习了使用 for 循环语句编写延时程序，以及使用 for 循环语句、while 循环语句建立死循环之后，接下来就编写如何使发光二极管闪烁的源程序（注：硬件电路依旧采用图 2-2 所示的电路）。

前已述及，发光二极管闪烁，即发光二极管被点亮并保持点亮一小段时间后，再熄灭并保持熄灭状态一小段时间，然后又被点亮，如此反复执行。很显然，这是一个死循环的过程，所以可以使用 for 循环语句或者 while 循环语句建立死循环，而循环体语句，则是先点亮发光二极管，然后延时，再熄灭发光二极管，再延时。所以源程序可以编写为：

```
#include <reg52.h>
#define uint unsigned int
sbit D0=P2^0;
main()
{
uint i;
   while(1)                          //死循环
```

```
    {
        D0=0;                          //点亮发光二极管
        for(i=0;i<=10000;i++);         //延时
        D0=1;                          //熄灭发光二极管
        for(i=0;i<=10000;i++);         //延时
    }
}
```

此源程序中，第二行“#define uint unsigned int”是 C 语言编译预处理中的宏定义，其功能是将 C 语言中无符号整型数据类型 unsigned int 定义为 uint，对于宏的概念等，我们不必深究，此处，仅需掌握宏定义的格式、宏定义的一般意义即可。此处的宏定义中，宏名是 uint，即程序中出现 uint 时，uint 就会被 unsigned int 替换，这样做的原因之一，是在源程序编辑时，unsigned int 字符串稍长，很容易出现录入错误，而改用宏名 uint 后，不仅易读易写而且易记忆，有其方便的一面，所以被大多数编程者采用。

C 语言知识　宏

（1）宏定义的一般格式。对于没有参数的宏，其定义的一般形式为：

```
#define 宏名 字符串
```

（2）宏定义的一般意义。宏定义就是用宏名代替一个字符串，也就是简单的替换。例如：

```
#define PI 3.14159265
```

如果有此宏定义，则在程序中出现“s=PI*r*r;”语句时，其中的 PI 就会替换为常数 3.14159265。

函数体的第一行“uint i;”为变量声明，此处申明了一个 uint，即 unsigned int 型变量 i。该变量 i，被 for 循环语句用做实现延时的变量，之所以选择无符号整型，主要是考虑到其数值范围相对比较大（0～65535），便于实现较长时间的延时。

主函数的函数体，是一个使用 while 循环语句建立的死循环，其中的循环体就是：将发光二极管点亮→延时→将发光二极管熄灭→延时。此循环体反复执行，其效果就是闪烁，闪烁的频率取决于延时时间的长短。可以通过修改 for 循环延时语句中的表达式 2 中小于或等于的数值，来修改延时时间。此数值越大，延时时间就越长，但不能超过该类型数据的取值范围。

本例源程序中，首次使用了 C 语言的注释，如语句行“while(1)　　//死循环”中的“//死循环”即为注释。关于 C 语言的注释，以下给出具体说明。

C 语言知识　注释

1）注释的作用

在软件编程中，适当地为自己编写的源程序加入注释是一个良好的编程习惯。加入注释的目的或作用是为了帮助我们更好地理解或读懂程序。在编写一些较大程序时，分块或者分段加入注释，便于我们从全局角度把握程序各模块之间的关系，便于对程序整体功能的理解和掌控。例如，对已经调试通过、功能无误的子函数添加功能注释，在调用时，其功能通过注释一目了然，而不必再分析一遍该子函数的各条语句是什么作用了。另外，在实际编程过程中，经常出现这样的现象，部分源程序的核心思想或算法在编写时，编程者思路是清晰的、正确无误的，并且程序运行一切正常。但时隔几日，当编程者再次看到自己编写的程序时，却怎么也理解不了其核心思想或算法，如果先前在编写这些核心思想或算法时编程者添加了注释，此时就不用如此尴尬了。模块化编程与可移植性是现代程序设计的特点，添加注释不仅方便自己，同时也为别人读懂和使用自己编写的程序提供了便利。在程序的分块调试中，一般也会使用到注释。将某一程序块注释起来，使其不起作用，调试其余程序块。当其余程序块通过之后，再去除注释，将刚才注释起来的程序块再次起作用，继续调试。

需要提起注意的是，所有注释都不参与程序或工程的编译，编译器在工程编译时会自动忽略注释。

2）C 语言注释的形式

C 语言注释一般有以下两种形式。

（1）行注释。行注释的形式是：//……，即在双斜线的后面编写注释。此注释形式只能注释一行，当出现注释一行不够，需要换行继续注释时，换行后，必须在新行中重新以双斜线打头，在其后编写注释。

（2）块注释。块注释的形式是：/*……*，即将需要注释的内容放在一对/*和*/之间。块注释可以注释一行，也可以对大块的内容作注释。

2.3.2 for 循环延时时间的测量

for 循环的延时是通过“for(i=0;i<=10000;i++);”来实现的，那么，这个 for 循环延时，究竟延时了多少时间呢？可使用 Keil 默认的调试工具 Simulator，在调试方式下，通过设置断点来测量。具体细节演示如下。

1. 编译调试选项设置

打开【Project】下拉菜单，在展开的项目中，选择【Options for Target ‘Target 1’】选项，或者直接单击工具栏中 Options for Target 快捷方式图标，就会打开编译选项设置对话框。在 Target 选项卡中选择调试使用的晶振频率，可将默认的“24 MHz”改换为我们常用的“12 MHz”，如图 2-10 所示。

接下来，在 Debug 选项卡中选择调试工具“Simulator”，并将其下面的“Go till main()”复选框选中，如图 2-11 所示。最后，单击【确定】按钮，退出编译调试选项设置对话框。

2. 测量 for 循环延时的时间

在编译链接通过之后，打开【Debug】下拉菜单，在展开的项目中，选择【Start/Stop Debug Session】选项，或者直接单击工具栏中 Debug 快捷方式图标，就会打开工程调试窗口，如图 2-12 所示。此时，工程管理工作台中显示的内容，已改变为 51 单片机相关寄存器的内容，当然也包括我们重点关注的时间值，如图 2-12 所示。其中所测时间的单位是秒。

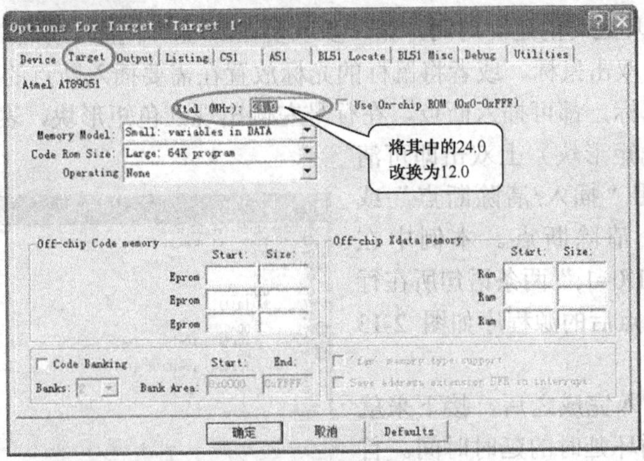

图 2-10　调试使用晶振频率的选择

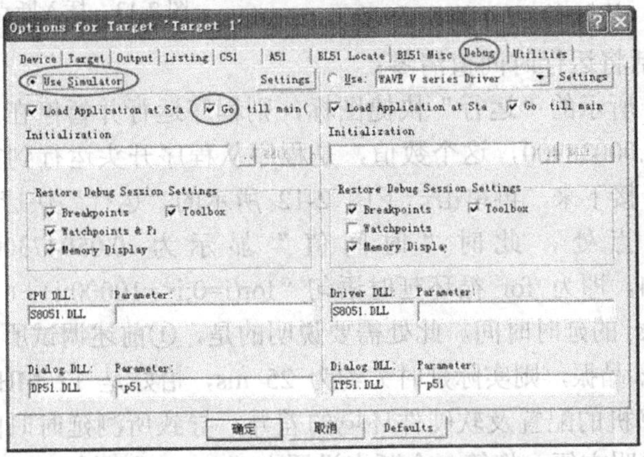

图 2-11　调试工具 Simulator 的选择

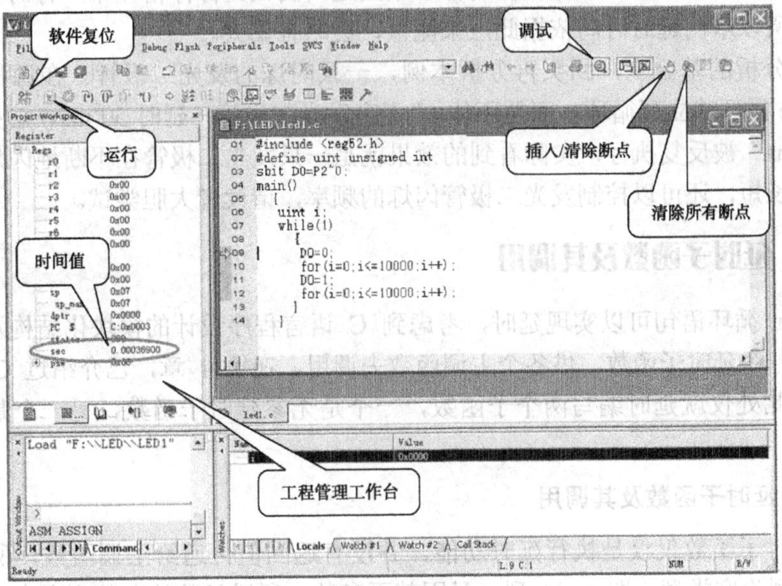

图 2-12　工程调试窗口

要测量 for 循环延时的延时时间，第一步就要在源程序中插入断点，其具体操作是：在需要插入断点的行双击鼠标，或者将鼠标的光标放置在需要插入断点的行，再单击“插入/清除断点”快捷图标，都可插入断点，在行号左侧出现红色矩形块，表明此行设有一个断点。在断点（红色矩形块）上双击即可清除断点，也可使用“插入/清除断点”或“清除所有断点”清除断点。本例中在“D0=0;”语句和“D0=1;”两条语句所在行插入断点，插入断点后的源程序如图 2-13 所示。

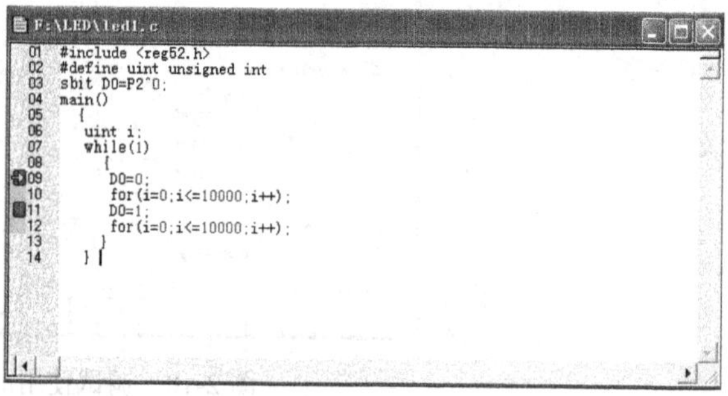

图 2-13　插入断点后的源程序

在两个断点插入完成之后，接下来就是具体测量 for 循环延时的延时时间。首先，单击图 2-12 所示调试工具栏中的“软件复位”快捷图标，使软件部分的所有量值都复位，其中包括将运行时间值清零；接着，单击图 2-12 所示的“运行”快捷图标，则程序运行并暂停在第一个断点处，此时“时间值”显示为 0.00038900，这个数值，是程序从程序开头运行到第一个断点处所用时间，记下该值备用；接下来，再单击一下图 2-12 所示的“运行”快捷图标，则程序运行并暂停在第二个断点处，此时“时间值”显示为 0.05047300，则 0.05047300−0.00038900=0.050084，即为 for 循环延时语句“for(i=0;i<=10000;i++);”延时的时间，单位是秒，即大约 50 ms 的延时时间。此处需要说明的是，①前述调试所用晶振的选择特别重要，若选用 24 MHz 晶振，则实际延时大约为 25 ms，恰好是 12 MHz 晶振延时时间的一半；②由于个人计算机的配置及软硬件环境的差异，导致所测延时时间略有差异，这是正常的；③本例为了说明方便，将第一个断点设置在“D0=0;”语句，而第一个断点的正确位置，应该就是 for 循环延时本身所在的行，原因是，调试光标停留在某一行时，该行语句还未被执行，所以本例延时时间依据此点来测量，会略有偏大。

在以上分析的基础上，回头再分析本例，一只闪烁的发光二极管。在源程序中，主函数使用 while 循环建立死循环，而循环体：“点亮发光二极管→延时 50 ms→熄灭发光二极管→延时 50 ms”被反复执行，实际看到的效果就是一只发光二极管在不断地闪烁。通过改变延时时间的长短，还可以控制发光二极管闪烁的频率，请读者大胆尝试。

2.3.3　延时子函数及其调用

使用 for 循环语句可以实现延时，考虑到 C 语言程序设计的模块化结构及可移植性特点，可编写一个延时子函数，供各个主调函数去调用。在第 1 章，已介绍过 C 语言函数的相关知识，此处仅就延时编写两个子函数，一个是无参延时子函数，另一个是有参延时子函数。

1. 无参延时子函数及其调用

因为延时子函数仅仅是执行延时功能，并没有返回值传递给主调函数，所以延时子函数的函数类型为空类型，即 void 型；又因其无参数，所以函数的参数列表中也是空的，即

void。此时，该无参延时子函数的函数体就仅仅包含一个 for 循环语句延时，且延时时间固定不变。无参延时子函数举例如下：

```
void delay50ms(void)
{
      uint i;
      for(i=0;i<=10000;i++);
}
```

此处，该延时子函数被命名为 delay50ms，意思是“延时 50 ms“，即我们在对函数、自变量等命名时，尽量做到“见名知意”，这对理解和读懂程序是很有帮助的。该子函数头（即第一行“void delay50ms(void)”）中的第一个 void，表明该子函数没有返回值，属于空类型；第二个 void，表明该子函数是一个没有参数的子函数。函数体仅为一个 for 循环延时，想必读者都已非常熟悉了，此处不再赘述。

当子函数定义完成之后，该如何来调用该子函数呢？

C 语言规定，函数是依照名字去调用，即 C 语言函数是按函数名字的不同而加以区分的。函数调用的一般形式是：

```
函数名（参数列表）；
```

函数调用也是 C 语言的语句，所以函数调用语句也以分号作为结束标志。另外，需要注意的是：①函数名与其后的左圆括号之间无空格。也许是由于印刷排版的缘故，函数名与其后的左圆括号之间，在印刷时常常有一定距离，使很多读者误以为此间有空格，其实二者是紧挨在一起的；②在子函数定义时，如果子函数没有参数，则参数列表中是 void，以此表明该子函数没有参数。在子函数调用时，如果子函数是无参子函数，则子函数调用时的参数列表中什么也不写，但一对圆括号必须保留，以此说明这是函数调用，并非一个与函数同名的变量；③在编写源程序时，主函数和子函数在源程序中的前后次序，即谁在前，谁在后，在编程时略有差异。一般是被调子函数在前，主调子函数在后，主函数在最后，这样可以避免主调函数对被调函数的声明。言下之意，如果主函数及主调函数在前，被调子函数在后，则在程序的开头，必须对被调用的子函数进行声明才行，否则编译便不能通过。本书被调子函数都安排在前，主调函数和主函数安排在后，免去了子函数的声明。如果读者对此不大习惯，可以在源程序开头部分添加子函数声明，则可将主函数等前移。

对于该实例，一只闪烁的发光二极管，若不使用 for 循环语句实现延时，而改用调用无参子函数 delay50ms 实现延时，也可以实现。其完整的源程序如下：

```
#include <reg52.h>
#define uint unsigned int
sbit D0=P2^0;
void delay50ms(void)
{
uint i;
for(i=0;i<=10000;i++);
```

```
}
main()
{
while(1)
{
    D0=0;
    delay50ms();
    D0=1;
    delay50ms();
    }
}
```

2. 有参延时子函数及其调用

如果子函数带有参数，则无疑增加了子函数的灵活性。对于本例而言，无参延时子函数的延时时间是固定的，即大约 50 ms；而有参延时子函数的延时时间长短，可以通过改变参数值的大小来改变。以下先给出有参延时子函数的源程序，后面再详细分析说明。有参延时子函数如下：

```
void delayn50ms(uint n)
{
    uint i,j;
    for(j=0;j<n;j++)
        for(i=0;i<=10000;i++);
}
```

显然，该有参延时子函数，其参数列表中不再是 void，而是 uint n，这表明该延时子函数在被调用时，必须有一个无符号整型数据（uint）将其值传递给变量 n。另外，此有参延时子函数中使用了 for 循环的嵌套，有关 for 循环的嵌套，请读者参阅相关 C 语言教材或资料。此处需要说明的是，该延时子函数的延时时间大约是 n×50 ms，若变量 n 取值为 1，则该延时子函数大约延时 50 ms；若变量 n 取值为 4，则该延时子函数大约延时 200 ms。此处，有参子函数的优点就再明显不过了，其灵活性是无参子函数不可比拟的。

在调用有参子函数时，其调用形式与无参子函数相近，唯一不同的就是，调用时参数列表中必须有实际的参数值，与定义时参数列表所列举变量一一对应起来。以本实例为例，调用有参延时子函数 delayn50ms 时，若想延时 200 ms，就将数值 4 传递给变量 n，即调用语句为“delayn50ms(4);”；若想延时 1 s（大约），则调用语句变为“delayn50ms(20);”。

完整的有参延时子函数调用，实现一只发光二极管闪烁（延时 250 ms）的源程序如下：

```
#include <reg52.h>
#define uint unsigned int
sbit D0=P2^0;
void delayn50ms(uint n)
{
uint i,j;
    for(j=0;j<n;j++)
```

```
            for(i=0;i<=10000;i++);
    }
    main()
    {
    while(1)
    {
        D0=0;
            delayn50ms(5);
            D0=1;
            delayn50ms(5);
        }
    }
```

2.4 流水灯

流水灯也称为跑马灯，即多个发光二极管排成一行、一列或者一个圆圈，然后将其逐个点亮，其效果如同流水般流动或者类似于一匹马沿圆形跑马场在奔驰。可以看到，流水灯的本质，依旧是发光二极管的亮灭控制问题，与以往不同的是，发光二极管的数量不再是 1 个，而是很多个。本例选取发光二极管的数量是 8 个，目的是为了与 51 单片机每个 I/O 口的 8 只引脚数保持相等，便于编程和控制。

2.4.1 硬件电路

流水灯的硬件电路如图 2-14 所示。本例选择 8 只发光二极管及其限流电阻连接在 P2 口，读者可以连接到 P0 口、P1 口和 P3 口。在连接到 P0 口时，必须要接上拉电阻，P1 和 P3 口的连接则与本图完全一致。

从图 2-14 中可以看到，8 只发光二极管中，每一只发光二极管的硬件连接方式都相同，完全与连接一只发光二极管的方式一致，故对硬件电路的分析一笔带过。

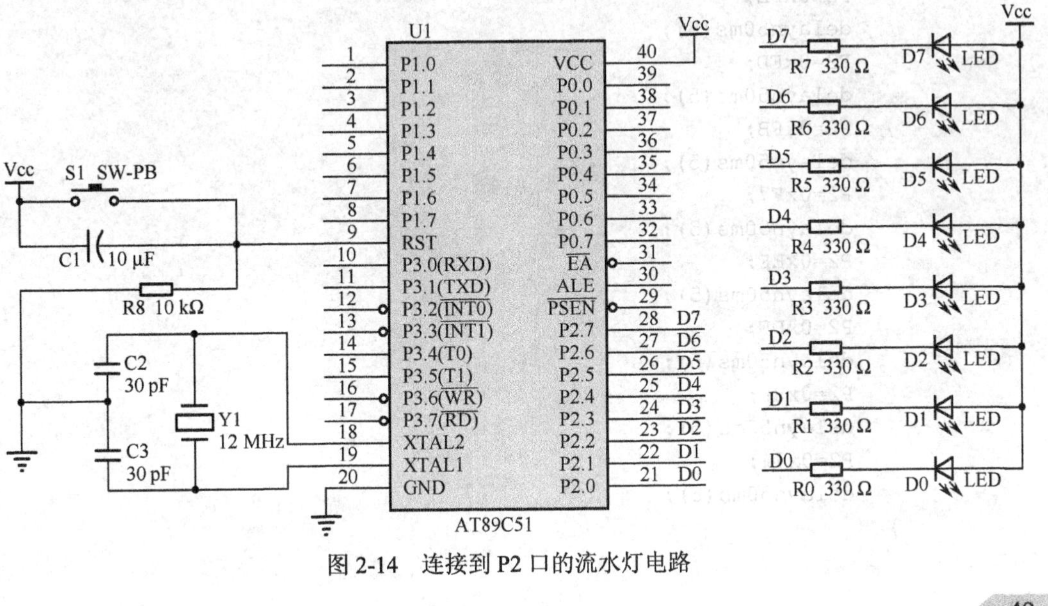

图 2-14　连接到 P2 口的流水灯电路

2.4.2 源程序

根据流水灯“流动”的特点，不难发现，只要让 8 只发光二极管依次点亮，就可以实现“流动”的效果。假如，先让连接在 P2.0 引脚的发光二极管 D0 点亮，此时，其余 7 只发光二极管是熄灭的，在延时一段时间（其实很短，一般不超过 1s）之后，再将发光二极管 D0 熄灭；在熄灭发光二极管 D0 的同时，将发光二极管 D1 点亮，D1 点亮时，其余 7 只发光二极管也是熄灭的，就这样，一只接着一只，发光二极管被逐个点亮一段时间。当第 8 只发光二极管 D7 熄灭时，再让第 1 只发光二极管 D0 点亮。这样，8 只发光二极管就被依次点亮再熄灭，循环工作起来。

通过以上分析，可以发现，任意一个时刻，8 只发光二极管中只有一只被点亮，即从 P2 口输出的数据中，某一时刻只能有一个是低电平 0（点亮），其余都是高电平 1（熄灭）。所以，按照 D0 至 D7 的次序，发光二极管依次被点亮，则送到 P2 口用于输出的数据就依次为 0xFE、0xFD、0xFB、0xF7、0xEF、0xDF、0xBF 和 0x7F，每送出一个数据都要延时一段时间，则本实例的源程序可以如下编写：

```
#include <reg52.h>
#define uint unsigned int
void delayn50ms(uint n)
{
uint i,j;
    for(j=0;j<n;j++)
        for(i=0;i<=10000;i++);
}
main()
{
while(1)
{
        P2=0xFE;
        delayn50ms(5);
        P2=0xFD;
        delayn50ms(5);
        P2=0xFB;
        delayn50ms(5);
        P2=0xF7;
        delayn50ms(5);
        P2=0xEF;
        delayn50ms(5);
        P2=0xDF;
        delayn50ms(5);
        P2=0xBF;
        delayn50ms(5);
        P2=0x7F;
        delayn50ms(5);
    }
}
```

此方法简单，易于理解，但略显烦琐。下面再介绍两种实现方法，一种是使用数组查表的方法，另一种是使用位运算中的左/右移位方法。

2.4.3 使用数组查表方法实现流水灯

使用数组查表的方法，是单片机软件编程中的重要方法之一，此方法不仅简洁明了，而且程序执行效率高，故被广泛使用，这也是我们应该重点掌握的编程方法。首先说明数组的概念及其使用方法。

C 语言知识 数组

数组，从字面理解就是一组数，它与数列有些类似，但不完全相同。在 C 语言中，数组是同一类型数据的有序集合，数组中的每一个元素都有相同的数据类型，数组中的元素可以用数组名和下标唯一确定。

数组依据其维数，可分为一维数组、二维数组和多维数组。对于二维数组和多维数组，可以理解成是一维数组的扩充。此处重点介绍一维和二维数组。

1）一维数组的定义

一维数组的定义方式为：

```
类型 数组名[常量表达式];
```

例如：

```
int a[10];
```

它表示定义了一个整型数组，数组名为 a，该数组有 10 个元素。

在定义数组时，必须注意以下几点：①数组名的命名，必须遵循标识符的命名规则；②在定义数组时，必须指定数组元素的个数，即数组长度；③数组元素的下标是从 0 开始的。例如，刚定义的数组 int a[10]，数组 a 有 10 个元素，分别是 a[0]、a[1] 、a[2]、a[3]、a[4]、a[5]、a[6]、a[7]、a[8]和 a[9]，特别提起注意的是:10 个元素构成的数组中，没有或者不存在元素 a[10]。

2）一维数组的引用

在数组定义之后，就可以使用数组名和下标，对数组的元素进行引用。数组元素的表示形式是：

```
数组名[下标]
```

例如：

```
int a[10];
t=a[0]+a[1];
```

此示例中，数组元素 a[0]和 a[1]的和，赋值给变量 t。

3）一维数组的初始化

对数组的初始化，类似于给变量赋初值。可以在定义数组时对数组元素赋初值，即将数组元素的初值，依次放在一对大括号（花括号）内，以此完成对数组的初始化。例如：

```
int a[10]={0,1,2,3,4,5,6,7,8,9};
```

在数组初始化时，也可以对数组的一部分元素赋初值，其余未赋值的元素，一般自动赋值为 0。在对数组全部元素赋初值时，由于数组元素的个数已经确定，所以可以不指定数组的长度。

例如，“int a[5]={0,1,2,3,4};”与“int a[]={0,1,2,3,4};”是完全一样的。

4）二维数组的定义

二维数组定义的一般形式为：

```
类型 数组名[常量表达式][常量表达式];
```

例如：

```
int a[3][4];
```

则定义了一个名为 a 的整型二维数组，该数组共有 3 行，每一行有 4 列。

5）二维数组的引用

与一维数组元素的引用类似，二维数组元素的表示形式为：

```
数组名[行下标][列下标]
```

例如：a[0][2]，a[2][3]等。

需要注意的是：无论是行下标还是列下标，它们都从 0 数起，如二维数组 int a[3][4]中，就没有元素 a[3][4]，而该数组最后一行、最后一列的元素是 a[2][3]。

6）二维数组的初始化

二维数组的初始化，一般采用分行赋初值的方式。例如：

```
int a[3][4]={{1,2,3,4},{5,6,7,8},{9,10,11,12}};
```

该数组 a 的元素排列如下。

$$\begin{bmatrix} 1 & 2 & 3 & 4 \\ 5 & 6 & 7 & 8 \\ 9 & 10 & 11 & 12 \end{bmatrix}$$

7）字符数组（字符串）

C 语言中，字符串是使用一维字符数组来存放的，其定义、引用和初始化与一维数组完全相同，但同时又有自身的一些特性。例如，将字符串定义声明为 text 的一维字符数组，同时给予初始化：

char text[]={“I am happy”}一对大括号（花括号）也可以省略，即 char text[]=“I am happy”

此处仅列出了数组的基本内容，相关知识请参阅有关 C 语言的专著或资料。

在了解了数组的基本知识后，可以将本例送往 P2 口的数据，依次放在一个一维数组中，然后借助于数组下标，逐个引用，取出来再送到 P2 口，实现流水灯的效果。每循环一次，需要送 8 个数据到 P2 口，显然，送 8 次数据也是一个重复性工作。而无序的数据一经放置在数组中，其数组的下标，就使这些无序的数据有序化了，所以可借助于 for 循环来实现以上操作。具体源程序如下：

```
#include <reg52.h>
#define uint unsigned int
#define uchar unsigned char
uchar code tab[8]={0xFE,0xFD,0xFB,0xF7,0xEF,0xDF,0xBF,0x7F};
void delayn50ms(uint n)
{
uint i,j;
      for(j=0;j<n;j++)
         for(i=0;i<=10000;i++);
   }
main()
{
uchar k;
   while(1)
      {
         for(k=0;k<8;k++)
         {
            P2=tab[k];
            delayn50ms(5);
         }
      }
}
```

此例源程序需要进一步解释的是数组定义语句“uchar code tab[8]={0xFE,0xFD,0xFB,0xF7,0xEF,0xDF,0xBF,0x7F};”中的“0xFE”，此处“0xFE”表示此数组存放在单片机的程序存储器中，有关存储器及数据的存储格式等，在后续章节中会详细解释，此处仅了解这一点就可以了。

2.4.4　使用位运算中的左/右移位方法

位运算在单片机类处理器运算中占有重要地位，原因是单片机控制的低层核心部分就是二进制数据 0 和 1，而位运算也是只与 0 和 1 打交道，这二者之间的吻合，使得位运算在单片机类处理器中享有得天独厚的优势。

本例送往 P2 口的数据，依次是 0xFE、0xFD、0xFB、0xF7、0xEF、0xDF、0xBF 和 0x7F，这 8 个数据对应的二进制数如表 2-2 所示。

从表 2-2 中可见，8 个数据中唯一的一个 0 在向左移动，这恰好是实际中的亮点在移动（低电平 0 对应点亮）。送到 P2 口的第一个数据依旧是 0xFE，然后对 0xFE 进行向左移 1 位操作。由于左移时，右端的空位会被补 0，所得数据为 0xFC，不等于送 P2 口的第二个数 0xFD，所以，在左移 1 位操作之后，再给最末一位补 1，补 1 可以用常数 0x01 去做位或运算，0xFC|0x01 即可得下一个准备送 P2 口的数据 0xTF，以此类推，其余数据均可得到。因为第 8 个数据 0xFE 执行左移 1 位、末尾补 1 之后，与第一个数并不相等，所以每八次左移

完成后，要重新赋初值给临时变量 d。本例使用位运算的左右移方法，程序清单如下：

表 2-2　送往 P2 口的数据对应的二进制数

位的编号 / 赋给 P2 口的数（十六进制）	位 7	位 6	位 5	位 4	位 3	位 2	位 1	位 0
0xFE	1	1	1	1	1	1	1	0
0xFD	1	1	1	1	1	1	0	1
0xFB	1	1	1	1	1	0	1	1
0xF7	1	1	1	1	0	1	1	1
0xEF	1	1	1	0	1	1	1	1
0xDF	1	1	0	1	1	1	1	1
0xBF	1	0	1	1	1	1	1	1
0x7F	0	1	1	1	1	1	1	1

```
#include <reg52.h>
#define uint unsigned int
#define uchar unsigned char
void delayn50ms(uint n)
{
uint i,j;
    for(j=0;j<n;j++)
        for(i=0;i<=10000;i++);
}
main()
{
uchar k,d;
while(1)
    {
        d=0xFE;
        for(k=0;k<8;k++)
        {
            P2=d;
            d=d<<1|0x01;
            delayn50ms(5);
        }
    }
}
```

至此，有关发光二极管的应用开发就此结束。虽然说发光二极管的应用开发比较简单，但它是我们应用单片机开发的起步之作，“良好的开端是成功的一半”，后续的数码管显示输出、LED 点阵显示输出，都是基于发光二极管的，举一反三，触类旁通，勤动手多练习是学好单片机的一条捷径。

2.5　蜂鸣器控制和继电器控制

之所以在介绍发光二极管之后，简单说明蜂鸣器和继电器的单片机控制方法，其主要原因是蜂鸣器和继电器的单片机控制方法与发光二极管极其类似。简单而言，发光二极管只有亮和灭两种状态，而蜂鸣器也只有鸣叫和不鸣叫两种状态，继电器也只有通和断两种状态，它们都属于单片机直接输出高电平或低电平去控制的、有且仅两种被控状态的外围设备。

1. 蜂鸣器控制

蜂鸣器是一种一体化结构的电子讯响器，采用直流电压供电，作发声器件，广泛应用于计算机、打印机、复印机、报警器、电子玩具、汽车电子设备、电话机、定时器等电子产品中。在单片机开发应用中，蜂鸣器大多用来做提示或报警，如按键按下、开始工作、工作结束或故障发生等。常见蜂鸣器的实物图如图 2-15 所示。它有两根引脚，较长的一根是正极，较短的一根是负极。蜂鸣器的电路图形符号如图 2-16 所示

图 2-15　蜂鸣器实物图

图 2-16　蜂鸣器的电路图形符号

蜂鸣器的工作电流一般比较大，以至于单片机的 I/O 口无法直接驱动，需要利用放大电路来驱动，一般使用三极管来放大电流就可以了。本例使用的就是 PNP 三极管 8550。单片机驱动蜂鸣器的硬件电路如图 2-17 所示。

从图 2-17 中可见，如果 P2 口的 P2.7 引脚输出高电平，则蜂鸣器不鸣叫；相反，如果该引脚输出低电平，则蜂鸣器鸣叫。

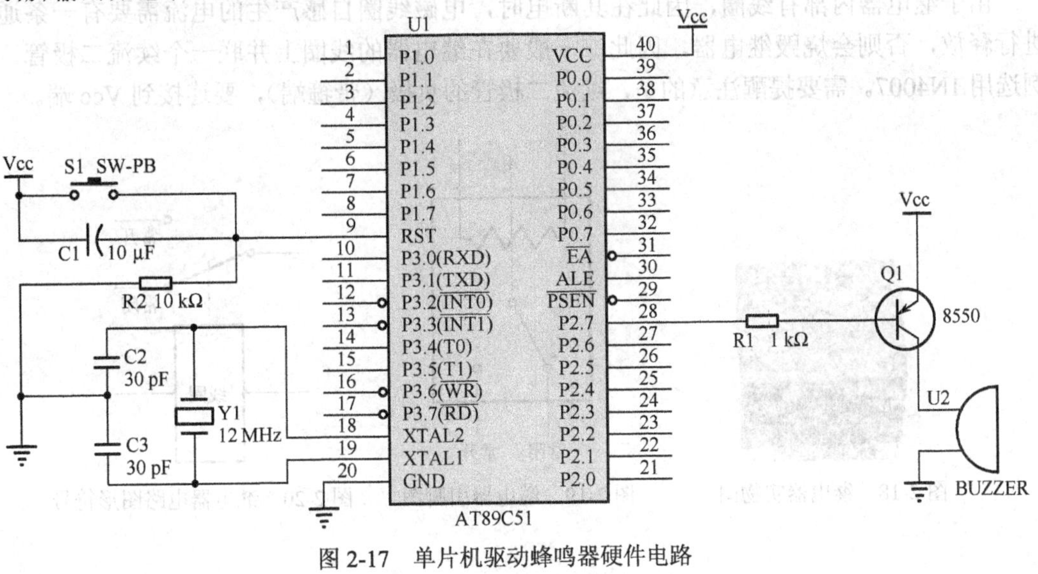

图 2-17　单片机驱动蜂鸣器硬件电路

蜂鸣器以大约 500 ms 间隔鸣叫的源程序如下：

```
#include <reg52.h>
#define uint unsigned int
sbit beep=P2^7;
void delayn50ms(uint n)
{
    uint i,j;
    for(j=0;j<n;j++)
        for(i=0;i<=10000;i++);
}
main()
{
    while(1)
    {
        beep=1;
        delayn50ms(5);
        beep=0;
        delayn50ms(5);
    }
}
```

2. 继电器控制

继电器实际上是用小电流去控制大电流运作的一种“自动开关”，在电路中起着自动调节、安全保护、转换电路等作用，广泛应用于遥控、遥测、通信、自动控制、机电一体化及电力电子设备中，是最重要的控制元件之一。本例选用小型电磁继电器 HK3FF-DC5V-SH，它有一个常开触点和一个常闭触点。继电器实物如图 2-18 所示，其引脚图如图 2-19 所示，电路图形符号如图 2-20 所示。对于本例使用的继电器，其背面有 5 根引脚，其中 3 引脚和 5 引脚内部接有线圈，4 引脚与 2 引脚属常闭触点，4 引脚与 1 引脚属常开触点。

由于继电器内部有线圈，因此在其断电时，电磁线圈自感产生的电流需要有一条通道进行释放，否则会烧毁继电器，因此，一般要在继电器的线圈上并联一个续流二极管，本例选用 1N4007。需要提醒注意的是，续流二极管的负极（带箍端），要连接到 Vcc 端。

图 2-18　继电器实物图

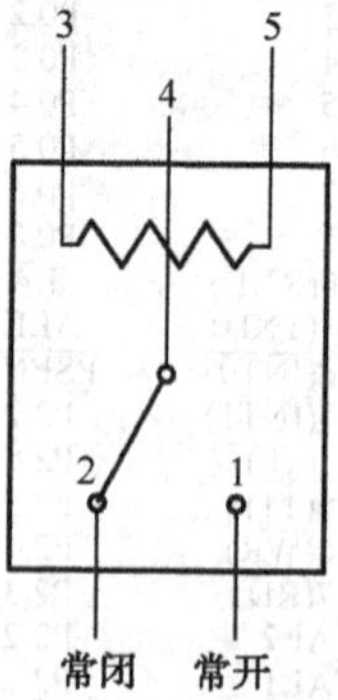

图 2-19　继电器引脚图

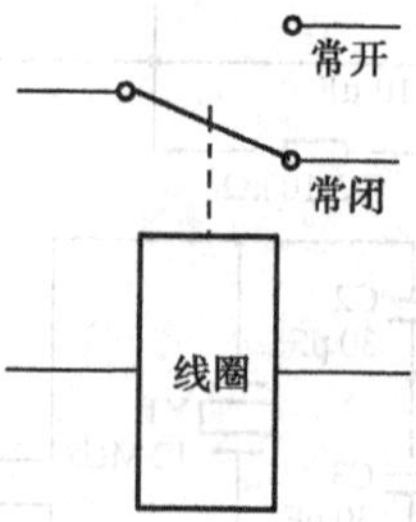

图 2-20　继电器电路图形符号

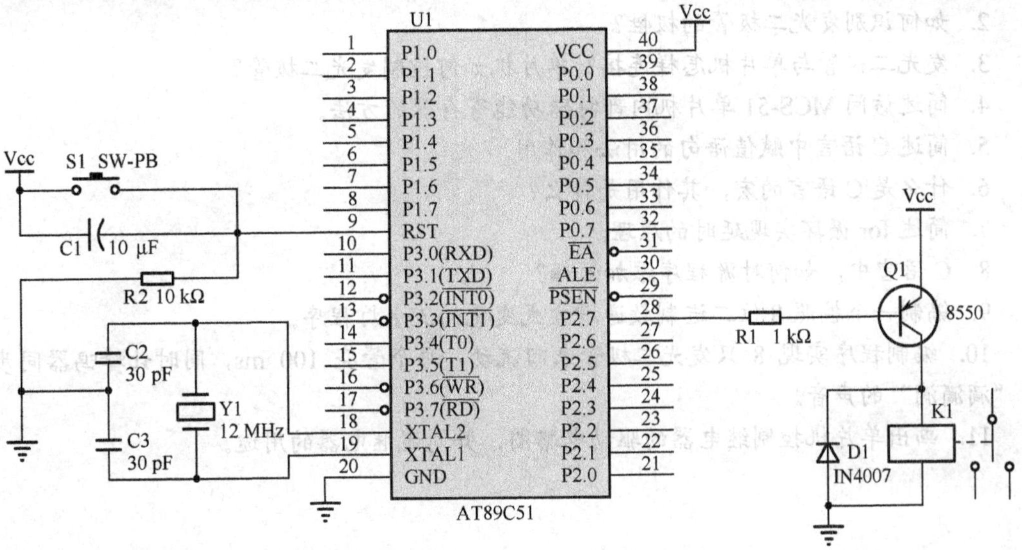

图 2-21　单片机驱动继电器硬件电路

程序清单如下：

```
#include <reg52.h>
#define uint unsigned int
sbit RELAY=P2^7;
void delayn50ms(uint n)
{
uint i,j;
for(j=0;j<n;j++)
      for(i=0;i<=10000;i++);
}
main()
{
while(1)
{
   RELAY=1;
      delayn50ms(5);
      RELAY=0;
      delayn50ms(5);
   }
}
```

实际运行时，可以明显地听到“咔嗒咔嗒”的声音，那是继电器在常开和常闭触点之间进行切换时发出的声响。

思考题 2

1. 发光二极管作为简单易用的显示器件，它有哪些特点和应用领域？

2. 如何识别发光二极管的极性？

3. 发光二极管与单片机怎样连接？单片机如何控制发光二极管？

4. 简述访问 MCS-51 单片机内部特殊功能寄存器的方法。

5. 简述 C 语言中赋值语句的用法和作用。

6. 什么是 C 语言的宏，其作用是什么？

7. 简述 for 循环实现延时的原理。

8. C 语言中，如何对源程序添加注释？

9. 编制一个按照 8 位二进制数递增方式变化的流水灯程序。

10. 编制程序实现 8 只发光二极管来回流动，每个管亮 100 ms，同时让蜂鸣器同步发出“滴滴滴”的声音。

11. 画出单片机控制继电器的驱动电路图，并简述继电器的用途。

第3章 数码管显示输出

3.1 数码管的结构与分类

数码管是一种广泛应用在仪表、时钟、车站、家电等场合的半导体发光器件，它由多个发光二极管封装在一起，组成“8”字形的器件，颜色有红、绿、蓝、黄等。图 3-1 是 1 位、2 位、3 位和 4 位数码管的实物图。可以看到，每 1 位数码管都由 7 个线段型和 1 个小数点型发光二极管组成，这 8 个发光二极管在数码管中称为“段”，平常所说的 7 段或 8 段（小数点也算 1 段）数码管，就指这个意思。图 3-2 是从正面观察（数码管正面面对读者，小数点位于右下角）1 位数码管时，数码管 8 个段的名称及引脚图，其中 3 引脚和 8 引脚在数码管内部是短路接通的，称为公共端 com。

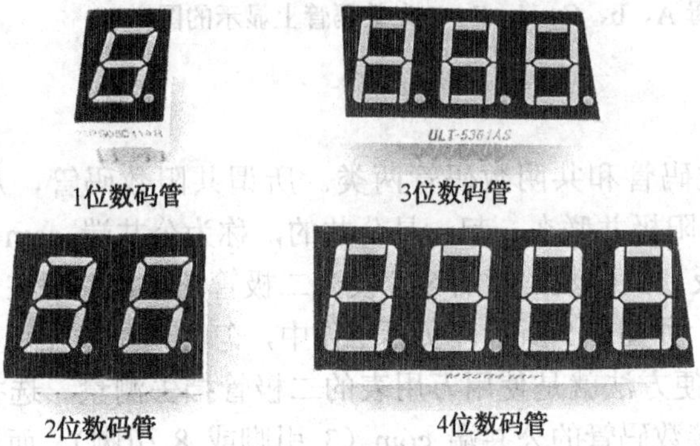

图 3-1　数码管实物图

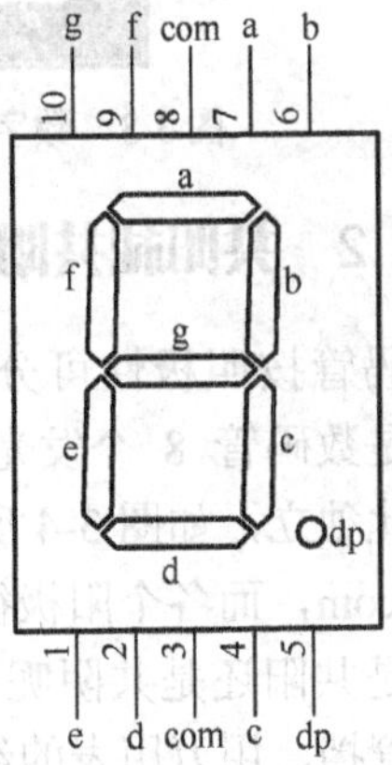

图 3-2　1 位数码管各段名及引脚图

3.1.1 数字和字符的数码管显示图样

从数码管的结构可知，只要有序地组织，让数码管的 7 段（或者 8 段）中部分或全部点亮，就可以显示数字或者字符等信息。图 3-3 是数字 0～9 和字母 A～F 在数码管上显示时对应的图样，其中字母 b 和 d 是小写字母。

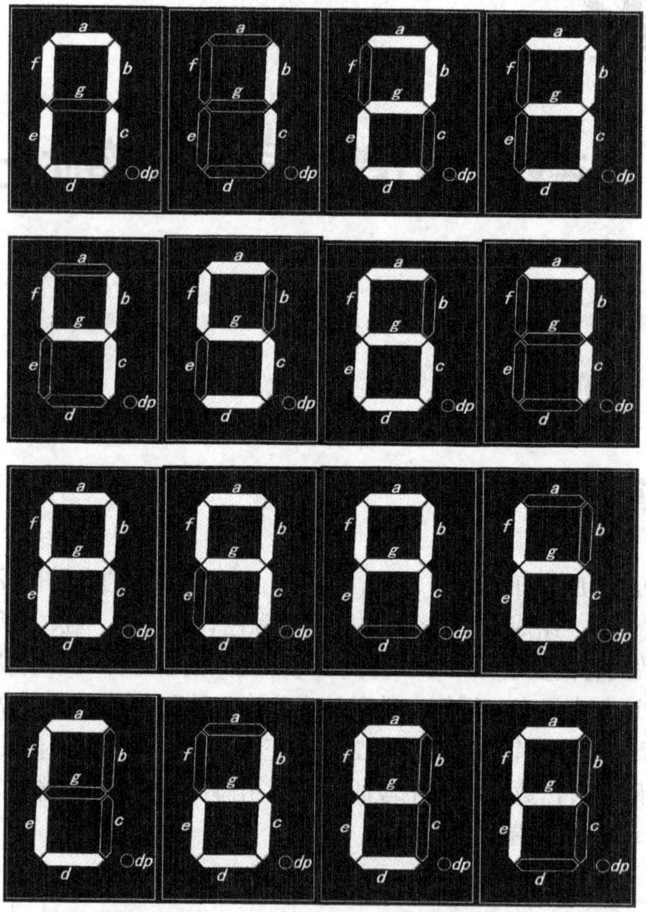

图 3-3 数字 0～9、字母 A、b、C、d、E、F 在数码管上显示的图样

3.1.2 共阳和共阴数码管

数码管按照极性可分为共阳数码管和共阴数码管两类。所谓共阳数码管，从字面理解，就是数码管 8 个发光二极管的阳极并联在一起，是公共的，称为公共端 com，而各个阴极彼此独立，如图 3-4 所示；相反，共阴数码管的 8 个发光二极管的阴极并联在一起，是公共端 com，而各个阳极彼此独立，如图 3-5 所示。实际工作中，怎样判别拿在手里的这个数码管是共阳还是共阴呢？一个简便方法就是使用万用表的二极管挡去测量。选择万用表的二极管挡，用万用表的红表笔搭接数码管的公共端 com（3 引脚或 8 引脚），而黑表笔依次搭接其他引脚，如果此时数码管各段发光，说明该数码管是共阳的；如果数码管的各段都不发光，则交换红、黑表笔，用黑表笔搭接公共端 com，用红表笔依次搭接其他引脚，

若数码管各段发光，说明该数码管就是共阴的。

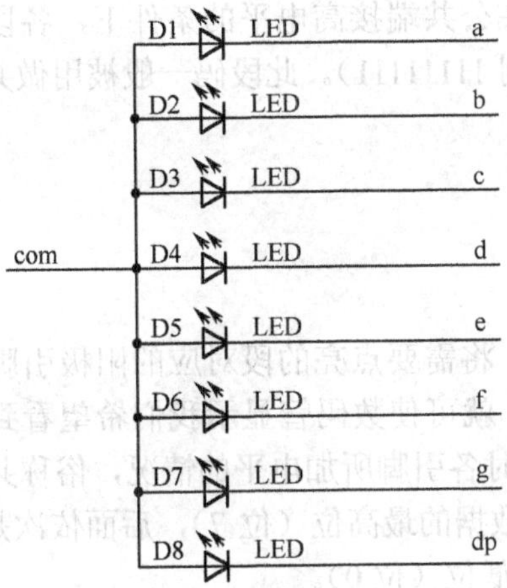

图 3-4 共阳数码管原理图

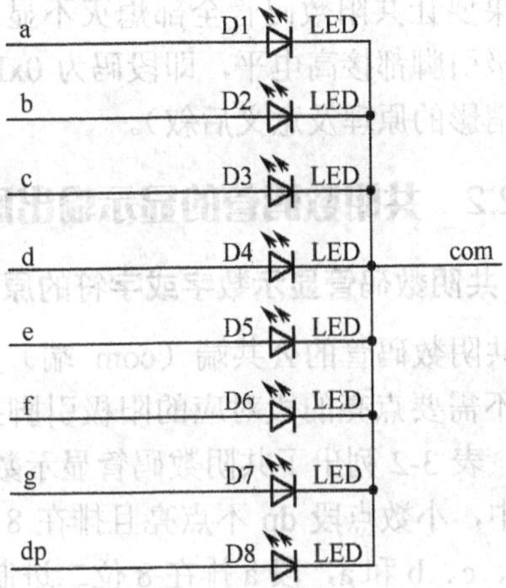

图 3-5 共阴数码管原理图

3.2 数码管的显示输出原理

如何有效地控制数码管各个引脚的电平，使其按照我们的预想显示输出呢？以下就共阳和共阴数码管分别给予说明。

3.2.1 共阳数码管的显示输出原理

1. 共阳数码管显示数字或字符的原理及编码

在理论层面，给共阳数码管的公共端（com 端）接高电平，将需要点亮的段对应的阴极引脚接低电平，将不需要点亮的段对应的阴极引脚接高电平，就可使数码管显示我们希望看到的数字或字符。表 3-1 列出了共阳数码管显示数字和字符时各引脚所加电平的情况，俗称共阳段码表，其中，小数点段 dp 不点亮且排在 8 位二进制数据的最高位（位 7），后面依次是段 g、f、e、d、c、b 和 a，段 a 排在 8 位二进制数据的最低位（位 0）。

表 3-1 共阳数码管段码表

数字或字符	（dp）gfedcba	段码（十六进制）	数字或字符	（dp）gfedcba	段码（十六进制）
0	1 1000000	0xC0	8	1 0000000	0x80
1	1 1111001	0xF9	9	1 0010000	0x90
2	1 0100100	0xA4	A	1 0001000	0x88
3	1 0110000	0xB0	b	1 0000011	0x83
4	1 0011001	0x99	C	1 1000110	0xC6
5	1 0010010	0x92	d	1 0100001	0xA1
6	1 0000010	0x82	E	1 0000110	0x86
7	1 1111000	0xF8	F	1 0001110	0x8E

2. 共阳数码管全部熄灭不显示的方法

如果要让共阳数码管全部熄灭不显示，可以在公共端接高电平的条件下，各段对应的所有阴极引脚都接高电平，即段码为 0xFF（二进制 11111111）。此段码一般被用做共阳消影处理（消影的原理及意义后叙）。

3.2.2 共阴数码管的显示输出原理

1. 共阴数码管显示数字或字符的原理及编码

给共阴数码管的公共端（com 端）接低电平，将需要点亮的段对应的阳极引脚接高电平，将不需要点亮的段对应的阳极引脚接低电平，就可使数码管显示我们希望看到的数字或字符。表 3-2 列出了共阴数码管显示数字和字符时各引脚所加电平的情况，俗称共阴段码表，其中，小数点段 dp 不点亮且排在 8 位二进制数据的最高位（位 7），后面依次是段 g、f、e、d、c、b 和 a，段 a 排在 8 位二进制数据的最低位（位 0）。

表 3-2 共阴数码管段码表

数字或字符	（dp）gfedcba	段码（十六进制）	数字或字符	（dp）gfedcba	段码（十六进制）
0	0 0111111	0x3F	8	0 1111111	0x7F
1	0 0000110	0x06	9	0 1101111	0x6F
2	0 1011011	0x5B	A	0 1110111	0x77
3	0 1001111	0x4F	b	0 1111100	0x7C
4	0 1100110	0x66	C	0 0111001	0x39
5	0 1101101	0x6D	d	0 1011110	0x5E
6	0 1111101	0x7D	E	0 1111001	0x79
7	0 0000111	0x07	F	0 1110001	0x71

2. 共阴数码管全部熄灭不显示的方法

如果要让共阴数码管全部熄灭不显示，可以在公共端接低电平的条件下，所有阳极引脚都接低电平，即段码为 0x00（二进制 00000000）。此段码一般被用做共阴消影处理。

3. 数码管显示输出的驱动

在数码管的实际应用中，除按以上段码数据加载引脚的电平外，还需考虑数码管的驱动问题，数码管的驱动电流大小一般在 5 mA 左右，使用 74LS573 类锁存器驱动电路或使用 8550 类晶体管驱动均可。

4. 静态显示和动态显示

静态显示和动态显示，是在多位数码管同时显示信息的前提下分类的，1 位数码管的显示不存在静态和动态显示之分。

在了解和掌握静态显示和动态显示原理之前，需先掌握位码的概念。

当多位数码管同时显示时，自然要关注每个数码管显示的内容是什么，但同时也要区分是哪一个或者是哪几个数码管在显示。这时，除控制数码管显示内容的段码数据外，还要有用于区分数码管位置的数据，即位置码，简称位码。

如图 3-6 所示，8 个数码管同时显示时，名称相同的段的引脚彼此相连，即 8 个数码管中，8 个名称为 a 段的引脚连接在一起，形成公共“A”段的引脚；8 个名称为 b 段的引脚连接在一起，形成公共“B”段的引脚，…，8 个名称为 dp 段的引脚连接在一起，形成公共“DP”段的引脚。这样，送到公共段引脚 A，B，C，D，E，F，G，DP 的段码数据，自然会送到每个数码管，并用来控制数码管显示的内容。而每个数码管的公共端（3 引脚和 8 引脚并联后的引脚）各自独立，在图 3-6 中，从上到下，8 个数码管的公共端暂且命名为 W0，W1，…，W7，这些独立的公共端可以用来区分每一个数码管，而送到这些独立的公共端上的电平数据就是数码管的位码，使用这些位码数据可以区分每一个数码管。

假设图 3-6 中 8 个数码管是共阳的，则公共端 W0，W1，…，W7 是各个数码管的阳极。根据共阳数码管显示的原理，只有在阳极是高电平的前提下，送到段引脚的段码数据（低电平有效）才可以显示出来，如果阳极是低电平，则无论段引脚是高电平还是低电平，数码管都不会显示。所以，8 个数码管中，如果希望哪个数码管显示，就将其公共端置成高电平。例如，如果仅仅希望数码管 LED1 这一个数码管显示，则送数据 0x01(二进制 00000001) 到公共端 W7～W0，此处假定 W7～W0 引脚连接到一个 8 位的数据 I/O 口，而 W7 是一个字节数据的最高位，W0 是一个字节数据的最低位。送到段引脚的数据将在第一个数码管 LED1 上显示出来，其余 7 个数码管尽管得到了段数据，但其公共端是低电平，是不显示的。此时，送到公共端引脚的数据 0x01 就是位码。如果希望 8 个数码管全部显示，则送到公共端引脚的位码数据就是 0xFF。

如果图 3-6 中的 8 个数码管是共阴的，则送到段引脚的数据应是共阴数码管的段码（表 3-2），送到公共引脚 com 的数据就是位码，因为是共阴数

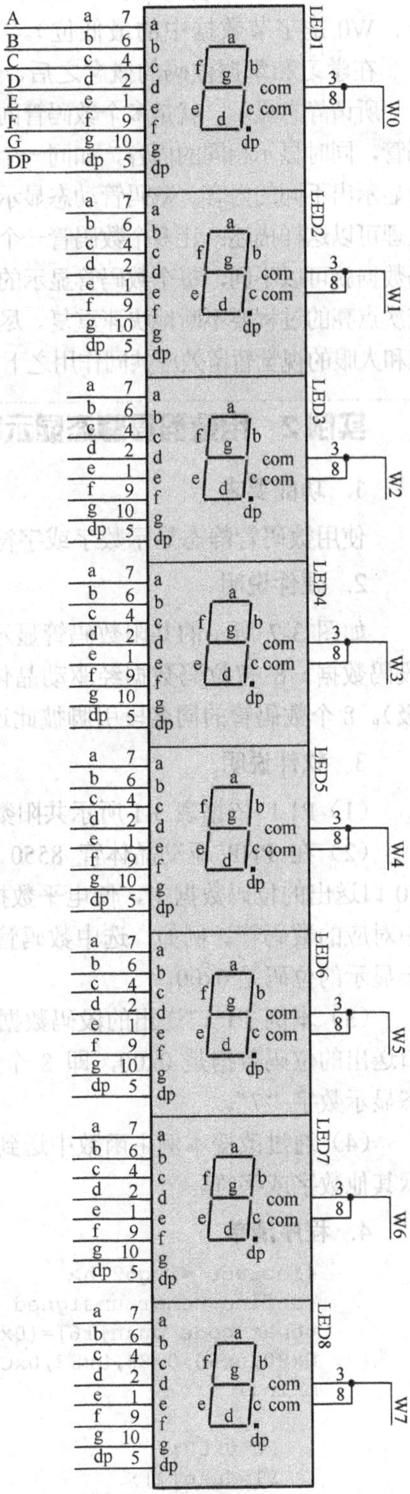

图3-6　8个数码管同时显示

码管，所以位码中低电平 0 对应的数码管将显示信息。例如，如果计划让数码管 LED1 和 LED3 显示，则位码为 0xFA（二进制 11111010，依旧假定 W7 是字节数据中的最高位，W0 是字节数据中的最低位）。

在学习和掌握位码的概念之后，下面来说明静态显示和动态显示。

所谓静态显示，就是多个数码管同时显示时，相同的段码数据，能使位码数据选中的多个数码管，同时显示相同的内容，如同一个数码管一样。相反，动态显示可以使同时显示的各个数码管显示出不同的内容。数码管动态显示的本质是动态扫描显示，即分时显示的过程。动态显示的原理可以这样描述：让多个数码管一个接一个地依次点亮，这样，送到每个数码管用于显示的段码数据就可以不同，每个数码管显示的内容自然不同，但每个数码管被点亮时间必须要短，并且依次点亮的过程要不断地快速重复。尽管某一时刻只有一个数码管在显示，但在数码管的余辉效应和人眼的视觉暂留效应共同作用之下，人眼看到的是多个数码管“同时”被点亮的效果。

实例 2　用数码管静态显示字符

1. 功能要求

使用数码管静态显示数字或字符。

2. 硬件说明

如图 3-7 所示的共阳数码管显示输出电路，单片机 P0 口输出位码数据， P1 口输出段码数据。8 位位码数据经驱动晶体管 8550 后，分别连接到 8 个数码管的公共端（阳极）。8 个数码管的同名段引脚彼此连接，100 Ω电阻起限流作用。

3. 软件说明

（1）P1 口依据表 3-1 所示共阳数码管段码表，送出段码数据。

（2）在 PNP 驱动晶体管 8550 的作用下，共阳数码管的位码数据是低电平有效，即 P0 口送出的位码数据中，低电平数据位经晶体管 8550 之后会变为高电平数据位，恰好选中对应的数码管。例如，选中数码管 LED1 的位码数据是 0xFE，8 个数码管全部选中用于显示的位码是 0x00。

（3）本例 P1 口送出的段码数据是 0xF8，即数组元素 duan[7]，则显示数字“7”；P0 口送出的位码数据是 0x00，即 8 个数码管全部显示。最终显示效果是 8 个数码管同时静态显示数字“7”。

（4）通过改变本例主函数中送到 P0 口的位码数据和送到 P1 口的段码数据，可以显示其他数字或字符。

4. 程序清单

```
#include <reg52.h>
#define uchar unsigned char
uchar code duan[16]={0xC0,0xF9,0xA4,0xB0,0x99,0x92,0x82,0xF8,
0x80,0x90,0x88,0x83,0xC6,0xA1,0x86,0x8E};
main()
{
   P0=0x00;
   P1=duan[7];
}
```

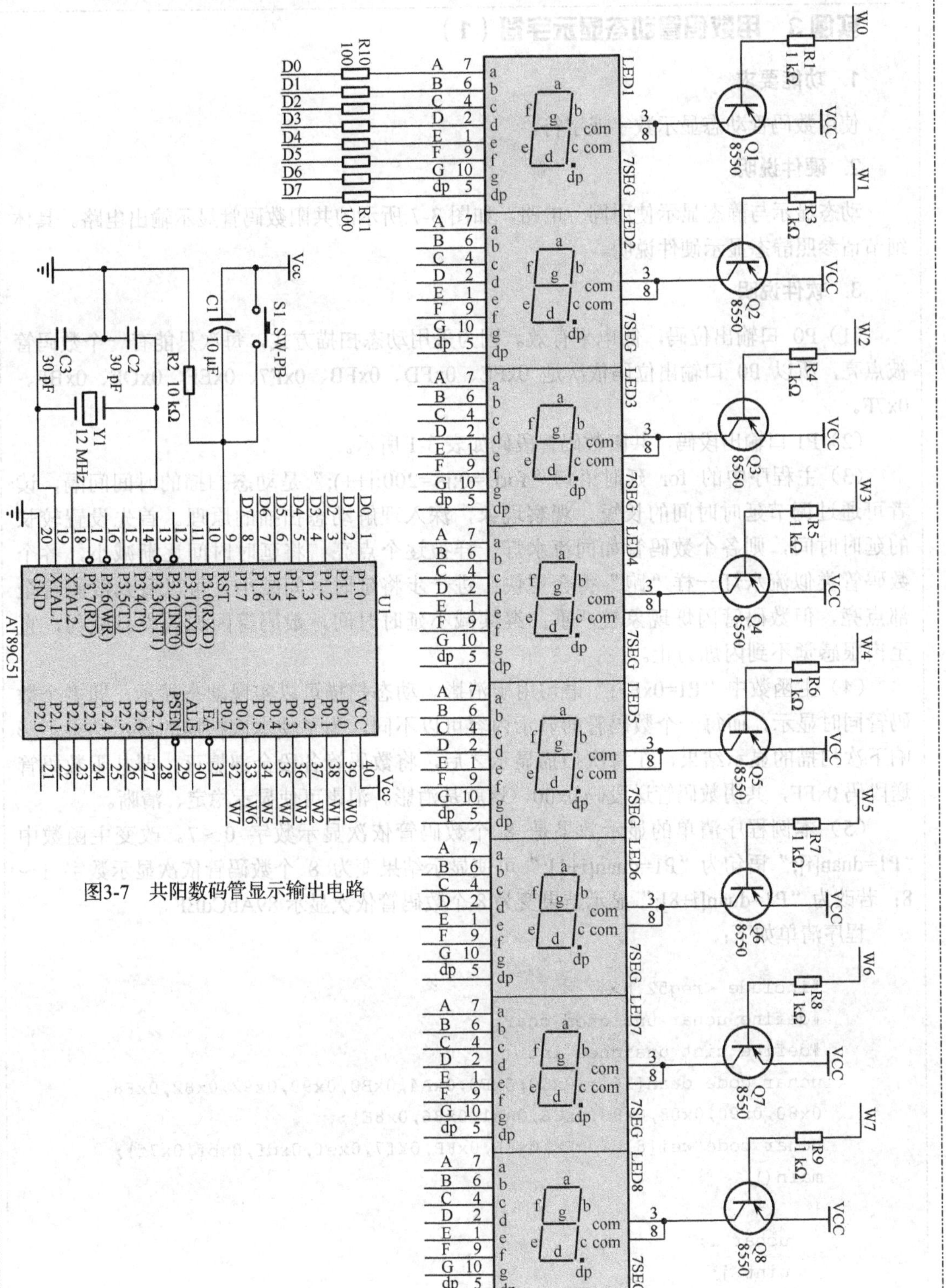

图3-7 共阳数码管显示输出电路

实例 3 用数码管动态显示字符（1）

1. 功能要求

使用数码管动态显示数字或字符。

2. 硬件说明

动态显示与静态显示使用同一电路，如图 3-7 所示的共阳数码管显示输出电路。具体细节请参照静态显示硬件说明。

3. 软件说明

（1）P0 口输出位码，低电平有效。因为采用动态扫描方式，每次只能有一个数码管被点亮，所以 P0 口输出位码依次是 0xFE、0xFD、0xFB、0xF7、0xEF、0xDF、0xBF、0x7F。

（2）P1 口输出段码，共阳数码管段码如表 3-1 所示。

（3）主程序中的 for 延时语句“for(j=0;j<=200;j++);”是动态扫描的时间间隔，读者可通过调节延时时间的长短，观察现象，深入理解动态扫描的原理。首先设置较长的延时时间，则各个数码管如同流水灯一样被逐个点亮；将延时时间逐渐减小，各个数码管类似流水灯一样“跑”得会更快；进一步将延时时间减小，可以看到数码管全部点亮，但数码管闪烁现象较严重；继续减小延时时间，数码管闪烁效果会减弱，直至肉眼感觉不到闪烁为止。

（4）主函数中“P1=0xFF;”语句用于消影。动态扫描可以实现动态显示，即多个数码管同时显示，而每一个数码管的显示内容可以不同，为了使本次扫描的显示结果不影响下次扫描的显示结果，在每次扫描显示之后，将数码管各段全部熄灭，即共阳数码管送段码 0xFF，共阴数码管送段码 0x00，这就是消影。消影可使显示稳定、清晰。

（5）本例程序清单的显示效果是 8 个数码管依次显示数字 0～7。改变主函数中“P1=duan[i];”语句为“P1=duan[i+1];”可使显示结果变为 8 个数码管依次显示数字 1～8；若改为“P1=duan[i+8];”显示结果变为 8 个数码管依次显示 89AbCdEF。

程序清单如下：

```
#include <reg52.h>
#define uchar unsigned char
#define uint unsigned int
uchar code duan[16]={0xC0,0xF9,0xA4,0xB0,0x99,0x92,0x82,0xF8,
0x80,0x90,0x88,0x83,0xC6,0xA1,0x86,0x8E};
uchar code wei[8]={0xFE,0xFD,0xFB,0Xf7,0xef,0xdf,0xbf,0x7f};
main()
{
   uchar i;
   uint j;
   while(1)
   {
```

```
            for(i=0;i<=7;i++)
            {
                P0=wei[i];
                P1=duan[i];
               for(j=0;j<=200;j++);
               P1=0xFF;
            }
        }
    }
```

实例 4　用数码管动态显示字符 2

1. 功能要求

使用数码管动态显示数字或字符。

2. 硬件说明

如图 3-8 所示，使用 74HC573 锁存器的共阳数码管显示输出电路。

（1）因为使用 P0 口输出位码和段码，所以 P0 口带有上拉电阻。

（2）电路使用两片 74HC573 锁存器驱动，一片用于驱动段码，另一片用于驱动位码。74HC573 锁存器双列直插实物图如图 3-9 所示，引脚分布如图 3-10 所示。

74HC573 锁存器引脚定义及其真值表，分别如表 3-3 与表 3-4 所示。

从 74HC573 的真值表可见，输出使能 $\overline{OE}$ 端高电平时，不论锁存使能 LE 和输入 D 是什么值，输出都是高阻，所以输出使能 $\overline{OE}$ 端必须接低电平，一般是直接接地。在输出使能 $\overline{OE}$ 端接低电平的前提下，锁存使能端 LE 处于高电平时，输出与输入一致，即输出 Q 紧跟输入 D 的变化而变化（跟随）；当 LE 处于低电平时，不论输入是什么，输出电平 Q 都保持不变，还是 LE 变为低电平之前的 Q 值（锁存）。从以上分析可见，通过对锁存使能端的控制，可以使输出端 Q 跟随输入端 D 的变化而变化（LE 高电平），也可以使输出端保持上一次输出端的状态不变化（LE 低电平）。

对于数码管显示输出而言，从 51 单片机 I/O 口输出的位码和段码，可分别锁存在两片 74HC573 中，两片 74HC573 的输出端再分别连接到数码管的各段引脚和各位引脚，即可实现数码管的显示输出。还有一点需要提及的是，本节前面讲述的数码管静态和动态显示中，51 单片机用两个 I/O 口分别输出位码和段码，占用口线较多，这对口线资源缺乏的 51 单片机而言，显然不够高效。运用 74HC573 锁存器时，位码和段码可以从同一个 I/O 口上分时输出，例如，先从 P0 口输出位码到一片 74HC573 并锁存，再从 P0 口输出段码到另一片 74HC573 并锁存，锁存的位码和段码加载到数码管上，数码管就可以显示设定的内容。当然，两片 74HC573 的锁存使能端（LE）要分开并占用不同的 I/O 口线。本例中，两片 74HC573 的锁存使能端，分别连接到 P2.0（位码）和 P2.1（段码），位码和段码都从 P0 口输出。这样的驱动电路除两片 74HC573 外，不再需要其他额外的元器件，电路简单实用。

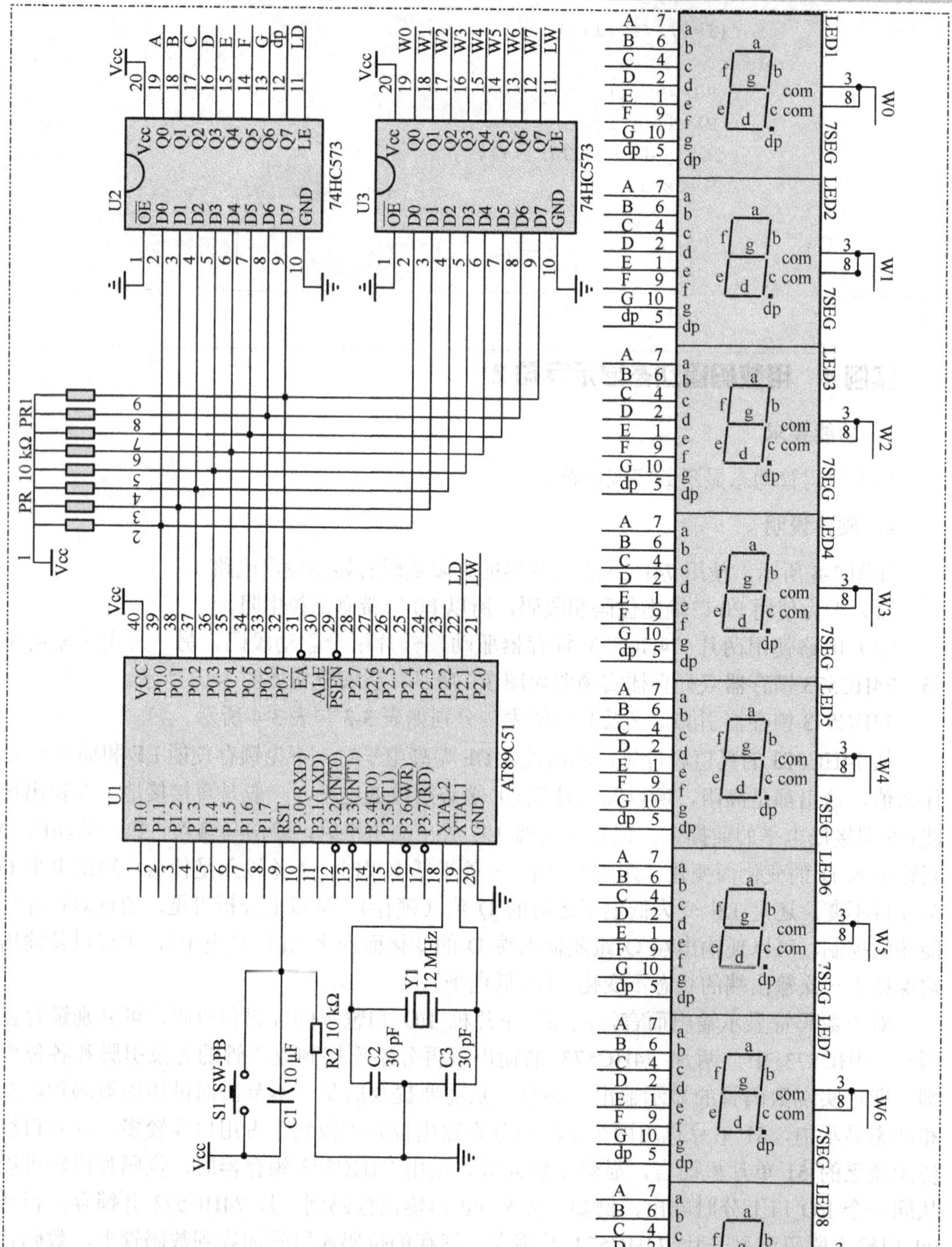

图3-8　使用74HC573锁存器的共阳数码管显示输出

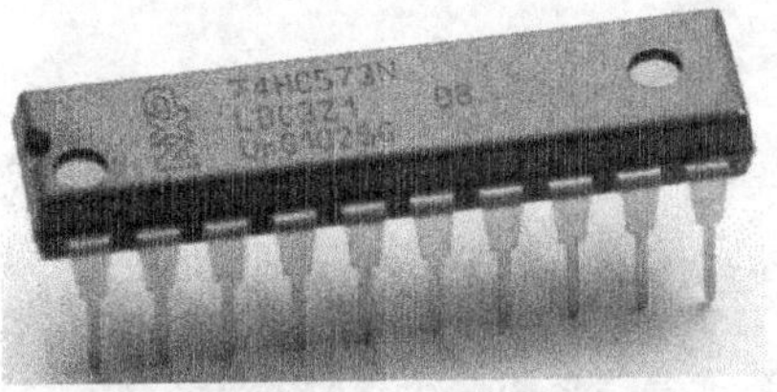

图 3-9　74HC573 锁存器实物图

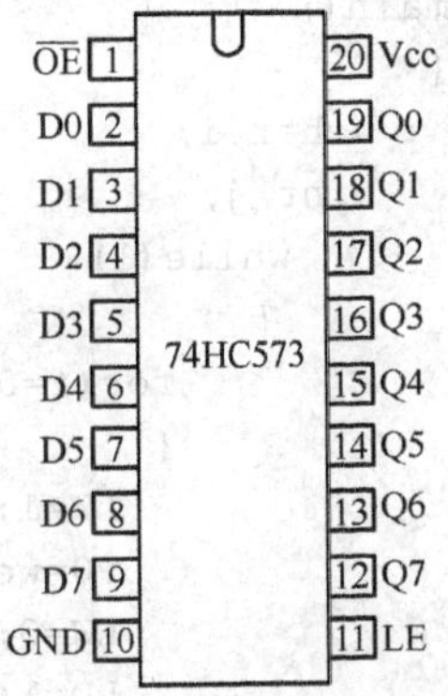

图 3-10　74HC573 锁存器引脚图

表 3-3　74HC573 引脚定义

引 脚 序 号	引 脚 名 称	功 能 描 述
1	$\overline{OE}$	输出使能端，低电平有效
2~9	D0~D7	数据输入端
10	GND	数字地
11	LE	锁存使能端
12～19	Q7～Q0	数据输出端
20	Vcc	电源端

表 3-4　锁存器 74HC573 真值表

输　入			输　出
输出使能 $\overline{OE}$	锁存使能 LE	D	Q
0	1	1	1
0	1	0	0
0	0	X	不变化
1	X	X	高阻

3. 软件说明

（1）从 P0 口输出位码和段码时，首先将位码锁存使能端 LW 拉高，使其呈高电平；然后位码从 P0 口输出，进入到第一片 74HC573 中，随后将位码锁存使能端 LW 拉低，锁存位码。接着将段码锁存使能端 LD 拉高，使其呈高电平；然后段码从 P0 口输出，进入到第二片 74HC573 中；随后将段码锁存使能端 LD 拉低，锁存段码。

（2）语句“for(j=0;j<=200;j++);”的功能与前面的例子一样，起到延时功能。

（3）段码和位码依旧采用查表实现。

程序清单如下：

```
#include <reg52.h>
#define uchar unsigned char
#define uint unsigned int
uchar code duanca[16]={0xC0,0xF9,0xA4,0xB0,0x99,0x92,0x82,0xF8,
0x80,0x90,0x88,0x83,0xC6,0xA1,0x86,0x8E};
uchar code weica[8]={0x01,0x02,0x04,0x08,0x10,0x20,0x40,0x80};
sbit LW=P2^0;
sbit LD=P2^1;
```

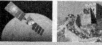

```
    main()
    {
      uchar i;
      uint j;
         while(1)
         {
             for(i=0;i<8;i++)
             {
               LW=1;
               P0=weica[i];
               LW=0;
               LD=1;
               P0=duanca[i];
               LD=0;
               for(j=0;j<=200;j++);
             }
         }
    }
```

实例 5　用数码管动态显示时间

1. 功能要求

设计一个使用数码管显示时间的电子钟。显示格式是“HH-MM-SS”，其中“HH”表示小时，“MM”表示分钟，“SS”表示秒。

2. 硬件说明

本例继续使用图 3-18 所示的硬件电路。

3. 软件说明

（1）子函数 void delay4ms(void)是一个延时子函数，延时用 for 循环嵌套实现，延时时间约为 4ms，由于不是精确的 4ms 延时，所以本例的电子钟时间有较大误差（1 小时大约慢 1 分钟）。如果想得到精确的延时，可以使用 51 单片机的定时器/计数器来实现，定时器/计数的知识将在第 4 章讲解，届时再设计精确延时电子钟并用数码管显示时间。

（2）由于延时时间是 4ms，1 秒钟就需要 250 次 4ms 延时，然后秒值才加 1；秒值计数到 60 后，分钟值加 1，同时将秒值清零；当分钟值计数到 60 后，小时值加 1，同时将分钟值清零；小时值计数到 24 时，小时值清零；

（3）全局变量 hour 表示小时值，minute 表示分钟值，second 表示秒值。它们的十位和个位数值分别对各自变量用 10 整除和求余数得到。

（4）送到 P0 口的数值 0xBF，用于在小时和分钟、分钟和秒之间显示一条短线“-”，以示区分。

程序清单如下：

```
#include <reg52.h>
#define uchar unsigned char
```

```
#define uint unsigned int
uchar code duanca[10]={0xC0,0xF9,0xA4,0xB0,0x99,0x92,0x82,0xF8,0x80,0x90};
uchar code weica[8]={0x01,0x02,0x04,0x08,0x10,0x20,0x40,0x80};
sbit LW=P2^0;
sbit LD=P2^1;
uint hour=0,minute=0,second=0, t4ms=0;
void delay4ms(void)
{
   uint i,j;
   for(i=0;i<=2;i++)
        for(j=0;j<=164;j++);
}
main()
{
uchar i;
while(1)
{
   for(i=0;i<=7;i++)
        {
            LW=1;
           P0=weica[i];
           LW=0;
            LD=1;
            switch(i)
            {
                 case 0:P0=duanca[hour/10];break;
                case 1:P0=duanca[hour%10];break;
                case 2:P0=0xBF;break;
                case 3:P0=duanca[minute/10];break;
                case 4:P0=duanca[minute%10];break;
                case 5:P0=0xBF;break;
                case 6:P0=duanca[second/10];break;
                case 7:P0=duanca[second%10];break;
                default:break;
            }
            LD=0;
           delay4ms();
           t4ms++;
           if(t4ms==250)
            {
                t4ms=0;
                second++;
                if(second==60)
                {
                     second=0;
                     minute++;
```

```
                    if(minute==60)
                    {
                        minute=0;
                        hour++;
                        if(hour==24)
                            hour=0;
                    }
                }
            }
        }
    }
}
```

思考题 3

1. 简述数码管的原理和应用领域。
2. 如何区分共阳和共阴数码管？
3. 简述数码管显示输出的原理。
4. 分别编写 0~9，A，b，C，d，E，F 的共阳和共阴数码管的段码值。
5. 试说明数码管的静态扫描和动态扫描各有何特点？
6. 消影是什么？数码管如何消影？
7. 如何理解数码管动态显示中的段码和位码概念？
8. 简述 74HC573 的使用方法。
9. 简述 PNP 三极管 8550 的使用方法。
10. 编制程序实现数码管动态显示“HELLO”字样。

第4章

键盘输入及中断

键盘是计算机最基本、最重要的输入设备之一，作为微型计算机，单片机也不例外。

键盘的工作任务大体可分为以下三项：①按键识别，即判断有无按键按下；②求键值，即在确认有按键按下时，具体判断是哪个按键被按下，并求得相应的键值；③执行操作，即依据键值，执行对应的操作或任务。

键盘可分为编码键盘和非编码键盘两大类。我们熟悉的台式计算机或笔记本电脑使用的键盘属于编码键盘，它由多个按键与专用驱动芯片组合而成，其按键识别和键值的获得，全部依靠硬件来完成。而单片机应用系统中使用的键盘，绝大多数属于非编码键盘，其按键与单片机直接连接，而按键识别和键值的获得，必须通过单片机的软件来完成。图 4-1 是单片机应用系统中经常使用的非编码键盘的实物图，其中图 4-1（a）是一个按钮，在单片机术语中被称为“独立按键”；图 4-1（b）是将 16 个独立按键排成 4 行 4 列的矩阵形式，在单片机的术语中被称为行列式键盘或矩阵键盘。本章重点介绍独立按键和矩阵键盘。

(a)　　(b)

图 4-1　单片机应用系统中常用的非编码键盘

中断是单片机应用系统开发中一个非常重要的概念，也是单片机最重要的功能之一。本章在引入中断概念之后，将中断与键盘、中断与数码管结合，借助这些综合性的应用实例，介绍 51 单片机的外部中断、定时器/计数器中断的特点及具体使用方法。

4.1 独立按键

独立按键是指每个按键占用一根 I/O 口线，如图 4-2 所示。8 个独立按键占用了 8 根 I/O 口引脚。图 4-2（a）中每个按键连接一个上拉电阻，用来保证在无键按下时，单片机 I/O 口引脚处于可靠的高电平状态，以防止各种干扰可能引起的误操作。51 单片机引脚悬空时即为高电平状态，所以在某些要求不高的场合，上拉电阻也可以不接，如图 4-2（b）所示。

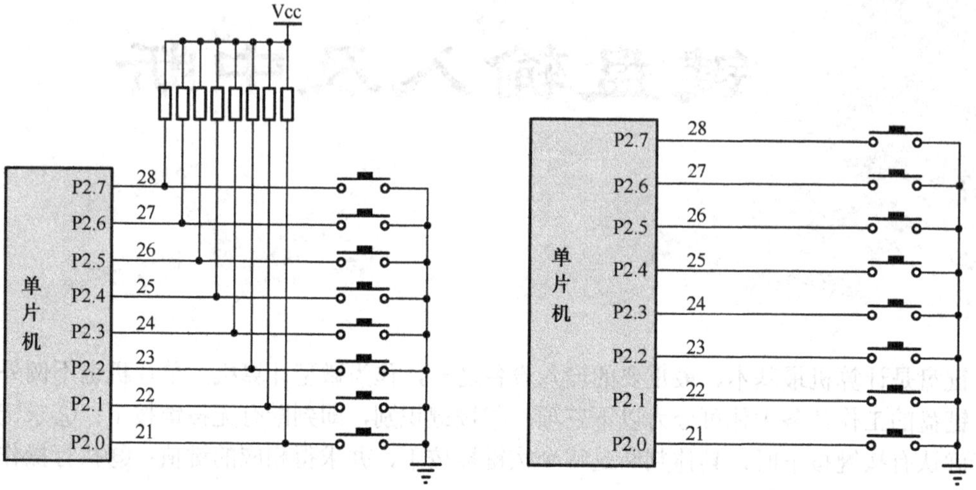

（a）　　　　（b）

图 4-2　独立按键的连接方式

独立按键适用于按键数量较少的场合，其特点是各按键相互独立，电路配置灵活，软件结构简单。当按键数量较多时，I/O 口线的占用就较多，电路结构的复杂度也会提高。

单片机系统中常用的独立按键是轻触按键，其实物如图 4-3（a）所示，在电路中的符号如图 4-3（b）所示，其内部结构图如图 4-3（c）所示。

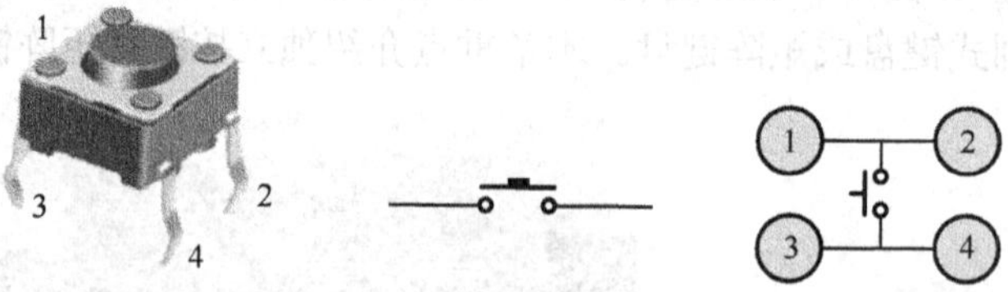

（a）轻触按键实物图　（b）轻触按键电气符号　（c）轻触按键结构图

图 4-3　轻触按键

不难发现，轻触按键电路符号为 2 个引脚，而实物却是 4 个引脚。从其结构图 4-3（c）可以看出，实物按键的 4 个引脚分为两组，引脚 1 和 2 为一组，引脚 3 和 4 为一组，每组引脚在按键内部彼此连通。实际应用时，从两组引脚中各任意选择一只引脚，组合使用即可。例如，选择引脚 1 和 3，或者选择引脚 2 和 4，来作为开关按钮均可。在单片机硬件电路设计中，为保证整个按键在电路安装或焊接时的机械强度，并允许大电流通过，4 个引脚一般都会使用。

实例 5 按键计数

1. 功能说明

两个独立按键 K1 和 K2，K1 每按下一次，数码管上显示的数值就加 1；K2 每按下一次，数码管上显示的数值就减 1。数码管显示的数值范围是 0~9。当数码管当前显示数值为 9 时，再按下 K1 键，数码管显示数值 0；当数码管当前显示数值为 0 时，再按下 K2 键，数码管显示数值 9。

2. 硬件说明

（1）硬件电路连接如图 4-4 所示。按键选用轻触按键，按键 K1 和 K2 分别连接单片机的 P3.2 和 P3.3 两只引脚。

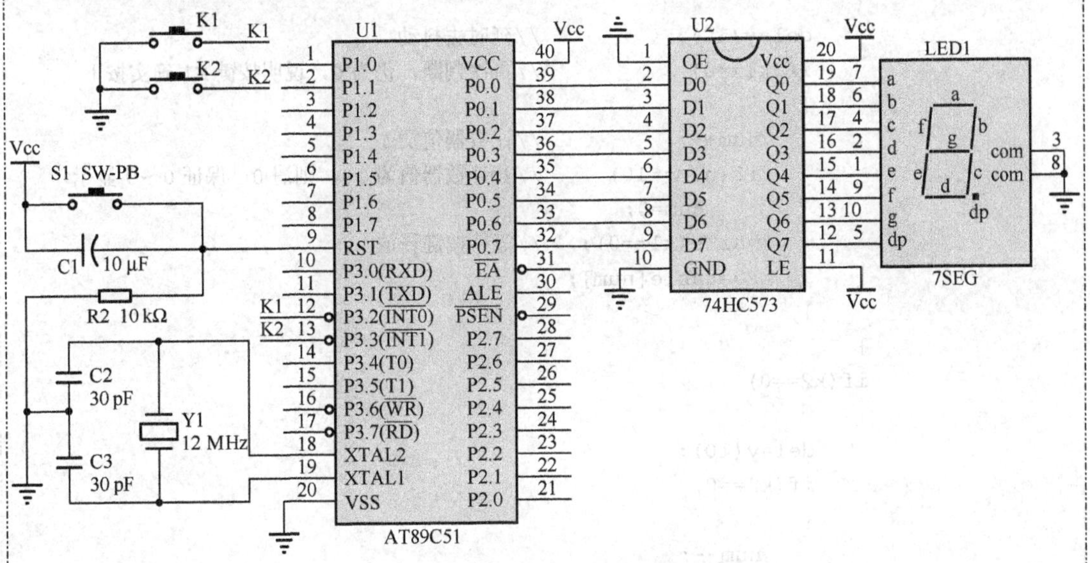

图 4-4 独立按键计数硬件连接图

（2）数码管选用共阴极数码管，使用 74HC573 驱动段码数据，公共端直接接地。

3. 软件说明

（1）通过不断读取并查看按键连接端口引脚 P3.2 和 P3.3 的状态，实现按键识别；

（2）按键识别后，通过设置计数器来记录按键次数，并将数据及时送到 P0 口显示。

程序清单如下：

```
#include <reg52.h>
#define uint unsigned int
#define uchar unsigned char
sbit k1=P3^2;
sbit k2=P3^3;
uchar code table[]={0x3F,0x06,0x5B,0x4F,0x66,0x6D,0x7D,0x07,0x7F,0x6F};
char num=0;
//*************************************************************
```

```
void delay(uchar i)                //延时子函数
{
   uchar j,k;
   for(k=0;k<i;k++)
   for(j=0;j<110;j++);
}
//*****************************************************************
main()
{
   while(1)
   {
       if(k1==0)                   //读按键 K1 状态，若为 0，初步判断按键 K1 按下
       {
           delay(10);              //延时去抖动
           if(k1==0)               //再次判断，仍为 0，说明按键 K1 确实按下
           {
               num++;              //计数器值加 1
               if(num==10)         //若计数器值为 10，则清 0，保证 0～9 显示
                   num=0;
               while(k1==0);       //等待按键释放
               P0=table[num];
           }
       }
       if(k2==0)
       {
           delay(10);
           if(k2==0)
           {
               num--;
               if(num==-1)
                   num=9;
               while(k2==0);       //等待按键释放
               P0=table[num];
           }
       }
   }
}
```

C 语言知识　if 语句

程序设计中的三大结构分别是顺序结构、选择结构和循环结构。选择结构也称为分支结构，if 语句属于选择结构。在程序中，if 语句用来判定给定的条件是否满足，并根据判定结果（逻辑真或假），在所给两种操作中，选择其中一种操作来执行。

1）if 语句的三种形式

（1）if 语句的第一种形式为：

其执行流程如图 4-5 所示。

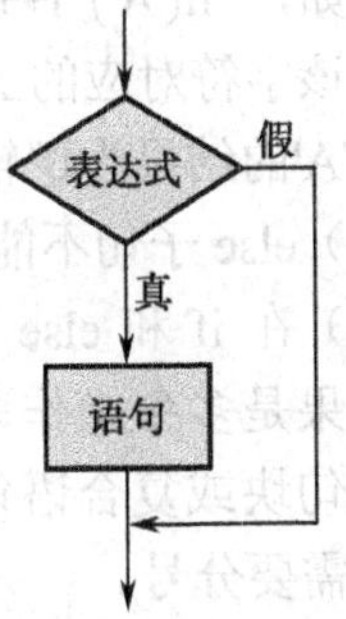

图 4-5　if 语句形式 1 的执行流程

例如：

```
if(x>y)
    x--;
```

（2）if 语句的第二种形式为：

```
if(表达式)
    语句 1
else
    语句 2
```

其执行流程如图 4-6 所示。

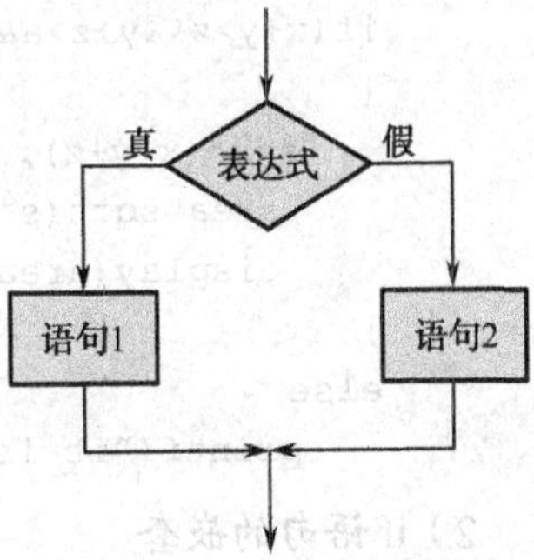

图 4-6　if 语句形式 2 的执行流程

例如：

```
if(x>y)
    x--;
else
    x++;
```

（3）if 语句的第三种形式为：

```
if(表达式 1)
    语句 1
else if(表达式 2)
    语句 2
else if(表达式 3)
    语句 3
......
else if(表达式 m)
    语句 m
else
    语句 m+1
```

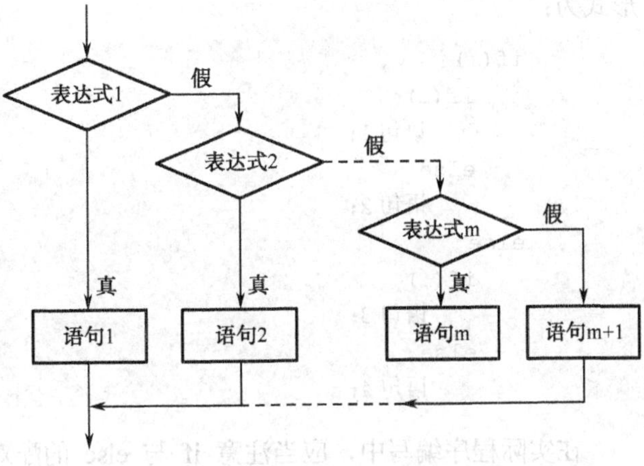

其执行流程如图 4-7 所示。

图 4-7　if 语句形式 3 的执行流程

例如：

```
if(number>500)       NUM=1;
else if(number>300) NUM=2;
else if(number>100) NUM=3;
else if(number>50)  NUM=4;
else                NUM=0;
```

说明：

（1）if 语句中的“表达式”，一般为关系表达式或逻辑表达式，但并不仅局限于这两种。需要注意的是，C 语言中，0 代表“假”，非 0 则代表“真”。

例如，“if('A') i++;”语句中，i++;一定会被执行，原因是字符‘A’作为表达式时，被判断的是该字符对应的ASCII码值，'A'的ASCII码值为十进制数65，自然是非0的，所以表达式'A'的结果为逻辑“真”。

（2）else子句不能单独使用，它是if语句的一部分，必须与if配对使用。

（3）在if和else的语句1或者语句2中，可以只包含一条操作语句，也可以包含多条。如果是多条操作语句，这些多条操作语句必须用大括号（花括号）括起来，构成所谓的语句块或复合语句。复合语句中的每条语句也都用分号结束，但复合语句的大括号外不再需要分号。

例如：

```
if(x+y>z&&y+z>a&&z+x>y)
{
    s=2*(x+y+z);
     area=sqrt(s*(s-x)*(s-y)*(s-z));
     display(area);
}
else
    printf("it is not a triangle");
```

2）if语句的嵌套

if语句的嵌套，就是if语句的if块或else块中，又包含一个或多个if语句。其一般形式为：

```
if(…)
    if(…)
        语句1;
    else
        语句2;
else
    if(…)
        语句3;
    else
        语句4;
```

在实际程序编写中，应当注意if与else的配对关系：else总是与它上面最近的且未配对的if配对；尤其是在if/else子句数目不相等（if子句数量大于else子句数量）时，应特别注意if与else的配对。

在if语句使用中，经常会出现与编程者预期结果不同的现象，通常可以用下面两种方法解决if与else的匹配问题。

（1）利用“空语句”占位，使if子句数量与else子句数量相同。所谓“空语句”，就是什么功能都没有、仅仅由一个分号构成的语句。在程序设计中，其作用就是为了使程序结构完整、规范，不出现歧义，避免不必要的错误。例如：

```
if(…)
    if(…)
```

```
            语句 1
        else
            ;           //此行中的分号即为空语句
    else
        if(…)
            语句 2
        else
            语句 3
```

（2）利用复合语句。将没有 else 子句的 if 语句用大括号括起来，构成复合语句，使原有的语句 1 或者语句 2 从整体上查看时，呈现出语句块结构。例如：

```
    if(…)
        {
        if(…)
            语句 1
    }
        else
    {
        if(…)
            语句 2
        else
            语句 3
    }
```

在单片机 C 语言编程时，常有“if-else 包打天下”的说法，虽有些夸张，但也从一个侧面反映了 if 语句应用的广泛性与功能的多样性。建议读者熟练运用 if 语句，同时尽量掌握多种语句形式，灵活运用。例如，本章后面实例中出现的 switch 语句，就可以在很多场合替换 if 语句，更有层次分明、可读性好的优点。

我们常用的按键都是机械按键，如图 4-8（a）所示，按键在按下或释放时，由于机械弹性的影响，触点会发生机械抖动，与按键连接的芯片引脚就会发生如图 4-8（b）所示的电平波动或抖动现象。这种抖动可能造成 CPU 错误判定外部引脚上电平的高低，从而导致误操作或者一次按键多次处理的问题。因此，实际使用中，要通过某种方法消除抖动产生的不良后果，这就是按键的去抖动。目前，较为常用的有硬件去抖动和软件去抖动。

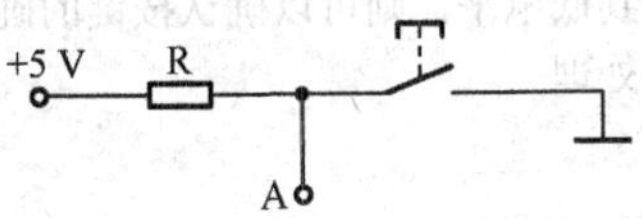

（a）按键操作

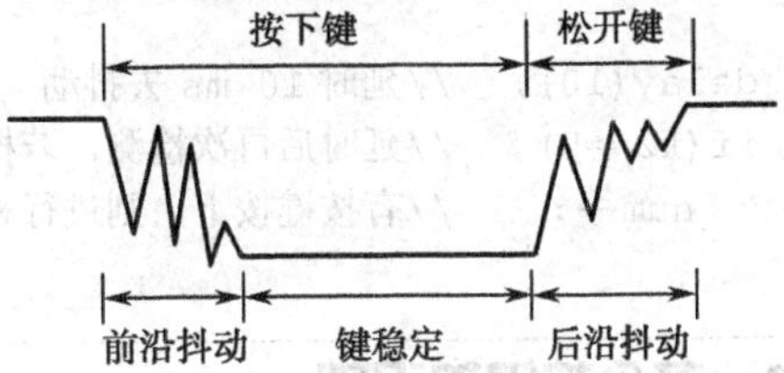

（b）按键抖动

图 4-8　按键操作和按键抖动

图 4-8（b）中，前沿抖动或后沿抖动持续的时间一般为 5～10 ms。由于抖动现象不可

避免，势必引起电平信号波动。

1．硬件去抖动

硬件去抖动，就是使用硬件电路消除按键的抖动。常用的硬件电路如图 4-9 所示，其中图 4-9（a）是用两个与非门构成的双稳态触发器来消除按键抖动；图 4-9（b）是使用单稳态集成触发器 74121 来消除按键抖动；图 4-9（c）是利用电阻和电容构成的 RC 滤波电路去抖动，图 4-9（c）电路结构简单，实用效果好，运用较多。

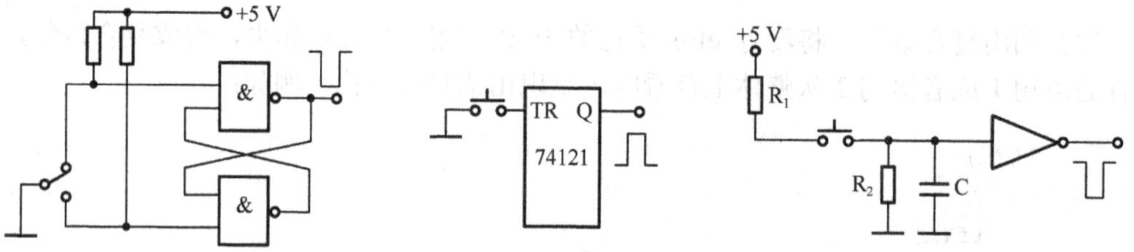

（a）双稳态消抖电路　　（b）单稳态消抖电路　　（c）滤波消抖电路

图 4-9　硬件消抖电路

2．软件去抖动

为了便于理解软件去抖动的原理，此处，我们分析一次完整按键的过程细节，如图 4-8（b）所示。首先，按键被按下，由于机械弹性原因出现前沿抖动，抖动持续时间一般为 5～10 ms；前沿抖动结束后，引脚电平就稳定在低电平状态；低电平持续一段时间后，按键被松开弹起，此时又出现后沿抖动，抖动持续时间一般也是 5～10 ms；后沿抖动结束，一次完整的按键操作随之结束。

软件去抖动，就是首先检测引脚电平是否为低电平，若检测到低电平，说明按键可能被按下，但还不能完全确定按键是否真被按下；然后延时 5～10 ms，目的就是要避开前沿抖动这一时段；延时结束后，按理引脚电平已稳定在低电平状态，此时再检测引脚电平，如果是低电平，则可以确认按键的确被按下。相反，若延时之后，再次检测到的电平是高电平，则说明刚才检测到的低电平是误判，按键没有真正被按下。如果确认按键的确被按下，则 CPU 执行相关按键按下的处理程序；否则 CPU 不予理睬，继续执行原有程序。

由以上分析可见，软件去抖动的核心，就是延时及延时前后两次连续的检测和判断。软件去抖动的程序示例如下：

```
if(k2==0)          //若检测到低电平，初步判断按键被按下，但还未完全确认
  {
    delay(10);     //延时 10 ms 去抖动
    if(k2==0)      //延时后再次检测，若检测到低电平，则可以确认按键的确被按下
       num--;      //有按键按下，则进行相关处理
  }
```

实例 6　多个按键的识别

1．功能要求

实现 8 个独立按键 K0～K7 的识别，并用一位数码管显示被按下按键对应的键号。

2. 硬件说明

（1）硬件连接原理图如图 4-10 所示。8 个按键分别与单片机 P2 口的 8 只引脚连接，8 个按键的公共端接地。

（2）采用共阴极数码管显示键号，通过 74HC573 驱动段码数据，公共端直接接地。

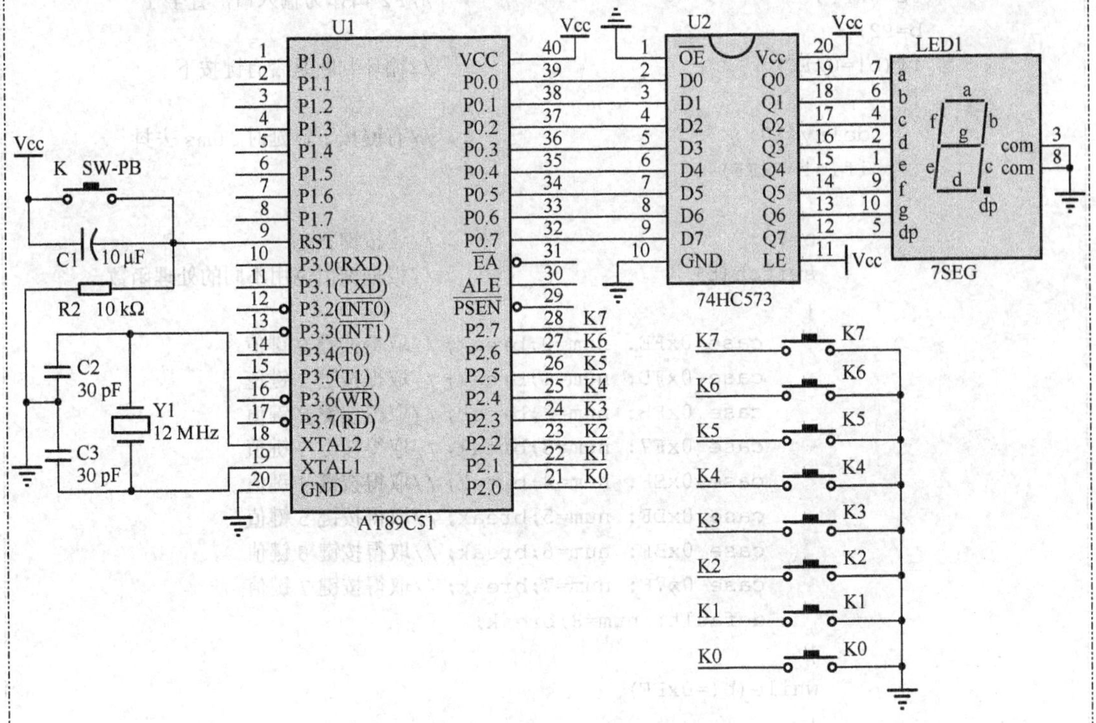

图 4-10　独立按键多键识别硬件连接图

3. 软件说明

独立按键的程序设计，一般都采用查询方式，即逐位查询每根 I/O 口引脚线的电平状态。如果软件去抖动之后，检测到某根 I/O 口线引脚仍然为低电平，则可以确认与该 I/O 端口引脚连接的按键被按下，之后就可以转入该按键对应的处理程序。

程序清单如下：

```
#include <reg52.h>
#define uint unsigned int
#define uchar unsigned char
uchar code table[]={0xC0,0xF9,0xA4,0xB0,0x99,0x92,0x82,0xF8,0x80,0x90};
uchar num;
//*************************************************************
void delay(uchar i) //延时函数
{
    uchar j,k;
    for(k=0;k<i;k++)
        for(j=0;j<110;j++);
```

```
    }
    //***********************************************************
    uchar keyscan(void)
    {
      uchar b;
      P2=0xFF;                                //P2 口作为输入口，置全 1
      b=P2;
      if(b!=0xFF)                             //循环判断是否有键按下
      {
          delay(10);                          //有键按下，延时 10ms 去抖
          if(b!=0xFF)
          {
              b=P2;                           //读按键状态
              switch(b)                       //根据键值调用不同的处理函数
              {
                  case 0xFE: num=0;break; //取得按键 0 键值
                  case 0xFD: num=1;break; //取得按键 1 键值
                  case 0xFB: num=2;break; //取得按键 2 键值
                  case 0xF7: num=3;break; //取得按键 3 键值
                  case 0xEF: num=4;break; //取得按键 4 键值
                  case 0xDF: num=5;break; //取得按键 5 键值
                  case 0xBF: num=6;break; //取得按键 6 键值
                  case 0x7F: num=7;break; //取得按键 7 键值
                  default: num=8;break;
              }
              while(b!=0xFF)
              {
                  b=P2;
              }
          }
      }
      return num;
    }
    main()
    {
      while(1)
      {
          P0=table[keyscan()];
      }
    }
```

C 语言知识　switch 语句

如前所述，嵌套的 if 语句可以实现多分支，但分支过多，if 语句嵌套的层数就多，致使程序冗长，可读性变差，此时，可考虑使用 switch 语句实现。

C 语言中，switch 语句是多分支选择语句，其一般形式为：

```
switch(表达式)
{
      case 常量表达式 1: 语句 1
      case 常量表达式 2: 语句 2
      …  …  …
      case 常量表达式 n: 语句 n
      default:  语句 n+1
}
```

switch 语句中，各个 case 语句可以通过使用 break 语句终止。

说明：

（1）switch 括号内的表达式，允许为任何类型。

（2）当“表达式”的值与某个 case 后面的常量表达式的值相等时，就执行此 case 后面的语句。如果表达式的值与所有常量表达式都不相等，就执行 default 后面的语句。

（3）各个常量表达式的值必须互斥，不允许相同，否则会出现逻辑矛盾。

（4）case、default 出现的顺序不影响执行结果。

（5）执行完一个 case 后面的语句后，流程控制转移到下一个 case 中的语句继续执行。此时，“case 常量表达式”只起到语句标号的作用，并不在此处进行条件判断。执行一个分支后，可以使用 break 语句，使流程跳出 switch 结构，即终止 switch 语句的执行（最后一个分支可以不用 break 语句）。

（6）case 后面如果有多条语句，不必用大括号括起来。

（7）多个 case 可以共用一组执行语句，此时应注意 break 使用的位置。

实例 7　用一键实现多功能按键

1．功能要求

用一个按键实现多个按键的功能。具体要求为：系统上电的时候，仅接在 P2.0 引脚上的发光二极管 D0 在闪烁，其他发光二极管 D1、D2 和 D3 都熄灭；如果按一下开关 K，即开关 K 被按下了一次，此时接在 P2.1 引脚上的发光二极管 D1 开始闪烁，而 D0、D2 和 D3 都熄灭；如果再按一下开关 K，即开关 K 已累计被按下了 2 次，此时，接在 P2.2 引脚上的发光二极管 D2 开始闪烁，而 D0、D1 和 D3 都熄灭；如果再按下开关 K，即开关 K 已累计被按下了 3 次，此时，接在 P2.3 引脚上的发光二极管 D3 开始闪烁，而 D0、D1 和 D2 都熄灭；如果再次按下开关 K，即开关 K 已累计被按下了 4 次，此时 D0 开始闪烁，而 D1、D2 和 D3 都熄灭，以此类推，随着按键次数的增加，4 个发光二极管被轮流选中，闪烁发光。

2．硬件说明

电路原理图如图 4-11 所示，开关 K 接在 P2.7 引脚上，P2 口的低四位分别接有四个发光二极管 D0，D1，D2 和 D3。

3．软件说明

从上面的要求可以看出，发光二极管 D0 到 D3 轮流闪烁的时段受开关 K 控制，给发光二极管单独闪烁的各个时段分配不同的 ID 号：仅当 D0 在闪烁时，ID=0；仅当 D1 在闪烁时，ID=1；仅当D2在闪烁时，ID=2；仅当D3在闪烁时，ID=3。很显然，每次按下开关K时，ID值加1，根据当前ID号，选择不同的任务去执行，而ID号则以数值3封顶，即ID号加1等于4时，ID号就清0。本实例的程序设计框图如图4-12所示。

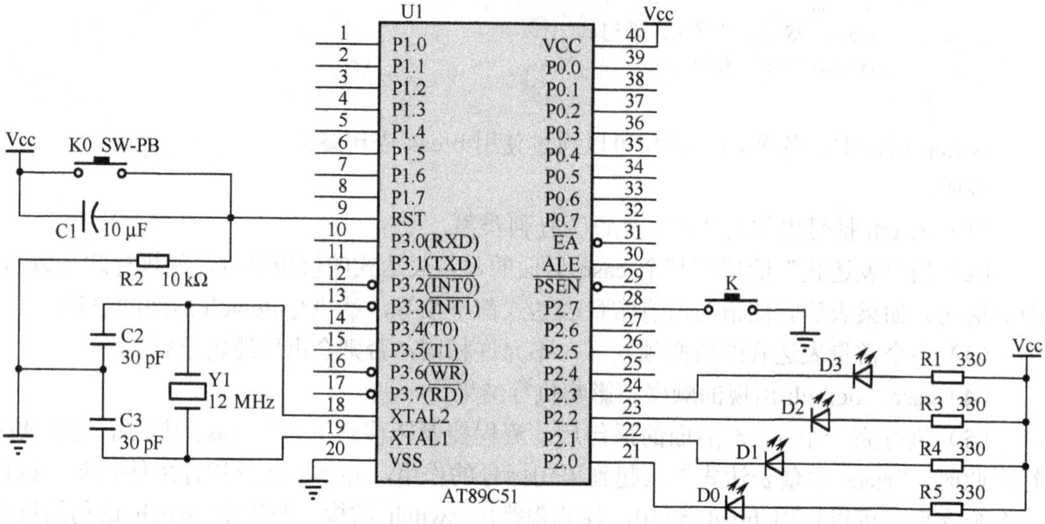

图4-11　一键多功能识别硬件连接图

程序清单如下：

```
#include <reg52.h>
#define uint unsigned int
#define uchar unsigned char
sbit K=P2^7;
sbit D0=P2^0;
sbit D1=P2^1;
sbit D2=P2^2;
sbit D3=P2^3;
uchar ID=0;
//***************************************************************
void delay(uchar i)  //延时1ms
{
    uchar j,k;
    for(k=0;k<i;k++)
        for(j=0;j<110;j++);
}
//***************************************************************
main()
{
    while(1)
    {
```

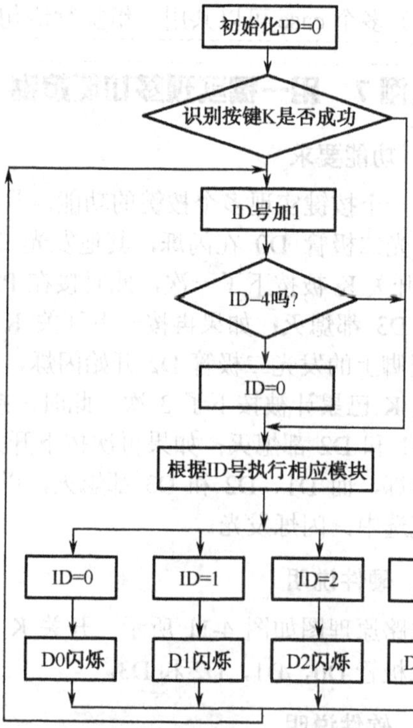

图4-12　一键多功能程序流程

```
        if(K==0)
        {
            delay(10);
            if(K==0)
            {
                ID++;                    //确定有按键按下，每次 ID 加 1 记录
                if(ID>=4)                //当 ID 值为 4 时，重新开始记录
                    ID=0;
                while(K==0);
            }
        }
        switch(ID)
        {
            case 0: D0=~D0;delay(500);D1=1;D2=1;D3=1;break;
            case 1: D1=~D1;delay(500);D0=1;D2=1;D3=1;break;
            case 2: D2=~D2;delay(500);D0=1;D1=1;D3=1;break;
            case 3: D3=~D3;delay(500);D0=1;D1=1;D2=1;break;
            default:break;
        }
    }
}
```

4.2 矩阵键盘

在独立按键电路中，每一个按键都要占一根 I/O 口引脚。按键数量较多时，如果依旧采用独立按键，必然使很多 I/O 口引脚被占用。由于 51 单片机 I/O 口引脚数量原本就有限，这样留做它用的 I/O 口引脚数量就会更少，以致具体应用中出现 I/O 口引脚不够用的尴尬局面。所以，在按键数量较多的情况下，就不宜再使用独立按键，取而代之的便是矩阵键盘。

矩阵键盘由多个行线和多个列线交织组成，其中使用的按键依旧是独立按键，但各个独立按键都位于行线和列线的交叉点上，如图 4-13 所示。如图 4-13 所示的矩阵键盘，共有 16 个按键，分别位于 4 根行线和 4 根列线的交叉点上。从图中可以看到，若依照独立按键的形式连接，16 个独立按键就需要 16 根 I/O 口引脚线；若采用矩阵键盘，则仅占用 8 根 I/O 口引脚线，节省下来的 I/O 引脚线数量还是相当可观的。在节省了 I/O 引脚、硬件电路得以优化的同时，也导致软件编程复杂度的提高。

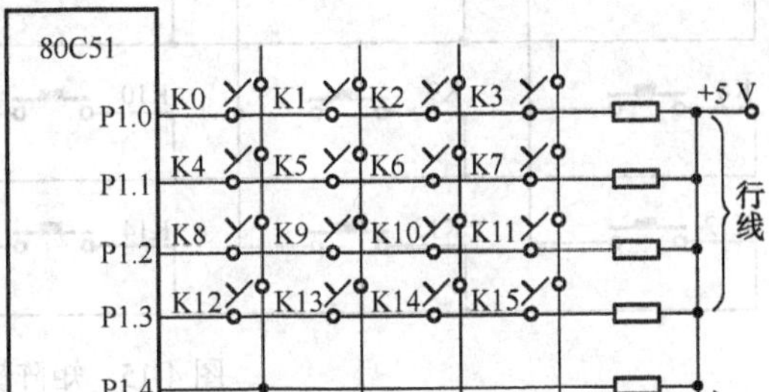

图 4-13　矩阵键盘结构

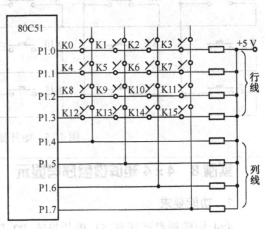

实际应用中，常见的矩阵键盘有两种，如图 4-14 所示，

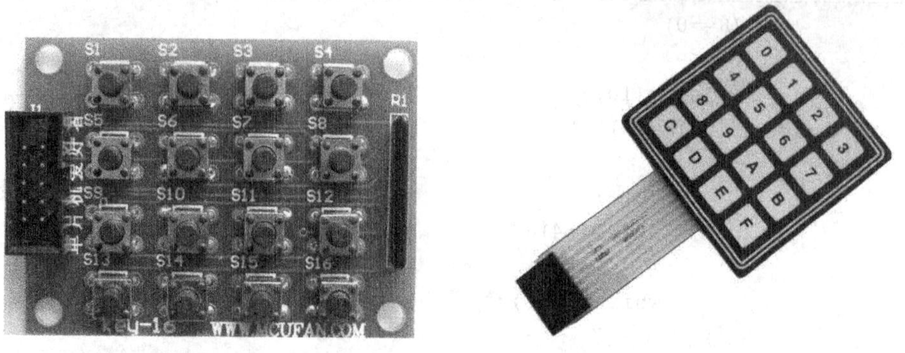

（a）普通矩阵键盘　　（b）薄膜矩阵键盘

图 4-14　常用矩阵键盘实物

图 4-14（a）为独立按键与设计好的 PCB 电路构成的矩阵键盘。制作时，要先设计 PCB 印制电路板，再在 PCB 板上焊接按键、电阻和接口等元件，使用时直接将接口与单片机 I/O 连接即可。

图 4-14（b）为薄膜键盘，它是近年来国际流行的一种集装饰性与功能性为一体的矩阵键盘。由于薄膜键盘具有可定制、体积小、厚度薄、重量轻、密封性强、防潮、防尘、耐酸碱、抗震、使用寿命长、耐弯折等优点，已广泛应用在智能化电子测量仪器、医疗仪器、计算机控制、数控机床、邮电通信、复印机、电冰箱、微波炉、电风扇、洗衣机、电子游戏机等各类工业及家用电器产品及相关领域。

无论是 PCB 矩阵键盘还是薄膜矩阵键盘，其电路原理是一样的。为了方便读者制作验证，图 4-15 给出了矩阵键盘的电路原理图。

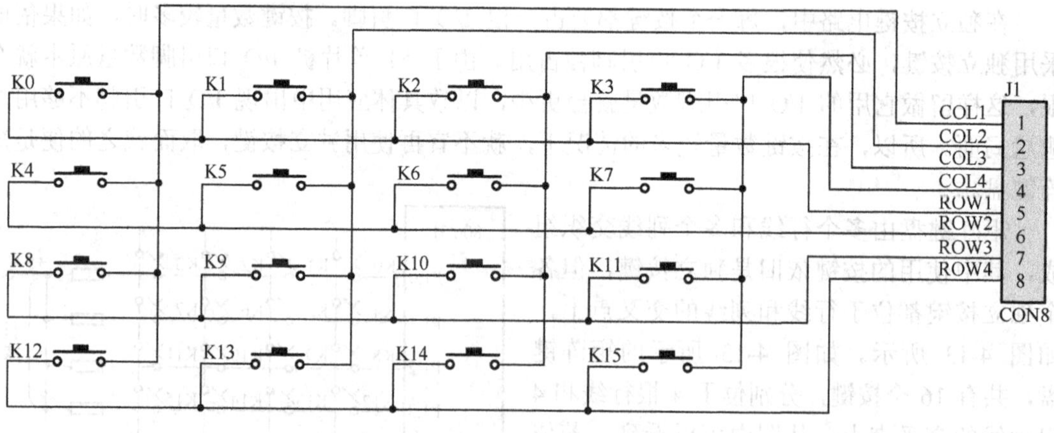

图 4-15　矩阵键盘电路原理图

实例 8　4×4 矩阵键盘序号显示

1. 功能要求

4×4 矩阵键盘连接到 51 单片机的 P2 口，P2.0～P2.3 作为列线，P2.4～P2.7 作为行线；某一按键被按之后，在数码管上显示其对应的序号。矩阵键盘面板序号的排列如图 4-16 所示。选择 51 单片机的 P0 口作为共阴极数码管段码的输出口，公共端直接接地。

2．硬件说明

硬件连接电路如图 4-17 所示。

3．4×4 矩阵键盘工作原理

矩阵键盘的工作原理与独立按键类似。独立按键工作时，按键一端直接接地（该端一直处于低电平），单片机只要直接检测 I/O 口引脚是否出现低电平，就可以确定按键是否按下。但对于矩阵键盘，由于其行线和列线均连接到 I/O 口的引脚上，没有可供直接检测的低电平，所以，必须人为地编程，从 I/O 口输出低电平到相关引脚，再检测其他引脚上是否出现低电平，从而判断是否有键按下。

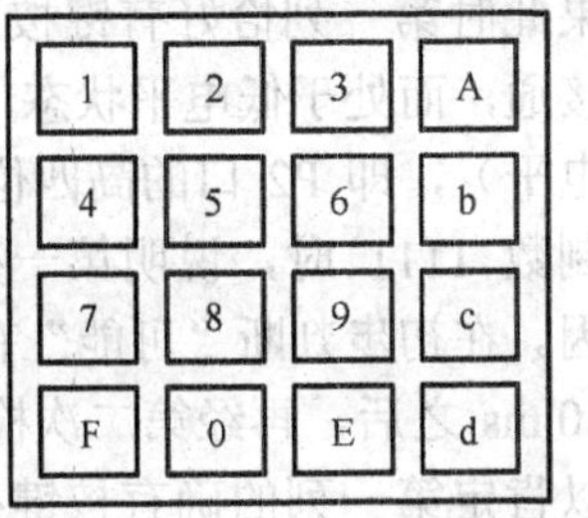

图 4-16　矩阵键盘面板序号排列

以下以本例硬件连接为基础，如图 4-17 所示，具体说明矩阵键盘扫描的原理。

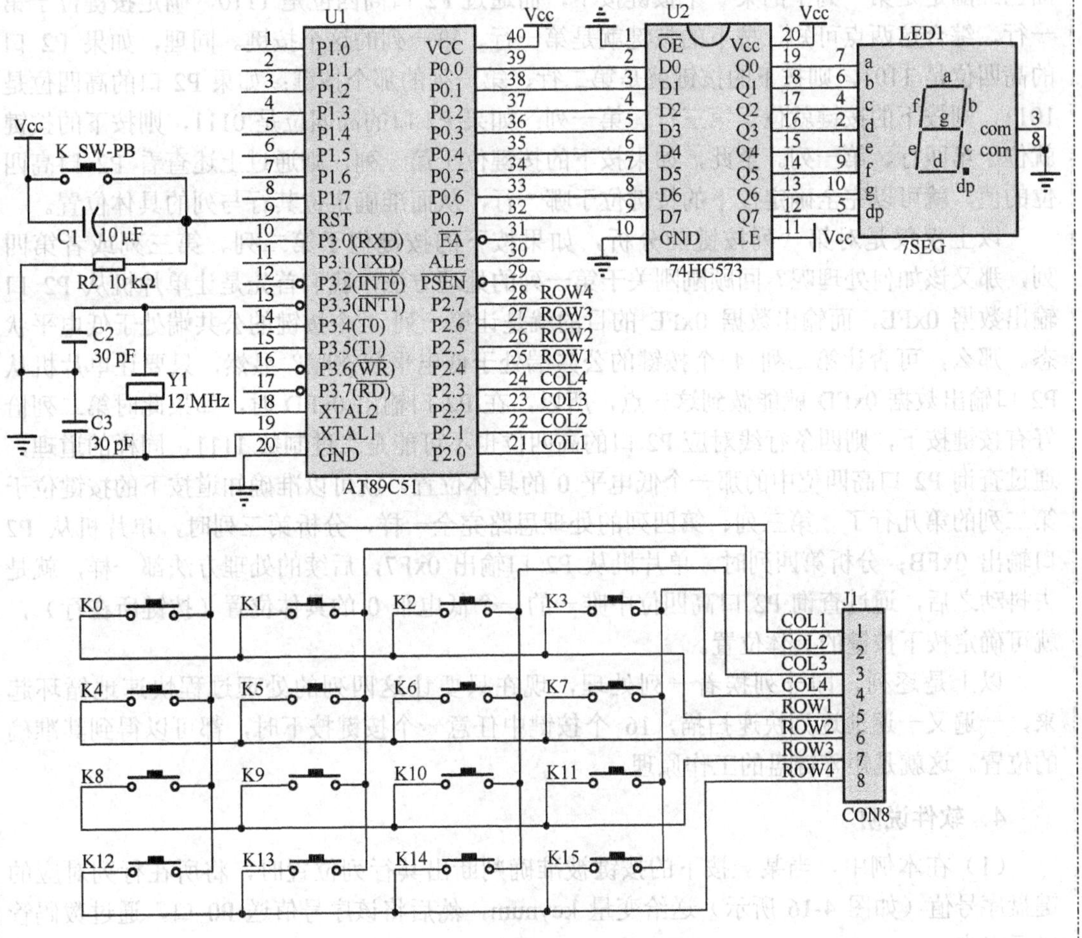

图 4-17　矩阵按键硬件连接图

首先，单片机从 P2 口输出数据 0xFE，此时，仅有 P2.0 引脚对外输出低电平，而 P2.0 引脚连接矩阵键盘的第一列，所以目前第一列 4 个按键的公共端呈现低电平状态。如果此时第一列恰好有键按下，则四条行线中，必然有一条行线，由于与第一列低电平的接通，而处于低电平状态，即 P2 口的高四位（对应四条行线）数据中必然有一个 0（低电平），即 P2 口的高四位不可能等于二进制数 1111。当 P2 口的高四位数据不等于二进制数 1111 时，说明第一列“可能”有键按下，此处的“可能”是考虑到按键抖动的原因。在初步判断“可能”有键按下之后，接下来的处理自然是软件去抖动了。在延时 5～10 ms 之后，再经第二次检测，若检测到 P2 口的高四位依然不等于二进制数 1111，则可以肯定第一列的确有按键按下。在确定第一列的确有键按下之后，接下来的任务，就是要找到按下的按键究竟是这一列（第一列）的哪一行？因为四条行线对应数值不是二进制数 1111，且这四位中只有一条行线是低电平，对应数字 0，即需要找到 P2 口高四位中唯一的一个低电平 0，究竟是这四位中的哪一位。列举 P2 口高四位中仅有一个低电平 0 的情形，只有 4 种，即 1110、1101、1011 和 0111。依据硬件连接，显然，如果 P2 口高四位是 1110，则按键必然位于第一行（如图 4-17 所示，第一行连接 P2.4 引脚）。由于前面已经圈定是第一列中的某一个按键按下，而通过 P2 口高四位是 1110，确定按键位于第一行，综合这两点可知，按下的按键就是第一行、第一列的这个按键。同理，如果 P2 口的高四位是 1101，则按下的按键就是第二行、第一列的那个按键；如果 P2 口的高四位是 1011，则按下的按键就位于第三行、第一列；如果 P2 口的高四位是 0111，则按下的按键就位于第四行、第一列。至此，如果按下的按键位于第一列，则通过上述查看 P2 口高四位的值，就可以完全确定按下的按键位于哪一行，从而准确定位其行与列的具体位置。

以上仅仅是对第一列按键的分析，如果按下的按键位于第二列、第三列或者第四列，那又该如何处理呢？回顾刚刚关于第一列的处理方法，我们首先是让单片机从 P2 口输出数据 0xFE，而输出数据 0xFE 的目的就是让第一列 4 个按键的公共端处于低电平状态。那么，可否让第二列 4 个按键的公共端处于低电平状态呢？显然，只要让单片机从 P2 口输出数据 0xFD 就能做到这一点，所以，在 P2 口输出 0xFD 时，如果此时第二列恰好有按键按下，则四条行线对应 P2 口的高四位也不可能是二进制数 1111，同样的道理，通过查询 P2 口高四位中的那一个低电平 0 的具体位置，就可以准确知道按下的按键位于第二列的第几行了。第三列、第四列的处理思路完全一样，分析第三列时，单片机从 P2 口输出 0xFB；分析第四列时，单片机从 P2 口输出 0xF7，后续的处理方法都一样，就是去抖动之后，通过查询 P2 口高四位中唯一的一个低电平 0 的具体位置（按键所在行），就可确定按下按键的具体位置。

以上是逐列，即一列挨着一列处理，现在只要让这四列的处理过程快速地循环起来，一遍又一遍地逐列快速扫描，16 个按键中任意一个按键按下时，都可以得到其准确的位置。这就是矩阵键盘的工作原理。

4．软件说明

（1）在本例中，当某一按下的按键被准确判断出其行列位置时，将所在行列对应的键盘序号值（如图 4-16 所示）送给变量 keynum，然后将该序号值送 P0 口，通过数码管显示出来。

（2）每一列处理中，在将所得键盘序号送 P0 口显示之后，程序模块：

```
while(t!=0xF0)
{
```

```
    t=P2;
    t=t&0xF0;
  }
```

的作用是等待按下的按键释放。显然，当按下的按键没有释放时，P2 口的高四位一定不等于二进制数 1111，即十六进制数 F；相反，如果按下的按键释放，则四条行线被全部悬空拉高，此时 while 循环的条件 t!=0xF0 逻辑为假，则程序结束此 while 循环，继续向下执行，单片机接着给下一列送低电平数据。

5．程序清单

本例 4×4 矩阵键盘的程序清单如下：

```
#include <reg52.h>
#define uchar unsigned char
uchar keynum=0;
uchar code table[]={0x3F,0x06,0x5B,0x4F,0x66,0x6D,0x7D,0x07,
0x7F,0x6F,0x77,0x7C,0x39,0x5E,0x79,0x71};
void delay(void)
{   uchar i;
   for(i=0;i<=200;i++);
}
void key44scan(void)
{
   uchar t;
   P2=0xFE;
   t=P2;
   t=t&0xF0;
   if(t!=0xF0)
   {
       delay();
       t=P2;
       t=t&0xF0;
       if(t!=0xF0)
       {
           t=P2;
           switch(t)
           {
               case 0xEE:keynum=1;break;
               case 0xDE:keynum=4;break;
               case 0xBE:keynum=7;break;
               case 0x7E:keynum=15;break;
           }
           P0=table[keynum];
           while(t!=0xF0)
           {
               t=P2;
```

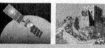

```
                    t=t&0xF0;
                }
            }
        }
        P2=0xFD;
        t=P2;
        t=t&0xF0;
        if(t!=0xF0)
        {
            delay();
            t=P2;
            t=t&0xF0;
            if(t!=0xF0)
            {
                t=P2;
                switch(t)
                {
                    case 0xED:keynum=2;break;
                    case 0xDD:keynum=5;break;
                    case 0xBD:keynum=8;break;
                    case 0x7D:keynum=0;break;
                }
                P0=table[keynum];
                while(t!=0xF0)
                {
                    t=P2;
                    t=t&0xF0;
                }
            }
        }
        P2=0xFB;
        t=P2;
        t=t&0xF0;
        if(t!=0xF0)
        {
            delay();
            t=P2;
            t=t&0xF0;
            if(t!=0xF0)
            {
                t=P2;
                switch(t)
                {
                    case 0xEB:keynum=3;break;
                    case 0xDB:keynum=6;break;
                    case 0xBB:keynum=9;break;
```

```
                case 0x7B:keynum=14;break;
            }
            P0=table[keynum];
            while(t!=0xF0)
            {
                t=P2;
                t=t&0xF0;
            }
        }
    }
    P2=0xF7;
    t=P2;
    t=t&0xF0;
    if(t!=0xF0)
    {
        delay();
        t=P2;
        t=t&0xF0;
        if(t!=0xF0)
        {
            t=P2;
            switch(t)
            {
                case 0xE7:keynum=10;break;
                case 0xD7:keynum=11;break;
                case 0xB7:keynum=12;break;
                case 0x77:keynum=13;break;
            }
            P0=table[keynum];
            while(t!=0xF0)
            {
                t=P2;
                t=t&0xF0;
            }
        }
    }
}
//******************************************************
main()
{
    while(1)
    {
        key44scan();
    }
}
```

在很多单片机应用开发系统中，按键或者键盘都充当菜单的角色。通过按键选择不同的菜单，可以使单片机应用系统切换到不同的功能模块，从而完成多种复杂的结构和功能。

4.3 中断

4.3.1 中断的概念

在生活中有时会出现这样的情形：假定你正在家中观看一部精彩的DVD影片，突然电话铃声响起，为了不错过影片的每一个情节，你不得不暂停影片的播放，转而去接听电话。电话是同学打来的，他有问题要向你咨询，你不得不坐下来，耐心地给同学解释问题。谁知刚解释到一半，突然响起急促的敲门声，无奈的你只好告知同学有人敲门，让他别挂断电话，马上回来。你前去开门一看究竟，原来是邮递员送来邮政快件。签收完快件回到屋内，你又拿起放在桌上的电话，接着给同学解释问题。等到给同学的问题解释清楚了，挂断了电话，你才如释重负地回到沙发上继续观看被暂停的影片。这一过程若用图形来描述，如图4-18所示。

生活中，大家经常会遇到类似的情况，手头正在干的工作，被其他突发的紧急事件打断，不得已只能先处理紧急事件，等紧急事件处理完之后，再继续先前的工作。这样的过程在单片机中被称为中断。对于单片机中的中断，可以这样定义：当单片机CPU正在处理某项任务时，外界或内部发生了紧急事件，迫使CPU暂停正在处理的工作，转而去处理这个紧急事件；处理完紧急事件以后，再回到原任务被暂停的地方，继续执行原来被中断的任务。对应生活中如图4-18所示中断示例，我们给出了如图4-19所示的单片机中断模型。

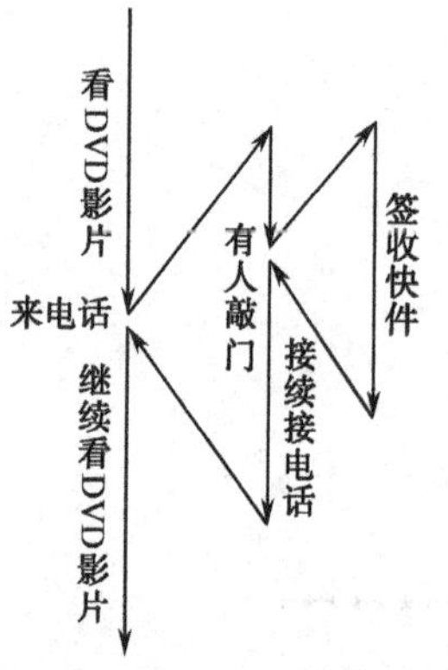

图4-18 日常生活中的中断

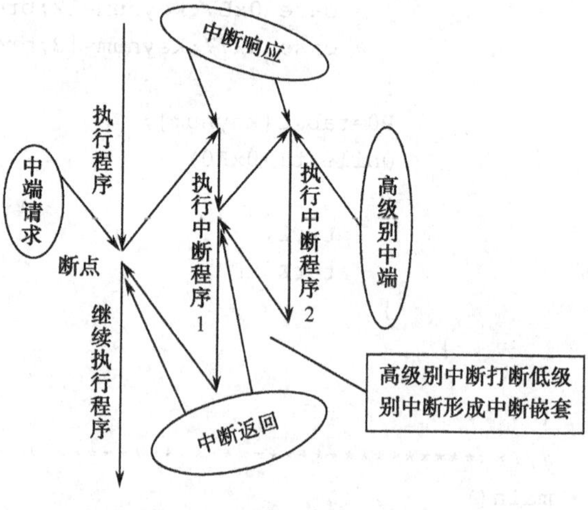

图4-19 单片机中的中断

结合图4-18和图4-19，我们可以进一步了解单片机中与中断有关的几个重要概念。向CPU提出中断请求的源头，称为中断源，比如电话铃响起、敲门声。CPU暂停正在执行的任务，转去执行新的中断请求任务，称为中断服务，比如接电话、开门签收快件。一个中断请求，打断目前正在进行的中断服务，称为中断嵌套，比如接电话期间的敲门声打断了接电话。

再简单介绍一下优先级的概念。优先级可以用来表征事情轻重缓急的程度，相对紧急的事件优先级高，相对不紧急的事件优先级低。可以设想，在看 DVD 电影期间，如果电话铃和敲门声同时响起，暂停影片的播放后，是先接电话还是先开门呢？这就涉及优先级问题。如果电话依旧是同学打来咨询问题的，敲门的不是邮递员，而是邻居，他敲门是因为他家着火了，需要你的帮助。显然，这种情况下，救火比解释问题紧急得多，所以救火的优先级应比接电话的优先级别高，先去帮邻居救火是必然的选择。

4.3.2　单片机中使用中断的意义

从以上实例分析可见，单片机中的中断，与日常生活中的中断，在处理的方式方法上是完全一致的。仅就单片机而言，使用中断的意义有以下几点。

（1）实时处理。在单片机控制系统中，对于环境、参数等发生的各类变化，可能需要 CPU 立即响应或处理，延迟响应或处理也许会导致灾难性后果。此时，实时性变得异常重要和突出。但环境等因素的变化何时出现或发生，却无法提前预知。通过中断方式，可以让 CPU 在变化发生时，及时响应并做出处理，达到实时处理的目的。

（2）异常处理。单片机系统在运行过程中，经常会出现断电、程序受干扰出错、运算溢出等异常或故障情况，利用中断，可让故障源向 CPU 提出中断请求，由 CPU 对故障或异常进行处理，使系统恢复正常，并继续运行。

（3）提高效率。一般情况下，与外设相比，CPU 的执行速度是很快的，而外设则比较慢。在 CPU 与外设进行信息交换时，就存在快速 CPU 与慢速外设之间，信息传输速度不相匹配的矛盾。采用中断技术，能实现一个 CPU 分时与多个外设通信，宏观的“同时”和“并行”工作模式，在 CPU 提高工作效率方面是不言而喻的。

4.3.3　单片机的中断源

一般而言，MCS-51 单片机有 5 个中断源，它们分别是：

（1）外部中断 0；

（2）外部中断 1；

（3）定时/计数器 0 中断；

（4）定时/计数器 1 中断；

（5）串行口发送或接收中断。

下面通过实例，详细介绍如何使用外部中断 0 和外部中断 1。对于定时器/计数器中断、串行口中断，则分别在 4.4 节和第 9 章给予详述。

实例 9　使用外部中断控制数字显示

1. 功能说明

主程序控制的数码管，以大约 1 s 的时间间隔，循环显示数字 0～9。当外部中断 0 发生时，数码管先暂停显示（此时，数码管上显示的数字是 0～9 中的某一个）；接着，P2 口的 8 只发光二极管，以 200 ms 的时间间隔，整体闪烁 2 次；接下来，数码管从暂停的数字开始，继续循环显示数字 0～9。当外部中断 1 发生时，数码管先暂停显示（此时，数码管上显示的数字是 0～9 中的某一个）；接着，P2 口 8 只发光二极管流水灯般点亮，并循环 3 次；接下来，数码管从暂停的数字开始，继续循环显示数字 0～9。

2．硬件说明

（1）硬件连接电路如图 4-20 所示，独立按键 K1 和 K2，分别连接到 51 单片机 P3.2 和 P3.3 两只引脚上，作为外部中断 0 和外部中断 1 的输入源。

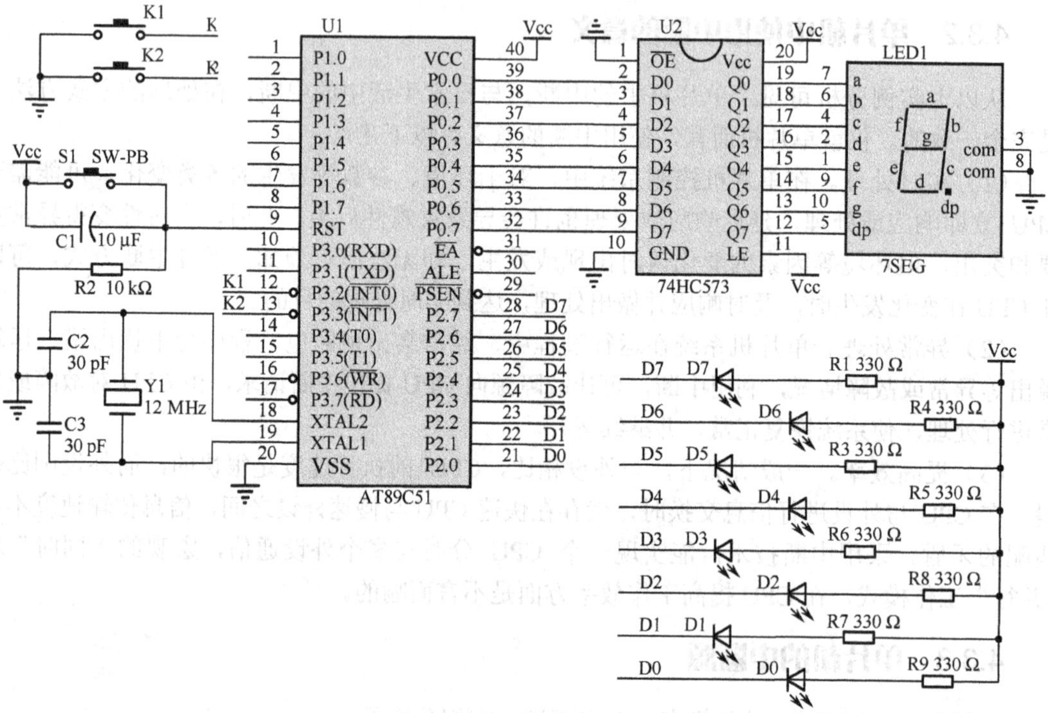

图 4-20 外部中断实例 1 硬件连接图

（2）P0 口作为共阴极数码管段码输出口，依旧使用 74HC573 来驱动，公共端直接接地。

（3）8 只发光二极管连接到单片机 P2 口。

3．软件说明

程序清单如下：

```
#include <reg52.h>
#define uint unsigned int
#define uchar unsigned char
uchar code duan[]={0x3F,0x06,0x5B,0x4F,0x66,0x6D,0x7D,0x07,0x7F,0x6F};
uchar code liushui[]={0xFE,0xFD,0xFB,0xF7,0xEF,0xDF,0xBF,0x7F};
uchar num=0;
//***************************************************************
void delay(uint i)              //延时函数
{
    uint j,k;
    for(k=0;k<i;k++)
```

```
        for(j=0;j<110;j++);
    }
    //*************************************************************
    void init(void)                       //初始化子函数
    {
        IT0=1;                            //设置外部中断 0 为边沿触发
        EX0=1;                            //开外部中断 0
        IT1=1;                            //设置外部中断 1 为边沿触发
        EX1=1;                            //开外部中断 1
        EA=1;                             //开总中断允许位
    }
    //*************************************************************
    main()                                //主函数
    {
        init();
        while(1)
        {
            num++;
            if(num==10)
                num=0;
            P0=duan[num];
            delay(1000);                  //软件延时 1 秒
        }
    }
    //*************************************************************
    void int0(void) interrupt 0     //外部中断 0 中断处理程序
    {
        P2=0;
        delay(200);
        P2=0xFF;
        delay(200);
        P2=0;
        delay(200);
        P2=0xFF;
        delay(200);
    }
    //*************************************************************
    void int1(void) interrupt 2     //外部中断 1 中断处理程序
    {
        uchar i,j;
        for(i=0;i<3;i++)
        {
            for(j=0;j<8;j++)
            {
                P2=liushui[j];
                delay(50);
            }
        }
        P2=0xFF;
    }
```

4.3.4 单片机的外部中断

51 单片机的 5 个中断源中，有 2 个是外部中断源，即外部中断 0 和外部中断 1。之所以称之为外部中断，是因为引起 CPU 中断的中断源信号来自单片机的外部。其中，外部中断 0 的中断源信号，从 51 单片机的 P3.2 引脚进入单片机，而外部中断 1 的中断源信号则从 51 单片机的 P3.3 引脚进入单片机。至于中断源信号，也不是任意一个信号从 P3.2 和 P3.3 进入单片机都能引起中断，具体而言就是，如果中断源信号是电平信号，则必须是低电平信号；如果中断源信号是脉冲边沿信号，则必须是从高电平变化到低电平的下降沿信号。具体使用时，可通过设置相关寄存器，来决定选用低电平信号还是下降沿信号。

51 单片机的外部中断要被响应，必须要有从外部进入单片机的适当的中断源信号，还要设置一系列相关寄存器，只有准确地设置这些寄存器，才能使外部中断源信号引起中断。设置寄存器，就是将寄存器的相关位置 1 或者清 0。51 单片机中，与外部中断相关的寄存器有 3 个：中断允许寄存器 IE，定时器控制寄存器 TCON，中断优先级寄存器 IP。以下详细说明其各位含义及设置方法。

1. 中断允许寄存器 IE

中断允许或禁止的具体含义是：只有在中断允许的前提下，中断请求信号才可以被响应；如果中断被禁止（未允许），即使有中断请求信号，CPU 也会置之不理，不予响应。

在 51 单片机中断系统中，中断的允许或禁止，是由中断允许寄存器 IE（IE 为特殊功能寄存器，包括 4 个 I/O 口在内，51 单片机共有 21 个特殊功能寄存器）控制的。IE 寄存器是一个 8 位寄存器，其各位具体含义如表 4-1 所示，其中位 6 和位 5 保留未使用；其余 6 位中，与外部中断有关的位是位 0、位 2 和位 7，其功能及含义分述如下；而与定时计数器相关的位是位 3 和位 1，留待下一节再详述；位 4 则要留待第 9 章再叙述。

表 4-1　IE 寄存器

位 7	位 6	位 5	位 4	位 3	位 2	位 1	位 0
EA			ES	ET1	EX1	ET0	EX0

（1）位 0——EX0：外部中断 0 中断允许位。EX0=1，允许外部中断 0 中断；EX0=0，禁止外部中断 0 中断。

（2）位 2——EX1：外部中断 1 中断允许位。EX1=1，允许外部中断 1 中断；EX1=0，禁止外部中断 1 中断。

（3）位 7——EA：中断允许总控制位。EA=1，允许所有中断源中断；EA=0，禁止所有中断源中断。

有关 IE 寄存器，需要特别说明的是，51 单片机的中断允许实行两级开关管理：总开关和分开关，且总开关和分开关之间是逻辑与的关系。总开关只有一个（IE 的位 7），属于 CPU 级别；分开关有 5 个（IE 的位 0 至位 4），对应 5 个中断源。对于某一具体中断而言，只有总开关和该中断对应的分开关都闭合允许时（相应位置 1），该中断才被允许；相反，总开关或分开关中，只要有一个是断开的（相应位清 0），则该中断就被禁止。外部中断 0 的分开关，就是 IE 的位 0；外部中断 1 的分开关，就是 IE 的位 2。可见，若要允许外部中断 0，则需要将 IE 的位 7 和位 0 同时置 1 才可以；同理，若要允许外部中断 1，则需要将 IE 的位 7 和位 2 同时置 1 才可以。

51 单片机系统复位时，IE 寄存器各位都被清 0，即禁止所有中断。

2．定时器控制寄存器 TCON

TCON 是定时器/计数器控制寄存器，它也是 8 位寄存器，如表 4-2 所示。其中，与外部中断 0 和外部中断 1 有关的 4 位是位 0 至位 3，即低 4 位，其功能及含义分述如下；而高 4 位则与定时器/计数器相关，在定时器/计数器一节中有详细说明。

表 4-2　TCON 寄存器

位 7	位 6	位 5	位 4	位 3	位 2	位 1	位 0
TF1	TR1	TF0	TR0	IE1	IT1	IE0	IT0

（1）位 0——IT0：外部中断 0 触发方式位，该位用于设置引起外部中断 0 的请求信号，是低电平的电平信号，还是脉冲信号的下降沿信号。若外部中断 0 的请求信号，是脉冲信号的下降沿信号，则设置 IT0=1；若外部中断 0 的请求信号，是低电平的电平信号，则设置 IT0=0。在采用低电平的电平信号触发时，输入到 P3.2 引脚的外部中断源信号，必须一直保持低电平有效，直至该中断被响应为止；并且在中断响应返回之前，必须将电平拉高，变成高电平，否则将会导致中断的再次请求发生。

（2）位 1——IE0：外部中断 0 中断请求标志位，该位是一个供软硬件查询的状态位，用于表征外部中断 0 是否有中断请求。如果软硬件查询到的结果是 IE0=1，则表明外部中断 0 有中断请求；相反，如果软硬件查询到的结果是 IE0=0，则表明外部中断 0 没有中断请求。在软硬件查询到的结果是 IE0=1，表明外部中断 0 有中断请求时，若该中断一旦被响应，则 IE0 被自动清 0，即编程者不需要用软件刻意将其清 0。

（3）位 2——IT1：外部中断 1 触发方式位。此位功用完全同于 IT0，只是针对外部中断 1 而言。

（4）位 3——IE1：外部中断 1 中断请求标志位。此位功用完全同于 IE0，只是针对外部中断 1 而言。

在外部中断中，该寄存器的位 0 和位 2 用于设置，置 1 和清 0 分别用于指定中断信号的类别（电平或是边沿）；而位 1 和位 3，则是供软硬件查询的（硬件查询即为中断，软件也可查询）。

3．中断优先级寄存器 IP

1）中断优先级寄存器 IP

在 51 单片机中，中断的优先级别只有两级：高优先级（值为 1）和低优先级（值为 0）。对于各个中断源，编程者若不做任何有关优先级的设置，即保持系统上电复位时优先级的默认值 0（系统上电复位时，所有中断源的优先级的值，都被初始化为 0），则所有中断源都处于低优先级。如果，编程者有意根据中断源事件的轻重缓急，为某一个或某几个中断源设置优先级别，则可以将紧急的中断源事件设置为高优先级（赋值为 1），相对不紧急的中断源事件设置为低优先级（赋值为 0）。这种设置，就是在中断优先级寄存器 IP 中进行的。IP 寄存器是一个 8 位寄存器，如表 4-3 所示。其中位 7、位 6 和位 5 保留未用，位 0

到位 4 则依次对应于 51 单片机的 5 个中断源：外部中断 0，定时器/计数器 0 中断，外部中断 1，定时器/计数器 1 中断和串行口中断。将 IP 寄存器的相关位置 1，就可将其对应的中断源设置为高优先级；将 IP 寄存器的相关位清 0（默认值就是 0），就可将其对应的中断源设置为低优先级。例如，如果想设置外部中断 0 为高优先级，就将位 0 置 1。

表 4-3 IP 寄存器

位 7	位 6	位 5	位 4	位 3	位 2	位 1	位 0
—	—	—	PS	PT1	PX1	PT0	PX0

2）中断优先级规则

优先级规则是 51 单片机中有关中断处理顺序或者说中断排队的规定。之所以要排队，原因是中断源有 5 个之多，中断请求的发生在时间上有先后次序之分，即使多个中断同时发出请求，但中断请求的轻重缓急也有高优先级和低优先级之别，所以，中断排队是非常关键和重要的。如果中断源请求只有一个，则无所谓排队不排队。以下所述排队规则，主要针对多个中断源的情形，且假定中断都是被允许的（两级开关都允许）。具体规则如下。

（1）如果多个中断请求的发生，在时间上有先后次序，且所有发生的中断请求都处于同一级别（要么全部低优先级，要么全部高优先级），则中断排队依照时间顺序，先来者排前，后到者靠后。

（2）如果多个中断请求的发生，时间上有先后，且优先级别不完全相同（部分优先级低，部分优先级高），则依如下规则：若低优先级的中断先期到达，并已开始执行任务，后来到达的中断又恰好是高优先级中断（若后来者是同优先级中断，则不能打断正在执行的同级），若低优先级中断还未处理结束，则高优先级中断会打断优先级别低的中断，这就是中断嵌套；高优先级中断执行完响应服务程序之后，低优先级中断接着执行前面未完成的任务。

如果多个中断请求的发生，时间上有先后，优先级别不完全相同，高优先级中断先期到达并已开始执行任务，则后来的低优先级中断只能耐心等待（级别低还来得迟），等到高优先级中断执行结束，并且再无其他高优先级中断时，此低优先级中断才可以被执行。

（3）如果多个中断请求同时发生，且都处于同一级别（要么全部低优先级，要么全部高优先级），则中断的排队，依照外部中断 0 最优先，然后依次为定时器/计数器 0 中断、外部中断 1、定时器/计数器 1 中断和串行口中断的顺序，即串行口中断排在最后。排队次序即中断响应或者执行次序。

如果多个中断请求同时发生，且优先级别不完全相同（部分优先级低，部分优先级高），则高优先级的中断源排队靠前，低优先级中断排队靠后。

C 语言知识　中断服务子函数

在单片机 C 语言中，中断服务子函数即为中断处理程序，它具有子函数的基本格式，但也有其特有的格式要求，具体格式框架如下：

```
void 函数名(void) interrupt m [using n]
{
    中断处理程序;
}
```

此格式中，需要说明的有以下几点。

（1）中断处理程序或中断服务子函数不能有返回值，即返回值为空（void）；同时，该函数也不能有参数，所以函数名后的参数列表中也为空（void）；

（2）在函数头中，区别该子函数不同于一般意义子函数的标志是，其函数名及参数表列之后，紧跟了“interrupt+空格+数字”项，关键字“interrupt”的汉语意思就是“中断”，而其后的数字则是中断号。51 系列单片机的中断号如表 4-4 所示。使用时，依据中断源的不同，关键字“interrupt”后面的数字也对应不同。

表 4-4　51 单片机中断源对应的中断号

中断源	中断号
外部中断 0	0
定时器/计数器 T0	1
外部中断 1	2
定时器/计数器 T1	3
串行口中断	4

（3）函数头中最后的可选项“using n”，其中的 n 可取值为 0-3，表示寄存器组号。此项可以忽略不写，编译器会自动分配寄存器组给中断服务子函数。故此处也不做过多介绍，有兴趣的读者可参看其他教材或资料。

（4）此中断服务子函数的函数体，与一般子函数的函数体并无差异，由于无返回值，自然无 return 语句。

实例 10　有优先级的外部中断控制数字显示

1．功能要求

（1）主程序控制的数码管（连接在 P0 口）以 1s 时间为间隔，循环显示数字 0～9。

（2）外部中断 0 被设置为低优先级，边沿触发方式。在主程序执行期间，若 P3.2 引脚有外部中断 0 发生，则主程序暂停（被中断），主程序控制的数码管暂停在某个数值上；而外部中断 0 控制的数码管（连接在 P2 口）则从数字 0 开始，依次显示数字 0～9，显示三遍后结束。接着，主程序控制的数码管从暂停处继续循环显示数字 0～9。

（3）外部中断 1 被设置为高优先级，边沿触发方式。在主程序执行期间，若 P3.3 引脚有外部中断 1 发生，则主程序暂停（被中断），主程序控制的数码管暂停在某个数值上；而外部中断 1 控制的数码管（连接在 P1 口）则从数字 0 开始，依次显示数字 0～9，显示三遍后结束。接着，主程序控制的数码管从暂停处继续循环显示数字 0～9。

（4）在保持以上外部中断 0 和 1 设置不变的条件下，在主程序执行期间，首先是 P3.2 引脚有外部中断 0 发生，则主程序暂停（被中断）显示，主程序控制的数码管暂停在某个数值上；而外部中断 0 控制的数码管则从数字 0 开始，依次显示数字 0～9。原计划显示三遍 0～9，但在显示一遍或二遍时（不足 3 遍），P3.3 引脚有外部中断 1 发生。此时，外部中断 0 控制的数码管暂停显示（高优先级中断打断了低优先级中断）。外部中断 1 控制的数码管开始显示数字 0～9，显示三遍后，停止显示。外部中断 0 控制的数码管从暂停处继续显示，直至完成暂停前后共计三遍的显示。随后，主程序控制的数码管继续显示。

2．硬件说明

（1）硬件连接电路如图 4-21 所示。独立按键 K1 和 K2，分别连接到单片机 P3.2 和 P3.3 引脚上，作为外部中断 0 和外部中断 1 的输入源。

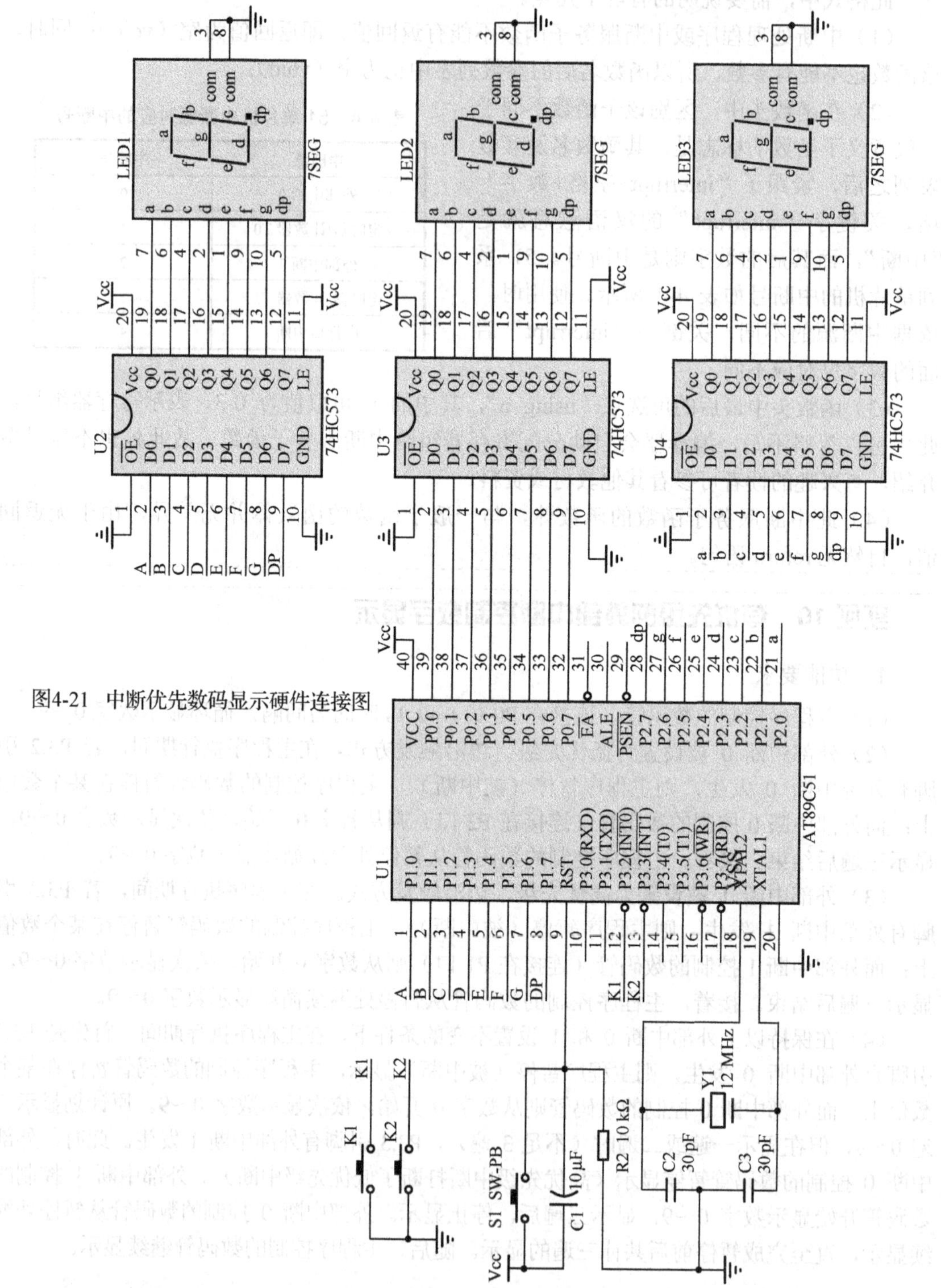

图4-21 中断优先数码显示硬件连接图

（2）主程序控制的共阴极数码管，连接到单片机的 P0 口，段码使用 74HC573 驱动，公共端直接接地。

（3）外部中断0控制的共阴极数码管，连接到单片机的P2口，段码使用74HC573驱动，公共端直接接地。

（4）外部中断1控制的共阴极数码管，连接到单片机的P1口，段码使用74HC573驱动，公共端直接接地。

3．程序清单

```
#include <reg52.h>
#define uint unsigned int
#define uchar unsigned char
uchar code tab[]={0x3F,0x06,0x5B,0x4F,0x66,0x6D,0x7D,0x07,0x7F,0x6F};
uchar num=0,a,b,c;
//**************************************************************
void delay(uint i)            //延时函数
{
   uint j,k;
   for(k=0;k<i;k++)
       for(j=0;j<110;j++);
}
//**************************************************************
void init(void)              //初始化子函数
{
   PX0=0;                    //设置为低优先级
   IT0=1;                    //设置外部中断0为边沿触发
   EX0=1;                    //开外部中断0
   PX1=1;                    //设置为高优先级
   IT1=1;                    //设置外部中断1为边沿触发
   EX1=1;                    //开外部中断1
   EA=1;                     //开总中断允许位
}
//**************************************************************
main()                       //主函数
{
   init();
   while(1)
   {
       num++;
       if(num==10)
           num=0;
       P0=tab[num];
       delay(1000);          //软件延时1秒
   }
}
```

```
//**********************************************************
void int0(void) interrupt 0          //外部中断 0 的中断处理程序
{
   for(a=0;a<=2;a++)
       for(c=0;c<10;c++)
       {
           P2=tab[c];
         delay(500);
       }
}
//**********************************************************
void int1(void) interrupt 2          //外部中断 1 的中断处理程序
{
   for(b=0;b<=2;b++)
       for(c=0;c<10;c++)
       {
           P1=tab[c];
         delay(500);
       }
}
```

此实例中，如果将 P3.2 和 P3.3 两只引脚同时连接到同一个独立按键 K 上。在前述优先级设置不变的情况下，在主程序执行期间，按下按键 K 时，主程序暂停，高优先级控制的数码管（连接在 P1 口）首先显示，等其显示结束后，低优先级中断控制的数码管再显示，等低优先级中断控制的数码管显示结束，主程序接着显示。此变化旨在说明，若优先级不同的两个中断同时发生，首先响应高优先级中断，然后才是低优先级中断。

4.4 定时器/计数器

4.4.1 定时器/计数器的基本概念

1. 什么是定时器/计数器

从本质而言，定时器/计数器的核心是计数器，之所以具有定时功能，原因是，如果被计数的对象是脉冲信号，则计数值乘以计数一个脉冲信号对应的时间（往往是机器周期），得到的结果便是时间值，也就是定时的时间。单片机应用系统中，很多场合需要实现精确定时或延时控制，在频率测量、脉宽测量、信号发生、信号检测，串行通信中波特率发生器等具体应用中，也会涉及定时/计数功能，所以定时器/计数器就成为单片机及其应用系统中不可或缺的基本组成部分。

2. 51 单片机的定时器/计数器

51 单片机内部有两个定时器/计数器，分别是 T0 和 T1。如果 T0 和 T1 被用做计数器，则被计数的脉冲信号不仅必须来自于单片机外部，分别从 P3.4 引脚（对应 T0）和 P3.5（对应 T1）引脚输入，而且其最高频率还不能超过时钟频率的 1/24。如果 T0 和 T1 被作为定时器使用，则 T0 和 T1 通过对片内机器周期的脉冲个数进行计数，从而实现定时功能。此处重点介绍 T0 和 T1 的定时器功能及使用方法。

在第 3 章中，我们曾用 for 循环延时的方法，实现电子钟的时间显示，但误差较大。究其原因，主要是 for 循环在精确延时时，难以实现有效控制。若要实现精确延时，定时器无疑是最合适不过的选择。

实例 11 定时器工作在方式 1 下的电子钟设计

1．功能要求

设计一个使用数码管显示时间的电子钟。显示格式是“HH-MM-SS”，其中“HH”表示小时，“MM”表示分钟，“SS”表示秒。

2．硬件说明

本例使用硬件电路如图 4-22 所示。

3．软件说明

（1）本例对定时器/计数器的选择及设置，全部集中在主函数前面的初始化子函数 init()中。正如程序清单中注释的说明，语句“TMOD=0x01”；即选定定时器/计数器 0，将它用做定时器（不是计数器），并设置其工作在方式 1（16 位）。接下来的两条语句“TH0=(65536-50000)/256”；和“TL0=(65536-50000)%256”；用于给定时器 0 的计数寄存器 TH0 和 TL0 装载初值，此种装载初值方法看似古怪，但其优点显而易见，就是从该赋值语句中能明确得知计数器的计数值，此例中的计数值即为 50000。考虑到硬件电路中，外接晶振是 12 MHz，所以，立即可以得到此定时器的定时时间就是 50000×1 μs=50000 μs=50 ms。之所以选择 50 ms 定时，究其原因，在外接 12 MHz 晶振、定时器工作在方式 1（16 位）时，其最大定时时间是 65536×1 μs=65536 μs=65.536 ms，此最大定时时间与电子钟所需的 1 秒定时还差很多，但可以通过多次毫秒级定时，实现 1 秒定时。此例选择 20 次 50 ms 定时，从而实现 1 s 定时，即 50 ms×20=1000 ms=1 s。接下来的两条语句“ET0=1”；和“EA=1”；用于允许定时器/计数器 0 的溢出中断。最后一条语句“TR0=1”；用于启动定时器 0，让定时器 0 的计数器开始加 1 计数。

（2）在定时器 0 的中断服务子函数中，出现与初始化子函数完全相同的两条初值装载语句“TH0=(65536-50000)/256；”和“TL0=(65536-50000)%256;”，这样处理的原因是，当一次 50 ms 的定时完成时，即定时器 0 的计数器计满溢出（计数器 0 的当前计数值为 0），定时器 0 的中断标志位 TF0 被置 1。在定时器 0 溢出中断允许的前提下，CPU 响应了该中断请求，程序就进入了该中断服务子函数（进入中断服务子函数后，TF0 立即被清 0）。由于需要多次 50 ms 的定时，因此计数器 0 的初值需要重新装载，否则计数器 0 将从 0 开始反复加 1，直至计满溢出，这样做的结果，将导致本次定时时间变成 65.536 ms，不再是 50 ms 了。

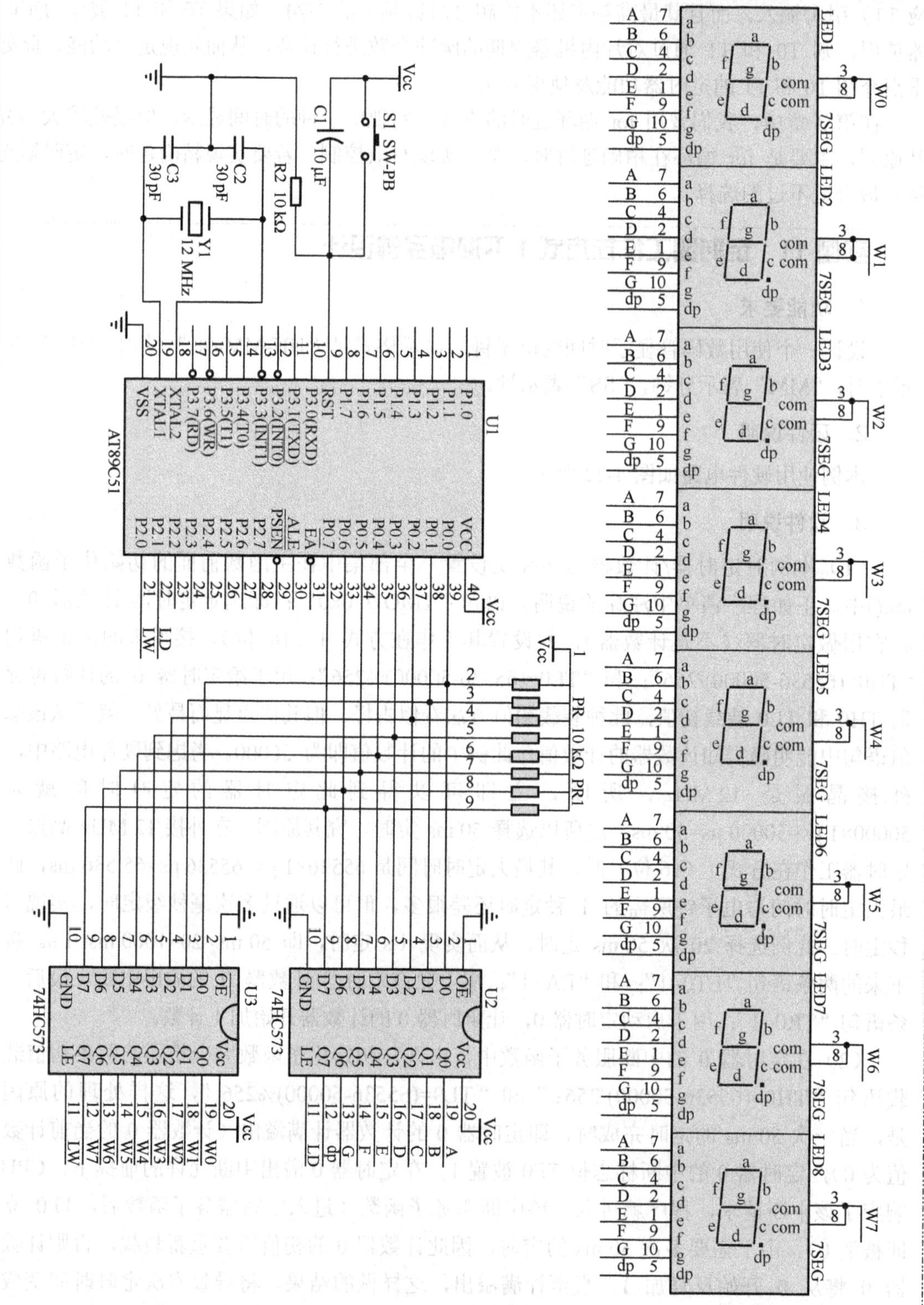

图 4-22　数码管电子钟硬件电路图

4. 程序清单

```
#include <reg52.h>
#define uchar unsigned char
#define uint unsigned int
uchar  code  duanca[10]={0xC0,0xF9,0xA4,0xB0,0x99,0x92,0x82,0xF8,
0x80, 0x90};
uchar code weica[8]={0x01,0x02,0x04,0x08,0x10,0x20,0x40,0x80};
sbit LW=P2^0;
sbit LD=P2^1;
uint hour=0,minute=0,second=0,t50ms=0;
//***********************************************************
void init(void)
{
   TMOD=0x01;                 //设置定时器 0 为工作方式 1
   TH0=(65536-50000)/256;     //定时 50 ms 定时器高 8 位赋初值
   TL0=(65536-50000)%256;     //定时 50 ms 定时器低 8 位赋初值
   ET0=1;                     //定时器 0 中断允许
   EA=1;                      //总中断允许
    TR0=1;                    //启动定时器 0
}
//***********************************************************
main()
{
   uchar i;
   init();
   while(1)
   {
       for(i=0;i<=7;i++)
       {
           LW=1;
           P0=weica[i];
           LW=0;
           LD=1;
           switch(i)
           {
               case 0:P0=duanca[hour/10];break;
               case 1:P0=duanca[hour%10];break;
               case 2:P0=0xbf;break;
               case 3:P0=duanca[minute/10];break;
               case 4:P0=duanca[minute%10];break;
               case 5:P0=0xbf;break;
               case 6:P0=duanca[second/10];break;
               case 7:P0=duanca[second%10];break;
               default:break;
           }
       LD=0;
```

```
            }
        }
    }
    //************************************************************
    void timer0(void) interrupt 1          //定时器 0 中断服务程序
    {
        TH0=(65536-50000)/256;             //定时 50 ms 定时器高 8 位重新赋初值
        TL0=(65536-50000)%256;             //定时 50 ms 定时器低 8 位重新赋初值
        t50ms++;
        if(t50ms==20)
        {
            t50ms=0;
            second++;
            if(second==60)
            {
                second=0;
                minute++;
                if(minute==60)
                {
                    minute=0;
                    hour++;
                    if(hour==24)
                        hour=0;
                }
            }
        }
    }
```

4.4.2　机器周期与外接晶振频率的关系

在单片机应用系统中，常用的晶振如图 4-23 所示，其上的数值就是其振荡频率，单位是 MHz。其中，11.0592 MHz 的晶振主要用于串行通信，有兴趣的读者可参阅第 9 章中相关解释或说明。在定时器/计数器部分，以 6 MHz 和 12 MHz 晶振的使用最为普遍。

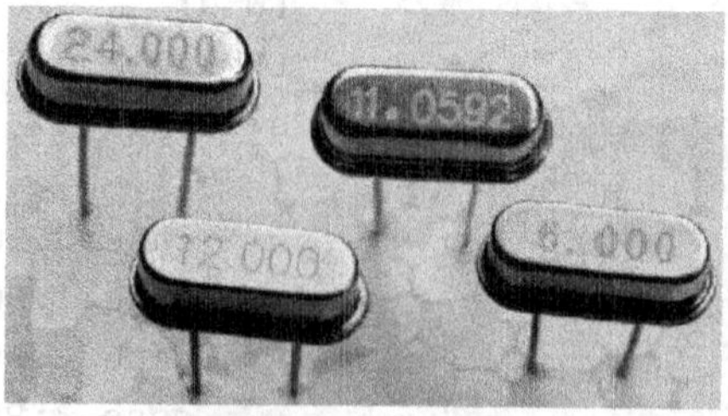

图 4-23　常用晶振外形

前已述及，定时器其实是对机器周期的脉冲个数进行计数的计数器，其计数值乘以机器周期，即得定时时间。显然，计数值若相同，但机器周期值不同，对应的定时时间值也必然不同。而机器周期与单片机外接晶振频率密切相关，其具体关系是：机器频率等于外接晶振频率的 1/12，即机器周期等于 12 除以外接晶振频率，单位是秒。如果外接晶振频率是 6 MHz，则机器周期为 12/6 MHz=2 μs；如果外接晶振频率是 12 MHz，则机器周期为 12/12 MHz=1 μs；如果外接晶振频率是 24 MHz，则机器周期为 12/24 MHz=0.5 μs。对于 12 MHz 外接晶振而言，如果计数值是 50000，则定时时间就是 50000×1 μs= 50000 μs =50 ms。

4.4.3　定时器的工作原理

51 单片机的定时器是基于其加 1 计数器的。所谓加 1 计数器，就是每过一个机器周期的时间，该计数器的当前计数值就加 1。对于 51 单片机，其内部的计数器为 16 位，最大计数值可达 2^{16}-1=65535。这个 16 位的计数器是由两个 8 位的计数器合并而成，具体就是：定时器/计数器 T0 的 16 位计数器，是由 8 位的计数器 TH0 和 8 位的计数器 TL0 合并而成；定时器/计数器 T1 的 16 位计数器，是由 8 位的计数器 TH1 和 8 位的计数器 TL1 合并而成。合并时，TH 作为 16 位计数器的高 8 位，TL 作为 16 位计数器的低 8 位。

在具体解释定时器工作原理之前，有必要分清楚两个概念：计数器的当前值和计数器的计数值。简言之，计数器的当前值就是计数器的当前计数值，该值由于反复不断地被加 1 而逐渐变大，直至加满溢出；相反，计数器的计数值则是计数器在某一段时间内计量机器周期的个数。此二者之间有本质差异。例如，假设计数器计满 100 便溢出，如果计数器的当前值是 60，则经过一个机器周期之后，计数器的当前值就变成 61，再经过一个机器周期之后，计数器的当前值就变成 62……当计满溢出时，计数器的当前值变成了 0，此时的计数值则为 100-60=40。

定时器开始定时工作之前，首先要给定时器的当前值赋值一个初始值，该初始值一般被称为初值。定时器开始工作之后，计数器的当前值就从初值开始，每过一个机器周期的时间，当前值就加 1。伴随着一个又一个机器周期的流逝，计数器的当前值就反复不断地加 1；当计数器当前值计满溢出时（例如，计数器的当前值经反复不断地加 1，达到十六进制数 0xFFFF 时，再加 1 便溢出了，即计数器的当前值因为溢出变成了 0），单片机内部定时器/计数器的中断标志位就会置 1。由于该中断请求信号是因计数器的当前值计满溢出引起的，因此定时器/计数器的中断一般被称为溢出中断。此时，在中断允许的条件下，CPU 就会响应该定时器/计数器的中断请求，接下来就可以执行定时器/计数器的中断服务子函数了。当然，编程者也可以通过编程，用软件去查询定时器/计数器的中断标志位是否为 1，从而确定本次定时器的定时工作是否已经完成，如果完成（标志位为 1），也可使程序转去执行相应的服务程序。

一次定时完成之后，如果还需要第二次，甚至更多次同样长时间的定时，则需要将定时器的初始值重新赋值或装载到计数器的当前值中。原因是上一次计数器的当前值计满溢出时，已使计数器的当前值变成了 0；如果不重新装载初始值，计数器将从当前值 0 开始，反复不断地加 1，直至加满溢出，这与当前值从某一初值开始，反复不断加 1 到溢出，有着明显不同，定时的时间自然是不正确或者说是错误的。

综上所述，51 单片机的定时器可以工作在中断方式，也可以工作在查询方式。无论工作在哪种方式之下，定时器一旦开始工作，其计数器的当前值就会从装载的初始值开始，反复不断地加 1，直至加满溢出；而定时时间，则需要通过计数值（计数值=溢出值一初值）乘以机器周期得到。例如，假设单片机外接晶振是 12 MHz，而计数器的溢出值是 2^{16}=65536。当定时器的初值是 15536 时，则定时一次的时间就是（65536-15536）×1 μs= 50000×1 μs=50 ms。

4.4.4 与定时器有关的寄存器

前已述及，51 单片机中的定时器，可以工作在查询和中断两种方式下。如果定时器工作在查询方式，则其使用和控制主要涉及定时器方式寄存器 TMOD 和定时器控制寄存器 TCON；如果定时器工作在中断方式，则还要涉及中断允许寄存器 IE 和中断优先级寄存器 IP。在上节内容中，已就中断优先级寄存器 IP 做过详细介绍，此处不再赘述，请读者参见上节相关内容，以下就另外 3 个寄存器中与定时器有关的部分做具体说明。

1. 中断允许寄存器 IE

如果定时器工作在中断方式下，则当定时器的当前值计满溢出时，就会触发定时器溢出中断。此时，中断允许寄存器 IE 中与定时器有关的位 7、位 3 和位 1，如果被设置为 1（允许），则 CPU 可能会响应该定时器的中断请求（此处的“可能”是考虑到存在中断优先级问题）。IE 寄存器如表 4-5 所示。其中的位 7、位 3、位 1 的功能及含义如下：

表 4-5 IE 寄存器

位 7	位 6	位 5	位 4	位 3	位 2	位 1	位 0
EA			ES	ET1	EX1	ET0	EX0

（1）位 1——ET0：定时器/计数器 0 中断允许位。ET0=1，允许定时器/计数器 0 中断；ET0=0，禁止定时/计数器 0 中断。

（2）位 3——ET1：定时器/计数器 1 中断允许位。ET1=1，允许定时器/计数器 1 中断；ET1=0，禁止定时/计数器 1 中断。

（3）位 7——EA：中断允许总控制位。EA=1，允许所有中断源中断；EA=0，禁止所有中断源中断。

2. 定时器控制寄存器 TCON

在外部中断一节中，我们已就定时器控制寄存器 TCON 中，与外部中断有关的低 4 位做过详细介绍；TCON 的高 4 位，则与定时器/计数器 0 和定时器/计数器 1 密切关联，如表 4-6 所示，此处重点介绍。此 4 位的功能及含义如下：

表 4-6 TCON 寄存器

位 7	位 6	位 5	位 4	位 3	位 2	位 1	位 0
TF1	TR1	TF0	TR0	IE1	IT1	IE0	IT0

（1）位 4——TR0：定时器/计数器 0 运行控制位。TR0=1，启动定时器/计数器 0；TR0=0，停止定时器/计数器 0。

（2）位 5——TF0：定时器/计数器 0 溢出中断标志位，该位是供软硬件查询的状态位，用于表征定时器/计数器 0 是否有溢出中断请求。如果软硬件查询到的结果是 TF0=1，则表明定时器/计数器 0 有溢出中断请求；相反，如果查询到的结果是 TF0=0，则表明定时器/计数器 0 没有溢出中断请求。在软硬件查询到的结果是 TF0=1，表明定时器/计数器 0 有溢出中断请求时，若该中断一旦被响应，则 TF0 被自动清 0，即编程者不需要用软件刻意将其清 0。

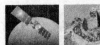

（3）位 6——TR1：定时器/计数器 1 运行控制位。TR1=1，启动定时器/计数器 1；TR1=0，停止定时/计数器 1。

（4）位 7——TF1：定时器/计数器 1 溢出中断标志位，该位是供软硬件查询的状态位，用于表征定时器/计数器 1 是否有溢出中断请求。如果软硬件查询到的结果是 TF1=1，则表明定时器/计数器 1 有溢出中断请求；相反，如果查询到的结果是 TF1=0，则表明定时器/计数器 1 没有溢出中断请求。在软硬件查询到的结果是 TF1=1，表明定时器/计数器 1 有溢出中断请求时，若该中断一旦被响应，则 TF1 被自动清 0，即编程者不需要用软件刻意将其清 0。

3. 定时器方式寄存器 TMOD

定时器方式寄存器 TMOD 用于设置定时器/计数器 0 和定时器/计数器 1 的工作方式等内容，它是一个 8 位的寄存器，高 4 位和低 4 位对应相同，如表 4-7 所示。其中，低 4 位用于设置定时器/计数器 0 的相关项，是定时器/计数器 0 的方式控制字；而高 4 位则用于设置定时器/计数器 1 的相关项，是定时器/计数器 1 的方式控制字。其各位的功能及含义如下：

表 4-7 TMOD 寄存器

位 7	位 6	位 5	位 4	位 3	位 2	位 1	位 0
GATE	$C/\overline{T}$	M1	M0	GATE	$C/\overline{T}$	M1	M0
← T1 方式控制字 →				← T0 方式控制字 →			

（1）位 1 和位 0——M1M0：定时器/计数器 0 工作方式位。位 1 和位 0 这两个二进制位组合起来，对应定时器/计数器 0 有四种工作方式可供选择——方式 0、方式 1、方式 2 和方式 3。M1、M0 具体组合与四种工作方式的对应关系如表 4-8 所示。

表 4-8 工作方式选择表

M1 M0	方式	说 明
0 0	0	13 位定时器/计数器，TL 存放低 5 位，TH 存放高 8 位
0 1	1	16 位定时器/计数器
1 0	2	初值自动装载的 8 位定时器/计数器
1 1	3	T0 被分为两个 8 位独立计数器；T1 在方式 3 时停止工作（无中断重装 8 位计数器）

方式 0 是 13 位定时器/计数器，此处所说 13 位，是指定时器/计数器 0 的最大计数数值为 2^{13}-1=8191，即当定时器/计数器 0 的计数当前值达到 8191 时，再加上 1 就会溢出；同理，方式 1 中所说 16 位定时器/计数器的含义是，其定时器/计数器 0 的最大计数数值为 2^{16}–1=65535，再加上 1 就会溢出；方式 2 是初值自动装载的 8 位定时器/计数器，其中的 8 位是指定时器/计数器 0 的最大计数数值为 2^{8}-1=255，当定时器/计数器 0 的计数当前值达到 255 时，再加上 1 就会溢出。对于初值自动装载功能，可暂时不用细究，本节后面将给予详细说明；方式 3 比较特殊，因使用较少，此处不再赘述，有兴趣的读者请参阅其他资料。

（2）位 2——$C/\overline{T}$：定时器或计数方式选择位。$C/\overline{T}$=1，定时器/计数器 0 被用做计数器；$C/\overline{T}$=0，定时器/计数器 0 被用做定时器。

（3）位 3——GATE：定时器/计数器 0 运行控制位，简称门控位。GATE=0，只要 TCON 寄存器的位 4（TR0 位）置 1，就可以启动定时器/计数器 0；GATE=1，在 TCON 寄存器的位

4（TR0 位）置 1 的前提下，还需 P3.2 引脚为高电平，才能启动定时器/计数器 0。

位 5 和位 4、位 6、位 7 的功能与含义，分别与位 1 和位 0、位 2、位 3 对应相同，不同之处仅仅是，此高四位是针对定时器/计数器 1 而言的。

实例 12 定时器工作在方式 2 下的电子钟设计

1．功能要求

设计一个使用数码管显示时间的电子钟。显示格式是“HH-MM-SS”，其中“HH”表示小时，“MM”表示分钟，“SS”表示秒。

2．硬件说明

本例使用图 4-22 所示的硬件电路。

3．软件说明

（1）本例使用定时器 1，并使其工作在方式 2（初值自动装载的 8 位定时器/计数器）。在外接 12 MHz 晶振时，方式 2 的最大定时时间是 2^8 μs=256 us=0.256 ms。此例选用 5000 次 0.2 ms 的定时，同样可实现 1 秒定时。

（2）由于定时器 1 工作在方式 2，而方式 2 是初值自动装载的 8 位定时器/计数器。所以在初值装载时，TH1 和 TL1 都被赋值相同的值 56（语句“TH1=256-200;”和“TL1=256-200;”）。同时，在定时器 1 的中断服务子函数中，也无须再重装初值。因为当 TL1 计数器的当前值计满溢出时（TL1 的当前值为 0），单片机内部会自动将 TH1 的值赋值给 TL1，此过程类似于赋值语句“TL1=TH1;”，TL1 就被重新装载了初值。

4．程序清单

```
#include <reg52.h>
#define uchar unsigned char
#define uint unsigned int
uchar  code  duanca[10]={0xC0,0xF9,0xA4,0xB0,0x99,0x92,0x82,0xF8,0x80,
0x90};
uchar code weica[8]={0x01,0x02,0x04,0x08,0x10,0x20,0x40,0x80};
sbit LW=P2^0;
sbit LD=P2^1;
uint hour=0,minute=0,second=0,t02ms=0;
//****************************************************************
void init()
{
   TMOD=0x20;               //设置定时器 1 为工作方式 2
   TH1=256-200;             //定时 0.2 ms 定时器高 8 位赋初值
   TL1=256-200;             //定时 0.2 ms 定时器低 8 位赋初值
   ET1=1;                   //开定时器 0 中断
   EA=1;                    //开总中断
   TR1=1;                   //启动定时器 1
}
//****************************************************************
```

```
main()
{
   uchar i;
   init();
   while(1)
   {
       for(i=0;i<=7;i++)
       {
          LW=1;
          P0=weica[i];
          LW=0;
          LD=1;
          switch(i)
          {
              case 0:P0=duanca[hour/10];break;
              case 1:P0=duanca[hour%10];break;
              case 2:P0=0xbf;break;
              case 3:P0=duanca[minute/10];break;
              case 4:P0=duanca[minute%10];break;
              case 5:P0=0xbf;break;
              case 6:P0=duanca[second/10];break;
              case 7:P0=duanca[second%10];break;
              default:break;
          }
          LD=0;
       }
   }
}
//************************************************************
void timer1(void) interrupt 3      //定时器 1 中断服务程序
{
   t02ms++;
   if(t02ms==5000)
   {
       t02ms=0;
      second++;
      if(second==60)
       {
          second=0;
          minute++;
          if(minute==60)
          {
              minute=0;
              hour++;
              if(hour==24)
                 hour=0;
```

```
                }
            }
        }
    }
```

4.4.5 定时器/计数器初值的计算与装载

对于 51 单片机而言，定时器/计数器的初值计算和装载，是定时器/计数器使用中的一个重要环节。在单片机 C 语言中，计算并装载定时器/计数器的初值，就是给 8 位寄存器 TH 和 TL 赋值（对定时器/计数器 0，就是对 TH0 和 TL0 赋值；对定时器/计数器 1，则是对 TH1 和 TL1 赋值）。以下以定时器 0 为例，针对定时器 0 工作在方式 0、方式 1 和方式 2 三种情形，说明如何计算和装载初值。定时器 1 与定时器 0 类似，可以参照实现。此处假定单片机外接晶振是 12MHz，一个机器周期就是 1 μs（如果单片机外接晶振是 6 MHz，则一个机器周期就是 2 μs 了）。

1．方式 0

方式 0 是 13 位定时器/计数器，但寄存器 TH0 和 TL0 组合之后是 16 位，则方式 0 的 13 位究竟占用 16 位寄存器中的哪些位呢？答案是，TH0 的 8 位和 TL0 的低 5 位。显然，TL0 的高 3 位无效或者说未使用。

对于 13 位的定时器/计数器，其最大计数数值即为 $2^{13}-1=8192-1=8191$。在 12 MHz 晶振之下，最大的定时时间是 8192×1 μs=8.192 ms；在 6 MHz 晶振之下，最大的定时时间是 8192×2 μs=16.384 ms。

在方式 0，初值的装载语句如下：

```
TH0=(8192-计数值)/32;
TL0=(8192-计数值)%32;
```

其中的计数值是以 μs 为单位的，相当于定时值；用 32 去整除和以 32 为模求余数的原因是，TL0 计数器的高 3 位无效，TL0 的低 5 位有效（$2^5=32$）。

例如，如果计划定时 5 ms，则定时时间为 5 ms=5000 μs。在 12 MHz 晶振之下，计数器的计数值就为 5000 μs/1 μs=5000，则赋值语句“TH0=(8192-5000)/32;”和“TL0=(8192-5000)%32;”就可实现初值的装载。

在中断方式下、在需要连续多次定时的情况下、在中断服务程序中，一般都需要重新装载初值。

2．方式 1

方式 1 是 16 位定时器/计数器，TH0 的 8 位和 TL0 的 8 位，共 16 位全部被使用。

对于 16 位的定时器/计数器，其最大计数数值即为 $2^{16}-1=65536-1=65535$。在 12 MHz 晶振之下，最大的定时时间是 65536×1 μs=65.536 ms；在 6 MHz 晶振之下，最大的定时时间是 65536×2 μs=131.072 ms。

在方式 1，初值的装载语句如下：

```
TH0=(65536-计数值)/256;
```

```
TL0=(65526-计数值)%256;
```

其中的计数值是以 μs 为单位的，相当于定时值；用 256 去整除和以 256 为模求余数的原因是，TL0 寄存器的 8 位全部有效（2^8=256）。

例如，如果计划定时 50 ms，则定时时间为 50 ms=50000 μs。在 12MHz 晶振之下，计数器的计数值就为 50000 μs/1 μs=50000，则赋值语句“TH0=(65536-50000)/256;”和“TL0=(65536-50000)%256;”就可实现初值的装载。

在中断方式下、在需要连续多次定时的情况下、在中断服务程序中，一般都需要重新装载初值。

3. 方式 2

方式 2 是初值自动装载的 8 位定时器/计数器，TH0 和 TL0 分别单独使用，但被装载同样的初值。

对于 8 位的定时器/计数器，其最大计数数值即为 2^8-1=256-1=255。在 12 MHz 晶振之下，最大的定时时间是 256×1 μs=256 μs；在 6 MHz 晶振之下，最大的定时时间是 256×2 μs=512 μs。

在方式 2，初值的装载语句如下：

```
TH0=256-计数值;
TL0=256-计数值;
```

其中的计数值是以 μs 为单位的，相当于定时值。

例如，如果计划定时 200 μs，则在 12MHz 晶振之下，计数器的计数值就为 200 μs/1 μs=200，赋值语句“TH0=256-200;”和“TL0=256-200;”就可实现初值的装载。

由于具有初值自动装载功能，因此在中断方式下，若需要连续多次定时，在中断服务程序中，就不再需要重新装载初值了。

实例 13 定时器工作在查询方式下的电子钟设计

1. 功能要求

设计一个使用数码管显示时间的电子钟。显示格式是“HH-MM-SS”，其中“HH”表示小时，“MM”表示分钟，“SS”表示秒。

2. 硬件说明

本例使用图 4-22 所示的硬件电路。

3. 软件说明

（1）本例使用定时器 1 并使其工作在方式 1，定时 50 ms，连续定时 20 次即为 1 秒。

（2）本例未使用中断，改用软件查询定时器/计数器 1 的溢出标志位 TF1。如果 TF1 置 1，则 50 ms 定时完成，同时将 TF1 清零，开始下一个 50 ms 的定时。就这样，连续 20 次的 50ms 定时，就可完成 1 s 的定时。

4. 程序清单

```
#include <reg52.h>
```

```
#define uchar unsigned char
#define uint unsigned int
uchar code duanca[10]={0xC0,0xF9,0xA4,0xB0,0x99,0x92,0x82,0xF8,0x80,0x90};
uchar code weica[8]={0x01,0x02,0x04,0x08,0x10,0x20,0x40,0x80};
sbit LW=P2^0;
sbit LD=P2^1;
uint hour=0,minute=0,second=0,t50ms=0;
//*********************************************************
main()
{
   uchar i;
   uint j;
   TMOD=0x10;
   TH1=(65536-50000)/256;
   TL1=(65536-50000)%256;
   TR1=1;
   while(1)
   {
        for(i=0;i<=7;i++)
        {
            LW=1;
            P0=weica[i];
            LW=0;
            LD=1;
            switch(i)
            {
                case 0:P0=duanca[hour/10];break;
                case 1:P0=duanca[hour%10];break;
                case 2:P0=0xBF;break;
                case 3:P0=duanca[minute/10];break;
                case 4:P0=duanca[minute%10];break;
                case 5:P0=0xBF;break;
                case 6:P0=duanca[second/10];break;
                case 7:P0=duanca[second%10];break;
                default:break;
            }
            LD=0;
            for(j=0;j<=200;j++);
        }
        if(TF1==1)
        {
            TF1=0;
            TH1=(65536-50000)/256;
            TL1=(65536-50000)%256;
            t50ms++;
            if(t50ms==20)
            {
                t50ms=0;
```

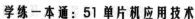

```
                second++;
                if(second==60)
                {
                    second=0;
                    minute++;
                    if(minute==60)
                    {
                        minute=0;
                        hour++;
                        if(hour==24)
                            hour=0;
                    }
                }
            }
        }
    }
}
```

思考题 4

1. 简述键盘的用途和分类。
2. 机械式按键组成的键盘应如何消除按键抖动？
3. 独立按键和矩阵按键各有什么特点？它们各自适用于哪些场合？
4. 独立按键如何工作？
5. 画出 4×4 矩阵键盘的连线图。
6. 简述矩阵键盘的扫描原理。
7. 简述中断、中断源、中断优先级及中断嵌套的含义。
8. MCS-51 单片机的中断源有哪几个？各个中断源的优先级如何设置？同一优先级时，各个中断源的排序如何确定？
9. 简述 MCS-51 单片机的中断响应过程。
10. MCS-51 单片机外部中断有哪两种触发方式？如何选择？对外部中断源的触发脉冲或电平各有什么具体要求？
11. MCS-51 单片机应用系统中，如果有多个外部中断源申请中断，应怎样进行处理？
12. 试说明 IE 寄存器及 IP 寄存器中各位的功能。
13. MCS-51 单片机定时器/计数器的定时功能和计数功能有何异同？其应用场合是怎样的？
14. 简述定时器的工作原理。
15. 当单片机外接晶振频率为 6 MHz，定时器/计数器工作在方式 1 时，其最短定时时间和最长定时时间各是多少？
16. MCS-51 单片机定时器的工作方式有哪些？如何进行选择和设定？
17. MCS-51 单片机中，定时器/计数器的查询方式和中断方式有何异同？
18. 如何设定定时器的初值？
19. 中断服务子函数的一般形式是什么？各个中断源的中断号各是多少？

第5章 液晶显示输出

液晶显示器（Liquid Crystal Display，LCD），简称液晶，它具有体积小、重量轻、电压低、功耗低、显示内容丰富且操作简单的特点，在仪器仪表、电子产品等众多领域都有广泛应用。液晶显示是单片机显示输出的一种重要方式。

液晶主要有字符型液晶和点阵型液晶两大类。字符型液晶一般按其显示字符行列数来命名，例如，0802 表示每行显示 8 个字符，共 2 行；1602 表示每行显示 16 个字符，共 2 行。点阵型液晶一般按其点阵行列数来命名，例如，12864 表示该液晶是由 64 行、128 列的点阵组成，即可以用 64×128 个点来显示图形或文字等，点阵型液晶又分为带字库和不带字库两类。

本章重点介绍三款液晶的显示输出：字符型液晶 1602/0802，不带字库的 12864 点阵液晶和带字库的 12864 点阵液晶。

5.1 1602/0802 字符液晶显示输出

1602 和 0802 字符型液晶实物的正面如图 5-1 所示，0802 是每行显示 8 个字符，共有两行，即一次最多可以显示 16 个字符；1602 是每行显示 16 个字符，共有两行，即一次最多可以显示 32 个字符；这两种液晶的差别仅仅是所能显示字符个数不同，其他方面如引脚、控制时序、使用方法等均完全相同，所以本节重点介绍 1602 液晶，0802 液晶可以参照使用。

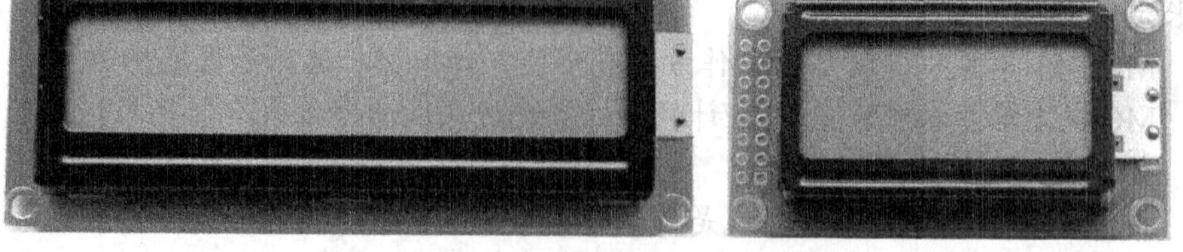

图 5-1 1602 和 0802 液晶实物正面图

5.1.1　1602/0802 字符型液晶的引脚定义

1602 是字符型液晶，内含 128 个 ASCII 字符的字符库，故可以显示 ASCII 字符，而不能显示汉字。1602 液晶可以显示两行信息，每行 16 个字符，5 V 电源供电，带有背光。表 5-1 列出了 1602/0802 的引脚及其定义。

表 5-1　1602/0802 的引脚及其定义

引脚序号	引脚名称	功能描述	引脚序号	引脚名称	功能描述
1	VSS	电源地	9	D2	数据第 2 位
2	VDD	电源正极（+5V）	10	D3	数据第 3 位
3	VL	液晶显示偏压信号	11	D4	数据第 4 位
4	RS	数据/命令选择端	12	D5	数据第 5 位
5	R/W	读/写选择端	13	D6	数据第 6 位
6	E	使能信号	14	D7	数据第 7 位（最高位）
7	D0	数据第 0 位（最低位）	15	BLA	背光电源正极
8	D1	数据第 1 位	16	BLK	背光电源负极

1602 液晶引脚功能如下。

（1）引脚 1——VSS，电源地。该引脚接地。

（2）引脚 2——VDD，电源正极。该引脚接+5V 电源。

（3）引脚 3——VL，液晶显示偏压信号。该引脚与电源地之间连接一个电位器，用于调节显示偏置电压，使液晶能正常显示。

（4）引脚 4——RS，数据/命令选择端。RS=1 代表数据，RS=0 代表命令。

（5）引脚 5——R/W，读/写选择端。R/W=1 代表读操作，R/W=0 代表写操作。

（6）引脚 6——E，使能信号。E=1 代表液晶被使能，E=0 代表液晶未被选中。

（7）引脚 7～14——D0～D7，8 位数据线。最高位是 D7，最低位是 D0。

（8）引脚 15——BLA，背光电源正极。该引脚与电源正极间一般接一个 10 Ω 的电阻即可。

（9）引脚 16——BLK，背光电源负极。该引脚一般直接接地。

5.1.2　1602/0802 液晶的特点与使用

1. 1602 液晶显示的数据

1602 液晶能显示的字符是 ASCII 码表（参见附录 A）中的部分字符（ASCII 码值从 33 开始到 125，126 是水平向右指的小箭头，127 是水平向左指的小箭头。1602 能显示的除部分 ASCII 码外，还有部分日文片假名和希腊字母，详细内容请查阅相关资料）。常规使用中，若要通过 1602 液晶显示某一字符，只需将该字符对应的 ASCII 码值送 1602 液晶显示即可。实际应用中，若用 C 语言编程，则可直接将准备显示的字符放在一对单撇号（'）内送给 1602 液晶去显示，如：'3'、'A'、'='等。对于数字，则可以用具体数字加上'0'去显示，如要显示数字 6，则可以将 6+'0'送去显示，因为 6+'0'相当于 6+48=54，其中数值 48 是数字 0 的 ASCII 值，而 54 恰好就是数字 6 的 ASCII 值。

2. 1602液晶字符显示的位置

如果忽略或者说不讨论1602内部数据RAM缓冲区及其地址映射结构等内容，1602的使用方法可以简化。下面就来说明这种简化的应用方法。

前面已经讨论了显示数据的方法，接下来就该确定数据在液晶屏上显示的具体位置，即在哪一行、哪一列的位置上显示数据。表5-2列出了1602液晶屏2行16列中每一个具体位置的地址，向这些地址写数值，所写数值对应的ASCII码字符就在该地址对应的位置显示出来。例如，要在第0行第0列显示字母A，就向地址0x80写‘A’或者数值65；要在第1行第13列显示数字6，就向地址0xCD写6+‘0’或者数值54。

表5-2　1602液晶显示数据地址

	第0列	第1列	第2列	第3列		第12列	第13列	第14列	第15列
第0行	0x80	0x81	0x82	0x83	…	0x8C	0x8D	0x8E	0x8F
第1行	0xC0	0xC1	0xC2	0xC3	…	0xCC	0xCD	0xCE	0xCF

3. 1602液晶指令说明

（1）显示模式设置指令码——0x38

指令码								功能说明
0	0	1	1	1	0	0	0	16×2显示，5×7点阵，8位数据接口

注意：

0802尽管是每行8个字符，但也设置为16×2，指令码仍然为0x38。

（2）显示开/关及光标设置

指令码								功能说明
0	0	0	0	1	D	C	B	D=1，开显示；D=0，关显示 C=1，显示光标；C=0，不显示光标 B=1，光标闪烁；B=0，光标不显示
0	0	0	0	0	1	N	S	N=1，当读或写一个字符后，地址指针加1，且光标加1；N=0，当读或写一个字符后，地址指针减1，且光标减1；当写一个字符时，S=1，整屏左移（N=1）或右移（N=0）；S=0，整屏显示不移动

（3）其他指令

指令码	功能说明
0x01	清屏
0x02	显示回车

4. 1602液晶初始化

1602液晶的初始化按照以下步骤进行（不检查忙信号）。

S1：将R/W引脚设置为低电平，使写操作有效；

S2：将 E 引脚设置为低电平，使能液晶；

S3：写指令 0x38（16×2 显示，5×7 点阵，8 位数据接口）；

S4：写指令 0x0C（开显示，不显示光标）；

S5：写指令 0x06（当读或写一个字符后地址指针加 1，且光标加 1；当写一个字符时，整屏显示不移动）；

S6：写指令 0x01（清屏）。

5. 1602 液晶操作时序

在不执行读操作的情况下，此处仅给出 1602 写操作的时序图，如图 5-2 所示。

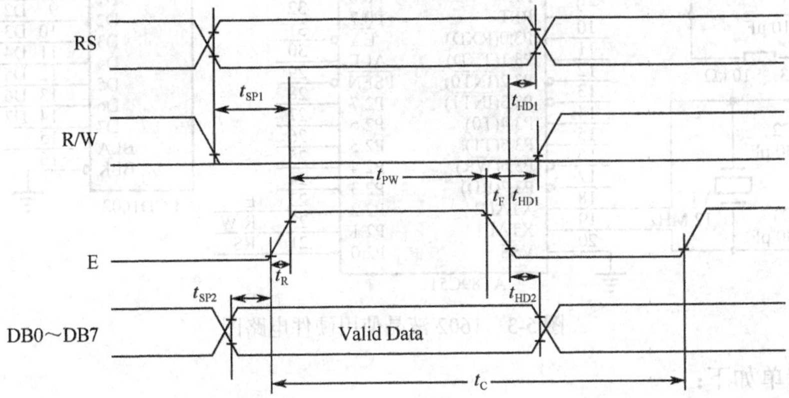

图 5-2　1602 写操作时序图

写操作分为写指令和写数据两种情形。

写指令：RS=0，R/W=0，DB0～DB7=指令码，E=1。

写数据：RS=1，R/W=0，DB0～DB7=数据，E=1。

实例 14　1602 液晶的字符显示

1. 功能要求

使用 1602 液晶在屏幕指定位置显示指定字符。

2. 硬件说明

硬件电路如图 5-3 所示。单片机的 P1 口做数据口使用，三条控制线 RS、R/W 和 E，分别连接 51 单片机的 P2.0、P2.1 和 P2.2 引脚。

3. 软件说明

（1）按照写操作的时序图，分别给出了写指令和写数据两个子函数。

（2）初始化子函数，主要由写指令子函数调用相关的指令，进行 1602 的设置或配置工作。

（3）显示子函数中，首先是通过调用写指令子函数指定位置，在延时一段时间后，再通过调用写数据子函数，向指定位置写字符。其中 x 取 0 或者 1，用于指定显示位置中的行；y 取 0～15 中某一个值，用于指定显示位置中的列，ch 是在（x,y）位置显示的字符。

（4）很多情况下，为了使显示能紧随被显示值的变化而实时变化，显示子函数一般会被包含在循环体中。此时，显示子函数中，写指令子函数调用和写数据子函数调用之间的延时，可以省略或延时时间可以稍短一些，具体情况可依应用自行测试调节。

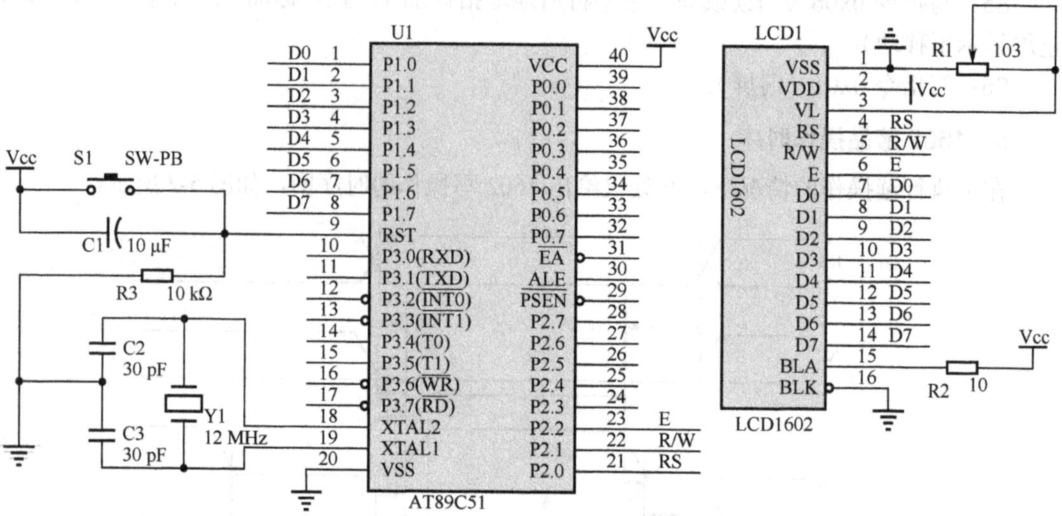

图 5-3　1602 液晶使用硬件电路图

程序清单如下：

```
#include <reg52.h>
#define uchar unsigned char
#define uint unsigned int
sbit RS=P2^0;
sbit RW=P2^1;
sbit E=P2^2;
uchar code tab[]={"0123456789"};
void wrcmd1602(uchar cmd)
{
   uchar m;
   RW=0;
   RS=0;
   P1=cmd;
   for(m=0;m<=2;m++);
   E=1;
   for(m=0;m<=2;m++);
   E=0;
}
void wrdata1602(uchar shuju)
{
   uchar m;
   RW=0;
```

```
    RS=1;
    P1=shuju;
    for(m=0;m<=2;m++);
    E=1;
    for(m=0;m<=2;m++);
    E=0;
}
void init1602(void)
{
    RW=0;
    E=0;
    wrcmd1602(0x38);
    wrcmd1602(0x0C);
    wrcmd1602(0x06);
    wrcmd1602(0x01);
}
void disp1602(uchar x,uchar y,uchar ch)
{
    uchar m;
    wrcmd1602(0x80+x*0x40+y);
    for(m=0;m<=252;m++);
    wrdata1602(ch);
}
main()
{
    uchar i;
    uint j;
    init1602();
    for(i=0;i<=9;i++)
    {
    disp1602(0,i,tab[i]);        //本行替换为 disp1602(0,i,i+'0');亦可
    disp1602(1,15-i,tab[i]);     //本行替换为 disp1602(0,15-i,i+'0');亦可
    }
    while(1);
}
```

5.2 不带字库 12864 液晶显示输出

5.2.1 12864 点阵液晶的引脚功能

本节介绍的 12864 点阵液晶是 LM6063CFW，其内部不带字库，工作电压 3.3 V。图 5-4 是其实物的正面和反面，表 5-3 列出了其 20 个引脚的定义及功能简介。

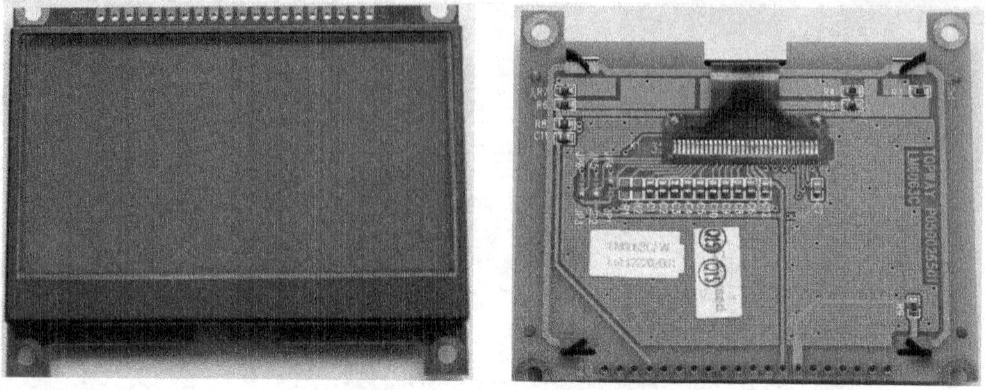

图 5-4　LM6063CFW12864 点阵液晶实物正反面

表 5-3　LM6063CFW12864 点阵液晶引脚定义

引脚序号	引脚名称	功 能 描 述
1	A0	数据/指令选择端。A0=1，代表数据；A0=0，代表指令
2	$\overline{RD}$	读操作使能端，低电平有效。读操作时，RD=0
3	$\overline{WR}$	写操作使能端，低电平有效。写操作时，WR=0
4	RES	复位端。RES=0，初始化时执行复位操作；RES=1，液晶正常工作
5	$\overline{CS}$	片选信号。低电平有效
6，7	VSS	电源负极，接地
8	VDD	电源正极（+3.3 V）
9～16	D0～D7	8 位数据口。D7 是最高位，D0 是最低位
17	BLA	液晶背光正极，要求电压 3.3 V，电流 85 mA 左右，故可以直接接 3.3 V 电源
18	BLK	液晶背光负极，一般接地
19,20	NC	保留

5.2.2　12864 点阵液晶的特点与使用

1．12864 液晶工作电压

LM6063CFW12864 液晶的工作电压是 3.3 V，与常见的 5 V 电压不匹配，此处选用 AMS1117-3.3 稳压芯片，它能将输入的 5 V 电压稳压到 3.3 V 后输出。AMS1117-3.3 的实物及 SOT223 封装如图 5-5 所示，其中引脚 1 为接地引脚，引脚 2 为 3.3 V 电压输出引脚，引脚 3 为 5 V 电压输入引脚。

2．12864 液晶存储器结构图

LM6063CFW12864 液晶显示存储器结构图如图 5-6 所示。

由此结构图可知，LM6063CFW12864 液晶有 128×64 个点阵像素点，这些像素点被分成 64 行、128 列。64 行又被划分为 8 页，页地址依次为 0～7，每一页占 8 行。每一页有 128 列，列地址为 0x00～0x7F。这种结构，使得每页上的任意一列数据，都恰好是二进制 8 位（一页上的一列数据恰好构成二进制 8 位数据，即一个字节），方便了与 8 位数据总线间的接口。特别需要注意的是，这 8 位数据中最低位（第 0 位）在上，而最高位（第 7 位）在下。

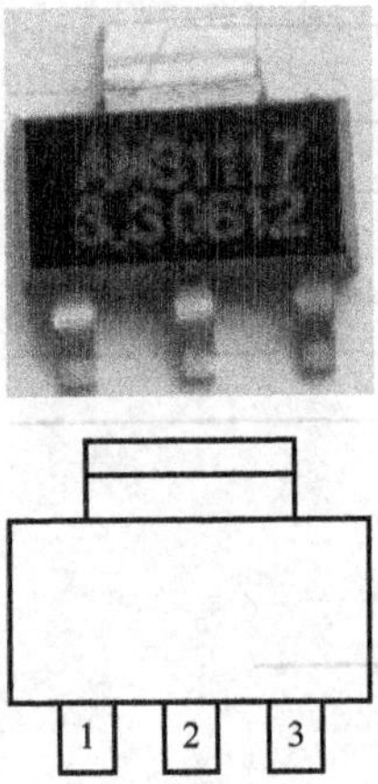

图 5-5 AMS1117-3.3V 稳压芯片实物与封装引脚图

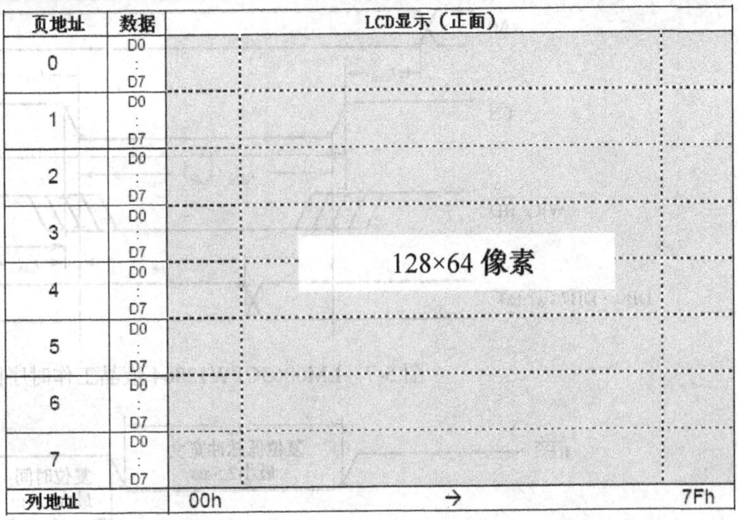

页地址
数据
LCD显示（正面）
0
1
2
3
4
5
6
7
D0
:
D7
128×64 像素
列地址
00h
→
7Fh

图 5-6 LM6063CFW12864 液晶显示存储器结构图

在显示时，要先设定页地址，即确定显示目标位置所在的页；然后再设置列地址，即确定显示目标位置所在的列；最后将准备显示的数据发送给液晶显示器，这样，在刚才确定的位置就能看到显示的结果。

3．12864 液晶工作指令

LM6063CFW12864 液晶的指令有 20 多条，但大部分都用做液晶初始化，只要按照芯片资料的要求，依照顺序依次执行就可以了，使用中没有必要深究这些固定不变的细节。这样一来，LM6063CFW12864 液晶需要掌握的工作指令就所剩无几了，其主要指令如表 5-4 所示。

表 5-4 LM6063CFW12864 液晶主要指令

控制线			指令码								功能说明
A0	RD	WR	D7	D6	D5	D4	D3	D2	D1	D0	
0	1	0	1	0	1	1	页地址				设置页地址（范围 0~7）
0	1	0	0	0	0	1	列地址高 4 位				设置列地址（范围 0~127）。将列地址数据分为高 4 位和低 4 位分别发送
0	1	0	0	0	0	0	列地址低 4 位				
1	1	0	显示数据								写显示数据

4．12864 液晶工作时序

图 5-7 是 LM6063CFW12864 液晶工作时序图，其间的时间间隔都在 ns 级。

5．12864 液晶复位时序

图 5-8 是 LM6063CFW12864 液晶复位时序图，其间的低电平时间应大于 2.5 μs。

6．12864 液晶初始化

LM6063CFW12864 液晶的初始化工作就是向液晶依次发送（写）一系列指令，具体如下。

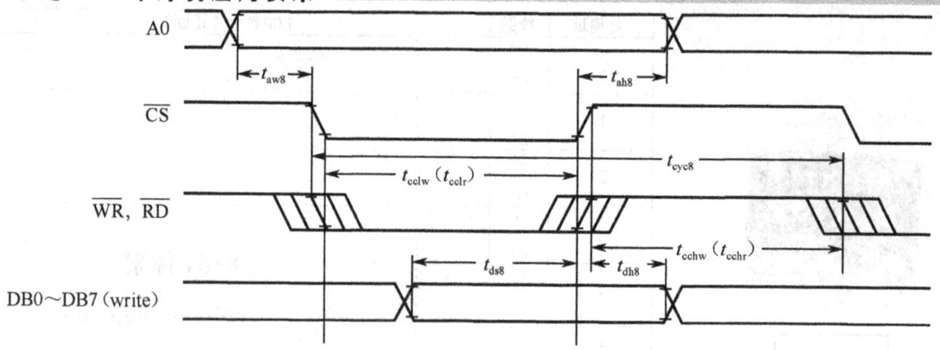

图 5-7　LM6063CFW12864 液晶工作时序图

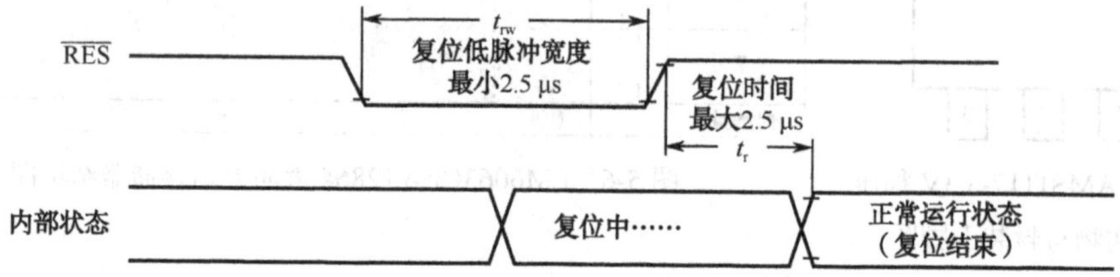

图 5-8　LM6063CFW12864 液晶复位时序图

S1：向液晶发送（写）指令 0xA1。

S2：向液晶发送（写）指令 0xC0。

S3：向液晶发送（写）指令 0xA2。

S4：向液晶发送（写）指令 0x40。

S5：向液晶发送（写）指令 0xA4。

S6：向液晶发送（写）指令 0xA6。

S7：向液晶发送（写）指令 0x2F。

S8：向液晶发送（写）指令 0xAF。

S9：向液晶发送（写）指令 0x81 和指令 0x30。

实例 15　无字库 12864 液晶的显示输出

1. 功能要求

在 LM6063 CFW12864 液晶屏上显示：

（1）在指定的页、列位置处显示（点亮）一个像素点；

（2）在指定的页，多列范围内显示单个字符（ASCII 中的大部分字符）；

（3）从指定页的某一列开始，连续显示字符串；

（4）在指定位置显示汉字。

2. 硬件说明

硬件连接如图 5-9 所示。

（1）本款 LCD12864 液晶工作电压是 3.3 V，所以使用了 AMS1117_3. 3V 稳压芯片，为该液晶提供正确的工作电压。

（2）背光正极直接连接到 3.3 V 电源端。

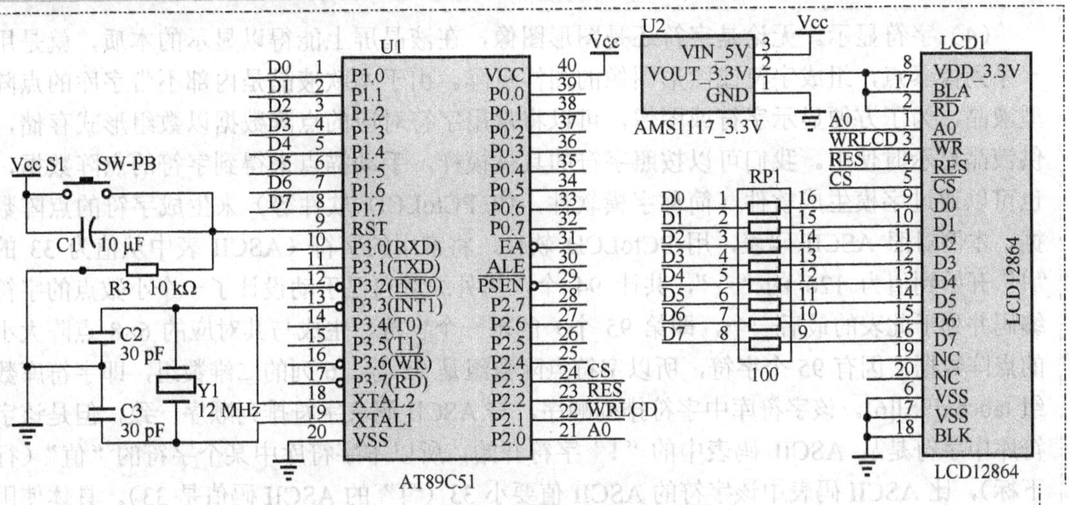

图 5-9 LCD12864 点阵液晶应用硬件图

（3）因只对 12864 液晶执行写操作，而没有读操作，所以 $\overline{RD}$（引脚 2）直接连接电源 3.3 V。

（4）4 条信号控制线 A0、$\overline{WR}$、RES 和 $\overline{CS}$ 依次直接连接到单片机的 P2 口的部分引脚上。

（5）8 条数据线在接 100 Ω 限流电阻后接单片机 I/O 口，此处选用 P1 口。

（6）VSS 和背光负极直接接地。

3. 软件说明

（1）本例程序中对液晶 LCD12864 的复位、写指令及写数据操作，均使用模拟口线方式；依照图 5-8 的复位子函数 reset12864( )、依照图 5-7 的写指令和写数据子函数 wrcmd12864( )和 wrdata12864( )都较简单，请读者自己依照时序参看程序清单分析。

（2）清屏子函数，就是循环向液晶屏 8 页空间的每一页的 128 列，都写数据 0。

（3）向 12864 液晶屏的某一页的某一列写一个字节的数据，该字节数据中的 1 将点亮该位置的点。例如，将数据 0x01（二进制 00000001）写到第 0 页的第 0 列，结果就是 12864 液晶屏左上角顶角的那个像素点被点亮。子函数 disp12864onec( )用于向指定的页（变量 p）、指定的列（变量 y）写数据（变量 shuju）。首先是用写命令子函数，将页位置、列位置高 4 位、列位置的低 4 位，分别写入液晶，最后，将显示的数据用写数据子函数写入液晶。子函数如下：

```
void disp12864onec(uchar p,uchar y,uchar shuju)
{
   wrcmd12864(0xB0|p);
   wrcmd12864(0x10|(y/16));
   wrcmd12864(0x00|(y%16));
   wrdata12864(shuju);
}
```

主函数中的“disp12864onec(0,0,0x01);”语句就是调用该子函数，将液晶屏的左上角顶角的那一个像素点亮。

（4）字符显示。无论是字符还是图形图像，在液晶屏上能得以显示的本质，就是用一系列像素点，组成字符或图形图像的图样点阵。由于本款液晶是内部不带字库的点阵型液晶，为了方便显示字符或图像，可以将常用字符对应的点阵数据以数组形式存储，供液晶显示时使用。我们可以按照字符的具体模样，手动描点来得到字符的点阵数据，也可以通过字模生成软件（简称字模软件，如 PCtoLCD 软件等）来生成字符的点阵数据。本例对照 ASCII 码表，用 PCtoLCD 软件，将常用的字符（ASCII 表中从值为 33 的“!”开始到值为 126 的“～”，共计 94 个，另外编者自己手动设计了一个小数点的字符编码并列于此表的最后一个，即第 95 个）的每一个字符，生成与其对应的 6×8 点阵大小的点阵数据，因有 95 个字符，所以字符点阵数组是 95 行、6 列的二维数组，即字符库数组 tabchx[95][6]。该字符库中字符排列顺序，与 ASCII 码表字符排列顺序一致，但是该字符库中字符是从 ASCII 码表中的“！”字符开始，所以本字符库中某个字符的“值”（行下标），比 ASCII 码表中该字符的 ASCII 值要小 33（“!”的 ASCII 码值是 33）。具体使用本字符库时，可以用某字符的 ASCII 码值减去 33，即得到该字符在本字符库数组 tabchx[95][6]中的行下标，然后依次读取字符库数组中这一行的 6 个元素值，并送至液晶显示，在液晶屏上指定位置，就能看到该字符的显示结果。小数点定义在数组 tabchx[95][6]中的最后一行，行下标为 94（注意：数组下标从 0 开始计数）。

显然，将这样一个有 95 行、6 列的字符库二维数组编辑放在程序的开头是很不恰当的，所以本例中将该字符库二维数组 tabchx[95][6]在文本文件编辑环境中编辑，并存储为头文件形式，且命名为 chxcharlib.h，然后将该头文件复制粘贴到 Keil C 安装目录下的 Keil\C51\INC 文件夹中，与 reg52.h、intrins.h 等头文件并列存放在一起。有了这些前提准备之后，这时只需在程序开头如同包含 reg52.h 头文件#include <reg52.h>一样，将该头文件包含进来，即#include <chxcharlib.h> 即可，以后就可以方便地调用这个字符库了。

以下是头文件 chxcharlib.h 的具体内容。

```
unsigned char code tabchx[95][6]={
{0x00, 0x00, 0x5F, 0x00, 0x00, 0x00},//!
{0x00, 0x03, 0x00, 0x03, 0x00, 0x00},//
{0x14, 0x7F, 0x14, 0x7F, 0x14, 0x00},//#
{0x00, 0x4C, 0x7A, 0x4F, 0x32, 0x00},//$
{0x00, 0x66, 0x16, 0x68, 0x66, 0x00},//
{0x00, 0x38, 0x4F, 0x4D, 0x32, 0x00},//&
{0x00, 0x00, 0x00, 0x03, 0x00, 0x00},//
{0x00, 0x00, 0x3E, 0x41, 0x00, 0x00},//(
{0x00, 0x00, 0x41, 0x3E, 0x00, 0x00},//)
{0x00, 0x24, 0x18, 0x18, 0x24, 0x00},//*
{0x08, 0x08, 0x3E, 0x08, 0x08, 0x00},//+
{0x00, 0x00, 0x00, 0x60, 0x00, 0x00},//,
{0x00, 0x08, 0x08, 0x08, 0x08, 0x00},//-
{0x00, 0x30, 0x48, 0x48, 0x30, 0x00},//。
{0x00, 0x40, 0x30, 0x0C, 0x03, 0x00},//
{0x3E, 0x51, 0x49, 0x45, 0x3E, 0x00},//0
{0x00, 0x42, 0x7F, 0x40, 0x00, 0x00},//1
```

```
{0x72, 0x49, 0x49, 0x49, 0x46, 0x00},//2
{0x21, 0x41, 0x49, 0x4D, 0x33, 0x00},//3
{0x18, 0x14, 0x12, 0x7F, 0x10, 0x00},//4
{0x27, 0x45, 0x45, 0x45, 0x39, 0x00},//5
{0x3C, 0x4A, 0x49, 0x49, 0x31, 0x00},//6
{0x41, 0x21, 0x11, 0x09, 0x07, 0x00},//7
{0x36, 0x49, 0x49, 0x49, 0x36, 0x00},//8
{0x46, 0x49, 0x49, 0x29, 0x1E, 0x00},//9
{0x00, 0x00, 0x14, 0x00, 0x00, 0x00},//:
{0x00, 0x40, 0x34, 0x00, 0x00, 0x00},//;
{0x00, 0x08, 0x14, 0x22, 0x41, 0x00},//<
{0x14, 0x14, 0x14, 0x14, 0x14, 0x00},//=
{0x00, 0x41, 0x22, 0x14, 0x08, 0x00},//>
{0x02, 0x01, 0x59, 0x09, 0x06, 0x00},//?
{0x3E, 0x41, 0x5D, 0x59, 0x4E, 0x00},//@
{0x7C, 0x12, 0x11, 0x12, 0x7C, 0x00},//A
{0x7F, 0x49, 0x49, 0x49, 0x36, 0x00},//B
{0x3E, 0x41, 0x41, 0x41, 0x22, 0x00},//C
{0x7F, 0x41, 0x41, 0x41, 0x3E, 0x00},//D
{0x7F, 0x49, 0x49, 0x49, 0x41, 0x00},//E
{0x7F, 0x09, 0x09, 0x09, 0x01, 0x00},//F
{0x3E, 0x41, 0x41, 0x51, 0x73, 0x00},//G
{0x7F, 0x08, 0x08, 0x08, 0x7F, 0x00},//H
{0x00, 0x41, 0x7F, 0x41, 0x00, 0x00},//I
{0x20, 0x40, 0x41, 0x3F, 0x01, 0x00},//J
{0x7F, 0x08, 0x14, 0x22, 0x41, 0x00},//K
{0x7F, 0x40, 0x40, 0x40, 0x40, 0x00},//L
{0x7F, 0x02, 0x1C, 0x02, 0x7F, 0x00},//M
{0x7F, 0x04, 0x08, 0x10, 0x7F, 0x00},//N
{0x3E, 0x41, 0x41, 0x41, 0x3E, 0x00},//O
{0x7F, 0x09, 0x09, 0x09, 0x06, 0x00},//P
{0x3E, 0x41, 0x51, 0x21, 0x5E, 0x00},//Q
{0x7F, 0x09, 0x19, 0x29, 0x46, 0x00},//R
{0x26, 0x49, 0x49, 0x49, 0x32, 0x00},//S
{0x03, 0x01, 0x7F, 0x01, 0x03, 0x00},//T
{0x3F, 0x40, 0x40, 0x40, 0x3F, 0x00},//U
{0x1F, 0x20, 0x40, 0x20, 0x1F, 0x00},//V
{0x3F, 0x40, 0x38, 0x40, 0x3F, 0x00},//W
{0x63, 0x14, 0x08, 0x14, 0x63, 0x00},//X
{0x03, 0x04, 0x78, 0x04, 0x03, 0x00},//Y
{0x61, 0x59, 0x49, 0x4D, 0x43, 0x00},//Z
{0x00, 0x7F, 0x41, 0x41, 0x41, 0x00},//[
{0x02, 0x04, 0x08, 0x10, 0x20, 0x00},//
{0x00, 0x41, 0x41, 0x41, 0x7F, 0x00},//]
{0x04, 0x02, 0x01, 0x02, 0x04, 0x00},//^
{0x40, 0x40, 0x40, 0x40, 0x40, 0x00},//-
```

```
{0x00, 0x03, 0x07, 0x08, 0x00, 0x00},//'
{0x20, 0x54, 0x54, 0x78, 0x40, 0x00},//a
{0x7F, 0x28, 0x44, 0x44, 0x38, 0x00},//b
{0x38, 0x44, 0x44, 0x44, 0x28, 0x00},//c
{0x38, 0x44, 0x44, 0x28, 0x7F, 0x00},//d
{0x38, 0x54, 0x54, 0x54, 0x18, 0x00},//e
{0x00, 0x08, 0x7E, 0x09, 0x02, 0x00},//f
{0x18, 0xA4, 0xA4, 0x9C, 0x78, 0x00},//g
{0x7F, 0x08, 0x04, 0x04, 0x78, 0x00},//h
{0x00, 0x44, 0x7D, 0x40, 0x00, 0x00},//i
{0x20, 0x40, 0x40, 0x3D, 0x00, 0x00},//j
{0x7F, 0x10, 0x28, 0x44, 0x00, 0x00},//k
{0x00, 0x41, 0x7F, 0x40, 0x00, 0x00},//l
{0x7C, 0x04, 0x78, 0x04, 0x78, 0x00},//m
{0x7C, 0x08, 0x04, 0x04, 0x78, 0x00},//n
{0x38, 0x44, 0x44, 0x44, 0x38, 0x00},//o
{0xFC, 0x18, 0x24, 0x24, 0x18, 0x00},//p
{0x18, 0x24, 0x24, 0x18, 0xFC, 0x00},//q
{0x7C, 0x08, 0x04, 0x04, 0x08, 0x00},//r
{0x48, 0x54, 0x54, 0x54, 0x24, 0x00},//s
{0x04, 0x04, 0x3F, 0x44, 0x24, 0x00},//t
{0x3C, 0x40, 0x40, 0x20, 0x7C, 0x00},//u
{0x1C, 0x20, 0x40, 0x20, 0x1C, 0x00},//v
{0x3C, 0x40, 0x30, 0x40, 0x3C, 0x00},//w
{0x44, 0x28, 0x10, 0x28, 0x44, 0x00},//x
{0x4C, 0x90, 0x90, 0x90, 0x7C, 0x00},//y
{0x44, 0x64, 0x54, 0x4C, 0x44, 0x00},//z
{0x00, 0x08, 0x36, 0x41, 0x00, 0x00},//{
{0x00, 0x00, 0x77, 0x00, 0x00, 0x00},//|
{0x00, 0x41, 0x36, 0x08, 0x00, 0x00},//}
{0x02, 0x01, 0x02, 0x04, 0x02, 0x00},//~
{0x00, 0x00, 0x60, 0x60, 0x00, 0x00}// 小数点
};
```

以下讨论如何使用该字符库，使需要显示的字符在液晶屏的适当位置正确显示。在具体说明之前，需要解释一点，就是该液晶屏有 128 列，当一个字符占用 6 列时（字符大小是 6×8 点阵），每一行 128 列最多显示 128/6=21…2，即 21 个字符，另有最后两列未使用。若用 x 表示字符显示所在的行（与页概念一致，因为字符高都是 8 个像素），则 x 的取值范围是 0～7，共 8 行；相应地，若用 y 表示显示字符所在的列，则 y 的取值范围是 0～20，共 21 列。子函数 disp12864( )中的“y=y*6;”语句，就是计算该字符实际占用液晶屏像素的起始列地址；循环体语句“wrdata12864(tabchx[ch-'!'][k]);”被循环调用 6 次，以取得该字符的点阵编码，其中写数据子函数 wrdata12864( )的函数参数 tabchx[ch-'!']

[k]中，已经减去了'!'，即减去“！”的 ASCII 码值 33，所以子函数 disp12864( )在使用时，在指定显示位置以后，子函数的第三个参数就是准备显示的字符。例如：以下所列主函数中的四条语句作用依次是：在第 0 行的第 1 个字符位置显示数字 3（显示某个数字，只需该数字加上'0'即可）、在第 1 行的第 2 个字符位置显示字母 A，在第 2 行的第 3 个字符位置显示字母 a，在第 3 行的第 4 个字符位置显示感叹号“！”。

```
disp12864(0,1,3+'0');
disp12864(1,2,'A');
disp12864(2,3,'a');
disp12864(3,4,'!');
```

子函数 disp12864( )罗列如下：

```
void disp12864(uchar x,uchar y,uchar ch)
{           //x=[0,7],y=[0,20]
   uchar k;
   y=y*6;
   wrcmd12864(0xb0|x);
   wrcmd12864(0x10|(y/16));
   wrcmd12864(0x00|(y%16));
   for(k=0;k<=5;k++)
      wrdata12864(tabchx[ch-'!'][k]);
}
```

在单个字符的显示实现以后，可以考虑字符串的直接显示。本例编写了最多 21 个字符的字符串直接显示子函数 disp12864str( )，现罗列如下：

```
void disp12864str(uchar x,uchar y,uchar *s)
{     //字符串*s 最长 21 个字符
   uchar i,len,t;
   len=strlen(s);
   for(i=0;i<len;i++)
   {
       t=*(s+i);
       if(t=='.')
           disp12864dot(x,y+i);
       else if(t==' ')
          disp12864space(x,y+i);
       else
           disp12864(x,y+i,t);
   }
}
```

其中考虑到小数点点阵数据是该字符库的最后一行，所以前期先编写了一个专门用来输出小数点的子函数 disp12864dot( )，该函数的具体细节请查看程序清单。同样，由于空格也是字符串的有效组成元素，因此本例也编写了一个 6×8 点阵大小的“空格”字符，其本质就是 6 列都是 0 的元素值，该子函数也请读者自己查看程序清单中的子函数 disp12864space( )”。

主函数中的调用语句“disp12864str(7,0,"WWW.LZPCC.COM.CN chx");就是在 12864 液晶屏的最后 1 行，从最左边开始（字符 0 列）显示字符串 WWW.LZPCC.COM.CN chx，其中包括三个小数点和两个空格。

（5）汉字显示。汉字也可以称为字符，也是由点阵组成的，就是将许多像素点进行有效组织，使其图形呈现为汉字模样。例如，汉字“大”可以用 16×16 点阵显示为如图 5-10 所示的图样。

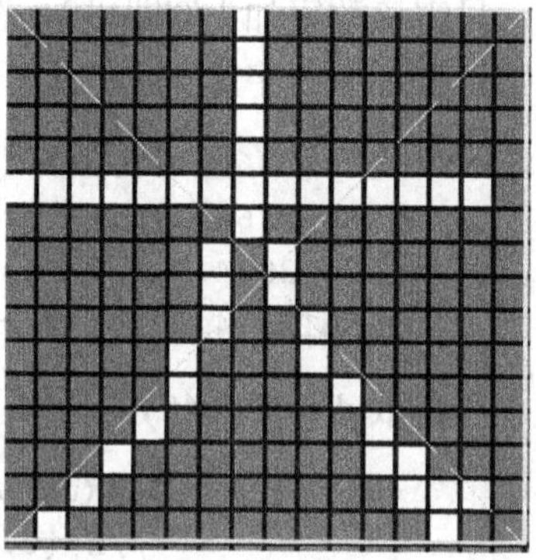

图 5-10 汉字“大”的 16×16 点阵图样

显然，完全可以用点阵来显示汉字，只要像素个数足够多，每个像素点又足够小，就可以很逼真地在液晶屏上显示出汉字。本例利用 PCtoLCD 软件，生成了三个 16×16 点阵汉字“单片机”的编码。注意，该编码与你所用液晶的数据格式等密切相关。使用该软件时，可以通过设置选项，来吻合你所用液晶的数据格式等。本例三个汉字的编码在本实例程序的开头，而主函数中的三条调用语句“disp1hanzi(4,32,hz[0]);”“disp1hanzi(4,48,hz[1]);”和“disp1hanzi(4,64,hz[2]);”就是在此汉字编码的基础上，将这些编码通过写数据操作，在液晶屏上显示出来。若有许多汉字要显示，可以模仿字符库的方法，包含一个有很多汉字编码的汉字库头文件，将常用的汉字按一定顺序排列，方便选用某一具体汉字来显示。读者可以自行尝试完成这一工作。

（6）本例采用的是模拟口线方式，若用总线方式实现，只需将本例中低层的三个子函数：复位子函数 reset12864( )、写指令子函数 wrcmd12864( )和写数据子函数 wrdata12864( )重新用总线方式编写，其他子函数不用更改直接使用就可以了。具体详述如下。

① 硬件部分。本实例中的液晶复位引脚 RES（引脚 4）在图 5-9 中占用了一个单片机的 I/O 口线（P2.2）；另外一种做法是使用硬件复位电路使液晶复位，即在液晶上电时，在引脚 4 上给出如图 5-8 所示的时序电平，注意，低电平至少要持续 2.5 μs，然后再将该引脚电平拉高，让液晶进入正常工作状态。这一时序过程可以用 RC 复位电路来实现，如图 5-11 所示。其时间常数为 $\tau=RC$=10 μF×10 kΩ=0.1 s=100 ms>2.5 μs，所以完全满足复位要求。

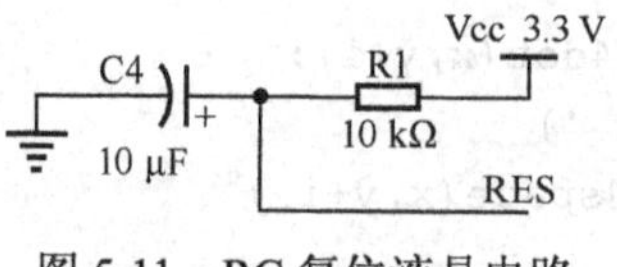

图 5-11 RC 复位液晶电路

由于采用总线方式，实际使用液晶时，主要是向液晶写指令或写数据操作，因此液晶的 $\overline{\text{WR}}$ 引脚（引脚 3）直接连接单片机的 P3.6 引脚；此时，液晶的控制线中只留下了片选 CS 和 A0 两条线，可以在不占用单片机 P2 口的情况下，用 74HC573 锁存器控制实现。若 CS 接 74HC573 的 Q1，A0 接 74HC573 的 Q0，则对液晶写指令的口地址为 0xFC（二进制 11111100），对液晶写数据的口地址为 0xFD（二进制 11111101）。具体电路如图 5-12 所示。自然，74HC573 的 LE 引脚应接单片机的 30 引脚 ALE。

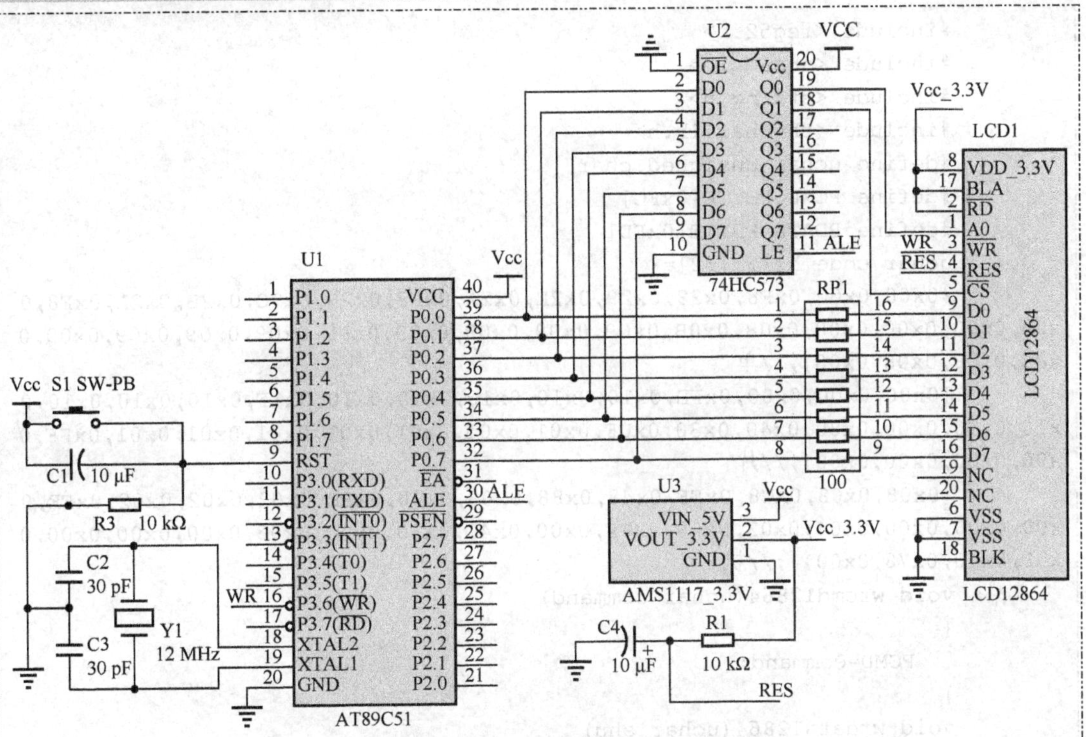

图 5-12 总线方式下的 LCD12864 硬件电路图

② 软件部分。在液晶复位由硬件电路完成的前提下，总线控制方式的程序清单，与以下给出的模拟口线控制方式的程序清单基本相同，只有写指令 wrcmd12864( )和写数据 wrdata12864( )两个子函数需要重新编写。但总线控制方式不需要复位子函数 reset12864( )，所以请将主函数的第一条调用复位子函数语句删除，其他函数等都无须变化，直接使用即可。

另外还需要添加头文件#include <absacc.h>，对液晶写指令、写数据的口地址进行定义。absacc.h 是绝对地址访问头文件，包含此头文件以后，就可以通过宏定义对 51 单片机的存储器空间进行绝对地址访问。本例中的#define PCMD PBYTE[0xFC]和#define PDATA PBYTE[0xFD]就是两条宏定义，使用分页的外部数据存储区的直接存取指令（PBYTE）定义两个宏，宏名分别为 PCMD 和 PDATA。此时，在硬件正确连接的基础上，通过对宏名 PCMD 赋值，相当于对地址 0xFC 进行写操作，可以实现将指令发送到液晶。地址值 0xFC 是由液晶通过锁存器 74HC573 与单片机的硬件连线以及向液晶写指令的操作时序共同决定的；同理，通过对宏名 PDATA 赋值，可以实现对地址 0xFD 进行写操作，可以将数据发送到液晶。51 单片机存储器类型、数据的存储类型、外部数据存储器区直接存储指令及存储器映像寻址等内容，请参看以下单片机知识说明。

在本实例中液晶属外部设备，在总线访问方式下，硬件连线决定了液晶的存储器映像地址分别是 0xFC 和 0xFD，由于没有占用 P2 口（高 8 位地址），所以使用片外数据存储器分页寻址的宏定义，来定义液晶的指令口和数据口。

4．总线控制方式程序清单

该程序仅包含头文件宏定义部分与写命令和写数据两个子函数，其余可参见模拟口线控制方式的程序清单。

```
#include <reg52.h>
#include <absacc.h>
#include <string.h>
#include <chxcharlib.h>
#define uchar unsigned char
#define PCMD PBYTE[0xFC]
#define PDATA PBYTE[0xFD]
uchar code hz[3][32]={
{0x00,0x00,0xF8,0x28,0x29,0x2E,0x2A,0xF8,0x28,0x2C,0x2B,0x2A,0xF8,0
x00,0x00,0x00,0x08,0x08,0x0B,0x09,0x09,0x09,0x09,0xFF,0x09,0x09,0x09,0x09,0
x0B,0x08,0x08,0x00},//单
{0x00,0x00,0x00,0xFE,0x10,0x10,0x10,0x10,0x10,0x1F,0x10,0x10,0x10,0
x18,0x10,0x00,0x80,0x40,0x30,0x0F,0x01,0x01,0x01,0x01,0x01,0x01,0x01,0xFF,0
x00,0x00,0x00,0x00},//片
{0x08,0x08,0xC8,0xFF,0x48,0x88,0x08,0x00,0xFE,0x02,0x02,0x02,0xFE,0
x00,0x00,0x00,0x04,0x03,0x00,0xFF,0x00,0x41,0x30,0x0C,0x03,0x00,0x00,0x00,0
x3F,0x40,0x78,0x00}};//机
void wrcmd12864(uchar command)
{
   PCMD=command;
}
void wrdata12864(uchar shu)
{
   PDATA=shu;
}
```

5. 模拟口线控制方式的程序清单

```
#include <reg52.h>
#include <string.h>
#include <chxcharlib.h>
//此自建字符库内含数组tabchx[95][6]，字符大小 6*8，该字符库中
//字符排列顺序与ASCII 码表字符排列顺序一致，但从"！"字符开始，故两表
//对应字符值相差 33，使用时用某一字符的 ASCII 码值减去 33，即为本字符库中该字符在
数组 tabchx[95][6]中的行下标。
//小数点在数组 tabchx[95][6]中的行下标为 94（最后一行，数组下标从 0 开始计数）。
#define uchar unsigned char
#define LCD P1
uchar code hz[3][32]={
{0x00,0x00,0xF8,0x28,0x29,0x2E,0x2A,0xF8,0x28,0x2C,0x2B,0x2A,0xF8,0
x00,0x00,0x00,0x08,0x08,0x0B,0x09,0x09,0x09,0x09,0xFF,0x09,0x09,0x09,0x09,0
x0B,0x08,0x08,0x00},//单
{0x00,0x00,0x00,0xFE,0x10,0x10,0x10,0x10,0x10,0x1F,0x10,0x10,0x10,0
x18,0x10,0x00,0x80,0x40,0x30,0x0F,0x01,0x01,0x01,0x01,0x01,0x01,0x01,0xFF,0
x00,0x00,0x00,0x00},//片
{0x08,0x08,0xC8,0xFF,0x48,0x88,0x08,0x00,0xFE,0x02,0x02,0x02,0xFE,0
x00,0x00,0x00,0x04,0x03,0x00,0xFF,0x00,0x41,0x30,0x0C,0x03,0x00,0x00,0x00,0
x3F,0x40,0x78,0x00}};//机
```

```
sbit A0=P2^0;
sbit WRLCD=P2^1;
sbit RES=P2^2;
sbit CS=P2^3;
//******************************
void reset12864(void)
{
   uchar m;
   RES=1;
   for(m=0;m<=2;m++);
   RES=0;
   for(m=0;m<=2;m++);
   RES=1;
   for(m=0;m<=2;m++);
}
void wrcmd12864(uchar command)
{
   uchar m;
   A0=0;
   CS=0;
   LCD=command;
   WRLCD=0;
   for(m=0;m<=2;m++);
   WRLCD=1;
   CS=1;
}
void wrdata12864(uchar shu)
{
   uchar m;
   A0=1;
   CS=0;
   LCD=shu;
   WRLCD=0;
   for(m=0;m<=2;m++);
   WRLCD=1;
   CS=1;
}
void init12864(void)                //此行以下的代码与总线方式下相同。
{
   wrcmd12864(0xA1);
   wrcmd12864(0xC0);
   wrcmd12864(0xA2);
   wrcmd12864(0x40);
   wrcmd12864(0xA4);
   wrcmd12864(0xA6);
   wrcmd12864(0x2F);
```

```
    wrcmd12864(0xAF);
    wrcmd12864(0x81);
    wrcmd12864(0x30);
}
void clr12864(void)
{
    uchar m,p=0,coH=0,coL=0;
    for(p=0;p<=7;p++)
    {
        wrcmd12864(0xB0|p);
        for(coH=0;coH<=15;coH++)
        {
            wrcmd12864(0x10|coH);
            for(coL=0;coL<=15;coL++)
            {
                wrcmd12864(0x00|coL);
                wrdata12864(0x00);
                for(m=0;m<=2;m++);
            }
        }
    }
}
void disp12864dot(uchar x,uchar y)
{
    uchar k;
    y=y*6;
    wrcmd12864(0xB0|x);
    wrcmd12864(0x10|(y/16));
    wrcmd12864(0x00|(y%16));
    for(k=0;k<=5;k++)
        wrdata12864(tabchx[93][k]);
}
void disp12864space(uchar x,uchar y)
{
    uchar k;
    y=y*6;
    wrcmd12864(0xB0|x);
    wrcmd12864(0x10|(y/16));
    wrcmd12864(0x00|(y%16));
    for(k=0;k<=5;k++)
    wrdata12864(0x00);
}
void disp12864(uchar x,uchar y,uchar ch)
{               //x=[0,7],y=[0,20]
    uchar k;
    y=y*6;
```

```
    wrcmd12864(0xB0|x);
    wrcmd12864(0x10|(y/16));
    wrcmd12864(0x00|(y%16));
    for(k=0;k<=5;k++)
        wrdata12864(tabchx[ch-'!'][k]);
}
void disp12864str(uchar x,uchar y,uchar *s)
{   //字符串*s 最长 21 个字符
    uchar i,len,t;
    len=strlen(s);
    for(i=0;i<len;i++)
    {
        t=*(s+i);
        if(t=='.')
        disp12864dot(x,y+i);
        else if(t==' ')
            disp12864space(x,y+i);
        else
            disp12864(x,y+i,t);
    }
}
void disp12864onec(uchar p,uchar y,uchar shuju)
{
    wrcmd12864(0xB0|p);
    wrcmd12864(0x10|(y/16));
    wrcmd12864(0x00|(y%16));
    wrdata12864(shuju);
}
void disp1hanzi(uchar p,uchar y,uchar hanzi[32])
{
    uchar i;
    for(i=0;i<=15;i++)
        disp12864onec(p,y+i,hanzi[i]);
    for(i=0;i<=15;i++)
        disp12864onec(p+1,y+i,hanzi[i+16]);
}
/*****************************************************/
main()
{
    reset12864();           //若使用硬件复位，则删除该行。
    init12864();
    clr12864();
    disp12864onec(0,0,0x01);
    disp12864(0,1,3+'0');
    disp12864(1,2,'A');
    disp12864(2,3,'a');
```

```
        disp12864(3,4,'!');
        disp12864str(7,0,"WWW.LZPCC.COM.CN  chx");
        disp1hanzi(4,32,hz[0]);
        disp1hanzi(4,48,hz[1]);
        disp1hanzi(4,64,hz[2]);
        while(1);
    }
```

5.2.3 51 单片机存储器类型和数据的存储类型

51 系列单片机的存储器空间可分为 3 类：256 字节的片内数据存储器，64 K 字节的片外数据存储器，片内、片外共计 64 K 字节的程序存储器。每类存储器空间都有其地址编码，例如，256 字节的片内数据存储器地址范围是 0x00～0xFF，64 K 字节的片外数据存储器的地址范围是 0x0000～0xFFFF，片内、片外共计 64 K 字节的程序存储器的地址范围是 0x0000～0xFFFF。

在 C 语言中，对于变量，我们起初关注的重点是变量的类型、变量的名称和变量的值，在需要了解变量在存储器中的存储位置时，才将原本就存在、但没有提及或得到关注的指针或地址的概念提出来，此时，我们对变量的关注点（或属性）就有四个：类型、名称、值和地址，在 C 语言编程中，掌握变量的这些属性也许就足够了，但在单片机 C 语言编程中，仅知道变量的这四种属性还不够，原因是，单片机的存储器有 3 类，此处尽管说明了变量是存储在存储器内，且可以获得其存储在存储器内的地址，但对于变量终究是存储在 3 类存储器的哪一类存储器，却没有说明。所以，我们要在已知变量四个属性的基础上，还必须指定变量是存储在单片机 3 类存储器的哪一类存储器中，即指明变量的存储类型。由此可见，变量的存储类型是指变量存储在单片机的哪一类存储器中。

在前面的章节中，表面上我们可能对变量没有指定存储类型，但实际情况是，单片机 C 语言编译器替我们给变量指定或分配了存储类型，我们只管定义和使用变量，变量具体存储在哪一类存储器，由编译器统一安排，编程者可以不用去关注。但需要说明的是，编译器指定的变量，一般都位于片内数据存储器中。

表 5-5 列出了 51 单片机的存储器空间与变量存储类型的对应关系。

表 5-5　51 单片机的存储器空间与变量存储类型的对应关系

存储器类型	空间大小	存储类型	可寻址范围	说明
片内数据存储器	256 字节	data	0x00—0x7F	直接寻址片内数据存储器
		bdata	0x20—0x2F	位寻址片内数据存储区的位区
		idata	0x00—0xFF	间接寻址片内数据存储器
片外数据存储器	64K 字节	pdata	0x00—0xFF	分页寻址片外数据存储器
		xdata	0x0000—0xFFFF	寻址片外数据存储器
片内外程序存储器	64K 字节	code	0x0000—0xFFFF	寻址程序存储器

例如，将无符号字符型常量数组 Tab 存储在程序存储器：

```
unsigned char code Tab[8]={0xfe,0xfd,0xfb,0xf7,0xef,0xdf,0xbf,0x7f};
```

5.2.4 存储器映像寻址

当某一外部设备连接到单片机时，通过对该外部设备对应地址的读写访问，就可实现对该外部设备读写访问。这种对外部设备的寻址方式，称为存储器映像寻址，原因是该外部设备对应的地址，是单片机片外数据存储器的某一存储单元的地址，即该外部设备占用了单片机片外数据存储器的某一存储单元，可以理解为该外部设备被“映射”到片外数据存储器的某一存储单元，单片机对该存储单元的访问等同于对该外部设备的访问。

5.2.5 对片外存储器的访问

51 单片机片外数据存储器的寻址范围是 0x0000～0xFFFF，寻址空间最大可达 64K 字节。对该空间的某一存储单元的访问（读或者写），与访问一般存储器存储单元的方法一样，都是在指定读写操作存储单元地址的前提下，通过对该地址的访问操作来完成。单片机 C 语言编程中，一般将某一具体存储单元地址定义为一个宏，通过对该宏宏名的赋值，可以将所赋数值存（写）入该存储单元内；相反，把该宏宏名赋值给另外一个变量，可以把该存储单元的值取（读）出并赋给变量。以下具体说明。

1）将片外存储器某一存储单元地址定义为一个宏

格式 1：

```
#define 宏名 XBYTE[地址]
```

格式 2：

```
#define 宏名 PBYTE[地址]
```

格式 1 中可以访问的地址空间是 64 K 字节，即可对片外数据存储器的整个存储空间进行访问，格式 1 中的地址一般是 16 位地址；格式 2 中可以访问的地址空间是 256 字节，是对片外数据存储器的一页进行访问（片外数据存储器最大 64 K 字节空间可分为 256 页，每页 256 字节），格式 2 中的地址一般是 8 位地址。

例如，将片外存储器的 0x0010 地址定义为一个宏，宏名为 XA

```
#define XA XTYPE[0x0010]
```

2）对该宏的赋值操作

对宏名的赋值语句与对变量的赋值语句完全一致，此赋值语句可以将赋值数值存（写）入宏名对应的片外存储器单元地址中。例如：

```
XA=75;
```

此赋值语句可以实现将十进制数 75，写入片外数据存储器地址为 0x0010 的单元中。

3）将宏赋值给其他变量

将宏名赋值给另外一个变量，相当于将宏名对应存储器地址单元中的值读出来再赋值给其他变量，此过程可以理解为从存储器地址单元中读数据。

例如，假设变量 t 是整型变量

```
t=XA;
```

此语句相当于将片外数据存储器中地址为 0x0010 单元中的数读出来，并存储到变量 t 中，即变量 t 的值就是片外数据存储器中地址为 0x0010 单元中的数。

5.3 带字库 12864 液晶显示输出

5.3.1 带字库 12864 液晶的引脚功能

本节介绍的带字库 12864 液晶，型号为 DJM12864Z，内部控制器为 ST7920，能提供 8192 个中文和 126 个英文字型，工作电压是 5 V。图 5-13 是该液晶实物正面和反面，表 5-6 列出了其 20 个引脚的定义及功能简介。

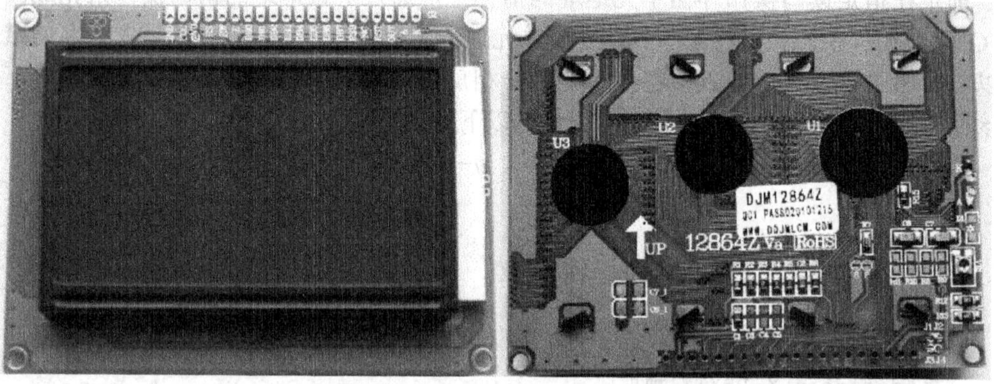

图 5-13 DJM12864Z 液晶实物的正面和反面

表 5-6 DJM12864Z 液晶引脚定义

引脚序号	引脚名称	功能描述	
		并 口	串 口
1	VSS	电源负极，接地	
2	VCC	电源正极，接+5 V	
3	V0	液晶显示偏压信号。一般接一个电位器，用于调节偏压	
4	RS（CS）	数据/指令选择端。RS=1 代表数据；RS=0 代表指令	片选，低电平有效
5	R/W（SID）	读/写操作选择端。R/W=1 代表读操作；R/W=0 代表写操作	串行数据口
6	E（SCLK）	使能信号端。高电平使能	串行时钟信号端
7～14	DB0～DB7	并行 8 位数据口。DB7 是最高位，DB0 是最低位	——
15	PSB	串行/并行选择端。PSB=1 代表并行；PSB=0 代表串行	
16	NC	空脚，不接	
17	REST	液晶复位端。一般通过 RC 复位电路实现硬件复位	

续表

引脚序号	引脚名称	功能描述	
		并　口	串　口
18	VEE	液晶驱动电压输出端。与地、引脚 3 联合，用于调节偏压	
19	BLA	背光正极。该引脚可直接+5 V	
20	BLK	背光负极。直接接地	

5.3.2　带字库 12864 液晶的特点与使用

1．DJM12864Z 液晶复位

DJM12864Z 液晶复位的时序及实现电路如图 5-14 所示，其 REST 引脚上有至少 10 μs 的低电平就可使该液晶复位，所以一般用 RC 复位电路实现。τ=10 kΩ×0.1 μF=1 ms，完全满足复位要求。

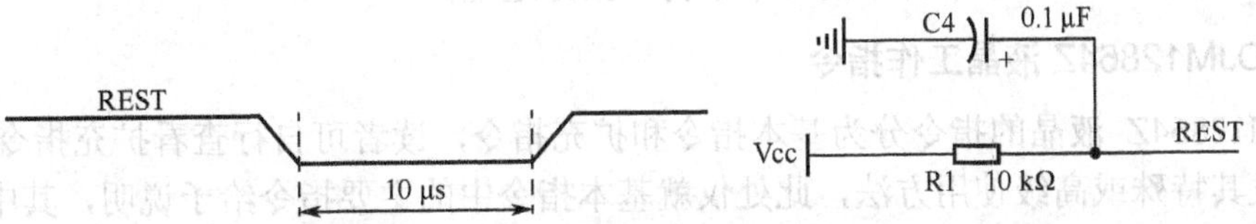

图 5-14　DJM12864Z 液晶复位的时序及实现电路

2．DJM12864Z 液晶片内有储器地址分布

DJM12864Z 液晶有 64 行、128 列点阵像素，由于其内部字库中每个汉字都是 16×16 像素大小，因此整个屏幕一次最多显示 4 行，每行 8 个汉字；而字库中的英文字符每个都是 16 像素×8 像素（高 16 个像素，宽 8 个像素）大小，所以整个屏幕一次最多显示 4 行，每行 16 个英文字符。将汉字或英文字符的编码送至屏幕显示时，一个汉字需要 2 个字节（高字节 H 和低字节 L）的编码数据，而一个英文字符只需一个字节编码数据，这样，屏幕上一个汉字占用的位置空间可以显示 2 个英文字符就不难理解了。

DJM12864Z 液晶屏上汉字和英文字符的显示地址如表 5-7 所示。

表 5-7　DJM12864Z 液晶屏上汉字和英文字符的显示地址

	汉字 1		汉字 2		汉字 3		汉字 4		汉字 5		汉字 6		汉字 7		汉字 8	
第 1 行地址	0x80		0x81		0x82		0x83		0x84		0x85		0x86		0x87	
第 2 行地址	0x90		0x91		0x92		0x93		0x94		0x95		0x96		0x97	
第 3 行地址	0x88		0x89		0x8A		0x8B		0x8C		0x8D		0x8E		0x8F	
第 4 行地址	0x98		0x99		0x9A		0x9B		0x9C		0x9D		0x9E		0x9F	
高低字节	H	L	H	L	H	L	H	L	H	L	H	L	H	L	H	L
正确的汉字位置地址	单		片		机				应		用					
错误的汉字位置地址		单		片		机				应		用				
英文字符	A	B	C	1	2	3	!			1	+	2	=	3		

从表 5-7 可见，每个汉字编码的 2 个字节在向液晶屏输出显示时，2 个字节的数据必须满足：第一字节数据放置在高字节 H 的位置，第二个字节数据放置在低字节 L 的位置，这样才能正确显示。如果颠倒过来，就会出现错误，得不到希望的显示结果。由于每个英文字符的存储仅需一个字节，因此英文字符无论放置在高字节 H 或低字节 L 处，都是可以的。

该款液晶屏可以显示 4 行、每行 8 个汉字，由于每一个显示汉字的位置地址均不相同，因此在具体显示时，只需要将汉字的编码数据发送到汉字显示的位置地址即可。例如，要在第 2 行第 2 个汉字位置显示汉字“单”，只需直接指定位置地址 0x91，接下来发送汉字“单”的编码数据到液晶，就可完成汉字“单”的显示。如何发送汉字编码数据到液晶的问题在本节后面给予解释。

同时，该款液晶屏可以显示 4 行、每行 16 个英文字符。在英文字符显示时，只需直接指定地址（地址中没有进一步细分高字节 H 和低字节 L 的地址），然后将英文字符的编码数据发送给液晶即可。对于英文字符串，只需指定第一个字符的地址，然后将字符串的编码逐一发送即可，不需要给字符串的每个字符都指定地址。

3. DJM12864Z 液晶工作指令

DJM12864Z 液晶的指令分为基本指令和扩充指令，读者可自行查看扩充指令的相关资料，开发其特殊或高级使用方法，此处仅就基本指令中的主要指令给予说明，其中 X 表示无关项，即 X 取 0 或者 1 均可。

1）功能设定指令

指令码								功能说明
0	0	1	DL	X	RE	X	X	DL=0：4 位并行口；DL=1：8 位并行口 RE=0：基本指令集；RE=1：扩充指令集

常规设定值 0x30，表示使用基本指令集，且设定数据口是并行 8 位数据口。

注意：因 DL 和 RE 不能同时被改变，故需先改变 DL，然后再改变 RE 的值，所以此指令要执行两次

2）显示开关设置指令

指令码								功能说明
0	0	0	0	1	D	C	B	D=0，整体显示关；D=1，整体显示开 C=0，光标显示关；C=1，光标显示开 B=0，光标位置内容正常；B=1，光标位置内容反白

常规设定值 0x0C，表示整体显示开，光标不显示，光标位置内容正常显示。

3）清除显示

指令码								功能说明
0	0	0	0	0	0	0	1	将 DDRAM 内容用空格填满

常规设定值 0x01，表示显示 RAM（DDRAM）全部用空格填满，并且使 DDRAM 的地

址计数器 AC 为 0。

4）光标移动设置指令

指令码								功能说明
0	0	0	0	0	1	I/D	S	在显示数据的读/写操作时， I/D=0，光标左移，且 DDRAM 地址计数器减 1；I/D=1，光标右移，且 DDRAM 地址计数器加 1；S=0，显示画面整体不移动； S=1，I/D=1，显示画面整体左移； S=1，I/D=0：显示画面整体右移

常规设定值 0x06，表示在显示数据的读/写操作时，光标右移，且 DDRAM 地址计数器加 1，显示画面整体不移动。

4．DJM12864Z 液晶工作时序

DJM12864Z 液晶 8 位并行口的写操作时序如图 5-15 所示，串口工作时序如图 5-16 所示。

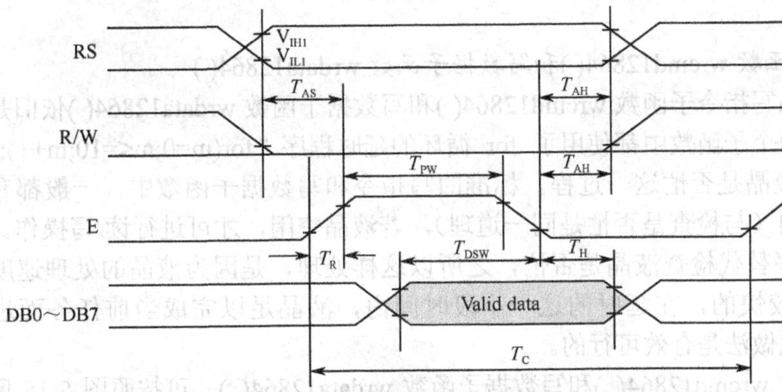

图 5-15　DJM12864Z 液晶 8 位并行口的写操作时序

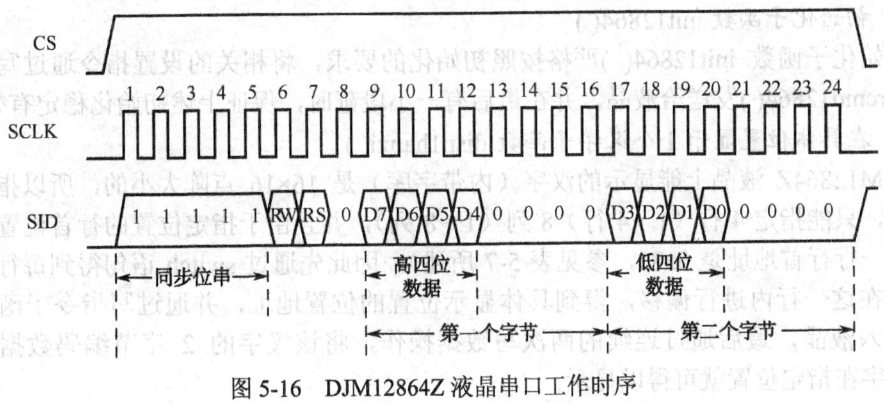

图 5-16　DJM12864Z 液晶串口工作时序

5．DJM12864Z 液晶初始化

DJM12864Z 液晶的初始化也是向液晶发送（写）一系列指令。

S1：向液晶发送（写）指令 0x30；设定数据口是并行 8 位。

S2：向液晶发送（写）指令 0x30；使用基本指令集。

S3：向液晶发送（写）指令 0x0C；整体显示开，光标不显示，光标位置内容正常显示。

S4：向液晶发送（写）指令 0x01；清除显示，且使 DDRAM 的地址计数器 AC 为 0。

S5：向液晶发送（写）指令 0x06；在显示数据的读/写操作时，光标右移，且 DDRAM 地址计数器加 1，显示画面整体不移动。

S6：延时一段时间，以保证上述设置稳定。

实例 16　并行工作方式下带字库 12864 液晶显示输出

1．功能要求

在 DJM12864Z 液晶上使用并行 8 位工作方式显示汉字和英文字符。

2．硬件说明

如图 5-17 所示，液晶 15 引脚 PSB 接 5V，表明液晶工作在并行 8 位方式，三条控制线 RS、R/W 和 E 依次连接到单片机的 P2.0、P2.1 和 P2.2，复位使用 RC 硬件复位电路。

3．软件说明

1）写指令子函数 wrcmd12864( )和写数据子函数 wrdata12864( )

本例中向液晶写指令子函数 wrcmd12864( )和写数据子函数 wrdata12864( )依旧是其他子函数的基础，两个子函数中都使用了 for 循环的延时程序“for(m=0;m<=10;m++);”，其作用是替代检查液晶是否忙这一过程。标准的写指令和写数据子函数中，一般都有检查当前液晶是否空闲（与检查是否忙是同一道理），若液晶空闲，才可进行读/写操作。此处用一小段延时程序替代检查液晶是否忙，之所以这样处理，是因为液晶的处理速度相对单片机而言是比较快的，在延时的这一小段时间内，液晶足以完成当前任务而进入空闲，所以这种替代做法是有效可行的。

写指令子函数 wrcmd12864( )和写数据子函数 wrdata12864( )，可按照图 5-15 所示的写时序编写。具体请参看程序清单。

2）初始化子函数 init12864( )

初始化子函数 init12864( )严格按照初始化的要求，将相关的设置指令通过写指令子函数 wrcmd12864( )发送给液晶，并在最后有一小段延时，保证上述初始化稳定有效。

3）在具体位置显示 1 个汉字子函数 disp1hanzi( )

DJM12864Z 液晶上能显示的汉字（内带字库）是 16×16 点阵大小的，所以指定显示位置时，只能指定 4 行（1～4 行）8 列（1～8 列），并且由于指定位置的行首位置地址不同（第一行行首地址是 0x80，参见表 5-7 所述），因此先通过 switch 语句得到每行的首地址，再在这一行内进行偏移，得到具体显示位置的位置地址，并通过写指令子函数将该地址写入液晶，最后通过连续的两次写数据操作，将该汉字的 2 字节编码数据写入液晶，汉字在指定位置就可得以显示。

4）从具体位置开始连续写多个汉字子函数 dispNhanzi( )

通过调用具体位置显示 1 个汉字子函数 disp1hanzi( )，来实现从具体位置开始连续写多个汉字，需要注意的是：通过测字符串长度函数 strlen()得到的字符串长度，是汉字个数的 2 倍，原因是一个汉字占 2 个字节。

5）在具体位置显示单个字符子函数 disp1ch( )和从具体位置开始显示字符串子函数 dispNch( )

在显示单个英文字符时，一般都将其放置在汉字位置的高字节 H 处。如果确实想将单个英文字符放置在汉字位置的低字节 L 处，本例是将其高字节 H 处清除（使用空格填充），再在低字节处显示该字符（该做法会清除本地址中高字节 H 处原来已有的字符，请慎用）。

本例编写的显示字符串子函数 dispNch( )，同样存在字符串是从汉字位置地址的高字节 H 处开始，还是从汉字位置地址的低字节 L 处开始的问题。一般从高字节 H 处开始，若从低字节 L 处开始，字符串中第一个字符所在汉字位置地址的高字节 H 处原来已有的字符也会被清除。

在连续显示多个英文字符时，建议先用写指令子函数 wrcmd12864( )指定第一个英文字符显示位置的地址（表 5-7），然后将要显示的英文字符逐一使用写数据子函数 wrdata12864( )发送给液晶即可。例如，从第二行的最左边开始显示英文字符“Test?”，可先调用子函数 wrcmd12864(0x90)指定第一个英文字符显示位置的地址，接着，连续调用 5 次子函数 wrdata12864( )，即“wrdata12864('T')；”、“wrdata12864('e')；”、“wrdata12864('s')；”、“wrdata12864('t')；”、“wrdata12864('?')；”，即可实现。具体参见主函数中部分语句。

6）主函数

主函数部分就是对以上各个子函数的调用，前期的液晶初始化是必须的。读者可以尝试将初始化子函数中最后一行的延时去除，再查看一下程序的运行结果，深刻体会这样做的意义所在。需要注意的是：依据显示内容是汉字还是英文字符，行列位置的地址取值要有所区别，原因是整屏可以显示的汉字是 4 行 8 列，而英文字符是 4 行 16 列。

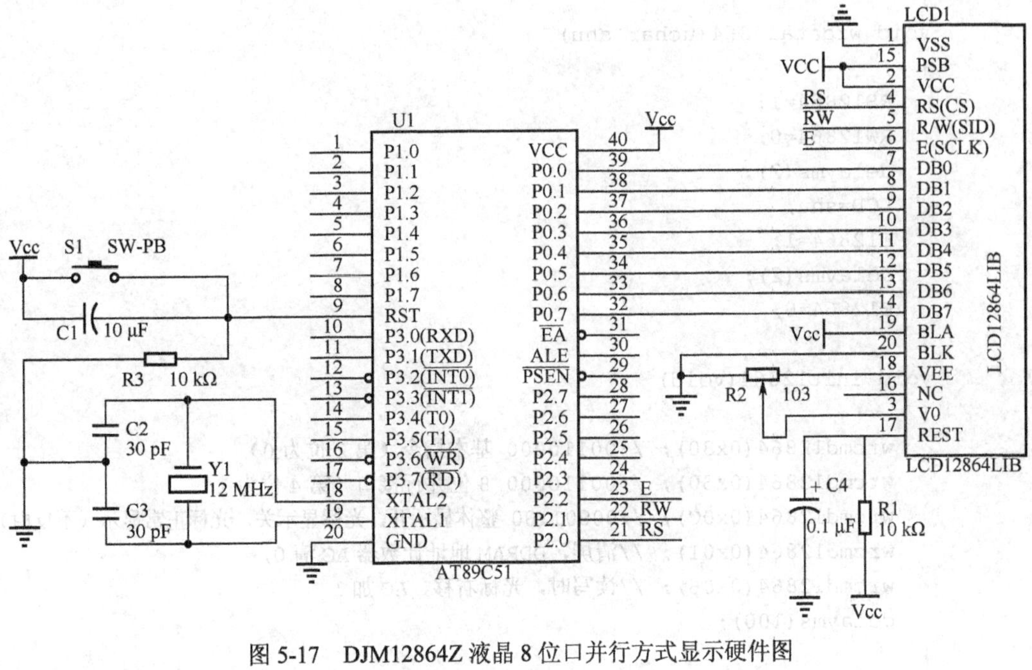

图 5-17　DJM12864Z 液晶 8 位口并行方式显示硬件图

程序清单如下：

```
#include <reg52.h>
#include <intrins.h>
#include <string.h>
#define uchar unsigned char
#define uint unsigned int
#define LCD P0
sbit RS12864=P2^0;
sbit RW12864=P2^1;
sbit E12864=P2^2;
//*******************************
void delayms(uchar m)
{
   uchar i,k;
   for(k=0;k<m;k++)
       for(i=0;i<=110;i++);
}
void wrcmd12864(uchar command)
{
   RS12864=0;
   RW12864=0;
   delayms(2);
   LCD=command;
   E12864=1;
   delayms(2);
   E12864=0;
}
void wrdata12864(uchar shu)
{
   RS12864=1;
   RW12864=0;
   delayms(2);
   LCD=shu;
   E12864=1;
   delayms(2);
   E12864=0;
}
void init12864(void)
{
   wrcmd12864(0x30); //00110000 基本指令（第 2 位为 0）
   wrcmd12864(0x30); //00110000 8 位并行接口（第 4 位为 1）
   wrcmd12864(0x0C); //00001100 整体显示开，光标显示关，光标正常显示（不反白）
   wrcmd12864(0x01); //清屏，DDRAM 地址计数器 AC 清 0，
   wrcmd12864(0x06); //读写时，光标右移，AC 加 1
   delayms(100);
}
void displhanzi(uchar x,uchar y,uchar *hanzi)
```

```
{           //x取[1,4],y取[1,8]
   uchar h;
   switch(x)
   {
       case 1:h=0x80;break;
       case 2:h=0x90;break;
       case 3:h=0x88;break;
       case 4:h=0x98;break;
   }
   wrcmd12864(h+y-1);
   wrdata12864(*(hanzi));
   wrdata12864(*(hanzi+1));
}
void dispNhanzi(uchar x,uchar y,uchar *Nhanzi)
{
   uchar LEN,i;
   LEN=strlen(Nhanzi);
   for(i=0;i<=LEN/2-1;i++)
       disp1hanzi(x,y+i,Nhanzi+2*i);
}
void disp1ch(uchar x,uchar y,uchar ch)
{        //x取[1,4],y取[1,16]
   uchar h;
   switch(x)
   {
       case 1:h=0x80;break;
       case 2:h=0x90;break;
       case 3:h=0x88;break;
       case 4:h=0x98;break;
   }
   if(y%2!=0)
   {
       wrcmd12864(h+y/2);
       wrdata12864(ch);
   }
   else
   {
       wrcmd12864(h+y/2-1);
       wrdata12864(' ');
       wrdata12864(ch);
   }
}
void dispNch(uchar x,uchar y,uchar *Nch)
{
   uchar h,i,LEN;
   LEN=strlen(Nch);
```

```
    switch(x)
    {
        case 1:h=0x80;break;
        case 2:h=0x90;break;
        case 3:h=0x88;break;
        case 4:h=0x98;break;
    }
    if(y%2!=0)
    {
        wrcmd12864(h+y/2);
        for(i=0;i<LEN;i++)
            wrdata12864(*(Nch+i));
    }
    else
    {
        wrcmd12864(h+y/2-1);
        wrdata12864(' ');
        for(i=0;i<LEN;i++)
            wrdata12864(*(Nch+i));
    }
}
/*****************************************************/
main()
{
    init12864();
    disp1hanzi(1,1,"这");
    disp1hanzi(1,2,"是");
    disp1hanzi(1,3,"一");
    disp1hanzi(1,4,"个");
    dispNhanzi(1,5,"测试程序");
    wrcmd12864(0x90);
    wrdata12864('T');
    wrdata12864('e');
    wrdata12864('s');
    wrdata12864('t');
    wrdata12864('?');
    disp1ch(2,7,'O');
    disp1ch(2,9,'K');
    disp1ch(2,11,'!');
    disp1ch(2,14,0+'0');
    disp1ch(2,16,9+'0');
    dispNch(3,1,"This is a test?");
    dispNch(4,2,"Yes,test is OK!");
    while(1);
}
```

实例 17　串行工作方式下带字库 12864 液晶显示输出

1．功能要求

在 DJM12864Z 液晶上使用串行工作方式显示汉字和英文字符。

2．硬件说明

如图 5-18 所示，液晶 15 引脚 PSB 接地，表明液晶工作在串行 8 位方式，三条控制线 RS、R/W 和 E 依次更名为 CS、SID 和 SCLK，并连接到单片机的 P2.0、P2.1 和 P2.2，复位使用 RC 硬件复位电路。

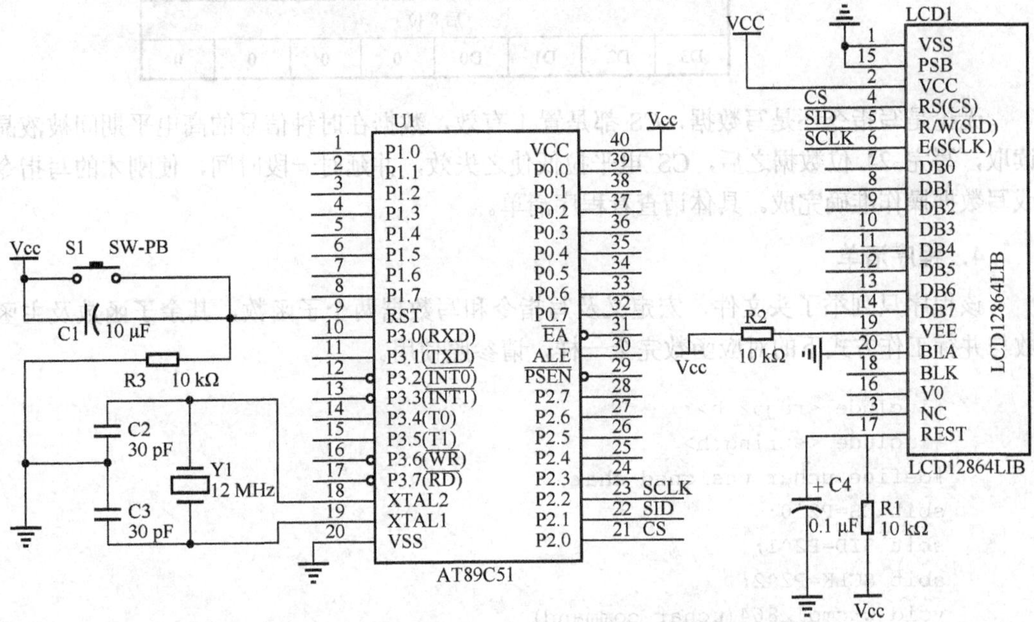

图 5-18　DJM12864Z 液晶 8 位口串行方式显示硬件图

3．软件说明

（1）程序部分，只需将本节实例 1 中的位定义和两个底层的子函数，写指令子函数 wrcmd12864( )和写数据子函数 wrdata12864( )进行修改，其余子函数等均不用变化。

（2）写指令子函数 wrcmd12864( )和写数据子函数 wrdata12864( )

由于采用串行方式，参照图 5-16 所示，无论是写指令还是写数据，都需在 24 个串行时钟脉冲信号作用下，从串行数据口 SID 发送 24 位二进制数据到液晶。姑且将这 24 位数据划分为前 8 位、中间 8 位和后 8 位。如表 5-8 所示，其中前 8 位，在写指令时是 0xF8；写数据时是 0xFA；中间 8 位数据和后 8 位数据的格式完全相同，将准备发送的指令或者数据（1 个字节）分割成高 4 位（D7D6D5D4）和低 4 位（D3D2D1D0）。高 4 位（D7D6D5D4）放在中间 8 位数据的高 4 位，低 4 位全部为 0；组成 D7D6D5D40000 的中间 8 位数据格式。低 4 位 D3D2D1D0 放在后 8 位数据的高 4 位，低 4 位全部为 0；组成 D3D2D1D00000 的后 8 位数据格式。

表 5-8　24 位串行数据格式

	前 8 位							
	1	1	1	1	1	RW	RS	0
写指令 0xF8	1	1	1	1	1	0	0	0
写数据 0xFA	1	1	1	1	1	0	1	0

中间 8 位							
D7	D6	D5	D4	0	0	0	0

后 8 位							
D3	D2	D1	D0	0	0	0	0

无论是写指令还是写数据，CS 都是置 1 有效，数据在时钟信号的高电平期间被液晶读取，写完 24 位数据之后，CS 电平拉低使之失效，并延时一段时间，使刚才的写指令或写数据操作准确完成。具体请查看程序清单。

4．程序清单

该程序只列举了头文件、宏定义及写指令和写数据两个子函数，其余子函数及主函数与并行工作方式下的对应函数完全一样，请参照使用。

```
#include <reg52.h>
#include <string.h>
#define uchar unsigned char
sbit CS=P2^0;
sbit SID=P2^1;
sbit SCLK=P2^2;
void wrcmd12864(uchar command)
{
    uchar i,t;
    CS=1;
    t=0xF8;
    for(i=0;i<=7;i++)
    {
        t=t<<1;
        SID=CY;
        SCLK=1;
        SCLK=0;
    }
    t=command&0xF0;
    for(i=0;i<=7;i++)
    {
        t=t<<1;
        SID=CY;
        SCLK=1;
```

```
        SCLK=0;
    }
    t=(command&0x0F)<<4;
    for(i=0;i<=7;i++)
    {
        t=t<<1;
        SID=CY;
        SCLK=1;
        SCLK=0;
    }
    CS=0;
    for(i=0;i<=200;i++);
}
void wrdata12864(uchar shu)
{
    uchar i,t;
    CS=1;
    t=0xFA;
    for(i=0;i<=7;i++)
    {
        t=t<<1;
        SID=CY;
        SCLK=1;
        SCLK=0;
    }
    t=shu&0xF0;
    for(i=0;i<=7;i++)
    {
        t=t<<1;
        SID=CY;
        SCLK=1;
        SCLK=0;
    }
    t=(shu&0x0F)<<4;
    for(i=0;i<=7;i++)
    {
        t=t<<1;
        SID=CY;
        SCLK=1;
        SCLK=0;
    }
    CS=0;
    for(i=0;i<=200;i++);
}
```

思考题 5

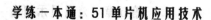

1. 1602 和 0802 这两个数字的含义是什么？
2. 简述 1602/0802 液晶的显示方法。
3. 点阵液晶显示信息的原理是什么？
4. 试编制程序，用不带字库 12864 液晶显示输出学校、系部、班级的名字。
5. 51 单片机的存储器有哪几类？各有多大存储空间？
6. 举例说明，各类存储器分别用于存储哪种类型的数据？
7. 变量有哪几种存储类型？
8. 外部设备地址的存储器映像是何含义？
9. 数组定义中使用的关键字 code 指什么？
10. 试编制程序，用带字库 12864 液晶显示输出学校、系部、班级的名字。

第6章 LED 点阵显示输出

LED 显示屏（LED Panel）可以显示变化的数字、文字、图形图像等信息；不仅适宜于室内环境也适宜于室外环境，广泛应用于车站、码头、机场、商场、医院、宾馆、银行、证券市场、建筑场所、工业企业管理和其他公共场所，具有工作电压低、功耗小、亮度高、寿命长、耐冲击、性能稳定等优点。本章首先以 8×8 点阵单元模块为对象，介绍其动静态显示，然后用 4 块 8×8 点阵单元模块搭建一块 16×16 的点阵屏，介绍其特点及使用方法，最后简单介绍市售用于搭建 LED 显示屏的组件单元 32×64 点阵屏的基本使用方法。

6.1 8×8 LED 点阵显示输出

6.1.1 初识 8×8 LED 点阵

1. 8×8 LED 点阵的结构

8×8 LED 点阵的实物图如图 6-1 所示，其原理结构如图 6-2 所示，可以看到，8×8 LED 点阵是由 64 个发光二极管均匀排列组成的，每个发光二极管就放置在行线（H）和列线（L）的交叉点上。当某一行置 1（高电平），且某一列置 0（低电平），则相应行线和列线交叉点上的发光二极管就被点亮。例如，在图 6-1 中，H0 置 1、L0 置 0，则左上角第 0 行、第 0 列的发光二极管就被点亮。

2. 8×8 LED 点阵封装及引脚

对于 8×8 LED 点阵，若其第 0 行连接的是发光二极管的阳极，则称为共阳型 8×8 LED 点阵；若其第 0 行连接的是发光二极管的阴极，则称为共阴型 8×8 LED 点阵。本章以共阳型 8×8 LED 点阵为介绍重点，共阴型 8×8 LED 点阵使用方法与之类似。

当拿到一个 8×8 LED 点阵实物时，会发现它正面高度对称，四个角中哪一个是所谓的坐标原点（0,0），即第 0 行、第 0 列位于何处？这就需要了解 8×8 LED 点阵的引脚排列。

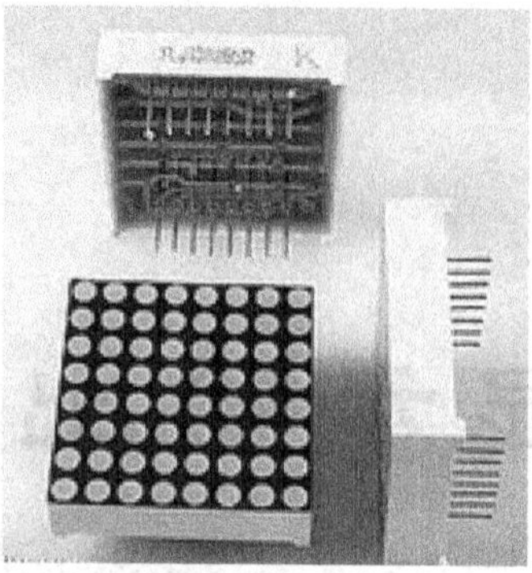

图 6-1　8×8 LED 点阵结构实物图

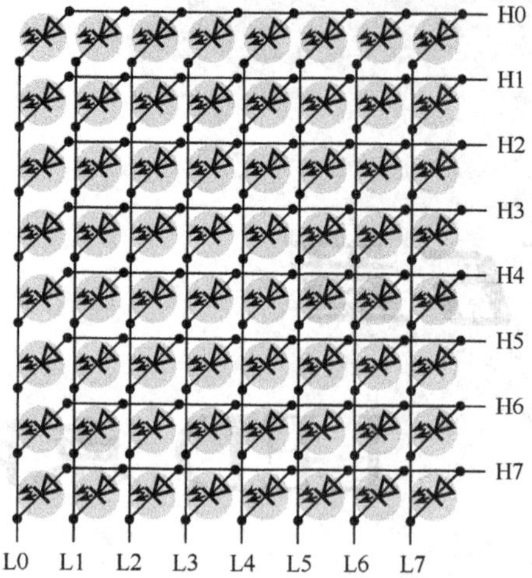

图 6-2　8×8 LED 点阵结构图

在 8×8 LED 点阵实物的背面，可以看到 8×8 LED 点阵一般有 16 个引脚，呈两行排列。在 16 个引脚中，有数字标记“1”的就是引脚 1。当我们手拿 8×8 LED 点阵，让点阵正面面对我们，两行引脚位于点阵背面的上方和下方，上面一横排，下面一横排，如图 6-3 所示。此时，左下角恰好是引脚 1；然后沿逆时针方向绕行，依次是引脚 2，3，…，15，16。点阵上的点呈现为 8 行 8 列，用 H0 表示第 0 行，L0 表示第 0 列，其他类推。我们一般把坐标原点设在最左上角，它就是第 0 行、第 0 列发光点，而最右下角的发光点就是第 7 行第 7 列了，如图 6-4 所示。

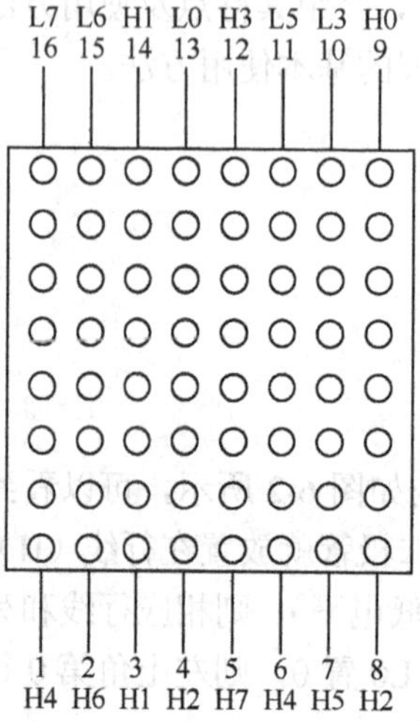

图 6-3　8×8 LED 点阵引脚图

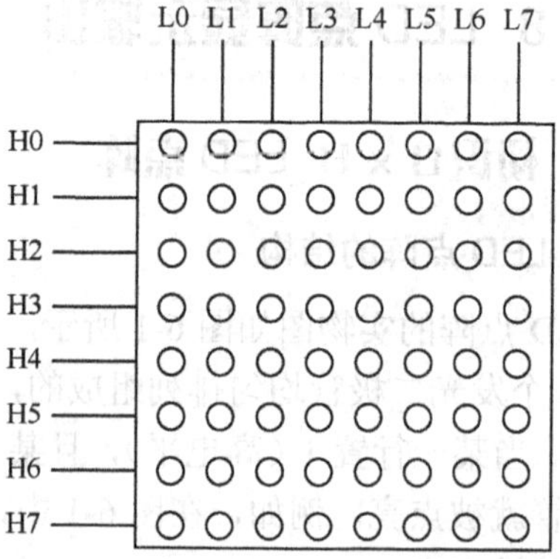

图 6-4　8×8 LED 点阵行列位置分布图

实际工作中，当拿到一个 8×8 LED 点阵实物时，可以将万用表选择到二极管蜂鸣器挡（或导通挡，两个表笔短接，电阻小于 60 Ω 时，万用表内部的蜂鸣器会嘀嘀发声），用红、黑表笔依次去接触 LED 点阵各个引脚（必要时交换一下红、黑表笔），就会检测出 LED 点阵是共阳还是共阴，也能得到引脚中哪个引脚是第几行，哪个引脚是第几列。

6.1.2 8×8 LED 点阵的显示原理

8×8 LED 点阵是通过点亮多个发光二极管来勾勒出字符或汉字的线条或笔画来显示信息的，所以只需根据字符、图符或者汉字的图形，将其中线条或笔画对应的发光点通电点亮即可。以下以共阳型 8×8 LED 点阵为例具体说明其扫描显示原理。

1. 共阳型 8×8 LED 点阵的行（高电平）扫描显示

所谓行扫描，又称为高电平扫描，即用行数据输入线 H7～H0 控制当前是哪一行正在显示，列数据 L7～L0 用于控制此行哪几个点发光。以下以图 6-5 所示数字“0”的显示为例，说明行扫描的原理，其中黑色圆点代表发光，白色圆点代表未发光。

首先是 H0 行为高电平 1，其余 H1～H7 行均为低电平 0，表明第 0 行正在显示，行扫描数据为 0x01（二进制 00000001，注意：H7 为最高位，H0 为最低位，以下相同）。如果此时列数据 L7～L0 是 0xE7（二进制 11100111，注意：L7 是最高位，L0 是最低位），则第 0 行中的 L3 和 L4 两列对应的点发光。

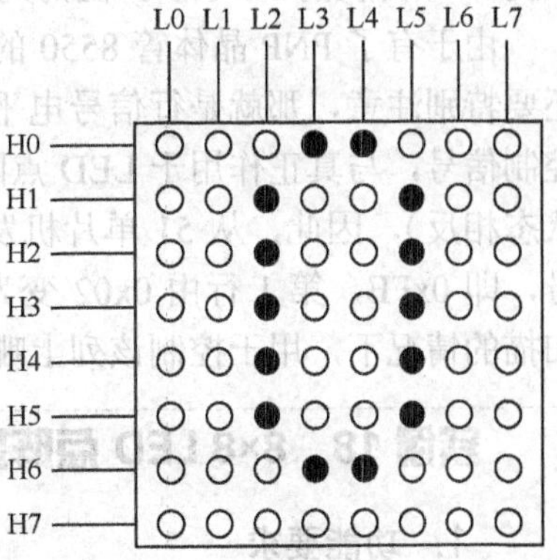

图 6-5 数字“0”的 8×8 LED 点阵图样

接下来，让 H1 行是高电平 1，H0、H2～H7 行为低电平，表明第 1 行正在显示，行扫描数据为 0x02（二进制 00000010）。如果此时列数据 L7～L0 是 0xDB（二进制 11011011），则第 1 行中的 L2 和 L5 两列对应的点发光。

依照上述方法，让正在显示的这一行（该行为高电平）中应该点亮的点（该点对应的列为低电平）被点亮，而 8 行依次循环，只要扫描得足够快，基于视觉暂留现象，观察者就能看到完整的图样信息了。

2. 共阳型 8×8 LED 点阵的列（低电平）扫描显示

列扫描与行扫描在原理上是一致的。列扫描又称为低电平扫描，即用列数据输入线 L7～L0 控制当前是哪一列正在显示，行数据 H7～H0 用于控制此列哪几个点发光。以下依旧以图 6-5 所示数字“0”的显示为例，说明列扫描的原理。

首先是 L0 列为低电平 0，其余 L1～L7 列均为高电平 1，表明第 0 列正在显示，列扫描数据为 0xFE（二进制 11111110，依旧是 L7 为最高位，L0 为最低位，以下相同）。如果此时行数据 H7～H0 是 0x00（二进制 00000000，注意：H7 是最高位，H0 是最低位），则第 0 列中所有点均不发光。

接下来，让 L1 列是低电平 0，L0、L2～L7 列为高电平 1，表明第 1 列正在显示，列扫描数据为 0xFD（二进制 11111101），如果此时行数据 H7～H0 是 0x00（二进制 00000000），则第 1 列中所有点均不发光。

接下来，让 L2 列是低电平 0，L0、L1、L3～L7 列为高电平 1，表明第 2 列正在显示，列扫描数据为 0xFB（二进制 11111011），如果此时行数据 H7～H0 是 0x3E（二进制 00111110），则第 2 列中 H1～H5 五行对应的点发光。

依照上述方法，让正在显示的这一列（该列为低电平）中应该点亮的点（该点对应的行为高电平）被点亮，而 8 列在循环，只要扫描得足够快，观察者就能看到完整的图样信息了。

3. 8×8 LED 点阵的驱动信号

点亮一个发光二极管需要 10～20 mA 的电流，而 51 单片机的 I/O 口输出电流只有 1 mA 左右，直接用 51 单片机驱动 8×8 LED 点阵是不能正常显示的，要想正常显示，就需要额外的驱动电路。此处选用 PNP 晶体管 8550 来驱动行数据（阳极）信号，列数据（阴极）信号直接连接到 51 单片机的 I/O 引脚，因为列数据信号是输入 51 单片机，是灌电流的。

由于有了 PNP 晶体管 8550 的驱动，就能保证每个发光点有足够的驱动电流，但有一点还要特别注意，那就是行信号电平需要取反，即从 51 单片机 I/O 口发出的 8×8LED 点阵行控制信号，与真正作用于 LED 点阵行线上的信号刚好相反（即与晶体管 8550 的饱和、截止状态相反），因此，从 51 单片机发出的行（高电平）扫描第 0 行的信号就变为 0x01 的反信号，即 0xFE，第 1 行由 0x02 变为 0xFD，…，第 7 行由 0x80 变为 0xEF。在列（低电平）扫描的情况下，用于控制该列上哪些点发光的行数据也同样要取反。

实例 18　8×8 LED 点阵显示输出

1. 功能要求

用 8 × 8 LED 点阵显示数字 0～9，分别使用行扫描和列扫描实现。

2. 硬件说明

硬件电路图如图 6-6 所示，其中的两个按钮 S2 和 S3 是实例 2 中使用的，本实例中不使用，可以不予关注。51 单片机的 P0 口发出的控制信号进入晶体管 8550 的基极，集电极信号连接到 8 × 8 LED 点阵的行，P0.0 间接控制第 0 行，P0.7 间接控制第 7 行；8 × 8 LED 点阵的列直接连接到单片机的 P1 口，P1.0 连接第 0 列，P1.7 连接第 7 列。8550 的发射极均连接到＋5V 电源。

3. 软件说明

（1）图 6-7 中（A）～（J）依次列出了数字 0～9 的 8 × 8 LED 点阵图样，（K）和（L）是向右和向上的箭头图样，在实例 2 将被使用。

（2）程序中的“PCOL=0xff;”、“PROW=0xff;”两条语句用于消影，即在每次扫描显示完一行或一列信息后，将 LED 点阵所有的发光点都熄灭，一来是消除本次显示的余晖对下一行/列扫描显示的影响，二来可以延长 LED 点阵的使用寿命，使 LED 点阵的发光二极管不要长时间处于大电流作用之下，防止击穿烧毁。

（3）在送完行列控制或数据信号后是一延时语句，可用来控制 LED 点阵亮度，此延时时间越长，LED 点阵的亮度就越亮。但时间过长，LED 点阵点就有可能被击穿，所以此延时时间一般比较短。

（4）此例将数字 0～9 循环显示，每个数字显示的时间可以通过调节循环变量 t 的值来改变，t 值越大，相应数字显示的时间就越长。

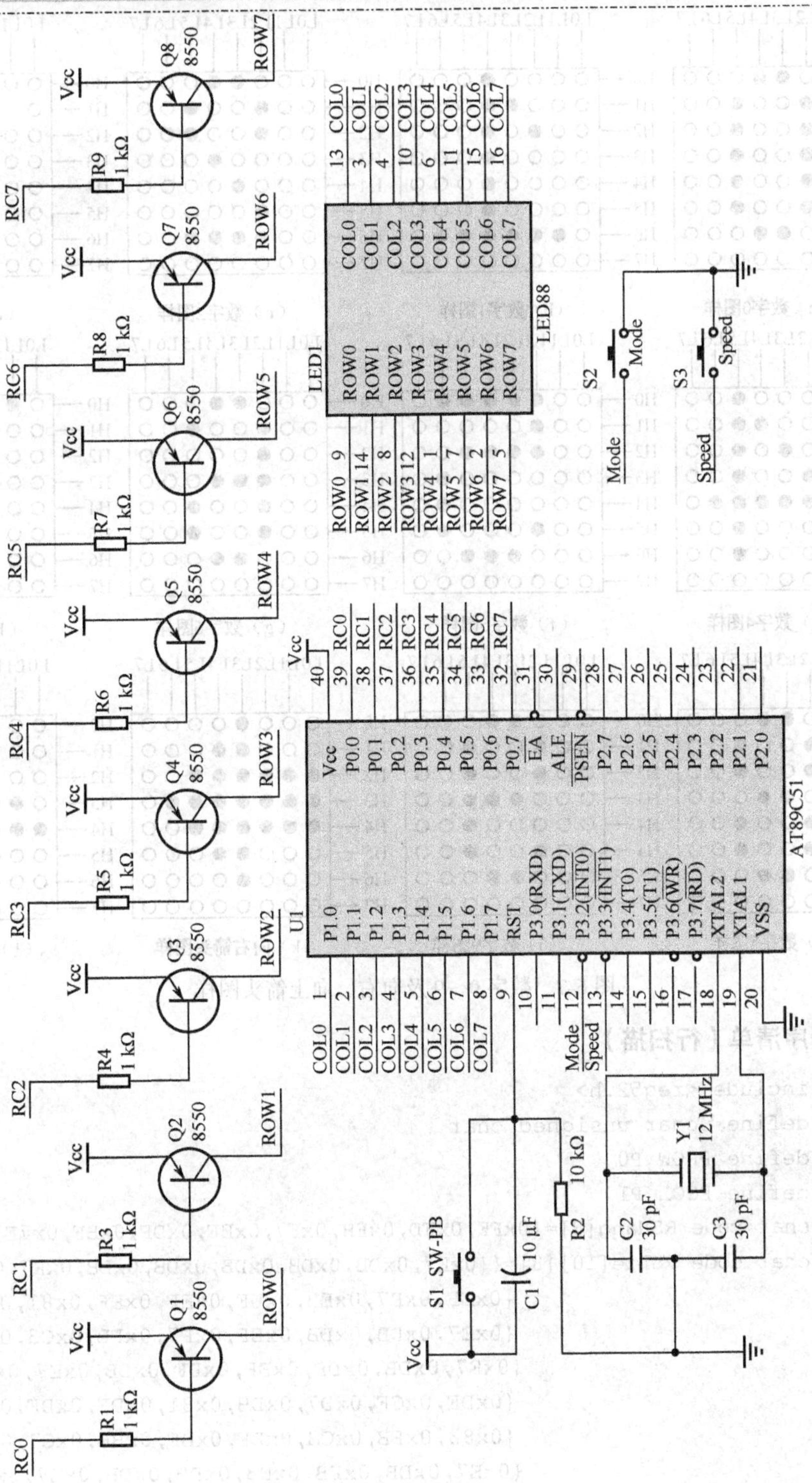

图 6-6　8×8LED 点阵显示输出电路图

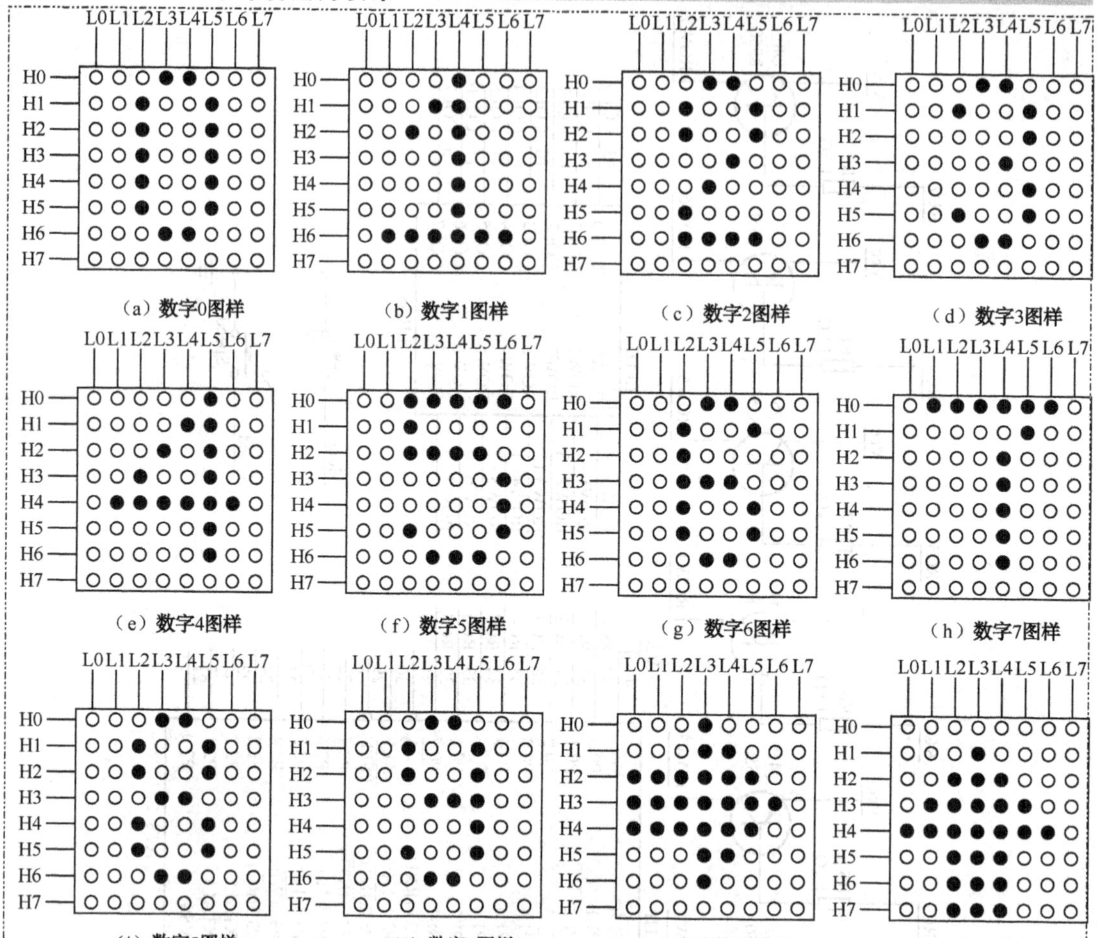

（a）数字0图样 （b）数字1图样 （c）数字2图样 （d）数字3图样

（e）数字4图样 （f）数字5图样 （g）数字6图样 （h）数字7图样

（i）数字8图样 （j）数字9图样 （k）向右箭头图样 （l）向上箭头图样

图 6-7 数字 0～9 及向右、向上箭头图样

4. 程序清单（行扫描）

```
#include <reg52.h>
#define uchar unsigned char
#define PROW P0
#define PCOL P1
uchar code RSHang[8]={0xFE,0xFD,0xFB,0xF7,0xEF,0xDF,0xBF,0x7F}; //行扫描
uchar code RSLie[10][8]={{0xE7,0xDB,0xDB,0xDB,0xDB,0xDB,0xE7,0xFF},//0
                         {0xEF,0xE7,0xEB,0xEF,0xEF,0xEF,0x81,0xFF},//1
                         {0xE7,0xDB,0xDB,0xEF,0xF7,0xFB,0xC3,0xFF},//2
                         {0xE7,0xDB,0xDF,0xEF,0xDF,0xDB,0xE7,0xFF},//3
                         {0xDF,0xCF,0xD7,0xDB,0x81,0xDF,0xDF,0xFF},//4
                         {0x83,0xFB,0xC3,0xBF,0xBF,0xBB,0xC7,0xFF},//5
                         {0xE7,0xDB,0xFB,0xE3,0xDB,0xDB,0xE7,0xFF},//6
                         {0x81,0xDF,0xEF,0xEF,0xEF,0xEF,0xEF,0xFF},//7
                         {0xE7,0xDB,0xDB,0xE7,0xDB,0xDB,0xE7,0xFF},//8
                         {0xE7,0xDB,0xDB,0xC7,0xDF,0xDB,0xE7,0xFF}};//9
//***************************************************************************
```

```
main()
{       //行扫描主函数
   uchar i,j,k,t;
   while(1)
   {
       for(j=0;j<10;j++)
       {
           for(t=0;t<=200;t++)
               for(i=0;i<8;i++)
               {
                   PCOL=0xFF;       //列消影
                   for(k=0;k<=50;k++);
                   PROW=0xFF;      //行消影
                   for(k=0;k<=50;k++);
                   PCOL=RSLie[j][i];
                   PROW=RSHang[i];
                   for(k=0;k<=2;k++);   //调整亮度。延时时间越长，亮度越亮
               }
       }
   }
}
```

5. 程序清单（列扫描）

```
#include <reg52.h>
#define uchar unsigned char
#define PROW P0
#define PCOL P1
uchar code CSLie[8]={0xFE,0xFD,0xFB,0xF7,0xEF,0xDF,0xBF,0x7F};   //列扫描
uchar code CSHang[10][8]={{0xFF,0xFF,0xC1,0xBE,0xBE,0xC1,0xFF,0xFF},//0
                          {0xff,0xbf,0xbb,0xbd,0x80,0xbf,0xbf,0xff},//1
                          {0xff,0xff,0x99,0xae,0xb6,0xb9,0xbf,0xff},//2
                          {0xff,0xff,0xdd,0xbe,0xb6,0xc9,0xff,0xff},//3
                          {0xff,0xef,0xe7,0xeb,0xed,0x80,0xef,0xff},//4
                          {0xff,0xff,0xd8,0xba,0xba,0xba,0xc6,0xff},//5
                          {0xff,0xff,0xc1,0xb6,0xb6,0xcd,0xff,0xff},//6
                          {0xff,0xfe,0xfe,0xfe,0x82,0xfc,0xfe,0xff},//7
                          {0xff,0xff,0xc9,0xb6,0xb6,0xc9,0xff,0xff},//8
                          0xff,0xff,0xd9,0xb6,0xb6,0xc1,0xff,0xff}};//9

main()
{    //列扫描主函数
   uchar i,j,k,t;
   while(1)
   {
       for(j=0;j<10;j++)
       {
           for(t=0;t<=200;t++)
               for(i=0;i<8;i++)
```

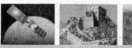

```
            {
                PCOL=0xFF;          //列消影
                for(k=0;k<=50;k++);
                PROW=0xFF;          //行消影
                for(k=0;k<=50;k++);
                PROW=CSHang[j][i];
                PCOL=CSLie[i];
                for(k=0;k<=10;k++);   //调整亮度。延时时间越长，亮度越亮
            }
        }
    }
}
```

实例 19　8×8 LED 点阵显示运动的箭头

1. 功能要求

用 8 × 8 LED 点阵分别显示向右、向左、向上、向下运动的箭头，且箭头方向及运动速度可通过按钮选择调节。

2. 硬件说明

硬件电路图如图 6-6 所示，其中按钮 S2 用于选择箭头的方向（向右、向左、向上、向下其中之一），按钮 S3 用于调节箭头运动的速度。其他请参看实例 1 中关于硬件的说明。

3. 软件说明

（1）箭头左右运动时，需要列扫描方式（行数据依次错位就可呈现运动的效果）；
（2）箭头上下运动时，需要行扫描方式（列数据依次错位就可呈现运动的效果）；
（3）按钮用于选择箭头方向和运动速度，此例使用了中断方式进行选择调整。

4. 程序清单

```
#include <reg52.h>
#define uchar unsigned char
#define PROW P0
#define PCOL P1
uchar mode=0,speed=100;
uchar code SCAN[8]={0xFE,0xFD,0xFB,0xF7,0xEF,0xDF,0xBF,0x7F};
uchar code ARightLeft[8]={0xE3,0xE3,0xE3,0x80,0xC1,0xE3,0xF7,0xFF};
//要求列扫描
uchar code AUpDown[8]={0xFF,0xF7,0xE3,0xC1,0x80,0xE3,0xE3,0xE3};
//要求行扫描
main()
{
   uchar i,j,k,t;
   IE=0x85;
   TCON=0x05;
   while(1)
```

```
    {
        for(j=0;j<8;j++)
        {
            for(t=0;t<=speed;t++)
            for(i=0;i<8;i++)
            {
                PCOL=0xFF;              //列消影
                for(k=0;k<=50;k++);
                PROW=0xFF;              //行消影
                for(k=0;k<=50;k++);
                switch(mode)
                {
                case 0:PROW=ARightLeft[(i-j)%8];PCOL=SCAN[i];break;
                //列扫描，向右
                case 1:PROW=ARightLeft[(-i-j)%8];PCOL=SCAN[i];break;
                //列扫描，向左
                case 2:PCOL=AUpDown[(i+j)%8];PROW=SCAN[i];break;
                //行扫描，向上
                case 3:PCOL=AUpDown[(j-i)%8];PROW=SCAN[i];break;
                //行扫描，向下
                default:break;
              }
            for(k=0;k<=5;k++);//调整亮度。延时时间越长，亮度越亮


            }

        }

    }
}
void INT0Mode(void) interrupt 0
{
    EA=0;
    mode++;
    mode=mode%4;
    EA=1;
}
void INI1Speed(void) interrupt 2
{
    EA=0;
    speed=speed-5;
    if(speed<=15)
        speed=100;
    EA=1;
}
```

6.2 16×16 LED 点阵显示输出

6.2.1 用 8×8 LED 点阵模块搭建 16×16 LED 点阵

用 4 块 8×8 LED 点阵模块就可以搭建 16×16 LED 点阵，如图 6-8 所示。假设第 0 行、第 0 列所在的位置，即坐标原点（0,0），依旧是最左上角的那个发光二极管。

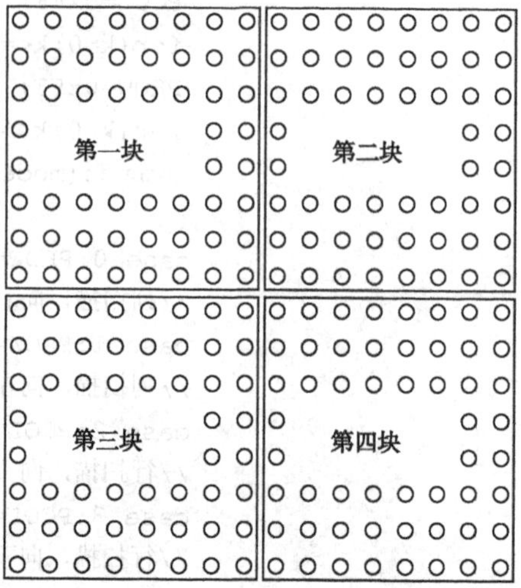

图 6-8 用 4 块 8×8 点阵搭建 16×16 LED 点阵

1. 行线的连接

将第一块 8×8 LED 点阵的第 0 行与第二块 8×8 LED 点阵的第 0 行并联后引出的端头，就是 16×16 LED 点阵的第 0 行，以此类推，第一块 8×8 LED 点阵的第 7 行与第二块 8×8 LED 点阵的第 7 行并联后引出的端头，就是 16×16 LED 点阵的第 7 行；然后，将第三块 8×8 LED 点阵的第 0 行与第四块 8×8 LED 点阵的第 0 行并联后引出的端头，就是 16×16 LED 点阵的第 8 行，依照此方法，第三块 8×8 LED 点阵的第 7 行与第四块 8×8 LED 点阵的第 7 行并联后引出的端头，就是 16×16 LED 点阵的第 15 行，即最后一行。至此，16 行的连线即已完成。

2. 列线的连接

将第一块 8×8 LED 点阵的第 0 列与第三块 8×8 LED 点阵的第 0 列并联后引出的端头，就是 16×16 LED 点阵的第 0 列，以此类推，第一块 8×8 LED 点阵的第 7 列与第三块 8×8 LED 点阵的第 7 列并联后引出的端头，就是 16×16 LED 点阵的第 7 列；然后，将第二块 8×8 LED 点阵的第 0 列与第四块 8×8 LED 点阵的第 0 列并联后引出的端头，就是 16×16 LED 点阵的第 8 列，依照此方法，第二块 8×8 LED 点阵的第 7 列与第四块 8×8 LED 点阵的第 7 列并联后引出的端头，就是 16×16 LED 点阵的第 15 列，即最后一列。至此，16 列的连线即已完成。

6.2.2 16×16 LED 点阵的驱动

16×16 LED 点阵由于有 16 行、16 列，与一般单片机 8 位的数据总线口不兼容，因此一般采用译码及锁存的方式，将 16 位数据输入到 16×16 LED 点阵中，实现信息的显示。

1. 行驱动电路

74LS154 芯片是 4 线-16 线译码器，图 6-9 是其实物图，6-10 是其引脚图。表 6-1 是 74LS154 的逻辑功能表。从功能表可以看到，当选通端 G1 和 G2 都为低电平 0 的情况下，74LS154 可将地址端 DCBA 的二进制编码，在一个对应的输出端以低电平译出。

如果 16×16 LED 点阵采用行（高电平）扫描方式，则单片机的 4 个 I/O 引脚输出的行号数据，经 74LS154 译码后，生成 16 根行选通信号线，在 PNP 晶体管 8550 驱动下，原本 74LS154 译码后的唯一的一个低电平，变成了唯一的一个高电平（用于选中该行），而 74LS154 译码后的其他高电平却都变成了低电平，这恰好符合 16×16 LED 点阵行（高电平）扫描方式下，16 位数据中只有一个高电平、其余都为低电平的要求。例如，如果单片机输出二进制数 0010（顺序 DCBA），则 74LS154 译码后输出为 1111111111111101（顺序 15～0），再经 8550 驱动后变为 0000000000000010，恰好可以作为第 1 行（注意，行号从 0 开始计数，最后一行是第 15 行）的行扫描信号。具体如图 6-14 所示。

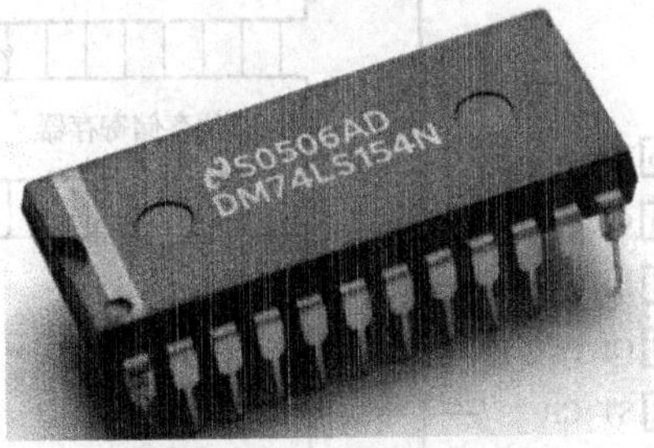

图 6-9　74LS154 实物图

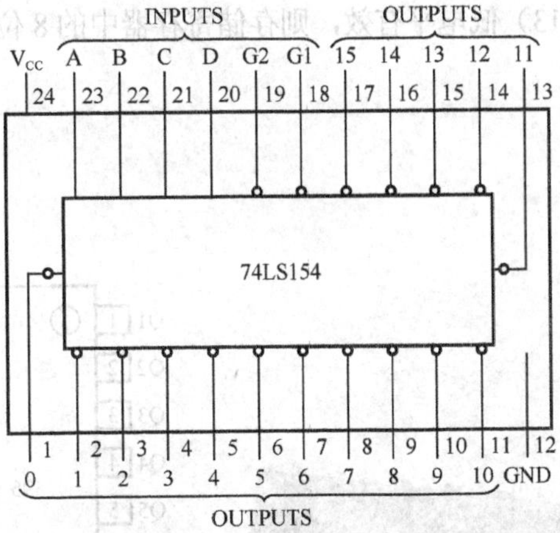

图 6-10　74LS154 引脚图

表 6-1　74LS154 逻辑功能表

输入						输出															
G1	G2	D	C	B	A	0	1	2	3	4	5	6	7	8	9	10	11	12	13	14	15
0	0	0	0	0	0	0	1	1	1	1	1	1	1	1	1	1	1	1	1	1	1
0	0	0	0	0	1	1	0	1	1	1	1	1	1	1	1	1	1	1	1	1	1
0	0	0	0	1	0	1	1	0	1	1	1	1	1	1	1	1	1	1	1	1	1
0	0	0	0	1	1	1	1	1	0	1	1	1	1	1	1	1	1	1	1	1	1
0	0	0	1	0	0	1	1	1	1	0	1	1	1	1	1	1	1	1	1	1	1
0	0	0	1	0	1	1	1	1	1	1	0	1	1	1	1	1	1	1	1	1	1
0	0	0	1	1	0	1	1	1	1	1	1	0	1	1	1	1	1	1	1	1	1
0	0	0	1	1	1	1	1	1	1	1	1	1	0	1	1	1	1	1	1	1	1
0	0	1	0	0	0	1	1	1	1	1	1	1	1	0	1	1	1	1	1	1	1
0	0	1	0	0	1	1	1	1	1	1	1	1	1	1	0	1	1	1	1	1	1
0	0	1	0	1	0	1	1	1	1	1	1	1	1	1	1	0	1	1	1	1	1
0	0	1	0	1	1	1	1	1	1	1	1	1	1	1	1	1	0	1	1	1	1
0	0	1	1	0	0	1	1	1	1	1	1	1	1	1	1	1	1	0	1	1	1
0	0	1	1	0	1	1	1	1	1	1	1	1	1	1	1	1	1	1	0	1	1
0	0	1	1	1	0	1	1	1	1	1	1	1	1	1	1	1	1	1	1	0	1
0	0	1	1	1	1	1	1	1	1	1	1	1	1	1	1	1	1	1	1	1	0
0	1	X	X	X	X	1	1	1	1	1	1	1	1	1	1	1	1	1	1	1	1
1	0	X	X	X	X	1	1	1	1	1	1	1	1	1	1	1	1	1	1	1	1
1	1	X	X	X	X	1	1	1	1	1	1	1	1	1	1	1	1	1	1	1	1

2. 列驱动电路

列驱动主要由 74HC595 芯片完成。74HC595 是一个 8 位数据串行输入、并行输出的移位寄存器和 8 位输出锁存器，其移位寄存器和输出锁存器是各自独立控制的。74HC595 的实物如图 6-11 所示，其引脚如图 6-12 所示。图 6-13 是 74HC595 的功能框图。从框图中可以看到，在移位寄存器串行时钟脉冲信号 SH_CP（引脚 11）的作用下，串行数据从 DS（引脚 14）依次输入移位寄存器（注意：低位在前，高位在后），MR（引脚 10）低电平时可将移位寄存器清零。在存储寄存器控制信号 ST_CP 作用下，移位寄存器中的数据会进入存储寄存器，如果输出 OE（引脚 13）低电平有效，则存储寄存器中的 8 位数据会并行从 Q7～Q0 引脚输出。

图 6-11　74HC595 实物图

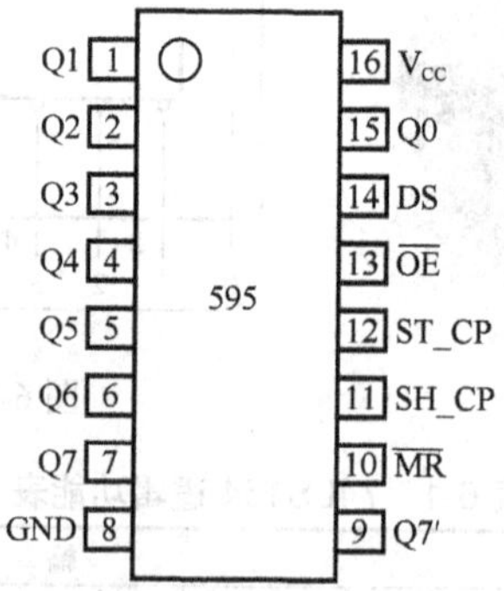

图 6-12　74HC595 引脚图

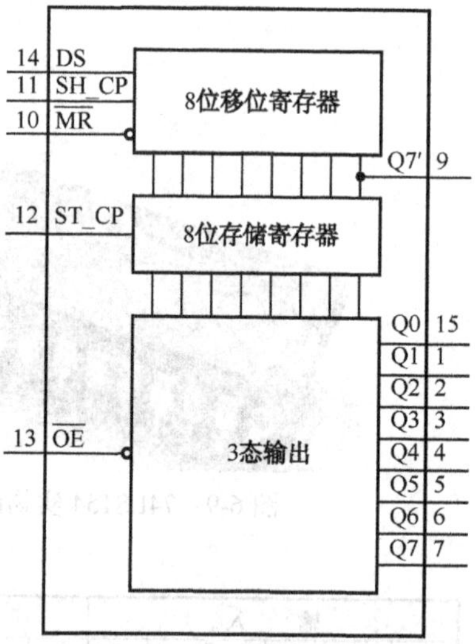

图 6-13　74HC595 功能框图

74HC595 中的 Q7′（引脚 9）的使用最为重要。如果将 Q7′引脚连接到另外一片 74HC595 的 DS 引脚，就可实现多位数据级联压入。当多片 74HC595 级联使用时，各片 74HC595 的 SH_CP 引脚、ST_CP 引脚、MR 引脚都各自彼此并接在一起，并且，第一片 74HC595 的 Q7′连接到第二片 74HC595 的 DS 引脚，第二片 74HC595 的 Q7′连接到第三片 74HC595 的 DS 引脚……这样就可以将多片 74HC595 级联起来。在数据输入过程中，在共同的同步 SH_CP 引脚时钟作用下，多位数据从第一片 74HC595 的 DS 引脚，一位接一位地输入。当第一片 74HC595 被移入 8 位数据后，随着第 9 位数据移入第一片 74HC595，移入第一片 74HC595 的第一位数据，被挤入第二片移位寄存器……就这样，随着数据一位接一位地从第一片 74HC595 的 DS 引脚移入，多位二进制数据会一位接一位地被依次挤压到后续 74HC595 的移位寄存器中。本次传输的多位二进制数据，已全部被挤压到移位寄存器中时，多片 74HC595 并联在一起的 ST_CP 引脚上同步发出的上升沿脉冲信号，就会使这些数据，从多片 74HC595 的并行口一起同步输出。具体如图 6-14 所示。

实例 20　16×16 LED 点阵屏显示汉字

1. 功能要求

用 4 片 8×8 LED 点阵搭建一个 16×16 LED 点阵，并通过该点阵屏显示汉字。

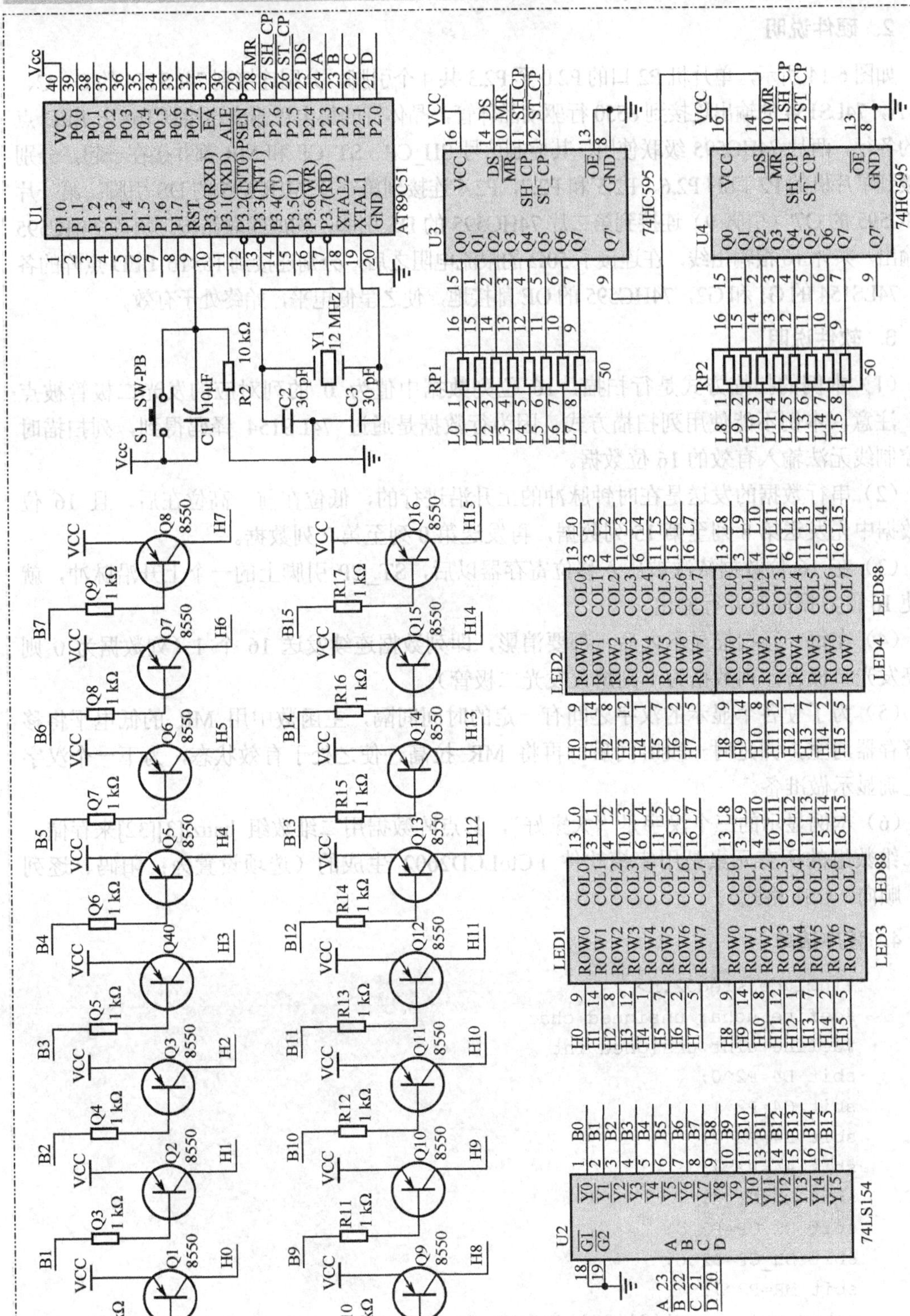

图6-14 16×16LED点阵显示硬件电路图

2. 硬件说明

如图 6-14 所示，单片机 P2 口的 P2.0 至 P2.3 共 4 个引脚，分别连接到 74LS154 的 D、C、B、A，74LS154 的输出连接到 8550 行驱动晶体管，晶体管的集电极输出连接到 16×16 LED 点阵的各行。两片 74HC595 级联使用，其控制信号 SH_CP、ST_CP 和 MR 都并接在一起，分别连接到单片机的 P2 口的 P2.6、P2.5 和 P2.7，P2.4 连接到第一片 74HC595 的 DS 引脚；第一片 74HC595 的 Q7'（引脚 9）连接到第二片 74HC595 的 DS 引脚，构成级联结构。两片 74HC595 的输出，共计 16 根输出线，在连接了 50Ω 的限流电阻之后，分别连接到 16×16 LED 点阵的各列。74LS154 的 G1 和 G2，74HC595 的 OE 都接地，使之呈低电平，始终处于有效。

3. 软件说明

（1）本例的扫描方式是行扫描，16 位列数据中值为 0 的列对应的发光二极管被点亮。注意，本例不能使用列扫描方式，因为行数据是通过 74LS154 译码得到，列扫描时行控制线无法输入有效的 16 位数据。

（2）串行数据的发送是在时钟脉冲的上升沿进行的，低位在前，高位在后，且 16 位列数据中先发送第 8 列至第 15 列数据，再发送第 0 列至第 7 列数据。

（3）在 16 位数据依次被压入移位寄存器以后，ST_CP 引脚上的一个上升沿脉冲，就可使 16 位数据同时并行输出。

（4）在每一行扫描显示之后，都要消影，即列数据连续发送 16 个 1（列数据为 0 则点亮发光二极管，列数据为 1 则熄灭发光二极管）。

（5）为了使各个显示的汉字之间有一定的时间间隔，主函数中用 MR 的低电平将移位寄存器清空，并延时一段时间后，再将 MR 拉高，使之处于有效状态，为下一个汉字的正确显示做准备。

（6）本例显示的三个汉字是“大家好”，其点阵数据用二维数组 hanzi[3][32]来存储，该二维数组的所有元素是用字模软件 PCtoLCD2002 生成的（选项设置为：阳码、逐列式、顺向、C51 格式）。

4. 程序清单

```
#include <reg52.h>
#define uchar unsigned char
#define uint unsigned int
sbit D4=P2^0;
sbit C4=P2^1;
sbit B4=P2^2;
sbit A4=P2^3;
sbit DS=P2^4;
sbit ST_CP=P2^5;
sbit SH_CP=P2^6;
sbit MR=P2^7;
uchar code hanzi[3][32]={{0xFE,0xFF,0xFE,0xFF,0xFE,0xFF,0xFE,0xFF,
0xFE,0xFF,0x00,0x01,0xFE,0xFF,0xFD,0x7F,
0xFD,0x7F,0xFD,0xBF,0xFB,0xBF,0xFB,0xDF,
0xF7,0xEF,0xEF,0xE7,0xDF,0xF1,0xBF,0xFB},  //大
```

```
{0xFD,0xFF,0xFE,0xFF,0xC0,0x01,0xBF,0xFB,
0xA0,0x17,0xFE,0xFF,0xFD,0xFF,0xF0,0xDF,
0x8D,0x4F,0xFB,0x3F,0xE6,0x3F,0x99,0x4F,
0xE7,0x71,0x9F,0x7B,0xFA,0xFF,0xFD,0xFF},  //家
{0xEF,0xFF,0xEE,0x03,0xEF,0xF7,0xEF,0xEF,
0x03,0xDF,0xDB,0xDF,0xDB,0xDF,0xD8,0x01,
0xBB,0xDF,0x9B,0xDF,0xE7,0xDF,0xF7,0xDF,
0xEB,0xDF,0xD9,0xDF,0xBB,0x5F,0x7F,0xBF}};  //好
//*****************************************************************
void s16(uchar d07,uchar d815)
{
   uchar i;
   for(i=0;i<8;i++)
   {
       SH_CP=0;
       d815=d815>>1;
       DS=CY;
       SH_CP=1;
   }
   for(i=0;i<8;i++)
   {
       SH_CP=0;
       d07=d07>>1;
       DS=CY;
       SH_CP=1;
   }
   SH_CP=0;
   ST_CP=0;
   ST_CP=1;
}
void disp1hanzi(uchar hz[])
{
   uchar j;
   for(j=0;j<=15;j++)
   {
       switch(j)
       {
            case 0:D4=0;C4=0;B4=0;A4=0;break;
            case 1:D4=0;C4=0;B4=0;A4=1;break;
            case 2:D4=0;C4=0;B4=1;A4=0;break;
            case 3:D4=0;C4=0;B4=1;A4=1;break;
            case 4:D4=0;C4=1;B4=0;A4=0;break;
            case 5:D4=0;C4=1;B4=0;A4=1;break;
            case 6:D4=0;C4=1;B4=1;A4=0;break;
            case 7:D4=0;C4=1;B4=1;A4=1;break;
            case 8:D4=1;C4=0;B4=0;A4=0;break;
```

```
                case 9:D4=1;C4=0;B4=0;A4=1;break;
                case 10:D4=1;C4=0;B4=1;A4=0;break;
                case 11:D4=1;C4=0;B4=1;A4=1;break;
                case 12:D4=1;C4=1;B4=0;A4=0;break;
                case 13:D4=1;C4=1;B4=0;A4=1;break;
                case 14:D4=1;C4=1;B4=1;A4=0;break;
                case 15:D4=1;C4=1;B4=1;A4=1;break;
                default:break;
            }
            s16(hz[2*j],hz[2*j+1]);
            s16(0xFF,0xFF);
        }
    }
    //***************************
    main()
    {
       uchar i,k;
       uint m;
       while(1)
       {
           for(i=0;i<3;i++)
           {
               for(k=0;k<=200;k++)
                   disp1hanzi(hanzi[i]);
               MR=0;
               for(m=0;m<=30000;m++);
               MR=1;
           }
       }
    }
```

6.3 32×64 LED 点阵显示输出

32×64LED 点阵是实际搭建大面积 LED 显示屏的基本单元模块，它一般由 4 行、8 列，共计 32 块 8×8LED 点阵组成。其实物正面和背面如图 6-15 所示。从背面图可以看到，中间位置有电源接线端子，左右两侧有用于级联的输入（INPUT）和输出（OUTPUT）接线引脚各 16 根。在单片 32×64 LED 点阵的使用中，仅仅使用输入的 16 根引脚，输出引脚不使用。图 6-16 是其 16 根输入引脚的排列和引脚序号图，表 6-2 列出了各引脚的定义及功能。

32×64 LED 点阵单元模块，其主要控制元件依旧是 74HC595，所以信息显示的整体思想依旧是在行扫描的条件下，列数据串行压入 74HC595 移位寄存器，再打开锁存开关，使所有列数据同步被送入 LED 点阵。32×64 LED 点阵背面的输入引脚中，1、3、5、13、15 引脚接地，第 7 引脚 O（不是数字 0）是输出允许，低电平有效，所以一般直接接地。A、B、C、D 四根引脚用来控制行信号，与以往不同的是，32×64 LED 点阵是 32 行，而并非

16 行，所以 32×64 LED 点阵一般被人为地分割为上 16 行和下 16 行，上、下 16 行的串行数据输入引脚是彼此独立的。表 6-2 中的引脚 R1，就是上 16 行串行数据输入引脚，而 R2 则是下 16 行串行数据输入引脚，R1 工作时（低电平），R2 必须是高电平；同理，R2 工作时（低电平），R1 必须是高电平。14 引脚 L 上的一个上升沿脉冲信号，可使通过串行输入的、已锁存在移位寄存器中的 64 位列数据信号，被同步发送到 32×64 LED 点阵中（输出允许引脚 7 接低电平有效的前提下）。16 引脚 S 是串行时钟脉冲信号。

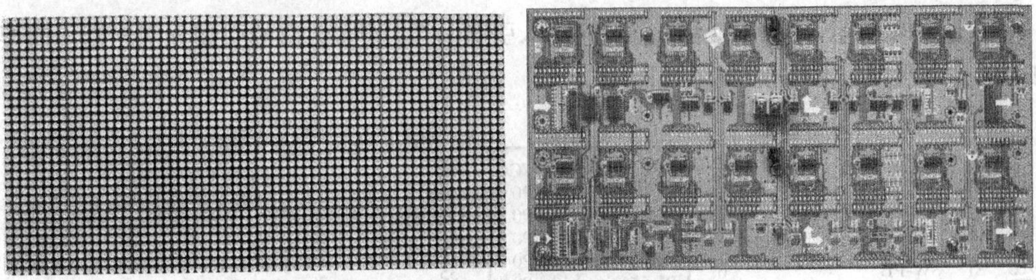

图 6-15　32×64 LED 点阵实物正面和背面

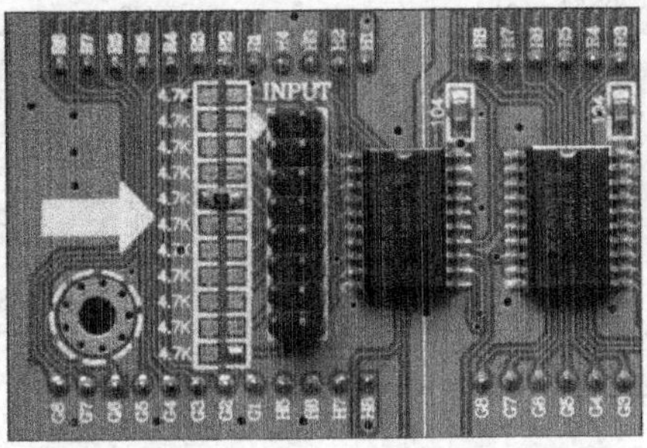

INPUT

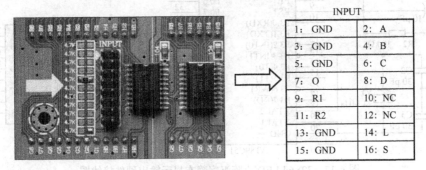

1：GND	2：A
3：GND	4：B
5：GND	6：C
7：O	8：D
9：R1	10：NC
11：R2	12：NC
13：GND	14：L
15：GND	16：S

图 6-16　32×64 LED 点阵背面输入引脚序号及名称对应图

表 6-2　32×64 LED 点阵输入引脚定义及功能

引脚序号	引脚名称	功能描述
1，3，5，13，15	GND	接地
2	A	行控制信号
4	B	行控制信号
6	C	行控制信号
7	O	输出使能。低电平有效，故直接接地
8	D	行控制信号
9	R1	上面 16 行的串行数据输入引脚，此时 R2=1
10，12	NC	保留，不接
11	R2	下面 16 行的串行数据输入引脚，此时 R1=1
14	L	L 上的一个上升沿信号，将使移位寄存器中数据进入存储寄存器，且并行输出
16	S	串行时钟脉冲信号

实例 21　使用 32×64 LED 点阵显示汉字

1. 功能要求

使用 32×64 LED 点阵静态显示 8 个汉字。

2. 硬件说明

如图 6-17 所示，32×64 LED 点阵的输入引脚与单片机 P2 口的引脚分别连接，需要接地的引脚都接地。晶振使用 24 MHz。

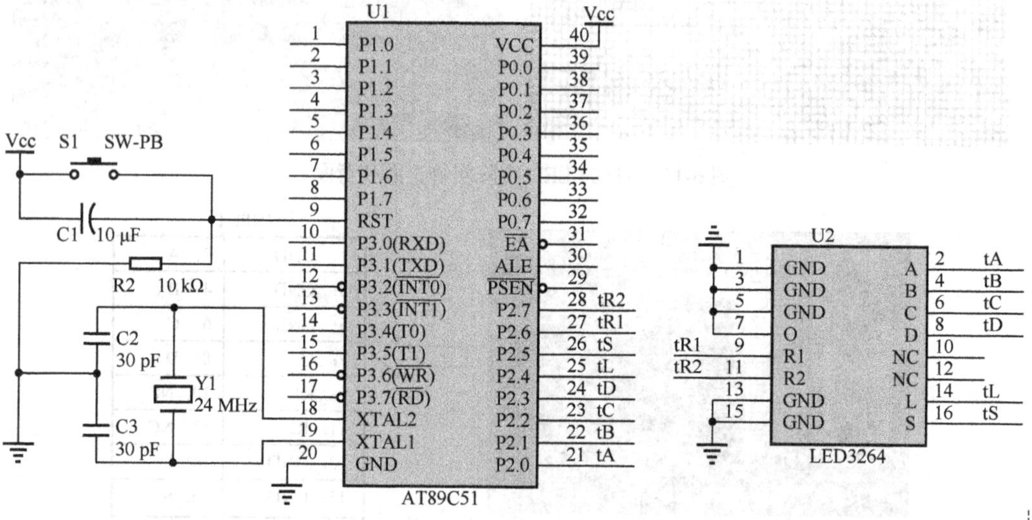

图 6-17　32×64 LED 点阵汉字静态显示输出硬件接线图

3. 软件说明

（1）本例显示两行汉字“好好学习，天天向上”。

（2）在行扫描信号输入时，上 16 行和下 16 行的列数据，在串行时钟脉冲的作用下，依次被压入移位寄存器。接下来，L 引脚的一个上升沿信号，将这些列数据输入到 32×64 LED 点阵。注意，上 16 行和下 16 行的列数据是分别输入的。

（3）实例运行结果如图 6-18 所示。

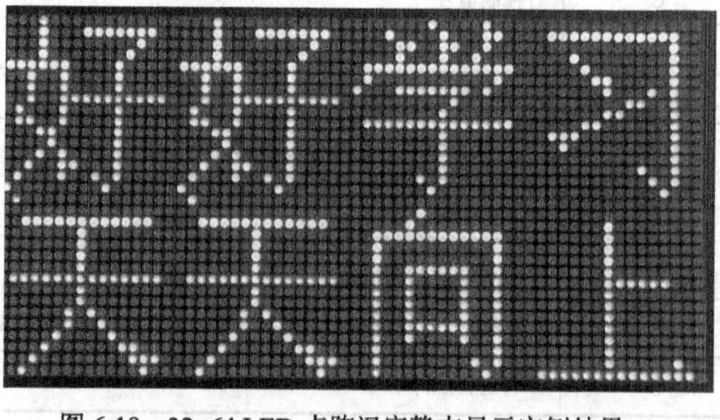

图 6-18　32×64 LED 点阵汉字静态显示实例结果

4. 程序清单

```
#include <reg52.h>
#define uchar unsigned char
uchar code tab[8][32]={          // 好好学习  天天向上
{0xef,0xff,0xee,0x03,0xef,0xf7,0xef,0xef,0x03,0xdf,0xdb,0xdf,0xdb,0
xdf,0xd8,0x01,0xBB,0xDF,0x9B,0xDF,0xE7,0xDF,0xF7,0xDF,0xEB,0xDF,0xD9,0xDF,0
xBB,0x5F,0x7F,0xBF},
{0xEF,0xFF,0xEE,0x03,0xEF,0xF7,0xEF,0xEF,0x03,0xDF,0xDB,0xDF,0xDB,0
xDF,0xD8,0x01,xBB,0xDF,0x9B,0xDF,0xE7,0xDF,0xF7,0xDF,0xEB,0xDF,0xD9,0xDF,0x
BB,0x5F,0x7F,0xBF},
{0xFE,0xF7,0xEF,0x73,0xF3,0x37,0xF7,0x6F,0x80,0x01,0xBF,0xFB,0x70,0
x17,0xFF,0xBF,0xFF,0x7F,0x80,0x01,0xFF,0x7F,0xFF,0x7F,0xFF,0x7F,0xFF,0x7F,0
xFD,0x7F,0xFE,0xFF},
{0xFF,0xFF,0xC0,0x03,0xFF,0xFB,0xF7,0xFB,0xFB,0xFB,0xFC,0xFB,0xFE,0
xEB,0xFF,0x9B,0xFE,0x7B,0xF9,0xFB,0xC7,0xFB,0xEF,0xFB,0xFF,0xFB,0xFF,0xDB,0
xFF,0xEB,0xFF,0xF7},
{0xFF,0xFF,0xC0,0x03,0xFE,0xFF,0xFE,0xFF,0xFE,0xFF,0xFE,0xFF,0x80,0
x01,0xFE,0xFF,0xFE,0xFF,0xFD,0x7F,0xFD,0xBF,0xFB,0xDF,0xF7,0xE7,0xEF,0xF1,0
xDF,0xFB,0xBF,0xFF},
{0xFF,0xFF,0xC0,0x03,0xFE,0xFF,0xFE,0xFF,0xFE,0xFF,0xFE,0xFF,0x80,0
x01,0xFE,0xFF,0xFE,0xFF,0xFD,0x7F,0xFD,0xBF,0xFB,0xDF,0xF7,0xE7,0xEF,0xF1,0
xDF,0xFB,0xBF,0xFF},
{0xFD,0xFF,0xFB,0xFF,0xC0,0x03,0xDF,0xFB,0xDF,0xFB,0xD8,0x1B,0xDB,0
xDB,0xDB,0xDB,0xDB,0xDB,0xDB,0xDB,0xD8,0x1B,0xDB,0xDB,0xDF,0xFB,0xDF,0xEB,0
xDF,0xF7,0xFF,0xFF},
{0xFF,0xFF,0xFE,0xFF,0xFE,0xFF,0xFE,0xFF,0xFE,0xFF,0xFE,0xFF,0xFE,0
x07,0xFE,0xFF,0xFE,0xFF,0xFE,0xFF,0xFE,0xFF,0xFE,0xFF,0xFE,0xFF,0xFE,0xFB,0
x80,0x01,0xFF,0xFF}};
sbit tA=P2^0;
sbit tB=P2^1;
sbit tC=P2^2;
sbit tD=P2^3;
sbit tL=P2^4;
sbit tS=P2^5;
sbit tR1=P2^6;
sbit tR2=P2^7;
//************************
void up64(uchar CData)
{
   uchar i,j,t;
   tR1=1;
   for(i=4;i>0;i--)
   {
       t=tab[i-1][2*CData+1];
       for(j=0;j<=7;j++)
       {
```

```
                t=t>>1;
                tR2=CY;
                tS=0;
                tS=1;
            }
            t=tab[i-1][2*CData];
            for(j=0;j<=7;j++)
            {
                t=t>>1;
                tR2=CY;
                tS=0;
                tS=1;
            }
        }
        tL=0; tL=1;
    }
    void down64(uchar CData)
    {
        uchar i,j,t;
        tR2=1;
        for(i=8;i>4;i--)
        {
            t=tab[i-1][2*CData+1];
            for(j=0;j<=7;j++)
            {
                t=t>>1;
                tR1=CY;
                tS=0;
                tS=1;
            }
            t=tab[i-1][2*CData];
            for(j=0;j<=7;j++)
            {
                t=t>>1;
                tR1=CY;
                tS=0;
                tS=1;
            }
        }
        tL=0; tL=1;
    }
    void disp(void)
    {
        tD=1;tC=1;tB=1;tA=1;up64(0);down64(0);
        tD=1;tC=1;tB=1;tA=0;up64(1);down64(1);
        tD=1;tC=1;tB=0;tA=1;up64(2);down64(2);
```

```
    tD=1;tC=1;tB=0;tA=0;up64(3);down64(3);
    tD=1;tC=0;tB=1;tA=1;up64(4);down64(4);
    tD=1;tC=0;tB=1;tA=0;up64(5);down64(5);
    tD=1;tC=0;tB=0;tA=1;up64(6);down64(6);
    tD=1;tC=0;tB=0;tA=0;up64(7);down64(7);
    tD=0;tC=1;tB=1;tA=1;up64(8);down64(8);
    tD=0;tC=1;tB=1;tA=0;up64(9);down64(9);
    tD=0;tC=1;tB=0;tA=1;up64(10);down64(10);
    tD=0;tC=1;tB=0;tA=0;up64(11);down64(11);
    tD=0;tC=0;tB=1;tA=1;up64(12);down64(12);
    tD=0;tC=0;tB=1;tA=0;up64(13);down64(13);
    tD=0;tC=0;tB=0;tA=1;up64(14);down64(14);
    tD=0;tC=0;tB=0;tA=0;up64(15);down64(15);
}
//*********************************************
main()
{
    while(1)
    {
        disp();
    }
}
```

思考题 6

1. LED 点阵的应用领域有哪些？
2. 简述 LED 点阵的显示原理。
3. 如何判断 LED 点阵是共阴还是共阳的？
4. 使用万用表如何确认 LED 点阵的行列引脚？
5. 什么是行扫描？什么是列扫描？
6. 简述 74LS154 的工作原理。
7. 简述 74LS595 的工作原理。
8. 如何使用 8×8 点阵搭建 16×16 点阵？

第 7 章 A/D 转换

A/D 转换器即 ADC（Analog to Digital Converter），是能将模拟量转换为数字量的器件。单片机能直接处理和控制的是数字量，对于模拟量，则可通过 A/D 转换器件将其先转换为数字量，然后再交付单片机去做进一步处理。

在 A/D 转换器件将模拟量转换为数字量的过程中，有许多参数值得我们关注，其中最重要的两个参数是转换时间和转换分辨率。

7.1 A/D 转换器的转换分辨率和时间

目前，常见 A/D 转换器与微处理器间的数据接口有并行和串行之分，A/D 转换器的转换精度有 8 位、10 位、12 位等多种类型。此处选取并行 8 位 A/D 转换器 ADC0809，并行 12 位 A/D 转换器 AD574，串行 8 位 AD 转换器 ADC0832，串行 12 位 A/D 转换器 TLC2543，共 4 种 A/D 转换器件，分别说明其特点和使用方法。

1. A/D 转换器的转换分辨率

A/D 转换中，用转换分辨率来表示 A/D 转换器对输入模拟信号的分辨能力，常用转换结果的二进制数的位数来表示，8 位精度代表转换结果用 8 位二进制数表示，12 位精度代表转换结果用 12 位二进制数表示。以下通过两个例子具体解释其内在含义。

例 7-1 假设被转换的模拟量是电压信号，被测电压值在 0～5 V 的固定区间内连续可调，A/D 转换器分辨率假设是 8 位。

我们已经熟知，8 位无符号二进制数的数值范围是十进制的 0～255，共 256 个数。如果 A/D 转换器分辨率是 8 位，则从理论上说，被测电压范围 5 V（5 V−0 V=5 V）被平均等分为 256 等份，每一份是 5 V/256=0.01953125 V≈0.02 V=20 mV，这每一份的含义是：电压每增大 20 mV，A/D 转换结果的数值就增加 1；0 V 电压对应的转换结果应该是最小值 0，而 5 V 电压对应的转换结果应该是最大值 255，2.5 V 电压对应的转换结果应该是 0～255 的中间值 128，其他电压依次成比例对应某一数值。

例 7-2　假设被转换的模拟量是电压信号，被测电压值在 0～5 V 的固定区间内连续可调，A/D 转换器分辨率假设是 12 位。

显然，12 位无符号二进制数的数值范围是十进制的 0～4095，共 4096 个数。当 A/D 转换分辨率是 12 位时，5 V 电压范围被平均等分为 4096 等份，每一份是 5 V/4096=0.001220703125 V≈0.0012 V=1.2 mV，即电压每增大 1.2 mV，A/D 转换结果的数值就增加 1；0 V 电压对应转换结果依然是最小值 0，5 V 电压对应的转换结果是最大值 4095，2.5 V 被测电压对应的转换结果应该是 0～4095 的中间值 2048，其他电压依次成比例对应某一数值。

从以上两个例子可以看出，转换分辨率越高，被测模拟量范围被平均等分的份数就越多，每一份代表的模拟量值就越小，转换分辨率就越高。实际工作中，一般以系统所用数据总线的位数、系统测量的精度等作为选择 A/D 转换分辨率的依据。

A/D 转换中，转换分辨率与转换精度密切相关但不完全相同，在不严格区分的条件下，可以认为它们是等同的。

2. A/D 转换器的转换时间

A/D 转换时间，即完成一次 A/D 转换所用的时间，是指从发出转换开始指令，到数据输出端得到稳定的数字量所经历的时间。若被测模拟信号变化较快，而 A/D 转换时间较长，则模拟信号的很多中间变化细节可能被遗漏，造成转换结果信息的不完整和疏漏。实际工作中，A/D 转换时间是选用 A/D 转换芯片时的一个重要参数指标。

本单元介绍的 ADC0809 的转换时间是 100 μs，AD574 的转换时间不超过 35 μs（典型值 20 μs），串行口 8 位 A/D 转换器 ADC0832 的转换时间是 32 μs，串行口 12 位 A/D 转换器 TLC2543 的转换时间是 10 μs。

7.2　ADC0809 的功能与使用

ADC0809 是 8 位 A/D 转换芯片，有 8 路模拟信号输入通道，转换时间 100 μs。其实物图如图 7-1 所示，其 PDIP 封装引脚图如图 7-2 所示。表 7-1 列出了各引脚定义及功能描述。

图 7-1　ADC0809 实物图

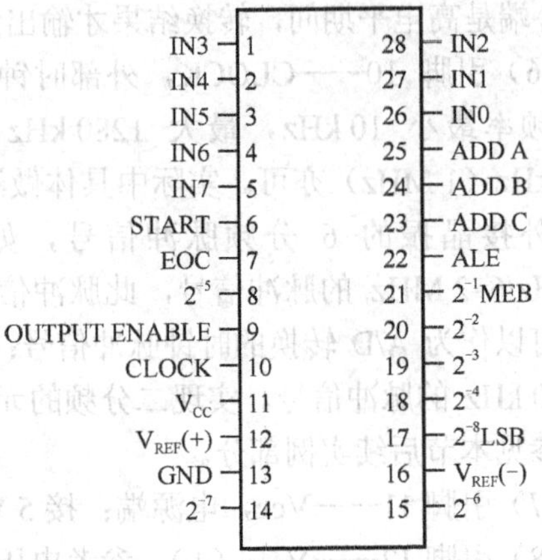

图 7-2　ADC0809 的 PDIP 封装引脚图

表 7-1　ADC0809 引脚定义

引脚序号	引脚名称	功能描述	引脚序号	引脚名称	功能描述
1	IN3	模拟通道 3 输入端	15	D2（2^{-6}）	输出数据第 2 位
2	IN4	模拟通道 4 输入端	16	V_{REF}（−）	参考电压负极端
3	IN5	模拟通道 5 输入端	17	D0（2^{-8}）	输出数据第 0 位（最低位）
4	IN6	模拟通道 6 输入端	18	D4（2^{-4}）	输出数据第 4 位
5	IN7	模拟通道 7 输入端	19	D5（2^{-3}）	输出数据第 5 位
6	START	转换启动信号输入端	20	D6（2^{-2}）	输出数据第 6 位
7	EOC	转换结束信号输出端	21	D7（2^{-1}）	输出数据第 7 位（最高位）
8	D3（2^{-5}）	输出数据第 3 位	22	ALE	地址锁存允许信号
9	OE	输出允许信号端	23	ADDC	通道地址线 C
10	CLOCK	外部时钟脉冲信号输入端	24	ADDB	通道地址线 B
11	Vcc	电源端	25	ADDA	通道地址线 A
12	V_{REF}（+）	参考电压正极端	26	IN0	模拟通道 0 输入端
13	GND	接地端	27	IN1	模拟通道 1 输入端
14	D1（2^{-7}）	输出数据第 1 位	28	IN2	模拟通道 2 输入端

ADC0809 引脚简介如下。

（1）引脚 26～28，1～5——IN0～IN7，8 路模拟通道输入端；具体转换哪一路模拟信号，要与引脚 23～25 通道地址线配合选定。

（2）引脚 6——START，转换启动信号输入端；

（3）引脚 7——EOC，转换结束信号输出端；EOC 引脚在每一次转换期间均保持低电平，当转换结束时，EOC 电平拉高。故可以通过查询 EOC 引脚是否为高电平，来判断本次转换是否结束；也可将此信号作为中断源信号（需加反向器）去触发中断。

（4）引脚 21，20，19，18，8，15，14，17——输出数据 7～0 位引脚；转换结果是 1 个字节的数字量数据，最高位（第 7 位）是 21 引脚，最低位（第 0 位）是 17 引脚。

（5）引脚 9——OE，输出允许信号端（OUTPUT ENABLE）；当一次转换结束后，只有在 OE 端是高电平期间，转换结果才输出到输出数据引脚，这时单片机才能读取转换结果。

（6）引脚 10——CLOCK，外部时钟脉冲信号输入端；ADC0809 转换时，外部时钟信号的频率最小 10 kHz，最大 1280 kHz，典型值是 640 kHz，一般选用 500 kHz。使用 1000 kHz（1 MHz）亦可。实际中具体做法是：51 单片机的第 30 引脚（ALE）对外输出单片机外接晶振的 6 分频脉冲信号，如 51 单片机外接晶振 12 MHz 时，ALE 输出 12 MHz/6=2 MHz 的脉冲信号，此脉冲信号经 D 触发器二分频以后，可得 1 MHz 脉冲信号，可以作为 A/D 转换的时钟脉冲信号；也可以在得到 1 MHz 脉冲信号后再次二分频，得到 500 kHz 的脉冲信号。实现二分频的元器件可以选用 D 触发器 74HC74 芯片，具体硬件电路参见本节后续实例部分。

（7）引脚 11——Vcc，电源端；接 5 V 电源。

（8）引脚 12——V_{REF}（+），参考电压正极端，一般接 5 V。

（9）引脚 13——GND，接地端。

（10）引脚 16——V_{REF}（-），参考电压负极端，一般接地。

（11）引脚 22——ALE，地址锁存允许信号；一般与引脚 6（START）并接在一起使用，可以参见时序图（图 7-3）。

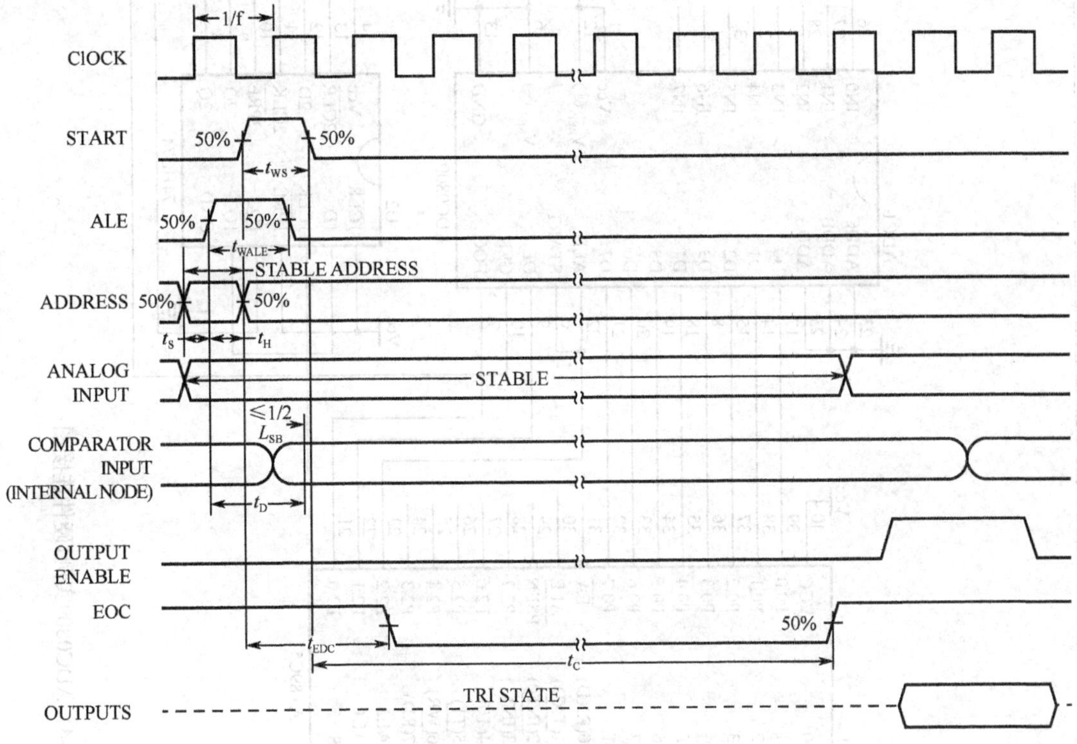

图 7-3　ADC0809 时序图

（12）引脚 23～25——ADDC、ADDB、ADDA，通道地址线；三根引脚线上电平的组合，分别对应 8 路输入模拟信号，具体对应关系如表 7-2 所示。

表 7-2　通道地址与所选通道之间的关系

通道地址			所选模拟量通道
ADDC	ADDB	ADDA	
0	0	0	IN0
0	0	1	IN1
0	1	0	IN2
0	1	1	IN3
1	0	0	IN4
1	0	1	IN5
1	1	0	IN6
1	1	1	IN7

实例 22　模拟口线方式下 ADC0809 模数转换

1. 功能要求

使用 ADC0809 芯片，实现 A/D 转换，并将转换结果在 0802LCD 上显示。

2. 硬件说明

（1）硬件连接图如图 7-4 所示。本例将 ADC0809 的通道地址线 ADDC、ADDB、ADDA 全部接地（全部低电平），即选取 0 通道作为模拟信号的输入通道。

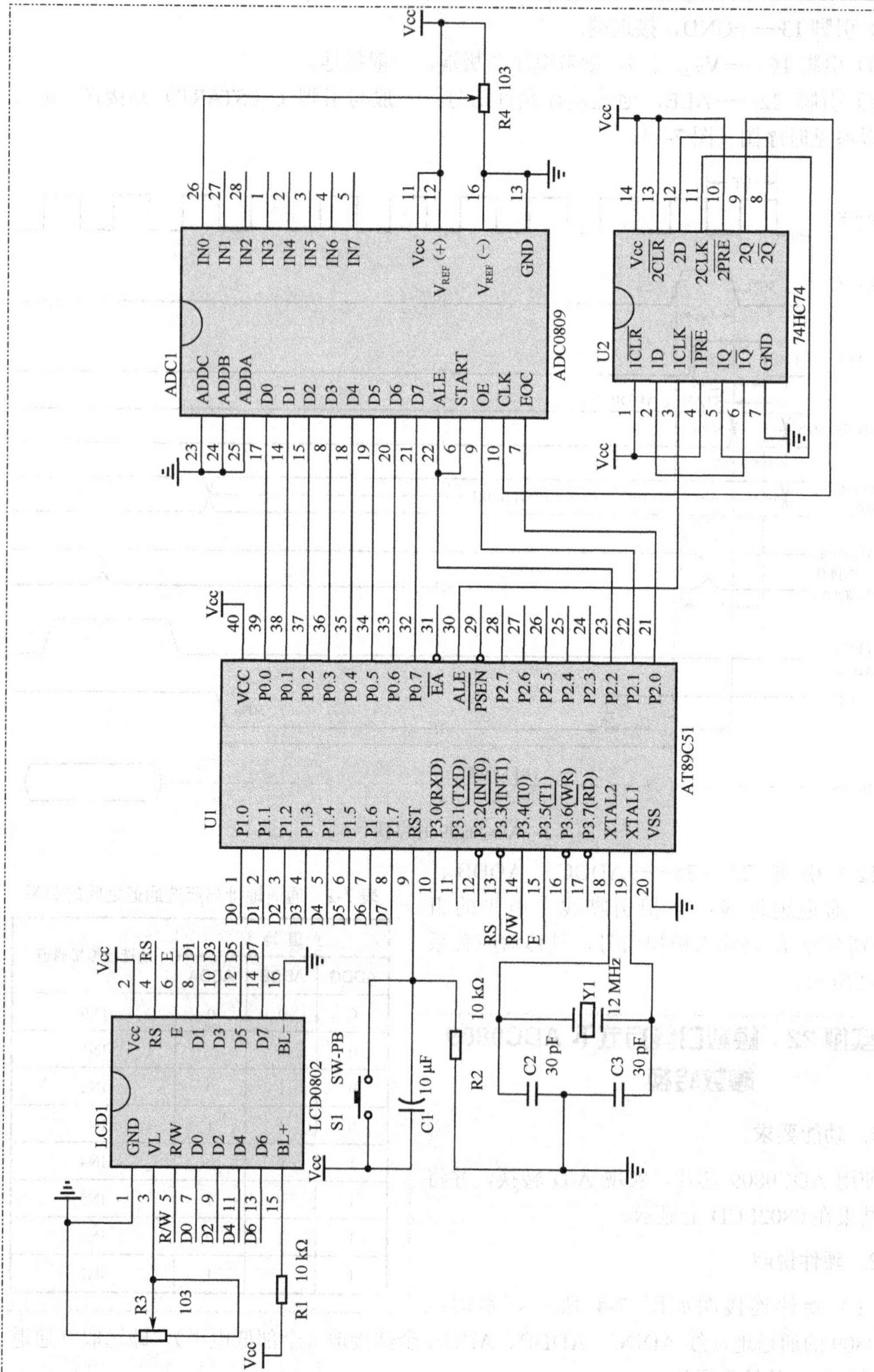

图7-4 ADC0809实例1硬件连接图

（2）调节 ADC0809 的 12 和 16 引脚间的可调电位器 R4（10 kΩ，即 103），使其输出电压在 0～5 V 之间变化，将此电压作为被测模拟信号（实际中可能来自别处），并连接到模拟通道 0。

（3）51 单片机的 30 引脚输出的 2 MHz 脉冲信号，经 74HC74 两次二分频之后，输出 500 kHz 脉冲信号，再输入到 ADC0809 的第 10 引脚 CLK，作为外部时钟脉冲信号。

3. 软件说明

（1）本例依照 ADC0809 时序，如图 7-3 所示，可以看到，START 与 ALE 几乎同步且变化一致，故在硬件中将它们并接，保留名称 START。

（2）本例采用查询方式，在启动 A/D 转换后，查询 EOC 是否为 1（如若是 0，说明转换未完成，则继续等待），当 EOC 为 1 以后，将输出允许信号端 OE 拉高，允许转换结果输出，此时将转换结果从 P0 口读入，之后再将 OE 拉低。

（3）将转换结果送入 0802LCD 显示。

程序清单

```
#include <reg52.h>
#define uchar unsigned char
sbit RS=P3^3;
sbit RW=P3^4;
sbit E=P3^5;
sbit EOC =P2^0;
sbit OE=P2^1;
sbit START =P2^2;
void wrcmd(uchar cmd)
{
    uchar m;
    RW=0;
    RS=0;
    P1=cmd;
    for(m=0;m<=2;m++);
    E=1;
    for(m=0;m<=2;m++);
    E=0;
}
void wrdata(uchar shuju)
{
    uchar m;
    RW=0;
    RS=1;
    P1=shuju;
    for(m=0;m<=2;m++);
    E=1;
    for(m=0;m<=2;m++);
    E=0;
```

```
}
void init0802(void)
{
    RW=0;
    E=0;
    wrcmd(0x38);
    wrcmd(0x0c);
    wrcmd(0x06);
    wrcmd(0x01);
}
void disp0802(uchar x,uchar y,uchar ch)
{
    uchar m;
    wrcmd(0x80+x*0x40+y);
    for(m=0;m<=252;m++);
    wrdata(ch);
}
/**********************************/
main()
{
    uchar ad;
    init0802();
    while(1)
    {
        START=0;START=1;START=0;
        while(EOC==0);
        OE=1;ad=P0;OE=0;
        disp0802(0,0,ad/100+'0');
        disp0802(0,1,ad/10%10+'0');
        disp0802(0,2,ad%10+'0');
    }
}
```

实例 23　总线控制方式下 ADC0809 模数转换

1. 功能要求

使用 ADC0809 芯片，实现 A/D 转换，并将转换结果在 0802 液晶屏上显示。

2. 硬件说明

（1）本例使用总线接法。将 ADC0809 的通道地址线 ADDC、ADDB、ADDA 分别连接到 74HC573 锁存器的输出端 Q2、Q1 和 Q0 端；在 P2 口只使用 P2.7 引脚时（P2.7 为低电平 0），P2 口和 P0 口组合的地址范围是二进制的 0111111111111000 到 0111111111111111，对应的十六进制地址范围是 0x7FF8～0x7FFF，恰好依次对应通道 0～通道 7，共计 8 个模拟通道；74HC573 的锁存使能引脚 LE（引脚 11），连接到 51 单片机的 30 引脚 ALE。

（2）调节接在 ADC0809 的 12 和 16 引脚间的可调电位器 R4（10 kΩ，即 103），使其输出电压在 0～5 V 之间变化，将此电压作为被测模拟信号（实际中可能来自别处），连接到模拟通道 0～7，并通过软件来具体选择使用哪个通道进行 A/D 转换。

（3）ADC0809 第 10 引脚 CLK 是外部时钟脉冲信号，将 51 单片机 30 引脚输出的 2 MHz 脉冲信号（外接晶振 12 MHz），通过 74HC74 经两次二分频之后，输出 500 kHz 脉冲信号；

（4）芯片 74HC02 是 4 组两输入或非门，本例仅使用了 4 组中的 2 组，其余 2 组空闲未用。51 单片机 P2.7 与 P3.6 引脚信号，作为两输入或非门的输入（74HC02 的 A1、B1），输出（74HC02 的 Y1）连接到 ADC0809 的启动转换信号引脚 START（START 与旁边的 ALE 引脚并联）。这样连接的理由是：在 P2.7 恒为低电平的条件下，只要 51 单片机向 ADC0809 发出一次写操作指令（低电平持续时间很短的脉冲信号，且只有一次，不是连续的脉冲信号），无论写入的数据数值是多少，P3.6 发出的低电平脉冲与 P2.7 的恒低电平，经或非运算后，恰好是一个正脉冲信号，与 7-3 图中 ADC0809 时序的 START 信号要求一致。同理，P2.7 与 P3.7 引脚信号，连接到 74HC02 的另一组或非门的两个输入端（74HC02 的 A2、B2），输出（74HC02 的 Y2）连接到 ADC0809 的输出允许信号端 OE。51 单片机从 ADC0809 读取数据时，必定发出一次读操作指令（低电平持续时间很短的脉冲信号，且只有一次，不是连续的脉冲信号），P3.7 发出的低电平脉冲与 P2.7 的恒低电平，经或非运算后，是一个正脉冲信号，此时刚好读取转换结果（参见图 7-3 中 ADC0809 时序的 OE 信号要求）。

（5）本例依旧采用硬件查询方式，来判断一次 A/D 转换是否结束，硬件连接中使用单片机的 P3.2 引脚查询。如果要使用中断方式，则可以将 74HC02 的 A3、B3 短接后，连接至 ADC 的 EOC，而 74HC02 的 Y3 连接到单片机 51 的 P3.2 引脚（低电平有效），作为外部中断源使用。

（6）硬件连接图如图 7-5 所示。

3. 软件说明

（1）本例中宏定义#define IN XBYTE[0x7ff8]是定义 51 单片机的片外并行接口，0x7FF8 是模拟通道 0 的地址，0x7FF9 是模拟通道 1 的地址，…，0x7FFF 是模拟通道 7 的地址。

（2）主函数中“*ad0809=0;”语句是向 ADC0809 写数据 0（写其他数据也可以，只要是写操作就可以），功能是启动转换；“ad=*ad0809;”语句是从 ADC0809 读取转换结果；这几条语句涉及 C 语言的指针概念，以下给出较详细的说明。

（3）主程序最后将转换结果送入 0802LCD 显示。

4. 程序清单

```
#include <reg52.h>
#include <absacc.h>
#define uchar unsigned char
#define IN XBYTE[0x7ff8]
sbit RS=P3^3;
```

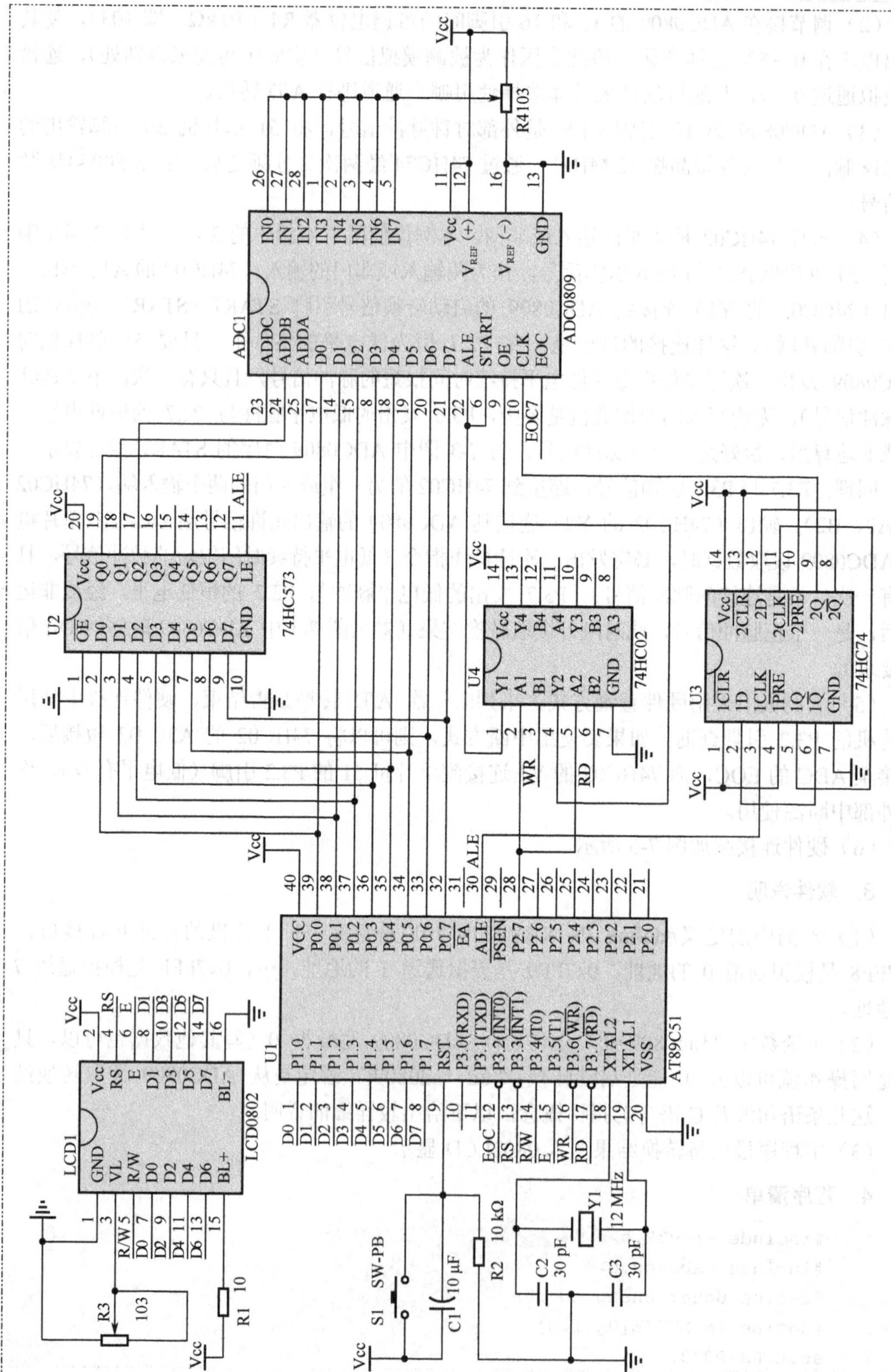

图7-5 ADC0809实例2硬件连接图

C 语言知识 指针

指针是 C 语言中的一个重要概念，也是 C 语言的重要特色之一。使用指针可以使 C 语言程序变得紧凑、高效、简洁。具体编程中，使用指针可以使处理直接深入到内存地址单元这一底层硬件层面；对于数组、字符串等复杂数据结构，指针更有其独特的使用效果。

1）地址

谈及指针就不能不提地址，而且，地址的概念也频繁出现在单片机、DSP、ARM 等类计算机软硬件知识和实际应用中，那么，地址究竟指什么呢？简言之，地址就是计算机存储器单元的编号。计算机的存储器是用来存放计算机程序和数据的电子元器件。为了有效管理存放在存储器内的程序和数据，一般以字节为单位，将存储器空间划分为若干数量的存储单元，并且为每一个存储单元编号，就像给大楼里的每个房间编号一样，每一个存储单元的编号就是该存储单元的地址。一般使用 0 和正整数编号，并且从 0 开始。第一个字节编号为 0，则第一个字节单元的地址就是 0；第二个字节编号为 1，则第二个字节单元的地址就是 1，以此类推，直至将整个存储器空间的每一个字节都编上号。这时，存储器空间的每一个字节都有了自己独一无二的地址，通过这个地址，就可以方便地访问（读或者写操作）这个存储单元了。需要特别说明的是，在实际应用中，地址一般以十六进制数表示，所以我们经常看到的地址都以 0xXXXX 或者 XXXXH 的形式出现（0x 和 H 常用于表示十六进制数）。

2）指针

就本质而言，指针就是地址。以下以变量为对象，具体说明指针的概念。

（1）变量及其地址

对于变量，前已述及，变量有类型之分、有名称之别、其值可以变化。当声明或定义一个变量之后，计算机就为该变量分配一片连续的存储空间（几个字节），用于存放该变量的值，这一片连续存储空间的首地址就是该变量的地址。

例如，语句“int a=32;”声明了一个名字为 a 的整型变量，并赋初值为十进制数 32。此时，计算机就分配 2 个字节的存储空间给变量 a，用于存放变量 a 的值 32。假设这 2 个字节的地址编号是十六进制数 0x1000 和 0x1001，则地址编号 0x1000 就是变量 a 的地址。

（2）指针

通过变量名获取变量值，是变量的基本使用方法，除此方法以外，还可以通过对变量地址的访问，获取变量的值。要访问变量的地址就涉及了指针。

① 指针变量。指针变量是用来存储地址值的变量。对此变量，可从以下几点理解和掌握：首先，指针变量是变量，与一般的变量，如整型变量、字符型变量等都类似，也有类型之分、名称之别、其值可变等特点或属性；其次，指针变量与一般变量又不同，有其特殊的一面，这就是：指针变量的值只能是地址，即它只能存储存储器单元的编号。

② 指针变量的定义。指针变量的定义与一般变量的定义类似，仅在变量名前多了一个星形符号*（即乘号）。指针变量定义的一般形式为：

```
类型名 *指针变量名;
```

例如：“int *pa;”声明了一个名字为 pa，类型是整型的指针变量，但没有赋初值。

③ 指针变量的指向。指针变量的指向是指指针变量存储地址的过程。指针变量存储了谁的地址，我们就称该指针变量指向了谁。

指针变量的指向过程，是通过将地址值赋值给指针变量来实现的。例如：

```
int a=32;
int *pa;
pa=&a;
```

这三条语句中，第一句是整型变量 a 的声明；第二句是整型指针变量 pa 的声明；第三句是指向。“pa=&a;”中的&是获取地址，简称取地址，&a 就是获取变量 a 的地址，而本条语句是一条赋值语句，是将变量 a 的地址赋值给指针变量 pa，此时我们就称指针变量 pa 指向变量 a，言下之意，指针变量 pa 的值是变量 a 的地址。

下面来解释一下指针变量的类型。如上述三条语句的第二句“int *pa;”，其中的类型关键字 int，是该指针变量 pa 的类型，那么，此处的 int 意义是什么呢？其实，指针变量的类型是该指针变量指向对象的类型。还是以上述三条语句为例，由于变量 a 是整型，而 pa 指向了 a，因此指针变量 pa 的类型就是 pa 指向的对象（变量 a）的类型，即整型。因此，指针变量的类型，应和它指向的对象类型匹配一致。

④ 指针变量的引用。指针变量的引用，其实就是使用，称为“引用”的原因是，在获取变量值的过程中，总是间接（而非直接）地引用指针。对比以下左右两个相似的程序段，分析其功能，借此说明指针变量的引用。

```
int a=32,b=5,c;
c=a+b;
```

```
int a=32,b=5,c;
int *pa;
pa=&a;
c=*pa+b;
```

左边的程序段简单明了，就是求解变量 a 和变量 b 的和，并将和赋值给变量 c，变量 c 的值为 37。

右边的程序段中，前面三句功能比较清楚：定义了三个整型变量 a，b，c，变量 a 和 b 有初始值 32 和 5，变量 c 没有赋初值；定义整型指针变量 pa；指针变量 pa 指向变量 a。关键是第四条语句“c=*pa+b;”，这是一条先求和再赋值的赋值语句，求和的一个加数是变量 b，另一个是*pa。此处的*pa 不再是指针变量的定义，而是指针变量的引用，需要特别说明的是：语句“c=*pa+b;”中的星号*，既不是乘号，也不是指针定义中出现的星号，而是指针运算符，即取该指针指向的内容。所以，语句“c=*pa+b;”中的*pa 是获取指针变量 pa 指向的内容，即 pa 指向的对象（变量 a）的值 32，或 pa 指向的内容（变量 a 的地址中的值，即变量 a 的值）。因此，语句“c=*pa+b;”与语句“c=a+b;”完全等效，两个程序段的执行结果相同，变量 c 的值都是 37。

```
sbit RW=P3^4;
sbit E=P3^5;
sbit EOC=P3^2;
//***************************
void wrcmd(uchar cmd)
```

```
{
    uchar m;
    RW=0;
    RS=0;
    P1=cmd;
    for(m=0;m<=2;m++);
    E=1;
    for(m=0;m<=2;m++);
    E=0;
}
void wrdata(uchar shuju)
{
    uchar m;
    RW=0;
    RS=1;
    P1=shuju;
    for(m=0;m<=2;m++);
    E=1;
    for(m=0;m<=2;m++);
    E=0;
}
void init0802(void)
{
    RW=0;
    E=0;
    wrcmd(0x38);
    wrcmd(0x0c);
    wrcmd(0x06);
    wrcmd(0x01);
}
void disp0802(uchar x,uchar y,uchar ch)
{
    uchar m;
    wrcmd(0x80+x*0x40+y);
    for(m=0;m<=252;m++);
    wrdata(ch);
}
/**************************************************/
main()
{
    uchar ad;
    uchar *ad0809;       //定义无符号字符型指针变量ad0809
    init0802();
    ad0809=&IN; //指针变量ad0809指向片外数据存储器区地址为0x7ff8的存储单元
    while(1)
    {
```

```
            *ad0809=0;          //将数据 0 写入存储单元 0x7ff8
            while(EOC==0);
            ad=*ad0809;         //从存储单元 0x7ff8 中读取数据并赋值给变量 ad
            disp0802(0,0,ad/100+'0');
            disp0802(0,1,ad/10%10+'0');
            disp0802(0,2,ad%10+'0');
        }
    }
```

注 1：若使用中断方式时，可将 74HC02 的 A3 和 B3 短接，再连接到 ADC0809 的 EOC 引脚，而 74HC02 的 Y3 引脚连接到 51 单片机的 P3.2INT0 引脚。

程序清单如下：

```
#include <reg52.h>
#include <absacc.h>
#define uchar unsigned char
#define IN XBYTE[0x7ff8]
uchar ad=0,*ad0809=0;
sbit RS=P3^3;
sbit RW=P3^4;
sbit E=P3^5;
sbit EOC=P3^2;
//*************************
void wrcmd(uchar cmd)
{
    uchar m;
    RW=0;
    RS=0;
    P1=cmd;
    for(m=0;m<=2;m++);
    E=1;
    for(m=0;m<=2;m++);
    E=0;
}
void wrdata(uchar shuju)
{
    uchar m;
    RW=0;
    RS=1;
    P1=shuju;
    for(m=0;m<=2;m++);
    E=1;
    for(m=0;m<=2;m++);
    E=0;
}
void init0802(void)
{
```

```
    RW=0;
    E=0;
    wrcmd(0x38);
    wrcmd(0x0c);
    wrcmd(0x06);
    wrcmd(0x01);
}
void disp0802(uchar x,uchar y,uchar ch)
{
    uchar m;
    wrcmd(0x80+x*0x40+y);
    for(m=0;m<=252;m++);
    wrdata(ch);
}
/***********************************************/
main()
{
    IE=0x81;
    TCON=0x01;
    init0802();
    ad0809=&IN;
    *ad0809=0;
    while(1);
}
void adc0809int(void) interrupt 0
{
    ad=*ad0809;
    disp0802(0,0,ad/100+'0');
    disp0802(0,1,ad/10%10+'0');
    disp0802(0,2,ad%10+'0');
    *ad0809=0;
}
```

注 2：若使用模拟通道 1，则可以在主函数语句

```
ad0809=&IN;
while(1)
```

之间添加一条语句“ad809++;”或“ad809=ad0809+1;”即变成：

```
ad0809=&IN;
ad0809=ad0809+1;
while(1)
```

若使用通道 6，则将上面中间一行改为“ad0809=ad0809+6”即变为：

```
ad0809=&IN;
ad0809=ad0809+6;
while(1)
```

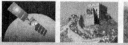

7.3 AD574 的功能与使用

AD574 是一种快速 12 位 A/D 转换芯片，无须其他外接元件就可独立完成 A/D 转换，转换时间为 10～35 μs，可以一次性并行输出 12 位转换结果，也可以将 12 位转换结果分成 8 位和 4 位，分两次输出。图 7-6 是 AD574 的实物图。

图 7-6 AD574 的实物图

7.3.1 AD574 的引脚功能

图 7-7 是其 PDIP28 脚封装内部结构及引脚图。表 7-3 列出了各引脚定义。

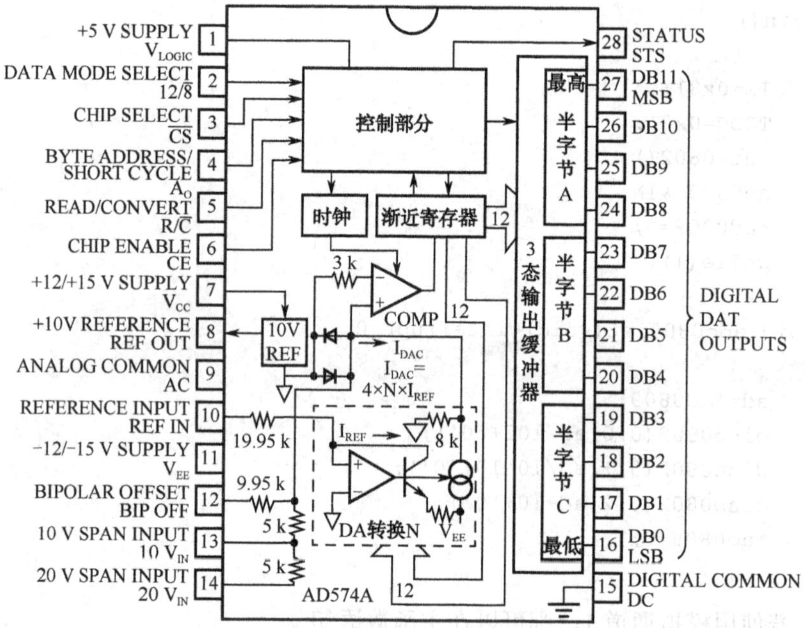

图 7-7 PDIP28 脚封装内部结构及引脚图

表 7-3 AD574 引脚定义

引脚序号	引脚名称	功 能 描 述	引脚序号	引脚名称	功 能 描 述
1	V_L	电源端（+5V）	5	$R/\overline{C}$	读或者启动转换信号
2	$12/\overline{8}$	数据格式控制信号	6	CE	芯片允许工作信号
3	$\overline{CS}$	片选信号	7	Vcc	+12 V 或+15 V 电源端
4	A0	字节地址控制信号	8	REF OUT	10 V 参考电压输出端

续表

引脚序号	引脚名称	功能描述	引脚序号	引脚名称	功能描述
9	AC	模拟地	19	DB3	输出数据第 3 位
10	REF IN	参考电压输入	20	DB4	输出数据第 4 位
11	V_{EE}	−12 V 或−15 V 电源端	21	DB5	输出数据第 5 位
12	BIP OFF	偏置电压输入	22	DB6	输出数据第 6 位
13	$10V_{IN}$	0～10 V 或±5 V 模拟电压输入	23	DB7	输出数据第 7 位
14	$20V_{IN}$	0～20 V 或±10 V 模拟电压输入	24	DB8	输出数据第 8 位
15	DC	数字地	25	DB9	输出数据第 9 位
16	DB0	输出数据第 0 位（最低位）	26	DB10	输出数据第 10 位
17	DB1	输出数据第 1 位	27	DB11	输出数据第 11 位（最高位）
18	DB2	输出数据第 2 位	28	STS	工作状态位

AD574 引脚简介如下。

（1）引脚 1——V_L，电源端；电源端 V_L 接+5 V。

（2）引脚 2——$12/\overline{8}$，数据格式控制信号；AD574 是 12 位分辨率 A/D 转换芯片，若要 12 位转换结果一次性并行输出（总线 12 位时方便），$12/\overline{8}$ 引脚必须接+5 V 高电平；若 12 位数据分两次输出，先输出高 8 位，再输出低 4 位，这时，$12/\overline{8}$ 引脚接地。51 单片机是 8 位机，所以 $12/\overline{8}$ 引脚接地，将转换结果分两次输出为宜。

（3）引脚 3——$\overline{CS}$，片选信号，低电平有效。

（4）引脚 4——A0，字节地址控制信号；①在启动转换时，若 A0 为 0 则作 12 位转换；若 A0 为 1 则作 8 位转换。一般作 0，即作 12 位转换；②在转换结果输出时，若 A0 为 0 则输出 12 位转换结果的高 8 位；若 A0 为 1 则输出 12 位转换结果中的低 4 位，

（5）引脚 5——$R/\overline{C}$，读或启动转换信号；若 $R/\overline{C}$ 为 0 则启动转换，若 $R/\overline{C}$ 为 1 则读转换结果信号。

（6）引脚 6——CE，芯片允许工作信号；当片选 $\overline{CS}$=0 和 CE=1 同时满足时，AD574 才能处于工作状态。

（7）引脚 7——V_{CC}，+12V 或+15 V 电源端。

（8）引脚 8——REF OUT，10V 参考电压输出端；内部参考电源输出+10 V 电压。

（9）引脚 9，15——AC，DC，模拟地和数字地；一般并联即可。

（10）引脚 10——REF IN，参考电压输入。

（11）引脚 11——V_{EE}，−12V 或−15 V 电源端。

（12）引脚 12——BIP OFF，偏置电压输入；用做零点校正。

（13）引脚 13——$10V_{IN}$，0～10 V 或±5 V 模拟电压输入；单极性转换时，0～10 V 范围内的模拟信号输入电压由该引脚输入；双极性转换时，−5～+5 V 范围内的模拟信号输入电压由该引脚输入。

（14）引脚 14——$20V_{IN}$，0～20 V 或±10 V 模拟电压输入；单极性转换时，0～20 V 范围内的模拟信号输入电压由该引脚输入；双极性转换时，−10～+10 V 范围内的模拟信号输入电压由该引脚输入。

（15）引脚16～27——DB0～DB11，输出数据引脚；12位分辨率并口，对应12位输出数据引脚，其中最高位是27引脚DB11，最低位是16引脚DB0。

（16）引脚28——STS，工作状态位。如果STS为高电平1，则说明A/D转换正在进行；如果STS为低电平0，则说明A/D转换结束，可以开始读取转换结果。该位可用做查询或中断方式，以获取AD574的当前转换状态。

7.3.2 AD574控制逻辑及特点

1. AD574控制逻辑

AD574的控制信号主要有CE，$\overline{CS}$，R/$\overline{C}$，12/$\overline{8}$和A0。在CE=1和$\overline{CS}$=0同时成立时，AD574才能工作；A0=0和R/C=0时启动12位转换；12/$\overline{8}$接地用于12位输出数据分两次输出；在读转换结果信号有效（R/$\overline{C}$=1）的前提下，A0=0输出12位输出数据的高8位，A0=1输出12位输出数据的低4位。这五种信号组合后，功能如表7-4所示。

表7-4 AD574控制信号组合功能表

CE	$\overline{CS}$	R/$\overline{C}$	12/$\overline{8}$	A0	功能说明
1	0	0	X	0	启动12位转换
1	0	0	X	1	启动8位转换
1	0	1	接+5 V	X	一次性12位输出
1	0	1	接地	0	12位数据中高8位输出
1	0	1	接地	1	12位数据中低4位输出

2. 使用特点

（1）AD574是12位A/D转换芯片，转换结果最小是0，最大是$2^{12}-1=4095$，共4096个数值。考虑到AD574有单极性和双极性转换之分，输入模拟信号的范围有所不同，理论上的转换结果也不尽相同，具体结果对照及细节如表7-5所示。

表7-5 AD574的单极性、双极性输入信号及转换结果对照

从$10V_{IN}$（13引脚）输入				从$20V_{IN}$（14引脚）输入			
单极性		双极性		单极性		双极性	
输入模拟量范围：0～10 V		输入模拟量范围：-5～+5 V		输入模拟量范围：0～20 V		输入模拟量范围：-10～+10 V	
输入模拟值（V）	转换结果（十进制）	输入模拟值（V）	转换结果（十进制）	输入模拟值（V）	转换结果（十进制）	输入模拟值（V）	转换结果（十进制）
0	0	-5	0	0	0	-10	0
2.5	1024	-2.5	1024	5	1024	-5	1024
5	2048	0	2048	10	2048	0	2048
7.5	3072	2.5	3072	15	3072	5	3072
10	4095	5	4095	20	4095	10	4095

（2）AD574 实施单极性和双极性转换的硬件电路略有差别，差别主要集中在 8 引脚 REF OUT、10 引脚 REF IN 和 12 引脚 BIP OFF 这三只引脚上，其他引脚的接线方式无单极性和双极性之分。图 7-8（a）是单极性硬件接线图，图 7-8（b）是双极性硬件接线图。

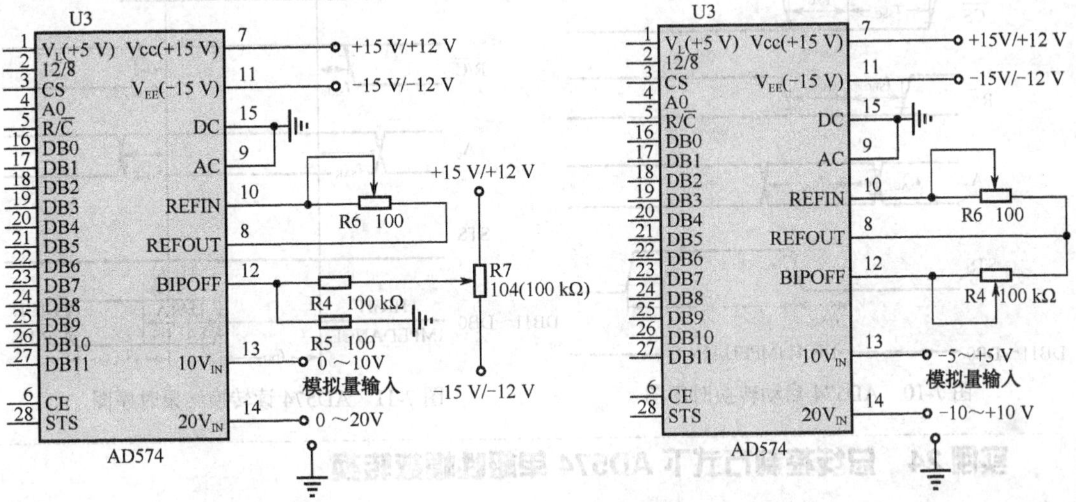

（a）单极性硬件接线图　　　　（b）双极性硬件接线图

图 7-8　ADS74 硬件接线图

（3）由于 51 单片机是 8 位机，其数据总线接口自然是 8 位口，因此每次转换后的 12 位并行输出数据，只能分割为 8 位和 4 位数据，通过两次输出来完成。所以要先将 51 单片机 P0 口 8 根线与 AD574 的高 8 位数据线（DB11～DB4，DB11 接 P0.7，以此类推）连接，再把 AD574 的 DB3～DB0 共计四根输出数据线，分别依次并联接到 P0.7～P0.4 四根引脚上。具体硬件连线如图 7-12、图 7-13 所示。其输出数据格式如图 7-9 所示。

	D7	D6	D5	D4	D3	D2	D1	D0
A0=0，R/C̄ =1：高 8 位	DB11	DB10	DB9	DB8	DB7	DB6	DB5	DB4
A0=1，R/C̄ =1：低 4 位	DB3	DB2	DB1	DB0	0	0	0	0

图 7-9　AD574 输出数据格式

（4）AD574 在具体使用时，可以使用总线方式，也可以使用模拟口线方式。总线方式下，除使用 74HC573 锁存器外，还使用了芯片 74LS00 中的一组与非门，用于将 51 单片机的 P3.7 引脚 $\overline{RD}$ 与 P3.6 引脚 $\overline{WR}$ 信号进行与非逻辑运算后，输入芯片允许工作信号 CE 端，即无论读还是写都能保证 CE=1。相反，在模拟口线方式下，只要严格按照启动转换和读取转换结果的时序，就能正确使用 AD574。无论哪种方式，都可以通过查询 STS 引脚的状态来确定转换是否结束。当然，也可以将 STS 的状态取反后，作为外部中断的中断源，通过外部中断来检测转换是否结束。AD574 的启动转换时序和读取转换结果时序分别如图 7-10 和图 7-11 所示。

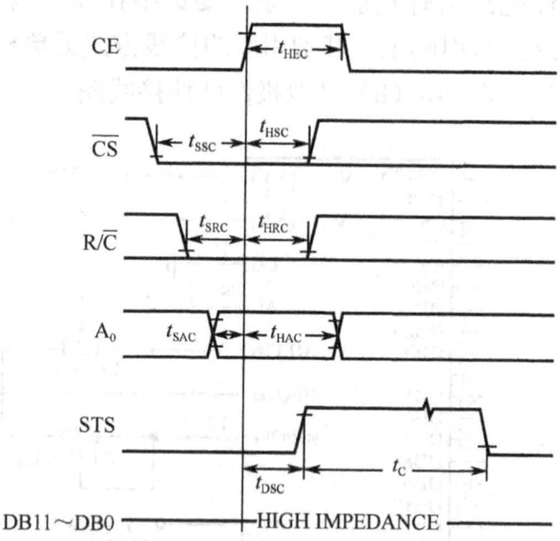

图 7-10 AD574 启动转换时序图

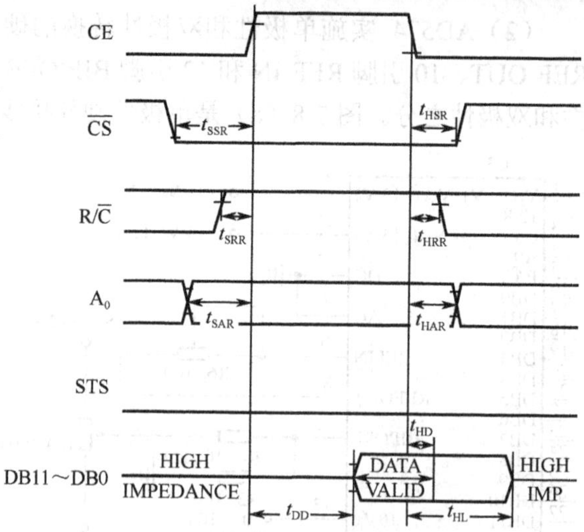

图 7-11 AD574 读转换结果时序图

实例 24 总线控制方式下 AD574 单极性模数转换

1. 功能要求

应用 AD574 实现 A/D 转换，要求运用总线方式，单极性转换。

2. 硬件说明

如图 7-12 所示，AD574 的控制信号 $\overline{CS}$、A0 和 R/$\overline{C}$，分别连接到 74HC573 的 Q7、Q1 和 Q0 上，则启动 12 位转换（$\overline{CS}$=0，A0=0，R/$\overline{C}$=0）的地址为 11111111,01111100B=0xFF7C；读取转换结果高 8 位（$\overline{CS}$=0，A0=0，R/$\overline{C}$=1）的地址为 11111111,01111101B=0xFF7D；读取转换结果低 4 位（$\overline{CS}$=0，A0=1，R/$\overline{C}$=1）的地址为 11111111,01111111B=0xFF7F。STS 连接到 P3.5，用于查询 AD574 的转换是否结束。注意，此处后缀 B 用于表示二进制数。

3. 软件说明

向 AD574 的启动地址 0xFF7C 发送一次写操作，就可启动 12 位 A/D 转换；在查询到 STS 状态为 0（转换结束）后，向 AD574 的高 8 位转换结果地址 0xFF7D 和低 4 位转换结果地址 0xFF7F 分别发读操作命令，就可得到转换结果的高 8 位（格式：XXXXXXXX）和低 4 位（格式 XXXX0000，X 为有效数据）转换结果（参见图 7-9），将高 8 位左移 4 位后，与低 4 位右移 4 位后相或，即得到 12 位转换结果。最后将结果送入 0802LCD 显示。本程序同样适用于双极性转换，硬件电路的局部改变请参考图 7-8（b）。

4. 程序清单

```
#include <reg52.h>
#include <absacc.h>
#define uchar unsigned char
#define uint unsigned int
#define AD574START XBYTE[0xFF7C]
#define AD574RDLOW XBYTE[0xFF7F]
```

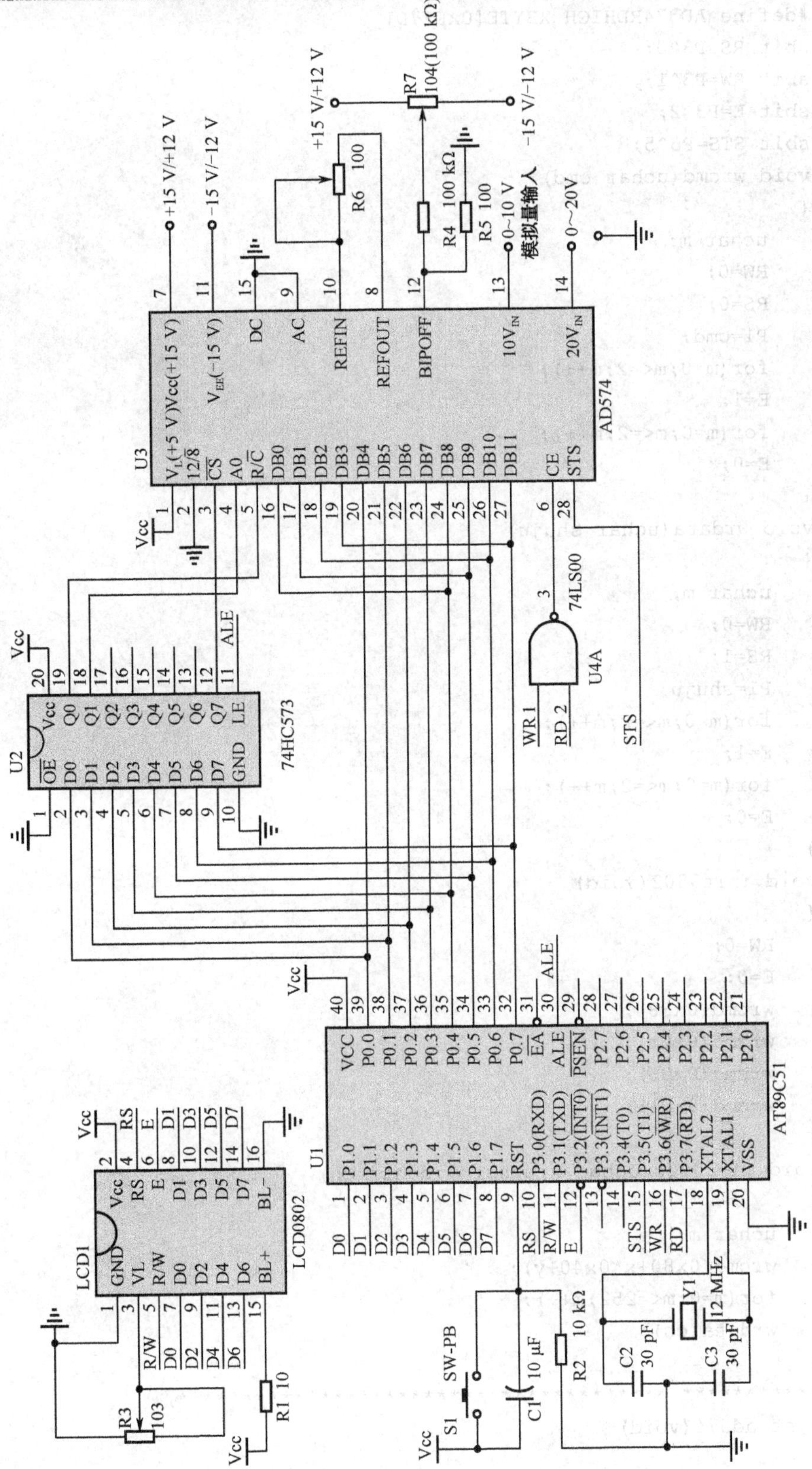

图7-12 AD574总线方式、单极性转换硬件电路图

```
#define AD574RDHIGH XBYTE[0xFF7D]
sbit RS=P3^0;
sbit RW=P3^1;
sbit E=P3^2;
sbit STS=P3^5;
void wrcmd(uchar cmd)
{
    uchar m;
    RW=0;
    RS=0;
    P1=cmd;
    for(m=0;m<=2;m++);
    E=1;
    for(m=0;m<=2;m++);
    E=0;
}
void wrdata(uchar shuju)
{
    uchar m;
    RW=0;
    RS=1;
    P1=shuju;
    for(m=0;m<=2;m++);
    E=1;
    for(m=0;m<=2;m++);
    E=0;
}
void init0802(void)
{
    RW=0;
    E=0;
    wrcmd(0x38);
    wrcmd(0x0c);
    wrcmd(0x06);
    wrcmd(0x01);
}
void disp0802(uchar x,uchar y,uchar ch)
{
    uchar m;
    wrcmd(0x80+x*0x40+y);
    for(m=0;m<=252;m++);
    wrdata(ch);
}
/**************************************************/
uint ad574(void)
{
```

```
    uint d12;
    AD574START=0;
    while(STS==1);
    d12=(uint)(AD574RDHIGH<<4)|(AD574RDLOW>>4);
    return(d12);
}
main()
{
    uint s,ad, i;
    init0802();
    while(1)
    {
        s=0;
        for(i=0;i<=14;i++)
        s=s+ad574();
        ad=s/15;
        disp0802(0,0,ad/1000+'0');
        disp0802(0,1,ad/100%10+'0');
        disp0802(0,2,ad/10%10+'0');
        disp0802(0,3,ad%10+'0');
        for(i=0;i<=50000;i++);
    }
}
```

实例 25　模拟口线方式下 AD574 单极性模数转换

1. 功能要求

应用 AD574 实现 A/D 转换，要求运用模拟口线方式，单极性转换。

2. 硬件说明

如图 7-12 所示，因采用模拟口线方式，所以占用 51 单片机的 I/O 口引脚较多。

3. 软件说明

参见图 7-10 和图 7-11 的具体时序，不难理解核心程序段代码。本例依旧采用查询 STS 引脚，判断转换是否结束。本程序同样适用于双极性转换，硬件电路的局部改变请参考图 7-8（b）。

4. 程序清单

```
#include <reg52.h>
#include <intrins.h>
#define uchar unsigned char
#define uint unsigned int
sbit RS=P2^0;
sbit RW=P2^1;
sbit E=P2^2;
sbit CS=P2^3;
```

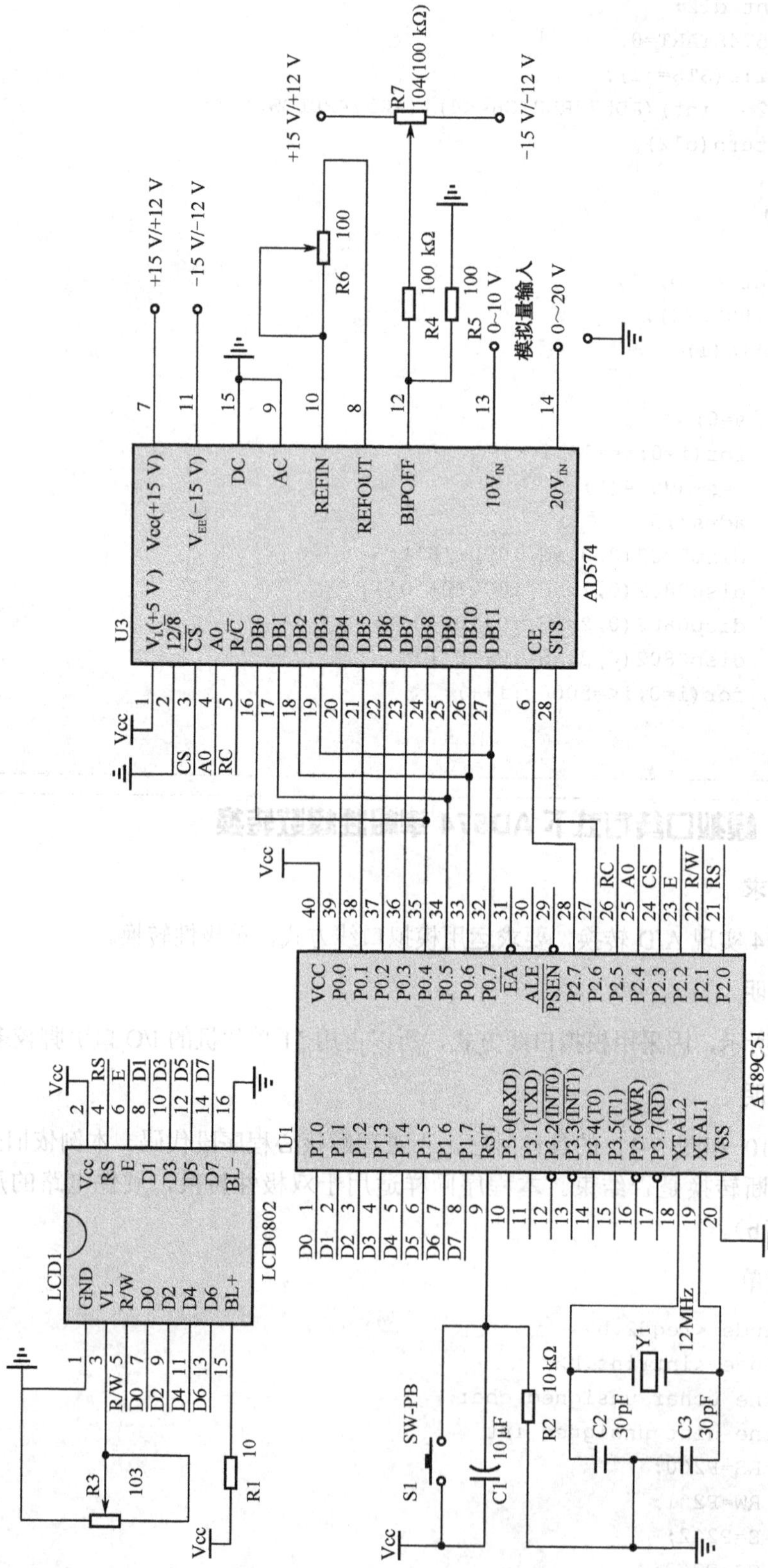

图7-13 AD574时序方式、单极性转换硬件电路图

```
sbit A0=P2^4;
sbit RC=P2^5;
sbit STS=P2^6;
sbit CE=P2^7;
void wrcmd(uchar cmd)
{
    uchar m;
    RW=0;
    RS=0;
    P1=cmd;
    for(m=0;m<=2;m++);
    E=1;
    for(m=0;m<=2;m++);
    E=0;
}
void wrdata(uchar shuju)
{
    uchar m;
    RW=0;
    RS=1;
    P1=shuju;
    for(m=0;m<=2;m++);
    E=1;
    for(m=0;m<=2;m++);
    E=0;
}
void init0802(void)
{
    RW=0;
    E=0;
    wrcmd(0x38);
    wrcmd(0x0c);
    wrcmd(0x06);
    wrcmd(0x01);
}
void disp0802(uchar x,uchar y,uchar ch)
{
    uchar m;
    wrcmd(0x80+x*0x40+y);
    for(m=0;m<=252;m++);
    wrdata(ch);
}
//************************************
uint ad574(void)
{
    uchar d8,d4;
```

```
        CS=0;_nop_();
        RC=0;_nop_();
        A0=0;_nop_();
        CE=1;_nop_();
        while(STS==1);
        CS=0;_nop_();
        A0=0;_nop_();
        RC=1;_nop_();
        CE=1;_nop_();
        d8=P0;
        CS=0;_nop_();
        A0=1;_nop_();
        RC=1;_nop_();
        CE=1;_nop_();
        d4=P0;
        return((d8<<4)|(d4>>4));
    }
    main()
    {
        uint s,ad, i;
        init0802();
        while(1)
        {
            s=0;
            for(i=0;i<=14;i++)
                s=s+ad574();
            ad=s/15;
            disp0802(0,0,ad/1000+'0');
            disp0802(0,1,ad/100%10+'0');
            disp0802(0,2,ad/10%10+'0');
            disp0802(0,3,ad%10+'0');
            for(i=0;i<=50000;i++);
        }
    }
```

7.4 ADC0832 的功能特点与使用

ADC0832 是一款低功耗、串行 8 位 A/D 转换芯片，转换时间 32 μs，+5 V 单电源供电，模拟输入通道有两个，可用软件选择并配置工作在单极性或双极性方式下。其 PDIP8 实物如图 7-14 所示。

7.4.1 ADC0832 的引脚功能

图 7-15 是其 PDIP8 封装引脚图。表 7-6 列出了各引脚定义。

图 7-14　ADC0832 实物图

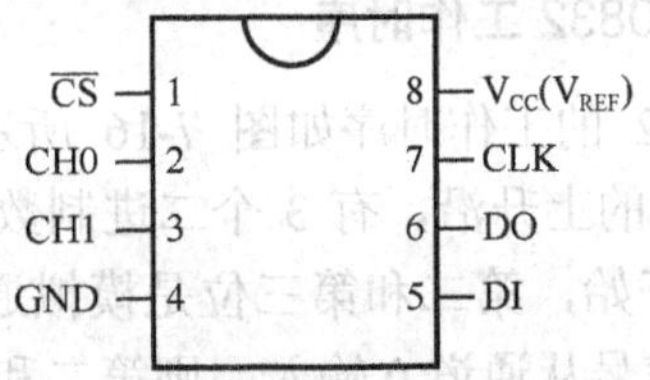

图 7-15　ADC0832PDIP8 封装引脚图

表 7-6　ADC0832 引脚定义

引脚序号	引脚名称	功 能 描 述	引脚序号	引脚名称	功 能 描 述
1	$\overline{CS}$	片选信号	5	DI	控制指令输入引脚
2	CH0	模拟通道 0	6	DO	转换结果输出引脚
3	CH1	模拟通道 1	7	CLK	时钟信号输入引脚
4	GND	接地端	8	$V_{CC}(V_{REF})$	电源端，内部连接电压参考

ADC0832 引脚简介如下。

（1）引脚 1——$\overline{CS}$，片选；片选信号 $\overline{CS}$，低电平有效。

（2）引脚 2——CH0，模拟通道 0。

（3）引脚 3——CH1，模拟通道 1。

（4）引脚 4——GND，接地端。

（5）引脚 5——DI，控制指令输入引脚。

（6）引脚 6——DO，转换结果输出引脚。

（7）引脚 7——CLK，时钟信号输入引脚。

（8）引脚 8——V_{CC}（V_{REF}），电源端，内部连接参考电压，接+5 V。

7.4.2　ADC0832 的特点

1. 模拟通道及极性的选择

ADC0832 的两个模拟通道 CH0、CH1，可通过软件选择并设置为单极性或双极性。具体如表 7-7 所示。

表 7-7　模拟通道及极性的选择

多 路 地 址		通　道		功 能 说 明
SGL/DIF	ODD/SIGN	0	1	
0	0	+	−	双极性，通道 0 为+，通道 1 为−
0	1	−	+	双极性，通道 0 为−，通道 1 为+
1	0	+		单极性，使用通道 0
1	1		+	单极性，使用通道 1

2. ADC0832 工作时序

ADC0832 的工作时序如图 7-16 所示，由图可见，在片选$\overline{CS}$有效（低电平）之下，前 3 个时钟脉冲的上升沿，有 3 个二进制数据从 DI 引脚发送给 ADC0832，其中第一位是 1，表示转换的开始，第二和第三位是模拟通道及极性选择位，如表 7-7 所示。如果选择单极性，且模拟信号从通道 0 输入，则第二和第三位就是 1 和 0；在前 3 个时钟期间，数据输出引脚 DO 处于高阻；从第 4 个时钟周期开始到第 12 个时钟周期，共 8 个时钟周期，每一个时钟周期的下降沿输出一位转换结果，且高位在前，低位在后。在此 8 个时钟周期期间，DI 引脚上的数据被 ADC0832 忽略，直至下一次转换开始。

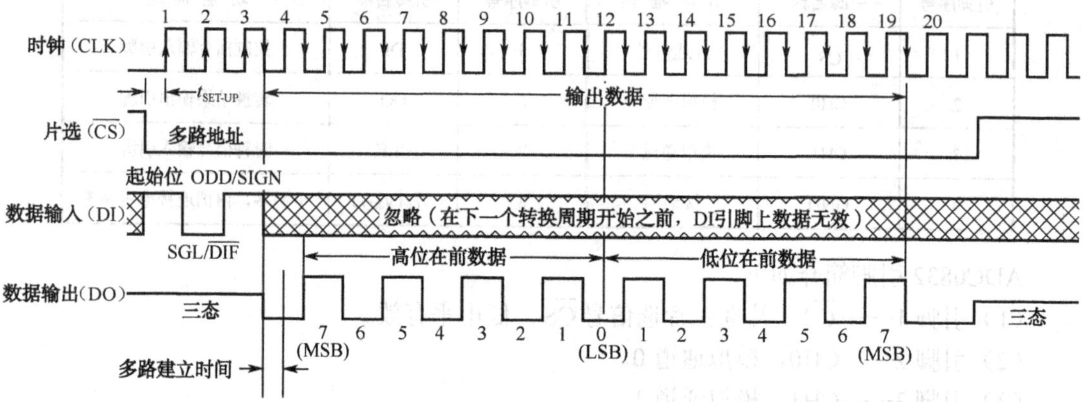

图 7-16　ADC0832 工作时序

实例 26　用 ADC0832 实现 A/D 转换

1. 功能要求

运用 ADC0832 实现 A/D 转换，要求单极性，模拟信号从通道 0（CH0）输入，转换结果在 0802LCD 上显示。

2. 硬件说明

如图 7-17 所示，在 ADC0832 引脚 2（CH0）上接可调电位器 R4（10 kΩ，即 103），调节 R4，使其输出电压在 0～5 V 之间连续可调，将此电压作为被测模拟信号（实际中可能来自别处）。

3. 软件说明

（1）从 DI 引脚输入前三个二进制控制指令数据以后，在时钟脉冲的高电平期间，ADC0832 读取 DI 上的电平。

（2）在三位控制指令发送结束后，先将输出引脚 DO 拉高为 1，这是由 51 单片机 I/O 口在输入前先置 1 的要求决定的。

（3）通过 8 次循环，在时钟脉冲的低电平期间，将 DO 引脚上的电平一一读入单片机，并利用左移指令（高位在前）得到转换结果。

（4）最后将结果送 0802LCD 显示。

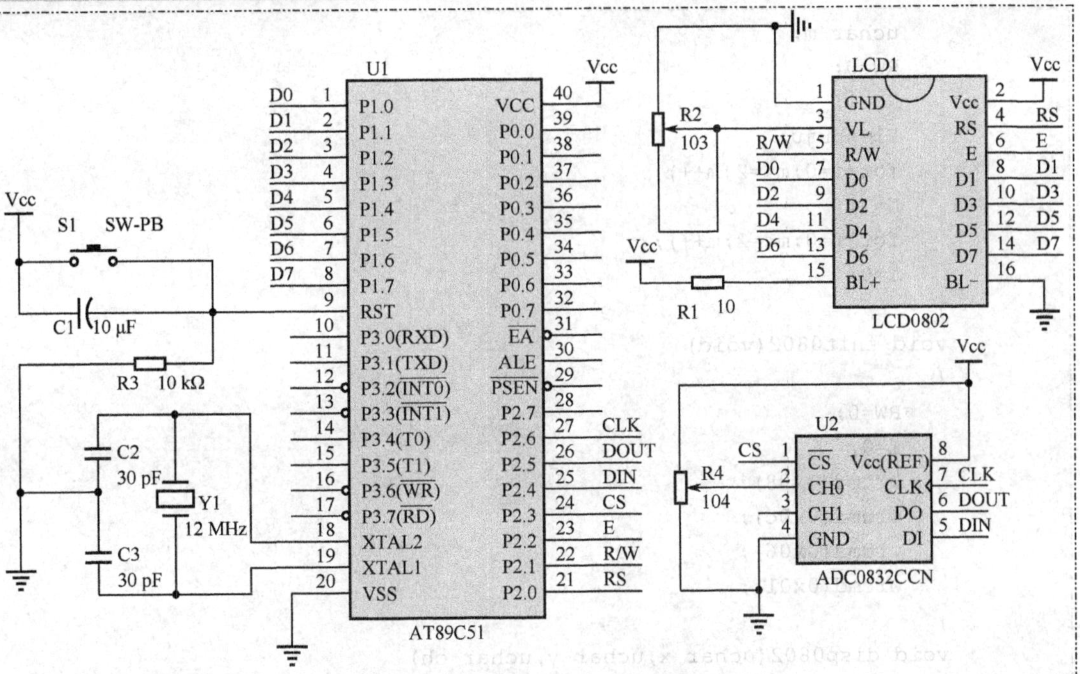

图 7-17 ADC0832 通道 0 模拟信号转换

4. 程序清单

```
#include <reg52.h>
#include <intrins.h>
#define uchar unsigned char
sbit RS=P2^0;
sbit RW=P2^1;
sbit E=P2^2;
sbit CS=P2^3;
sbit DIN=P2^4;
sbit DOUT=P2^5;
sbit CLK=P2^6;
//*****************************
void wrcmd(uchar cmd)
{
    uchar m;
    RW=0;
    RS=0;
    P1=cmd;
    for(m=0;m<=2;m++);
    E=1;
    for(m=0;m<=2;m++);
    E=0;
}
void wrdata(uchar shuju)
{
```

```
        uchar m;
        RW=0;
        RS=1;
        P1=shuju;
        for(m=0;m<=2;m++);
        E=1;
        for(m=0;m<=2;m++);
        E=0;
    }
    void init0802(void)
    {
        RW=0;
        E=0;
        wrcmd(0x38);
        wrcmd(0x0c);
        wrcmd(0x06);
        wrcmd(0x01);
    }
    void disp0802(uchar x,uchar y,uchar ch)
    {
        uchar m;
        wrcmd(0x80+x*0x40+y);
        for(m=0;m<=252;m++);
        wrdata(ch);
    }
    //******************************
    uchar  ADC0832(void)
    {
        uchar i,t=0;
        CS=0;
        DIN=1;
        CLK=1;
        CLK=0;
        DIN=1;
        CLK=1;
        CLK=0;
        DIN=0;
        CLK=1;
        CLK=0;
        DOUT=1;
        for(i=0;i<=7;i++)
            {
                CLK=1;
                CLK=0;
                t=t|DOUT;
                t=t<<1;
```

```
        }
        CS=1;
        return(t);
    }
    //****************************
    main()
    {
        uchar v;
        init0802();
        while(1)
        {
            v=ADC0832();
            disp0802(0,0,v/100+'0');
            disp0802(0,1,v/10%10+'0');
            disp0802(0,2,v%10+'0');
        }
    }
```

7.5 TLC2543 的功能特点与使用

TLC2543 是一款串行 12 位 A/D 转换芯片，转换时间是 10 μs，有 11 个可编程选择的模拟通道，另有 3 个供自行测试用的内建模拟量输入通道。图 7-18 是 TLC2543 的 20 脚 PDIP 封装实物图。

7.5.1 TLC2543 的引脚功能

图 7-19 是其 PDIP 引脚图，表 7-8 列出了引脚的定义及功能。

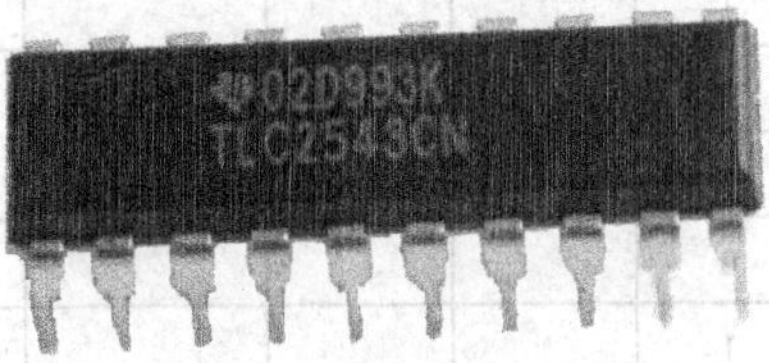

图 7-18 TLC2543 实物图

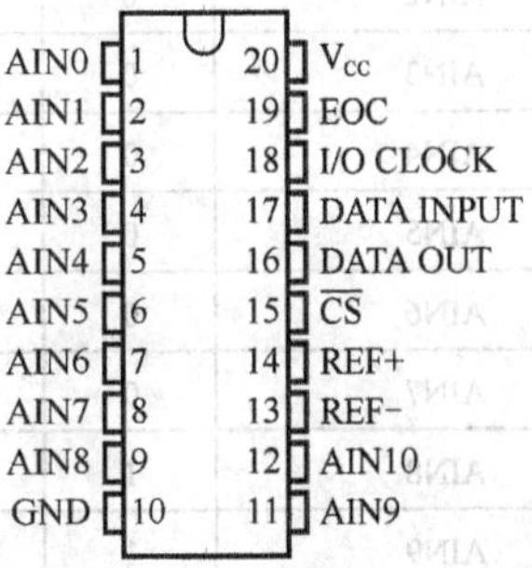

图 7-19 TLC2543 PDIP 封装引脚图

表 7-8 TLC2543 引脚定义及功能

引脚序号	引脚名称	功能描述
1～9	AIN0～AIN8	模拟量输入通道 0～8
10	GND	接地端
11，12	AIN9，AIN10	模拟量输入通道 9 和 10

续表

引脚序号	引脚名称	功能描述
13	REF−	参考电压负极，一般直接接地
14	REF+	参考电压正极，一般接电源正极。REF+与 REF−的差值决定输入模拟量范围
15	$\overline{CS}$	片选信号，低电平有效
16	DATA OUT	串行数据输出端口（A/D 转换结果输出端口）
17	DATA INPUT	串行数据输入端口（通道、模式等配置信息输入端口）
18	I/O CLOCK	时钟信号输入端口
19	EOC	转换结束信号。转换期间 EOC 一直是低电平；EOC 由低变高，表明转换结束
20	Vcc	电源正极端，接+5 V

7.5.2 TLC2543 的特点

1. TLC2543 的模拟通道选择及相关数据结构的配置

表 7-9 列出了 TLC2543 模拟通道的选择及相关数据结构的配置。

表 7-9 TLC2543 模拟通道的选择及相关数据结构的配置

功能选择	一个字节的输入数据							
	地址位				L1	L0	LSBF	BIP
	D7	D6	D5	D4	D3	D2	D1	D0
输入模拟通道选择								
AIN0	0	0	0	0				
AIN1	0	0	0	1				
AIN2	0	0	1	0				
AIN3	0	0	1	1				
AIN4	0	1	0	0				
AIN5	0	1	0	1				
AIN6	0	1	1	0				
AIN7	0	1	1	1				
AIN8	1	0	0	0				
AIN9	1	0	0	1				
AIN10	1	0	1	0				
测试电压选择								
（V_{REF+}−V_{REF-}）/2	1	0	1	1				
V_{REF-}	1	1	0	0				
V_{REF+}	1	1	0	1				
软件电源掉电	1	1	1	0				

续表

功能选择	一个字节的输入数据							
	地址位				L1	L0	LSBF	BIP
	D7	D6	D5	D4	D3	D2	D1	D0
输出数据长度								
8 位					0	1		
12 位					X	0		
16 位					1	1		
输出数据格式								
高位在前							0	
低位在前							1	
单极性（二进制）								0
双极性（二进制补码）								1

从表 7-9 所列内容可以看到：

（1）输入数据 D7～D4 位，用于选择模拟量输入通道。例如，选择通道 0，则这四位二进制数据就是 0000；若选择使用参考电压的正极电压去测试，则这四位二进制数据就是 1101。

（2）输入数据 D3 和 D2 位，用于配置输出数据的长度。TLC2543 进行 A/D 转换输出的数字量可以配置为 8 位、12 位或者 16 位。D3 和 D2 组合为 01 是 8 位长度，D3 和 D2 组合为 X0 是 12 位长度（X 取 0 或者 1 均可），D3 和 D2 组合为 11 是 16 位长度。8 位数据长度很少使用，故不再讨论；12 位数据长度使用最普遍，是常规选择，这与 TLC2543 的转换分辨率是 12 位恰好一致；16 位数据长度，当输出数据高位（MSB）在前时，16 位输出数据的最后四位数据将全部是 0，只有前 12 位有效。

（3）输入数据 D1 位，用于配置输出数据流中数据的次序。D1=0，最高位（MSB）在前；D1=1，最低位（LSB）在前。

（4）输入数据 D0 位，用于选择输出数据是无符号二进制数还是有符号二进制数。D0=0，无符号二进制数（常规选择）；D0=1，有符号二进制数。假设在参考电压负极 REF−接地，参考电压正极 REF+接+5 V 的参考电压下，无符号数输出时，输入 0 V 电压的理论输出值是 0，输入 5 V 电压的理论输出值是 4095，输入 2.5 V 电压的理论输出值是 2048；有符号时，输入 0 V 电压的理论输出值是−2048（二进制 1000 0000 0000，注意是补码，最高位的 1 是符号位，表示负数），输入 5 V 电压的理论输出值是 2047（二进制 0111 1111 1111，注意是补码，最高位的 0 是符号位，表示正数），输入 2.5 V 电压的理论输出值是 0（二进制 00000000）。一般选择 D0=0，即无符号数输出。

综上所述，若选择模拟通道 0，12 位数据长度，最高位在前，无符号数输出，则此 8 位二进制数为 00000000（0x00）或 00001000（0x08），其他类似。

2. TLC2543 操作时序

TLC2543 的操作时序，依据数据长度（8 位、12 位或 16 位），对应有三种情形，使用最广泛的依旧是 12 位数据长度。对于 12 位数据长度而言，又有是否使用片选信号 $\overline{CS}$ 之分，一般不使用$\overline{CS}$片选。图 7-20 是未使用片选$\overline{CS}$的 12 位数据长度、最高位在前的时序图（注意：$\overline{CS}$一直为低电平）。

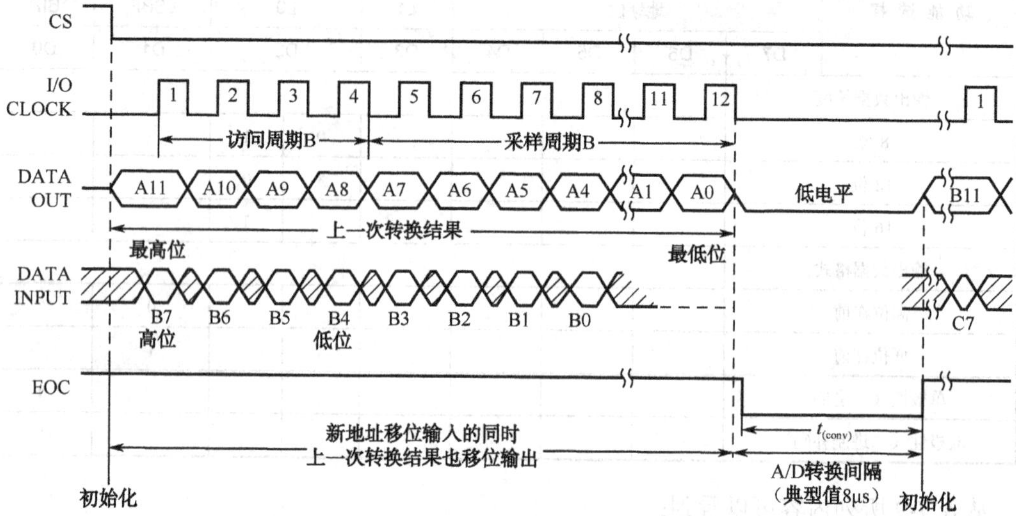

图 7-20　未使用片选$\overline{CS}$的 12 位数据长度、最高位在前时序图

由此时序图可知：由于未使用片选信号$\overline{CS}$，因此$\overline{CS}$一直保持为低电平；在 12 位数据长度时，串行时钟信号恰好是 12 个。在每一个转换周期的前 8 个时钟周期的上升沿，用于选择模拟通道和参数配置的 8 位二进制数据，通过 DATA INPUT 引脚依次被送入 TLC2543。后 4 个时钟周期，DATA INPUT 引脚上的信号被忽略；在从 DATA INPUT 引脚输入数据的同时，在 12 个时钟脉冲的每一个下降沿，A/D 转换结果（最高位在前，但它是上一次采样模拟量的转换结果，这一点很重要）的 12 位串行数据，通过 DATA OUT 引脚依次从 TLC2543 中输出；在 12 个时钟周期结束后，EOC 从高电平变为低电平，此时才开始本次采样数据的 A/D 转换。在转换期间，EOC 一直保持低电平，当 EOC 从低电平变为高电平时，表明本次转换结束，此时本次转换的结果就可以从 DATA OUT 引脚依次读取了。EOC 保持低电平的时间一般为 8～10 μs。可通过查询或中断的方式，检测本次转换是否完成或结束。

实例 27　用 TLC2543 实现 A/D 转换

1. 功能要求

用 TLC2543 实现 A/D 转换，转化结果通过 LCD 显示。

2. 硬件说明

硬件电路如图 7-21 所示，选择模拟通道 0，模拟量通过调节电位器 R4 获得，参考电压 0～5 V（REF-接地，REF+接+5 V 电源）。输出通过 LCD0802 显示。五条控制及数据线，分别连接到 P2 口相应的 I/O 引脚上。

3. 软件说明

在选择通道 0、12 位数据长度、最高位在前、无符号数输出时，输入的值是通道值

ch 左移 4 位后与数据 0x00 进行或运算的结果；在子函数 TLC2543 中，语句 DOUT=1；是 51 单片机 I/O 口在进行输入之前需先置 1 要求的；循环体中，在串行时钟的上升沿，单片机发送数据到 TLC2543 中；在串行时钟的下降沿，单片机采集 TLC2543 送出的转换结果数据；另外，循环体中的"for(m=0;m<1;m++);"用于延时，目的是让时钟周期的高低电平时间基本相当（无此延时，低电平会比高电平窄许多）。

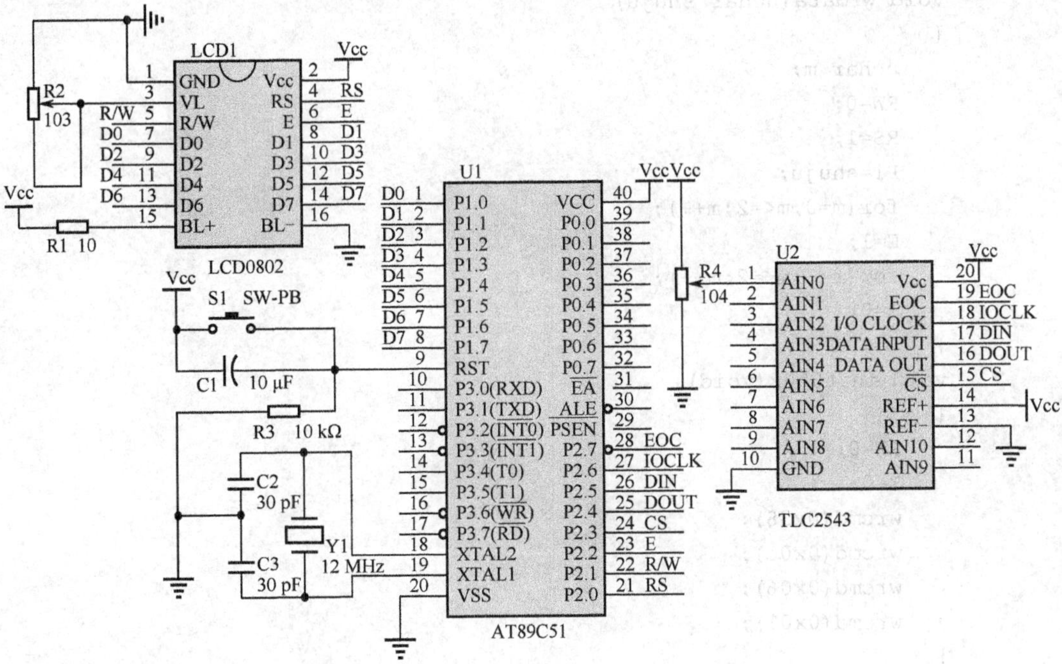

图 7-21　TLC2543 实现 A/D 转换硬件电路图

4. 程序清单

```
#include <reg52.h>
#define uchar unsigned char
#define uint unsigned int
sbit RS=P2^0;
sbit RW=P2^1;
sbit E=P2^2;
sbit CS=P2^3;
sbit DOUT =P2^4;
sbit DIN=P2^5;
sbit IOCLK =P2^6;
sbit EOC=P2^7;
//******************************
void wrcmd(uchar cmd)
{
    uchar m;
    RW=0;
    RS=0;
```

```
        P1=cmd;
        for(m=0;m<=2;m++);
        E=1;
        for(m=0;m<=2;m++);
        E=0;
    }
    void wrdata(uchar shuju)
    {
        uchar m;
        RW=0;
        RS=1;
        P1=shuju;
        for(m=0;m<=2;m++);
        E=1;
        for(m=0;m<=2;m++);
        E=0;
    }
    void init0802(void)
    {
        RW=0;
        E=0;
        wrcmd(0x38);
        wrcmd(0x0c);
        wrcmd(0x06);
        wrcmd(0x01);
    }
    void disp0802(uchar x,uchar y,uchar ch)
    {
        uchar m;
        wrcmd(0x80+x*0x40+y);
        for(m=0;m<=252;m++);
        wrdata(ch);
    }
    //****************************************
    uint  tlc2543adc(uchar cha)
    {
        uchar i,add=0;
        uint out=0,m;
        add=(cha<<4)|0x00;      //12位，MSB在前，单极性
        DOUT=1;
        for(i=0;i<12;i++)
        {
            IOCLK=0;
            add=add<<1;
            DIN=CY;
            for(m=0;m<1;m++);
```

```
            IOCLK=1;
            out=out<<1;
            out=out|DOUT;
        }
        IOCLK=0;
        while(EOC==0);
        return(out);
    }
    //***************************
    main()
    {
        uint j,v;
        init0802();
        while(1)
        {
            CS=0;
            v=tlc2543adc(0x00);
            CS=1;
            disp0802(1,0,v/1000+'0');
            disp0802(1,1,v/100%10+'0');
            disp0802(1,2,v/10%10+'0');
            disp0802(1,3,v%10+'0');
            for(j=0;j<=10000;j++);
        }
    }
```

思考题7

1. 什么是A/D转换？单片机系统中为什么要进行A/D转换？
2. A/D转换有哪些主要指标？
3. ADC0809的模拟通道如何选择？
4. ADC0809进行A/D转换时，其外部时钟脉冲信号的频率范围是多少？一般如何得到该时钟脉冲信号？
5. 如何判断ADC0809的A/D转换结束？
6. 变量的地址是何含义？指针和地址有何关系？指针变量与一般意义的变量有何不同？如何通过指针得到变量的值？
7. AD574的12位输出引脚如何与单片机的8位数据口线连接？
8. 单极性和双极性各有什么含义？
9. 如何判断AD574的A/D转换结束？
10. 如何选择ADC0832的模拟输入通道？
11. 简述TLC2543的一个字节输入数据的构成。
12. 除了书中介绍的A/D转换器件，你还了解哪些A/D转换器件，它们的应用方式如何？

第8章 D/A 转换

D/A 转换器即 DAC（Digital to Analog Converter），是将数字量转换为模拟量的器件。在单片机应用开发中，经常会遇到使用单片机控制外部模拟设备的情形，此时，单片机输出的数字信号，不能被外部模拟设备直接接收和使用，必须经 D/A 转换，将数字信号变成模拟信号，才能对模拟设备或对象进行控制。

D/A 转换器的技术指标，是实际应用中选用 D/A 器件的主要依据之一，分辨率和建立时间是最重要的两个指标。

8.1 D/A 转换器的分辨率和建立时间

目前，D/A 转换芯片品种繁多，性能各异。分辨率有 8 位、10 位、12 位等，数据的传送有并行和串行之分，输出的模拟信号有些是电流信号，有些是电压信号，电压信号输出又有单极性和双极性之别。本章选典型的 4 种 D/A 转换芯片，讲解其特点和使用方法。①8 位分辨率、并行、输出信号为电流的 D/A 转换芯片 DAC0832；②12 位分辨率、并行、输出信号为电压的 D/A 转换芯片 AD7237；③8 位分辨率、串行、输出信号为电压的 D/A 转换芯片 TLV5625；④12 位分辨率、串行、输出信号为电压的 D/A 转换芯片 AD7543。

1. D/A 转换器的分辨率

与 A/D 转换器分辨率的概念类似，D/A 转换器分辨率一般用被转换数字量的二进制数位数来表示。例如，8 位分辨率指被转换的数字量是 8 位二进制，即被转换的数字量最小是 0，最大是 255（11111111，二进制 8 个 1）。如果输出的模拟量（假设是电压）量程是 0～5 V，则被转换的数字量增加 1 或者减小 1，输出的电压就会变化 $5/2^8=5/256=0.01953125$ V；对应而言，如果输出电压量程依旧是 0～5 V，但 D/A 转换芯片的分辨率是 12 位，则被转换的数字量变化 1，对应输出的电压变化 $5/2^{12}=5/4096=0.001220703125$ V。显然，若被转换量的变化范围相同，则分辨率越高时，输出模拟量的变化就越小，输出模拟量就可以被控制得越精细。

2. D/A 转换器的建立时间

D/A 转换器的建立时间，是表征 D/A 转换速率快慢的一个指标。一般指被转换的数字量变化后，模拟输出量变化到稳定状态（在规定的误差范围内）所经历的时间。DAC0832 的建立时间是 1 μs，AD7237 的建立时间 10 μs，TLV5625 的建立时间 2.5～12 μs，AD7543 建立时间大约为 2 μs。

8.2 DAC0832 的功能特点与使用

DAC0832 是最常见的 D/A 转换芯片，它是 8 位分辨率，建立时间是 1 μs，工作电压为 +5～+15 V，输出的模拟量是电流，一般通过外接运算放大器将电流输出转换为电压输出。DAC0832PDIP 封装实物图如图 8-1 所示，其引脚图如图 8-2 所示，其各引脚定义如表 8-1 所示。

图 8-1 DAC0832 实物图

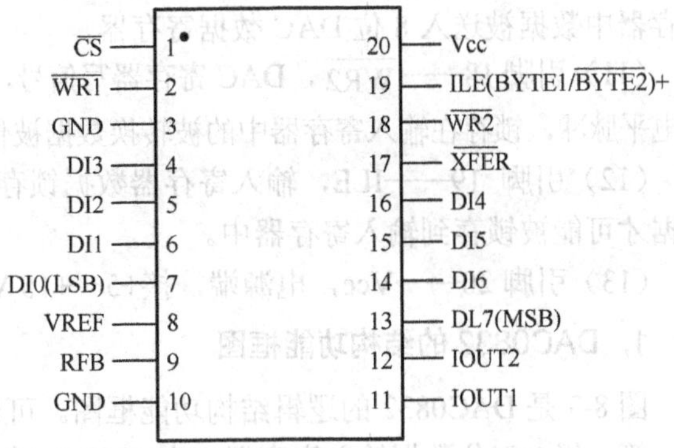

图 8-2 DAC0832 PDIP 封装引脚图

表 8-1 DAC0832 引脚定义

引脚序号	引脚名称	功能描述	引脚序号	引脚名称	功能描述
1	$\overline{CS}$	片选信号	11	IOUT1	电流输出端 1
2	$\overline{WR1}$	输入寄存器数据写信号	12	IOUT2	电流输出端 2
3	GND	模拟地	13	DI7	输入数据第 7 位（最高位）
4	DI3	输入数据第 3 位	14	DI6	输入数据第 6 位
5	DI2	输入数据第 2 位	15	DI5	输入数据第 5 位
6	DI1	输入数据第 1 位	16	DI4	输入数据第 4 位
7	DI0	输入数据第 0 位（最低位）	17	$\overline{XFER}$	数据传送到 DAC 控制信号
8	VREF	参考电压输入端	18	$\overline{WR2}$	DAC 寄存器写信号，启动转换
9	RFB	反馈信号输入端	19	ILE	输入寄存器数据锁存允许
10	GND	数字地	20	Vcc	电源端

DAC0832 引脚简介如下。

（1）引脚 1——$\overline{CS}$，片选信号；低电平有效。

（2）引脚 2——$\overline{WR1}$，数据寄存器数据写信号；在 19 引脚 ILE 为高电平、片选 $\overline{CS}$ 为低

电平时，若$\overline{WR1}$=0，则输入数据总线上的数据，就会被锁存进入输入数据寄存器。

（3）引脚 3——GND，模拟地；一般与数字地连接后接地。

（4）引脚 13～16，4～7——DI7～DI0，8 位输入数据引脚；DI7 是最高位，DI0 是最低位。

（5）引脚 8——VREF，参考电压输入端；参考电压的范围是−10～+10 V。输出电压 VOUT 与输入数据 D 的关系是：VOUT=−D/255×VREF，例如，如果参考电压是+5 V，则当输入数据是 128 时，输出电压是 VOUT=−2.5 V。相反，若参考电压是−5 V，则当输入数据是 128 时，输出电压是 VOUT=+2.5 V。

（6）引脚 9——RFB，反馈信号输入端；由于 DAC0832 输出的模拟信号是电流，一般外接运算放大器将电流输出转换为电压，因此 9 引脚 RFB 一般直接连接到运放的输出端 OUT。

（7）引脚 10——GND，数字地；一般与模拟地连接后接地。

（8）引脚 11——IOUT1，电流输出端 1。

（9）引脚 12——IOUT2，电流输出端 2。

（10）引脚 17——$\overline{XFER}$，数据传送到 DAC 控制信号；当$\overline{XFER}$=0 且$\overline{WR2}$=0 时，输入寄存器中数据被送入 8 位 DAC 数据寄存器。

（11）引脚 18——$\overline{WR2}$，DAC 寄存器写信号，启动转换；在$\overline{XFER}$=0 时，$\overline{WR2}$引脚上的低电平脉冲，锁存在输入寄存器中的被转换数据被传送到 DAC 寄存器中，并开始 D/A 转换。

（12）引脚 19——ILE，输入寄存器数据锁存允许；ILE 高电平有效，此时，被转换的数据才可能被锁存到输入寄存器中。

（13）引脚 20——Vcc，电源端，接+5～+15 V 的直流电压。

1. DAC0832 的结构功能框图

图 8-3 是 DAC0832 的逻辑结构功能框图。可以看到，DAC0832 中有两级锁存器。

第一级：8 位数据输入寄存器。在 ILE=1 时，片选$\overline{CS}$=0 时，$\overline{WR1}$=0 可使输入数据锁存进 8 位数据输入寄存器。

第二级：8 位 DAC 寄存器。在$\overline{XFER}$=0 时，可使锁存在输入寄存器中的数据进入 8 位 DAC 寄存器，并启动 D/A 转换。

表 8-2 列出了 DAC0832 中 ILE、$\overline{CS}$、$\overline{WR1}$、$\overline{WR2}$和$\overline{XFER}$五个控制引脚的功能。

2. DAC0832 的使用特点

（1）两级锁存器的结构特点，可以使 DAC0832 工作在双缓冲的方式下：在第二级输出模拟信号的同时，第一级可输入下一步准备转换的数据，这样可以提高转换的速度和效率。

（2）两级锁存器的结构特点，可实现多路 D/A 信号的同步输出。当多片 DAC0832 同时工作时，在各自的输入数据已经被锁存进各自的 8 位输入寄存器且每片 DAC0832 的$\overline{XFER}$引脚已为低电平的前提下，多片 DAC0832 上并联在一起的$\overline{WR2}$引脚上共同的低电平脉冲，可以使多片 DAC0832 同时开始转换，并同步输出模拟信号。

（3）DAC0832 工作在直通方式下。如果只有一片 DAC0832 在工作，在 ILE=1（有效）、$\overline{CS}$=0（有效）、$\overline{XFER}$=0（有效）的前提下，将$\overline{WR1}$与$\overline{WR2}$并联后，其上的低电平脉冲，可使输入数据锁存进 8 位输入寄存器后，马上又被送入 8 位 DAC 寄存器并开始转换。这样做的效果相当于 DAC0832 中没有或者不存在 8 位输入寄存器，输入数据直接进入 8 位 DAC 寄存器且开始转换，所以称为直通方式。

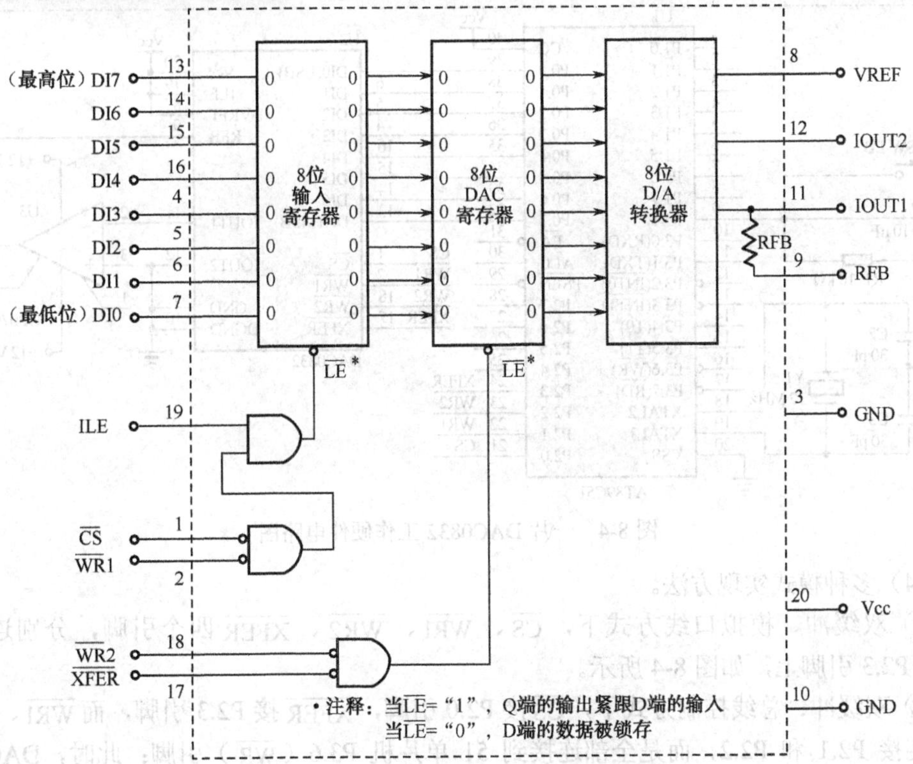

图 8-3　DAC0832 的逻辑结构功能框图

表 8-2　DAC0832 控制引脚功能表

ILE	$\overline{CS}$	$\overline{WR1}$	$\overline{WR2}$	$\overline{XFER}$	功 能 描 述
0	X	X	X	X	数据锁存未允许，无数据传输
1	0	0	1	X	数据被锁存进 8 位输入锁存器
1	0	0	X	1	
X	X	X	0	0	8 位输入锁存器中的数据被锁存进 8 位 DAC 锁存器，并启动转换
1	0	0	0	0	直通方式

实例 28　多种工作模式下的 DAC0832 数模转换

1. 功能要求

一片 DAC0832 实现 D/A 转换。可以在模拟口线、总线控制方式下，两级缓冲实现，也可以采用直通方式实现。

2. 硬件说明

（1）如图 8-4 所示，参考电压接+5 V，所以输出的模拟量电压为负值。

（2）运放使用的是 OP07，使用μA741 也可以，外围电路相同。

（3）ILE 直接接高电平，即一直允许输入寄存器数据锁存。

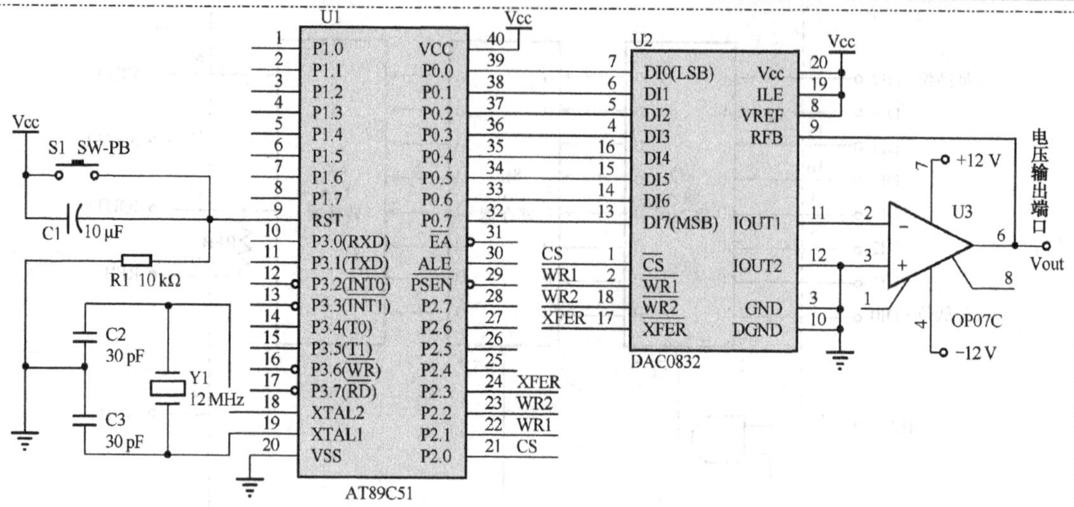

图 8-4　一片 DAC0832 工作硬件电路图

（4）多种模式实现方法。

① 双缓冲、模拟口线方式下，$\overline{CS}$、$\overline{WR1}$、$\overline{WR2}$、$\overline{XFER}$ 四个引脚，分别连接到 P2.0～P2.3 引脚上，如图 8-4 所示。

② 双缓冲、总线控制方式下，$\overline{CS}$ 接 P2.0 引脚，$\overline{XFER}$ 接 P2.3 引脚，而 $\overline{WR1}$、$\overline{WR2}$ 不再连接 P2.1 和 P2.2，而是全部连接到 51 单片机 P3.6（$\overline{WR}$）引脚；此时，DAC0832 的 8 位输入寄存器的地址为 0xFEFF（P2 口，11111110；P0 口，11111111），8 位 DAC 寄存器的地址为 0xF7FF（P2 口，11110111；P0 口，11111111）。

③ 直通、模拟口线方式下，若使用 $\overline{CS}$ 控制，则 $\overline{CS}$ 接 P2.0，$\overline{WR1}$、$\overline{WR2}$ 和 $\overline{XFER}$ 均接地；

④ 直通、总线控制方式下，$\overline{CS}$ 接 P2.0，$\overline{XFER}$ 接地，$\overline{WR1}$ 和 $\overline{WR2}$ 并联后接 51 单片机 P3.6（$\overline{WR}$）引脚，此时，只有一个地址且为 0xFEFF（P2 口，11111110；P0 口，11111111）。

3. 软件说明

（1）被转换的数据是 0～255，每次循环增加 1。从示波器上观察转换结果是锯齿波。

（2）双缓冲、模拟口线方式的锯齿波周期 8 ms；双缓冲、总线控制方式的锯齿波周期 6 ms；直通、模拟口线方式的锯齿波周期 4 ms；直通、总线控制方式的锯齿波周期 4 ms。

4. 程序清单

（1）双缓冲，模拟口线方式程序清单如下：

```
#include <reg52.h>
#define uchar unsigned char
sbit CS=P2^0;
sbit WR1=P2^1;
sbit WR2=P2^2;
sbit XFER=P2^3;
void dac0832(uchar dig)
```

```
    {
        CS=0;XFER=1;WR2=1;P0=dig;WR1=0;
        CS=1;WR1=1;XFER=0;WR2=0;
    }
    main()
    {
        uchar i;
        while(1)
        {
            for(i=0;i<=255;i++)
            dac0832(i);
        }
    }
```

（2）双缓冲、总线控制方式程序清单如下：

```
    #include <reg52.h>
    #include <absacc.h>
    #define uchar unsigned char
    #define INS1 XBYTE[0xFEFF]
    #define INS2 XBYTE[0xF7FF]
    sbit CS=P2^0; //注：WR1、WR2不再连接P2.1和P2.2，而是全部连接到51单片机
    sbit XFER=P2^3;//P3.6（WR）引脚
    void dac0832(uchar dig)
    {
        INS1=dig;
        INS2=0;
    }
    main()
    {
        uchar i;
        while(1)
        {
            for(i=0;i<=255;i++)
                dac0832(i);
        }
    }
```

（3）直通、模拟口线方式程序清单如下：

```
    #include <reg52.h>
    #define uchar unsigned char
    sbit CS=P2^0;   //注：WR1、WR2和XFER均接地
    void dac0832(uchar dig)
    {
        CS=0;P0=dig;
    }
    main()
```

```
    {
        uchar i;
        while(1)
        {
            for(i=0;i<=255;i++)
                dac0832(i);
        }
    }
```

（4）直通、总线控制方式程序清单如下：

```
#include <reg52.h>
#include <absacc.h>
#define uchar unsigned char
#define INS1 XBYTE[0xFEFF]
sbit CS=P2^0;  //注：XFER 接地，WR1 和 WR2 并联后接 51 单片机 P3.6（WR）引脚
void dac0832(uchar dig)
{
    INS1=dig;
}
main()
{
    uchar i;
    while(1)
    {
        for(i=0;i<=255;i++)
            dac0832(i);
    }
}
```

实例 29　用两片 DAC0832 实现多模式数模转换

1. 功能要求

使用两片 DAC0832 工作在双缓冲模拟口线或总线控制方式下，两路模拟量输出要求同步，输出互补的锯齿波（一路被转换数据从 0 开始，反复加 1 直至增加到 255；另一路被转换数据从 255 开始，反复减 1，直至减小到 0）；示波器工作在双踪 XY 模式时，示波器屏幕显示波形为圆形。

2. 硬件说明

（1）如图 8-5 所示。两片 DAC0832 的参考电压均为+5 V，ILE 均接高电平。

（2）多种模式实现方法。

① 模拟口线方式下：第一片 DAC0832 的片选信号$\overline{CS}$，接单片机的 P2.0；第二片 DAC0832 的片选信号$\overline{CS}$，接单片机的 P2.1；两个$\overline{WR1}$、两个$\overline{WR2}$引脚全部并联后接单片机 P2.2 引脚；两个$\overline{XFER}$并联后，接单片机的 P2.3 引脚。

② 总线控制方式下：第一片 DAC0832 的片选信号$\overline{CS}$，接单片机的 P2.0；第二片 DAC0832 的片选信号$\overline{CS}$，接单片机的 P2.1；两个$\overline{WR1}$、两个$\overline{WR2}$引脚全部并联后不再接 P2.2 引脚，转而接单片机 P3.6（$\overline{WR}$）引脚；两个$\overline{XFER}$并联后，仍接单片机的 P2.3 引脚。则第一片 DAC0832 的输入寄存器地址为 0xFEFF（P2 口，11111110；P0 口，11111111）；第二片 DAC0832 的输入寄存器地址为 0xFDFF（P2 口，11111101；P0 口，11111111）；两片 DAC0832 的 DAC 寄存器地址均为 0xF7FF（P2 口，11110111；P0 口，11111111）。

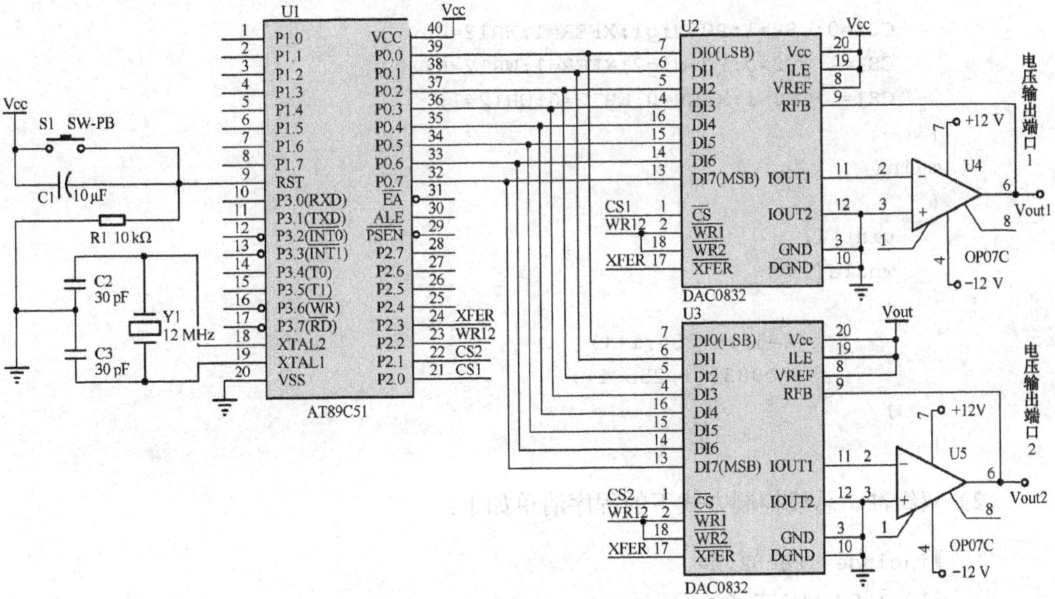

图 8-5 两片 DAC0832 同步输出硬件电路图

3. 软件说明

在双缓冲、模拟口线方式或双缓冲、总线控制方式程序清单中，主程序的 while 循环体：

```
for(i=0;i<=255;i++)
    dac0832(i,255-i);
```

改为：

```
for(i=0;i<=360;i++)
    dac0832((uchar)(128+128*cos(i*3.14/180.0)),(uchar)(128+128*sin
(i*3.14/180.0)));
```

示波器工作在双踪 XY 模式时，示波器屏幕显示波形为圆形。原因是：X=Rcos(t)，Y=Rsin(t)，被转换的两路数据是圆的参数方程式中的 X 和 Y。注意其中的数据类型强制转换。

4. 程序清单

（1）双缓冲、模拟口线方式程序清单如下：

```
#include <reg52.h>
#include <math.h>
```

```
#define uchar unsigned char
#define uint unsigned int
sbit CS1=P2^0;
sbit CS2=P2^1;
sbit WR12=P2^2;
sbit XFER=P2^3;
void dac0832(uchar dig1,uchar dig2)
{
    CS1=0;CS2=1;P0=dig1;XFER=1;WR12=0;
    CS1=1;CS2=0;P0=dig2;XFER=1;WR12=0;
    CS1=1;CS2=1;XFER=0;WR12=0;WR12=1;
}
main()
{
    uint i;
    while(1)
    {
        for(i=0;i<=255;i++)
            dac0832(i,255-i);
    }
}
```

（2）双缓冲、总线控制方式下的程序清单如下：

```
#include <reg52.h>
#include <math.h>
#include <absacc.h>
#define uchar unsigned char
#define uint unsigned int
#define IN1 XBYTE[0xFEFF]
#define IN2 XBYTE[0xFDFF]
#define DAC XBYTE[0xF7FF]
sbit CS1=P2^0;
sbit CS2=P2^1;
sbit XFER=P2^3;
void dac0832(uchar dig1,uchar dig2)
{
    IN1=dig1;
    IN2=dig2;
    DAC=0;
}
main()
{
    uint i;
    while(1)
    {
        for(i=0;i<=255;i++)
```

```
            dac0832(i,255-i);
        }
    }
```

8.3　AD7237 的结构功能及特点

AD7237 是 AD（Analog Devices）公司生产的一款 D/A 转换芯片（不要误以为是 AD 转换芯片），它的分辨率是 12 位，双通道电压输出，建立时间 10 μs。图 8-6 是其 24 脚 PDIP 封装实物图，图 8-7 是 AD7237 的双列直插封装引脚图。表 8 -3 列出了 AD7237 各个引脚的定义。

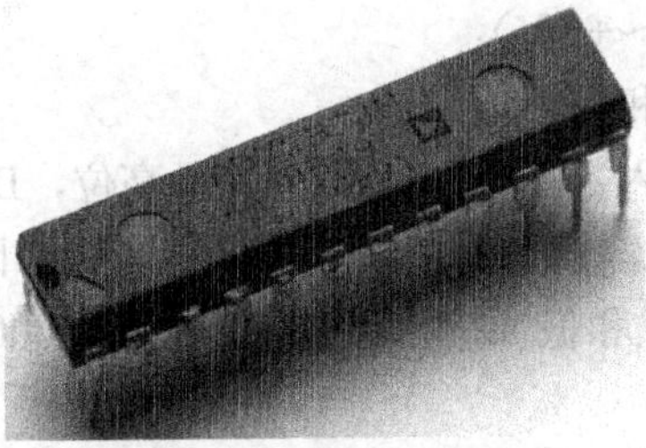

图 8-6　AD7237 实物图

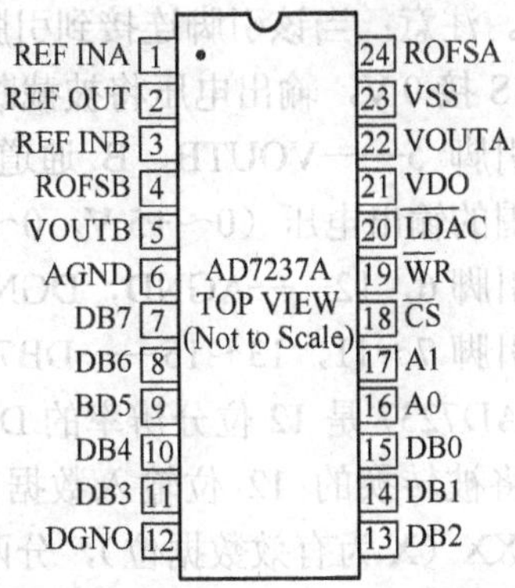

图 8-7　AD7237PDIP24 封装引脚图

表 8-3　AD7237 各个引脚的定义

引脚序号	引脚名称	功 能 描 述	引脚序号	引脚名称	功 能 描 述
1	REF INA	A 通道参考电压输入端	13	DB2	数据第 2 位（第 10 位）
2	REF OUT	参考电压输出端	14	DB1	数据第 1 位（第 9 位）
3	REF INB	B 通道参考电压输入端	15	DB0	数据第 0 位（最低位）/第 8 位
4	ROFSB	B 通道输出偏置电阻	16	A0	地址输入 0
5	VOUTB	B 通道电压输出端	17	A1	地址输入 1
6	AGND	模拟地	18	$\overline{CS}$	片选信号
7	DB7	数据第 7 位	19	$\overline{WR}$	写输入信号端
8	DB6	数据第 6 位	20	$\overline{LDAC}$	装载 DAC 信号端
9	DB5	数据第 5 位	21	VDD	电源正极（+12 V～+15 V）
10	DB4	数据第 4 位	22	VOUTA	A 通道电压输出端
11	DB3	数据第 3 位/11 位（最高位）	23	VSS	电源负极（0 V 或-12～-15 V）
12	DGND	数字地	24	ROFSA	A 通道输出偏置电阻

AD7237 引脚简介如下。

（1）引脚 1——REF INA,；一般接+5 V，由于引脚 2 可以输出+5 V 参考电压，故将引脚 1 短接至引脚 2 即可，不用外部提供+5 V 参考电压。

（2）引脚 2——REF OUT，参考电压输出端；AD7237 内部提供的+5 V 参考电压从该引脚输出，所以引脚 1 的 REF INA 和引脚 3 的 REF INB，都可以直接从引脚 2 得到其需要的+5 V 参考电压，即引脚 1、2、3 直接短接，且不用外接+5 V 参考电压。

（3）引脚 3——REF INB，B 通道参考电压输入端，直接与引脚 2 短接。

（4）引脚 4——ROFSB，B 通道输出偏置电阻；该引脚用于设置 B 通道输出模拟量电压的范围：①该引脚接引脚 5（VOUTB），输出电压范围是 0～+5 V；②该引脚接引脚 6（AGND），输出电压范围是 0～+10 V；③该引脚接引脚 3（REF INB ），输出电压范围是 −5～+5 V。注意：当该引脚连接到引脚 3 时，此时的 VSS（引脚 23）必须接−12～−15 V 电源，若 VSS 接 0 V，输出电压将被截断，缺少−5～0 V 区间的模拟量输出。

（5）引脚 5——VOUTB，B 通道电压输出端；B 通道电压从该引脚输出，可以输出三种不同范围的输出电压（0～+5 V，0～+10 V，−5～+5 V）。

（6）引脚 6，12——AGND，DGND，模拟地和数字地。

（7）引脚 7～11，13～15——DB7～DB0，输入数据引脚；DB7 是最高位，DB0 是最低位。由于 AD7237 是 12 位分辨率的 D/A 转换芯片，但数据总线接口只有 8 位，因此在输入数据时，将被转换的 12 位输入数据分成高 4 位和低 8 位，数据格式是：0000XXXX，XXXXXXXX（X 为有效数据位），分两次输入。

（8）引脚 16——A0，地址输入 0；与 17 引脚 A1 组合，用于选择 4 个输入锁存其中之一。

（9）引脚 17——A1，地址输入 1；与 16 引脚 A0 组合，用于选择 4 个输入锁存其中之一。

（10）引脚 18——$\overline{CS}$，片选信号；低电平有效。

（11）引脚 19——$\overline{WR}$，写输入信号端；与$\overline{CS}$、A0 和 A1 引脚组合，用于输入数据锁存控制。

（12）引脚 20——$\overline{LDAC}$，装载 DAC 信号端；该引脚上的下降沿信号，用于将输入锁存器中的 12 位数据，锁存进 DAC 锁存器，并启动转换。

（13）引脚 21——VDD，电源正极；AD7237 工作电压为+12～+15 V。

（14）引脚 22——VOUTA，A 通道电压输出端；A 通道电压从该引脚输出，可以输出三种不同范围的输出电压（0～+5 V，0～+10 V，−5～+5 V）。

（15）引脚 23——VSS，电源负极；当接−12～−15 V 时，可以输出三种不同范围的输出电压；当接 0 V 时，只能输出 0～+5 V 和 0～+10 V，−5～+5 V 区间的部分输出被截断。

（16）引脚 24——ROFSA，A 通道输出偏置电阻；该引脚用于设置 A 通道输出模拟量电压的范围：①该引脚接引脚 22（VOUTA），输出电压范围是 0～+5 V；②该引脚接引脚 6（AGND），输出电压范围是 0～+10 V；③该引脚接引脚 1（REF INA ），输出电压范围是 −5～+5 V。注意：当该引脚连接到引脚 1 时，此时的 VSS（引脚 23）必须接−12～−15 V 电源，若 VSS 接 0 V，输出电压将被截断，缺少−5～0 V 区间的模拟量输出。

1. AD7237 的结构功能框图

图 8-8 是 AD7237 的结构功能框图，从图中可以看到：

（1）AD7237 有两路模拟电压输出通道。

（2）AD7237 采用两级缓冲结构：高 4 位、低 8 位共计 12 位数据，先分别锁存进入输入数据锁存器，而后再锁存进入 12 位 DAC 锁存器，最后进行 D/A 转换。

（3）控制信号有 $\overline{LDAC}$、$\overline{CS}$、$\overline{WR}$、A0 和 A1，它们的组合控制功能如表 8-4 所示。需要注意的是：$\overline{LDAC}$ 信号是脉冲信号，即数据是在 $\overline{LDAC}$ 的上升沿被锁存进 DAC 锁存器的。

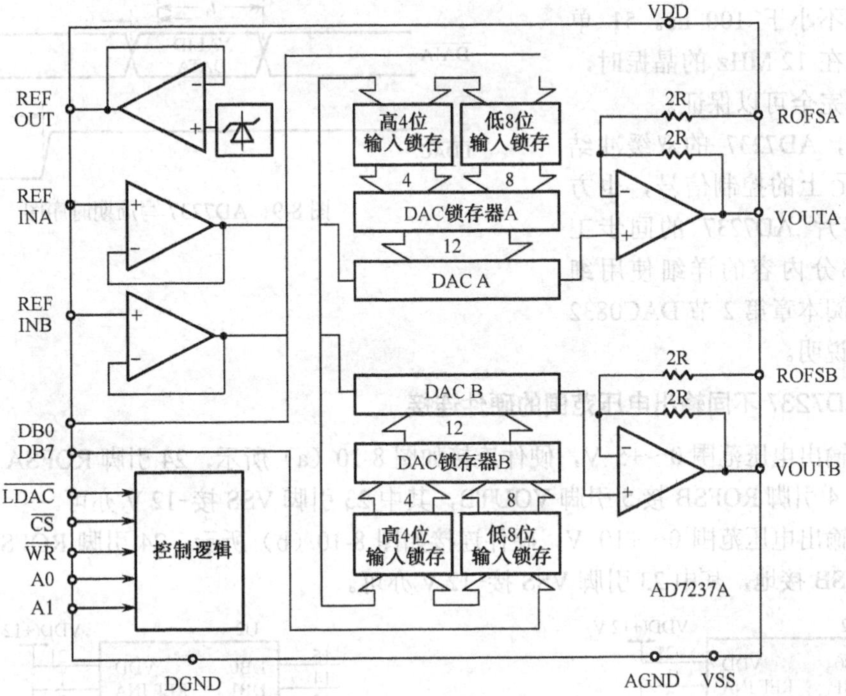

图 8-8　AD7237 结构功能框图

表 8-4　AD7237 控制功能表

$\overline{CS}$	$\overline{WR}$	A1	A0	$\overline{LDAC}$	功 能 描 述
1	X	X	X	1	无数据传送
X	1	X	X	1	无数据传送
0	0	0	0	1	通道 A 低 8 位数据锁存进输入锁存器
0	0	0	1	1	通道 A 高 4 位数据锁存进输入锁存器
0	0	1	0	1	通道 B 低 8 位数据锁存进输入锁存器
0	0	1	1	1	通道 B 高 4 位数据锁存进输入锁存器
1	1	X	X	0	通道 A 和 B 输入锁存器中的数据同时被锁存进 DAC 锁存器中，DAC 锁存器中的数据、模拟输出同时被更新

2. AD7237 的写时序

AD7237 的写时序如图 8-9 所示。此写周期时序图比较简单，且所有的时间间隔最大不超过 100 ns，需要注意的是 $\overline{LDAC}$ 信号的拉低操作，必须是在 $\overline{CS}$ 或者 $\overline{WR}$ 拉高后，至少 100 ns 以后进行，且 $\overline{LDAC}$ 的低电平持续时间不小于 100 ns。51 单片机工作在 12 MHz 的晶振时，这些时间完全可以保证。

另外，AD7237 的双缓冲结构及 $\overline{LDAC}$ 上的控制信号，也方便用于多片 AD7237 的同步工作，此部分内容的详细使用细节，请参阅本章第 2 节 DAC0832 中的部分说明。

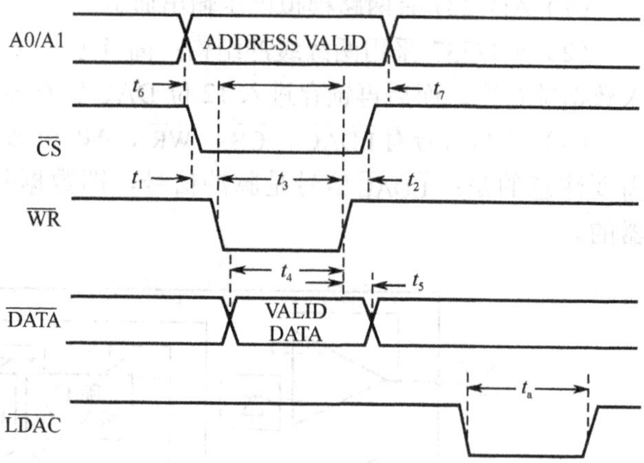

图 8-9　AD7237 写周期时序图

3. AD7237 不同输出电压范围的硬件连接

（1）输出电压范围 0～+5 V，硬件连接如图 8-10（a）所示，24 引脚 ROFSA 接 22 引脚 VOUTA，4 引脚 ROFSB 接 5 引脚 VOUTB，其中 23 引脚 VSS 接−12 V 亦可。

（2）输出电压范围 0～+10 V，硬件连接如图 8-10（b）所示，24 引脚 ROFSA 接地，4 引脚 ROFSB 接地，其中 23 引脚 VSS 接−12 V 亦可。

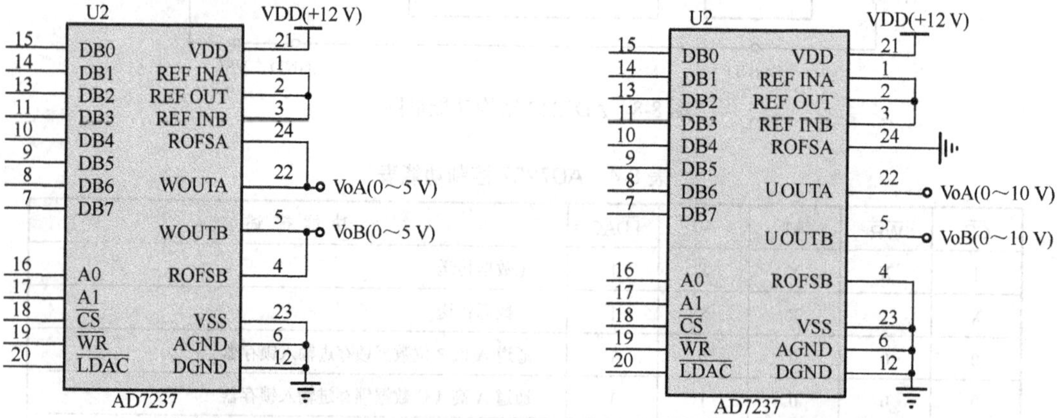

（a）输出电压范围 0～+5V　　（b）输出电压范围 0～+10V

图 8-10　AD7237 不同输出电压范围的硬件连接电路图

（3）输出电压范围−5～+5 V，硬件连接如图 8-10（c）所示，24 引脚 ROFSA 接 1 引脚 REF INA，4 引脚 ROFSB 接 3 引脚 REF INB（引脚 1、2、3 本已连接），特别注意：其中 23 引脚必须接−12 V。

实例 30 AD7237 数模转换

1. 功能要求

使用 AD7237 实现 D/A 转换，输出锯齿波模拟信号。使用模拟口线方式或总线方式均可。

2. 硬件说明

（1）如图 8-11 所示，本例选用电压输出范围 0～+5 V 的硬件连接，从 22 引脚 VOUTA 和 5 引脚 VOUTB 都可输出。

（2）控制引脚 A0、A1、$\overline{CS}$、$\overline{WR}$ 和 $\overline{LDAC}$，依次连接到 51 单片机的 P2.0～P2.4 引脚。

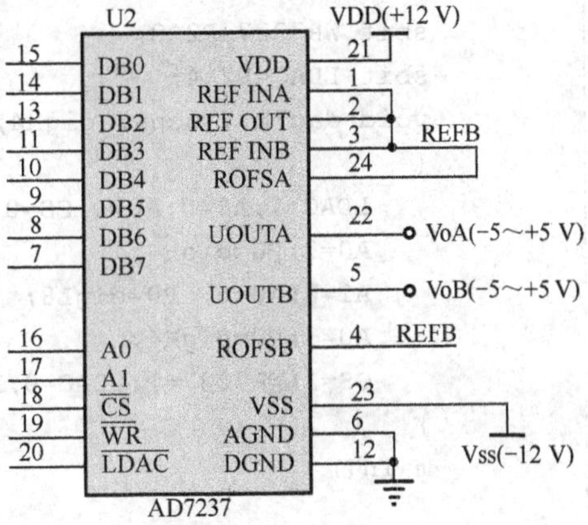

（c）输出电压范围-5～+5V

3. 软件说明

（1）在模拟口线方式下，参见表 8-4 所示控制功能实现。

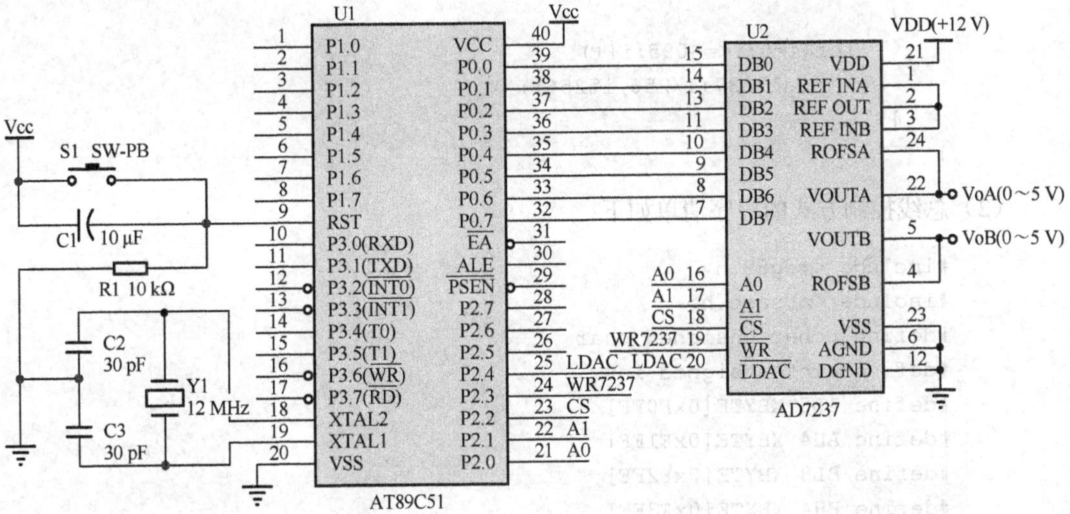

图 8-11 AD7237 应用实例硬件电路图

（2）在总线控制方式下，通道 A 的低 8 位输入寄存器地址为 0xF0FF（P2 口，11110000；P0 口，11111111），通道 A 的高 4 位输入寄存器地址为 0xF1FF（P2 口，11110001；P0 口，11111111），通道 B 的低 8 位输入寄存器地址为 0xF2FF（P2 口，11110010；P0 口，11111111），通道 B 的高 4 位输入寄存器地址为 0xF3FF（P2 口，11110011；P0 口，11111111），DAC 寄存器地址为 0xEFFF（P2 口，11101111；P0 口，11111111）。

4. 程序清单

（1）模拟口线方式的程序清单如下：

```
#include <reg52.h>
#define uchar unsigned char
```

```
#define uint unsigned int
sbit A0=P2^0;
sbit A1=P2^1;
sbit CS=P2^2;
sbit WR7237=P2^3;
sbit LDAC=P2^4;
void dac7237(uchar digH4,uchar digL8)
{
    LDAC=1;A1=0;A0=0;CS=0;WR7237=0;P0=digL8;
    A0=1;P0=digH4;
    A1=1;A0=0; P0=digL8;
    A0=1;P0=digH4;
    CS=1;WR7237=1;LDAC=0;LDAC=1;
}
main()
{
    uint i;
    while(1)
    {
        for(i=0;i<=4095;i++)
            dac7237(i/256,i%256);
    }
}
```

（2）总线控制方式的程序清单如下：

```
#include <reg52.h>
#include <absacc.h>
#define uchar unsigned char
#define uint unsigned int
#define AL8 XBYTE[0xF0FF]
#define AH4 XBYTE[0xF1FF]
#define BL8 XBYTE[0xF2FF]
#define BH4 XBYTE[0xF3FF]
#define DAC XBYTE[0xEFFF]
sbit A0=P2^0;
sbit A1=P2^1;
sbit CS=P2^2;
sbit WR7237=P2^3;
sbit LDAC=P2^4;
void dac7237(uchar digH4,uchar digL8)
{
    AL8=digL8;
    AH4=digH4;
    BL8=digL8;
    BH4=digH4;
    DAC=0;
```

```
    }
    main()
    {
        uint i;
        while(1)
        {
            for(i=0;i<=4095;i++)
                dac7237(i/256,i%256);
        }
    }
```

注 1：在添加头文件"#include <math.h>"后，将上述总线控制方式下的子函数和主函数改换为以下所示程序，则在示波器的 X-Y 模式下，可看到轨迹为圆的模拟量输出。

```
    void dac7237(uchar DAH4,uchar DAL8,uchar DBH4,uchar DBL8)
    {
        AL8=DAL8;
        AH4=DAH4;
        BL8=DBL8;
        BH4=DBH4;
        DAC=0;
    }
    main()
    {
        uint i;
        while(1)
        {
            for(i=0;i<=360;i++)
    dac7237(((uint)(2047+2048*cos(i*3.14/180.0)))/256,((uint)(2047+2048
*cos(i*3.14/180.0)))%256,((uint)(2047+2048*sin(i*3.14/180.0)))/256,((uint)
(2047+2048*sin(i*3.14/180.0)))%256);
        }
    }
```

注 2：若希望将 P2 口留作他用，可以通过 74HC573 锁存器实现总线控制，同时对外部数据存储区的访问，也可以被限制在页面范围之内，即不用 XBYTE 去定义地址，而是用 PTYPE 去定义地址。硬件电路如图 8-12 所示，其中 AD7237 的 19 引脚要连接到 51 单片机的 P3.6（$\overline{WR}$）引脚。在总线控制方式下，通道 A 的低 8 位输入寄存器地址为 0xF8（P0 口：11111000），通道 A 的高 4 位输入寄存器地址为 0xF9（P0 口：11111001,），通道 B 的低 8 位输入寄存器地址为 0xFA（P0 口：11111010），通道 B 的高 4 位输入寄存器地址为 0xFB（P0 口：11111011），DAC 寄存器地址为 0xEF（P0 口：11101111）。

程序清单如下：

```
    #include <reg52.h>
    #include <absacc.h>
    #define uchar unsigned char
```

```
#define uint unsigned int
#define AL8 PBYTE[0xF8]
#define AH4 PBYTE[0xF9]
#define BL8 PBYTE[0xFA]
#define BH4 PBYTE[0xFB]
#define DAC PBYTE[0xEF]
void dac7237(uchar digH4,uchar digL8)
{
    AL8=digL8;
    AH4=digH4;
    BL8=digL8;
    BH4=digH4;
    DAC=0;
}
main()
{
    uint i;
    while(1)
    {
        for(i=0;i<=4095;i++)
            dac7237(i/256,i%256);
    }
}
```

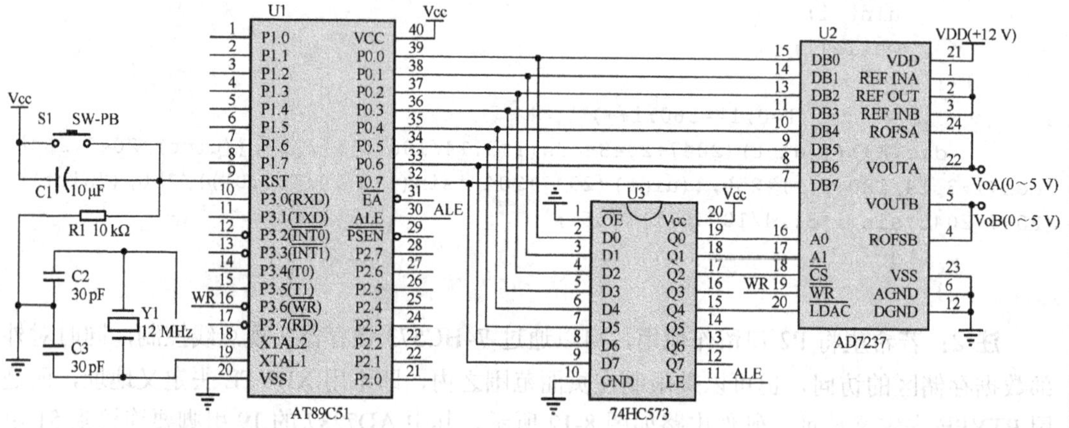

图 8-12　使用 74HC572 和 AD7237 的 D/A 转换电路图（P2 口空闲）

8.4　TLV5625 的功能特点与使用

TLV5625 是一款 8 位分辨率、串行双通道 D/A 转换芯片。它的建立时间是 12 μs，在工业过程控制、数字伺服控制、机器和运动控制、大容量存储器等领域都有应用。图 8-13 是 TLV5625 的实物图，图 8-14 是其表贴封装的引脚图，表 8-5 列出了引脚的定义。

图 8-13　TLV5625 实物图

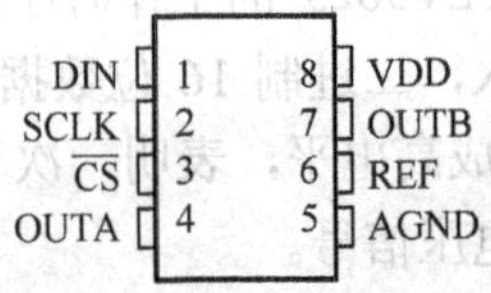

图 8-14　TLV5625 引脚图

表 8-5　TLV5625 引脚定义

引脚序号	引脚名称	功 能 描 述
1	DIN	串行数据输入引脚
2	SCLK	串行时钟输入引脚
3	$\overline{CS}$	片选信号，低电平有效
4	OUTA	D/A 转换结果、电压输出端口 A
5	AGND	接地端
6	REF	模拟参考电压输入端（当 VDD=5 V 时，REF 的典型值是 2.048 V，最大不超过 3.5 V）
7	OUTB	D/A 转换结果、电压输出端口 B
8	VDD	电源端（5 V）

1. TLV5625 的功能框图

TLV5625 的功能框图如图 8-15 所示。可以看到，TLV5625 有两路输出，对应其内部有两个 8 位的 D/A 转换寄存器 DAC A 和 DAC B，同时还有一个数据缓冲器 Buffer，串行接口和控制只需三条引脚线：DIN、SCLK 和 $\overline{CS}$。

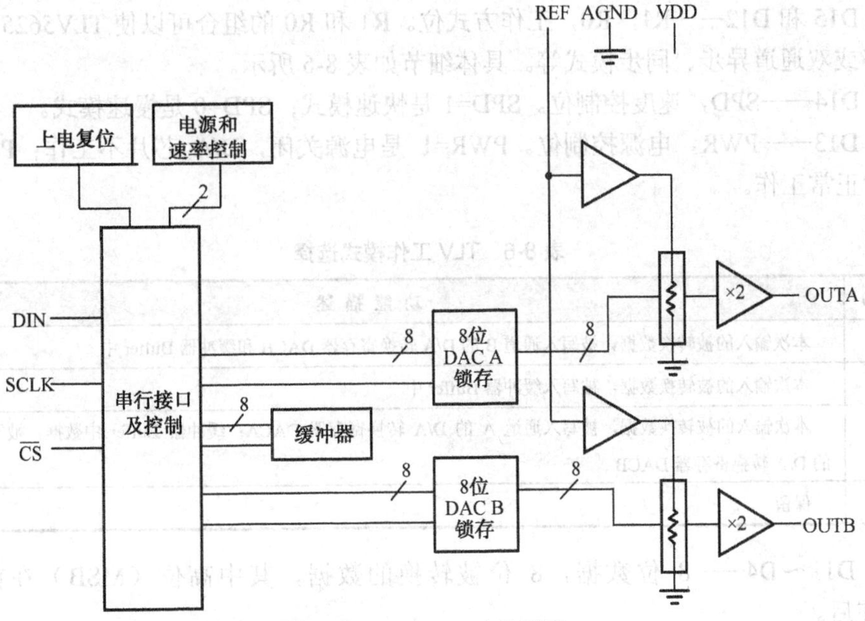

图 8-15　TLV5625 功能框图

2. TLV5625 的工作时序

图 8-16 是 TLV5625 的工作时序图。在片选信号 $\overline{CS}$ 低电平有效的条件下，随着串行时钟脉冲信号的输入，二进制 16 位数据从 DIN 引脚依次输入，在第 16 个时钟脉冲信号结束之后，片选 $\overline{CS}$ 变成高电平，表明一次 D/A 转换结束，同时在 OUTA 和/或 OUTB 引脚可得到转换后的模拟电压信号。

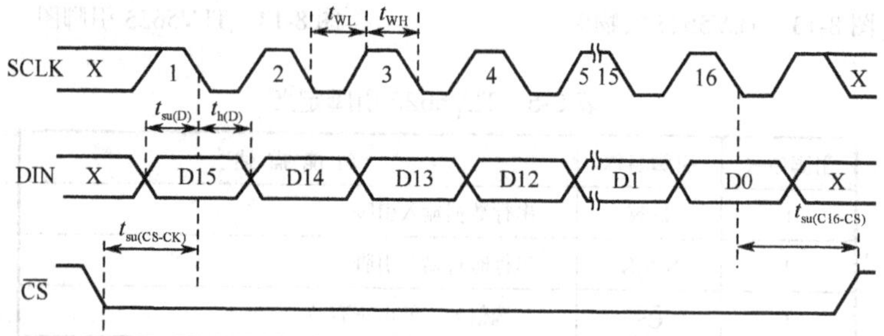

图 8-16　TLV5625 的工作时序图

3. TLV5625 的输出数据格式

TLV5625 实现一次 D/A 转换，从 DIN 引脚必须输入 16 位二进制数，而 D/A 转换的对象，即被转换数据（8 位二进制数，TLV5625 的分辨率是 8 位）就包含在这 16 位数据中。如图 8-17 所示的 TLV5625 数据结构，16 位数据中，最高 4 位是模式选择位，中间 8 位是被转换的数字量数据，最末 4 位全部是 0。

D15	D14	D13	D12	D11	D10	D9	D8	D7	D6	D5	D4	D3	D2	D1	D0
R1	SPD	PWR	R0	最高位			8 位数据				最低位	0	0	0	0

图 8-17　TLV5625 数据结构

（1）D15 和 D12——R1，R0，工作方式位。R1 和 R0 的组合可以使 TLV5625 工作在单通道异步或双通道异步、同步模式等。具体细节如表 8-6 所示。

（2）D14——SPD，速度控制位。SPD=1 是快速模式；SPD=0 是慢速模式。

（3）D13——PWR，电源控制位。PWR=1 是电源关闭，D/A 芯片不工作；PWR=0 是 D/A 芯片正常工作。

表 8-6　TLV 工作模式选择

R1	R0	功能描述
0	0	本次输入的被转换数据，被写入通道 B 的 D/A 转换寄存器 DACB 和缓冲器 Buffer 中
0	1	本次输入的被转换数据，被写入缓冲器 Buffer 中
1	0	本次输入的被转换数据，被写入通道 A 的 D/A 转换寄存器 DACA；缓冲器 Buffer 中数据，被写入通道 B 的 D/A 转换寄存器 DACB
1	1	保留

（4）D11～D4——8 位数据，8 位被转换的数据，其中高位（MSB）在前，低位（LSB）在后。

（5）D3～D0——数据 0 位。这四位全部是 0。在 D0 位的数字 0 被采样后，串行时钟信号的上升沿，输出端口的模拟电压刷新。

4. TLV5625 的工作模式

（1）通道 A 单独工作在快速模式：从 DIN 引脚输入的数据是：1100AAAAAAAA0000，其中 8 个 A 表示被转换的 8 位二进制数据，以下相同。

（2）通道 B 单独工作在快速模式：从 DIN 引脚输入的数据是：0100BBBBBBBB0000，其中 8 个 B 表示被转换的 8 位二进制数据，以下相同。

（3）通道 A、通道 B 同步工作在慢速模式：首先将 B 通道的被转换数据，锁存在缓冲器 Buffer 中，即从 DIN 引脚输入的数据是：0001BBBBBBBB0000。然后将 A 通道被转换的数据，输入 A 通道 D/A 转换寄存器 DACA；同时，将缓冲器 Buffer 中先期寄存的 B 通道被转换数据，输入 B 通道 D/A 转换寄存器 DACB，所以从 DIN 引脚输入的数据是：1000AAAAAAAA0000。

实例 31　TLV5625 数模转换

1. 功能要求

应用 TLV5625 实现 D/A 转换，通道 A、通道 B 可单独工作，也可同步工作，输出锯齿波。

2. 硬件说明

硬件电路图如图 8-18 所示，由于 TLV5625 的模拟参考电压为 2.048～3.5 V，所以用两个 10 kΩ的电阻串联，从 5 V 电源分压得到 2.5 V 参考电压。

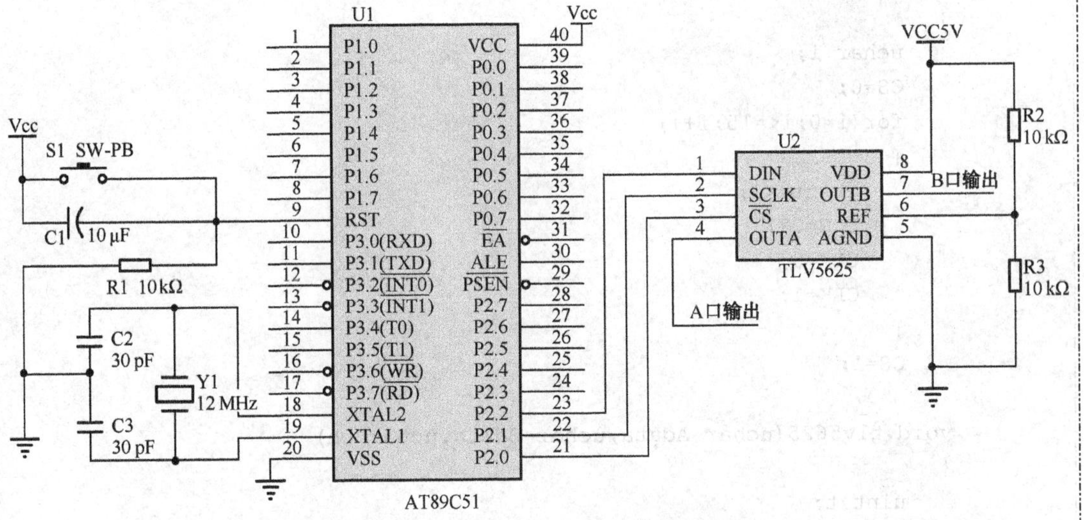

图 8-18　TLV5625 实现 D/A 转换硬件电路图

3. 软件说明

子函数 TLV5625 有三个参数：通道 A 转换数据、通道 B 转换数据及通道号；通道号为 1，是 A 通道单独工作在快速模式，第二个参数为 0；通道号为 2，是 B 通道单独工作在快速模式，第一个参数为 0；通道号为 3，是 A、B 两通道同步工作在慢速模式。主函数中 tlv5625（i,0,1），是 A 通道输出锯齿波；主函数中 tlv5625（0,i,2），是 B 通道输出锯齿波；主函数中 tlv5625（i,i,3），是 A、B 通道同步输出锯齿波；若将主函数改为：

```
main()
{
    uint i;
    while(1)
    {
      for(i=0;i<=360;i++)
        tlv5625((uint)(127+128*cos(i/180.0*3.14)),(uint)(127+128*
sin(i/180.0*3.14)),3);
    }
}
```

则 A、B 通道同步输出，在示波器 X-Y 模式下轨迹是一个圆。

4. 程序清单

```
#include <reg52.h>
#define uchar unsigned char
#define uint unsigned int
sbit CS=P2^0;
sbit CLK=P2^1;
sbit DIN=P2^2;
//************************************
void adc(uint tt)
{
    uchar i;
    CS=0;
    for(i=0;i<=15;i++)
    {
        tt=tt<<1;
        DIN=CY;
        CLK=0;
        CLK=1;
    }
    CS=1;
}
void tlv5625(uchar Adata,uchar Bdata,uchar ch)
{
    uint t;
    switch(ch)
    {
        case 1:t=(0x0c<<12)|(Adata<<4);adc(t);break;
        case 2:t=(0x04<<12)|(Bdata<<4);adc(t);break;
        case 3:t=(0x01<<12)|(Bdata<<4);adc(t);t=(0x08<<12)|(Adata<<4);
```

```
            adc(t);break;
        default:break;
    }
}
main()
{
    uint i;
    while(1)
    {
        for(i=0;i<=255;i++)
            tlv5625(i,0,1);
    }
}
```

8.5　AD7543 的引脚功能与使用

AD7543 是 AD 公司生产的 12 位串行 D/A 转换芯片，输出的模拟量信号是电流，所以一般通过外接运放来获得电压。其 DIP 封装实物图如图 8-19 所示，其引脚及结构功能框图如图 8-20 所示。表 8-7 列出了其引脚的定义。

图 8-19　AD7543 实物图

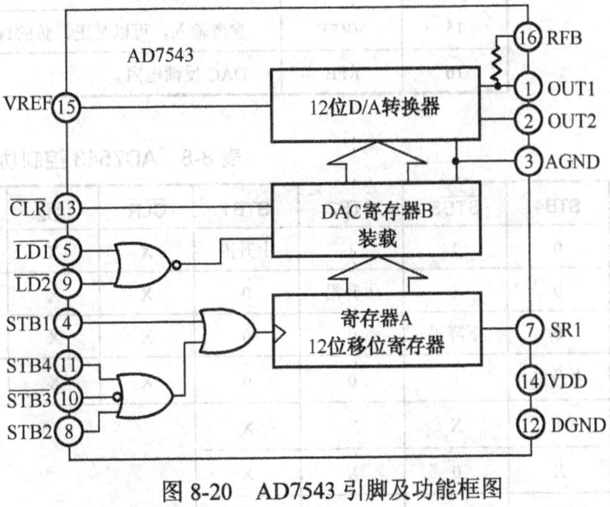

图 8-20　AD7543 引脚及功能框图

从图 8-20 及表 8-8 可以看到 AD7543 的控制思路：

（1）SRI 引脚上的串行数据在时钟信号（可以是 STB1、STB2 或 STB4 的上升沿，也可以是 $\overline{\text{STB3}}$ 的下降沿）作用下，一位接一位（高位在前）地进入移位寄存器中。实际应用中，使用 STB1 产生时钟信号，STB2 和 STB4 接地，STB3 接 5V 电源。

（2）当移位寄存器 A 被装满以后（12 位），$\overline{\text{LD1}}$ 和 $\overline{\text{LD2}}$ 同时拉低为低电平时，移位寄存器 A 中的数据，被送入 DAC 寄存器 B 并开始转换，故 $\overline{\text{LD1}}$ 和 $\overline{\text{LD2}}$ 一般并接在一起使用。

（3）DAC 寄存器 B，可以通过 $\overline{\text{CLR}}$ 引脚电平的拉低异步清 0，此举可以用来初始化 AD7543。

表 8-7　AD7543 引脚定义

引脚序号	引脚名称	功 能 描 述
1	OUT1	D/A 转换电流输出引脚，一般接运放的虚地
2	OUT2	D/A 转换电流输出引脚，一般接地
3	AGND	模拟地
4	STB1	寄存器 A 选通 1 输入引脚，具体见表 8-8 所示
5	$\overline{LD1}$	ADC 寄存器 B 输入引脚 1；当 LD1 和 LD2 均为低电平时，寄存器 A 的内容被输入到 DAC 寄存器 B 中
6	NC	空引脚，不接
7	SRI	串行数据输入引脚，高位在前、低位在后
8	STB2	寄存器 A 选通 2 输入引脚，具体见表 8-8
9	$\overline{LD2}$	ADC 寄存器 B 输入引脚 2；当 LD1 和 LD2 均为低电平时，寄存器 A 的内容被输入到 DAC 寄存器 B 中
10	$\overline{STB3}$	寄存器 A 选通 3 输入引脚，具体见表 8-8
11	STB4	寄存器 A 选通 4 输入引脚，具体见表 8-8
12	DGND	数字地
13	$\overline{CLR}$	清除寄存器 B 输入引脚；低电平有效，可将寄存器 B 的内容清 0
14	VDD	+5V 电源端
15	VREF	参考输入，可以是正、负的直流电压，也可以是交流信号
16	RFB	DAC 反馈电阻

表 8-8　AD7543 控制功能表

STB4	$\overline{STB3}$	STB2	STB1	$\overline{CLR}$	$\overline{LD2}$	$\overline{LD1}$	功 能 描 述
0	1	1	上升沿	X	X	X	SRI 引脚的数据选通进入寄存器 A
0	1	上升沿	0	X	X	X	
0	下降沿	0	0	X	X	X	
上升沿	1	0	0	X	X	X	SRI 引脚的数据选通进入寄存器 A
1	X	X	X				寄存器 A 无操作
X	0	X	X				
X	X	1	X				
X	X	X	1				
				0	X	X	将寄存器 B 异步清 0
				1	1	X	寄存器 B 无操作
				1	X	1	
				1	0	0	寄存器 A 内容装载进入寄存器 B

图 8-21 给出了 AD7543 的工作时序图。

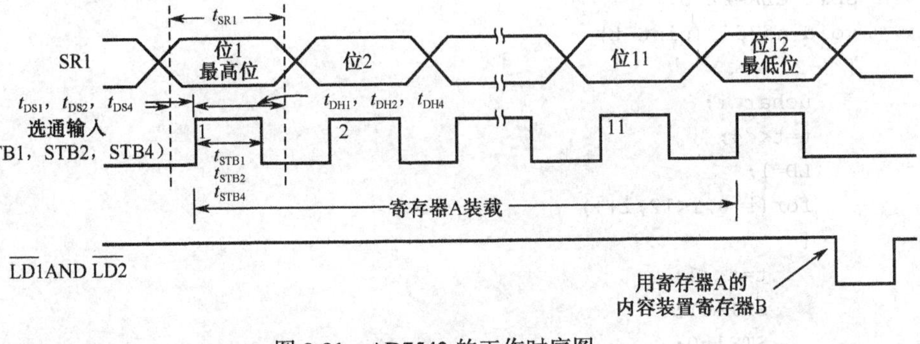

图 8-21　AD7543 的工作时序图

实例 32　AD7543 数模转换

1. 功能要求

应用 AD7543 实现 D/A 转换，输出锯齿波模拟电压信号。

2. 硬件说明

硬件电路图如图 8-22 所示，由于 AD7543 输出的是电流信号，因此外接运放，此处选用 OP07。用 STB1 产生时钟信号，串行数据由 SRI 引脚输入，$\overline{CLR}$ 用于初始化清 0，VREF 外接一可调电阻后接参考电压，此处选-10 V，所得结果即为正电压 0～10 V。反馈电阻选用 60 Ω电阻，相位补偿电容选用 15～25 pF 即可。

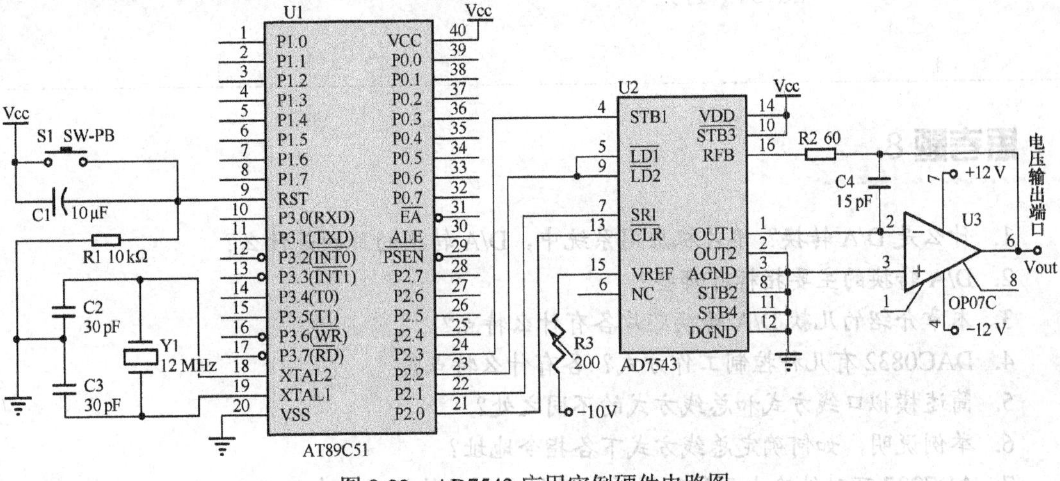

图 8-22　AD7543 应用实例硬件电路图

3. 程序清单

```
#include <reg52.h>
#define uchar unsigned char
#define uint unsigned int
sbit STB1=P2^0;
sbit SRI=P2^1;
```

```
    sbit LD=P2^2;
    sbit CLR=P2^3;
    void ad7543(uint t)
    {
        uchar i;
        t=t<<4;
        LD=1;
        for(i=0;i<12;i++)
        {
            t=t<<1;
            SRI=CY;
            STB1=0;
            STB1=1;
        }
        LD=0;
    }
    main()
    {
        uint i;
        CLR=0;
        CLR=1;
        while(1)
        {
            for(i=0;i<=4095;i++)
                ad7543(i);
        }
    }
```

思考题 8

1. 什么是 D/A 转换？单片机应用系统中，D/A 转换的目的是什么？
2. D/A 转换的主要指标有哪些？
3. 本章介绍的几款 D/A 转换芯片各有什么特点？
4. DAC0832 有几种控制工作方式？各有什么特点？
5. 简述模拟口线方式和总线方式的不同之处？
6. 举例说明，如何确定总线方式下各指令地址？
7. AD7237 可对外输出几种范围的电压信号？硬件接线中有何区别？
8. 简述 TLV5625 中被转换的 16 位数据的组成。
9. 简述 A/D 转换结果中，如何将电流信号转换为电压信号？
10. 市售 D/A 芯片还有哪些类型，哪些是性能好较为常用的？简单说明其使用方法。

第9章

串口通信

单片机与外界进行信息交换，称为通信。通信有并行通信和串行通信两种基本方式。并行通信是多位数据同时被发送或接收，如图 9-1（a）所示；串行通信则是数据逐位依次被发送或接收，如图 9-1（b）所示。

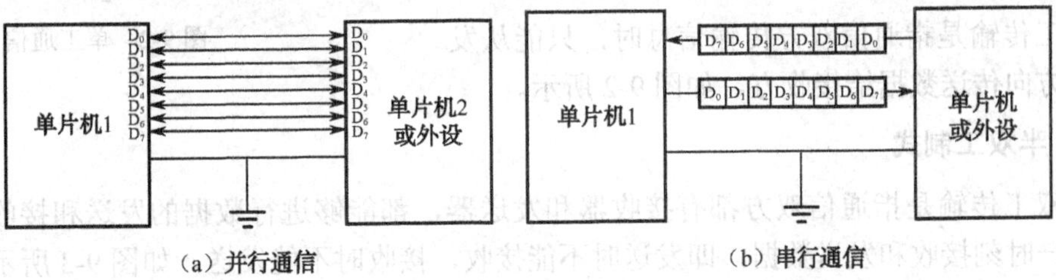

图 9-1　通信方式

并行通信和串行通信各有其优缺点，具体如表 9-1 所示。

表 9-1　并行通信和串行通信的特点

通信方式	优　点	缺　点
并行通信	多位数据同时传输，传送速度快	线路位数多，不便长距离传送
串行通信	适合长距离通信，节省传输线路，有一定的纠错能力	多位数据逐位依次传输，传送速度较慢

9.1 串行通信的分类

串行通信适合长距离、节省传输线路、有纠错能力的突出优点，使其逐渐成为单片机与其他系统通信的主要方式。串行通信又细分为异步通信和同步通信，单片机主要采用异步通信方式。

1. 异步通信

异步通信数据按帧传输，一帧数据包含起始位、数据位、校验位和停止位。异步通信凭借传输信息中设置的起始位、停止位来保持通信同步。

异步通信对硬件要求不高，容易实现且灵活，适用于数据的随机发送/接收，但因传送一个字节的数据就要建立一次同步，加上起始位、校验位和停止位，使得工作速度相对较低。

2. 同步通信

同步通信传输的信息，是由 1～2 个同步字符和多字节数据位组成的。同步字符用于保持通信同步并作为起始位，用以触发同步时钟开始发送或接收数据；多字节数据之间不能有空隙，每位占用的时间相等。

同步通信传输速度快，但需要准确的时钟来实现收发双方的严格同步，硬件要求高，多用于批量数据传送。

9.2 串行通信的制式

串行通信按照数据传送方向的不同，有三种传输方式。

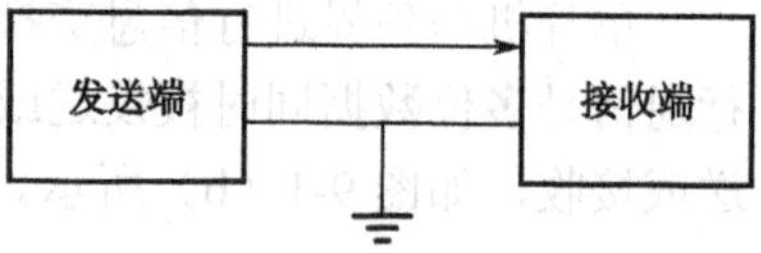

图 9-2 单工通信

1. 单工制式

单工传输是指通信双方传输信息时，只能从发送方单方向传送数据给接收方，如图 9-2 所示。

2. 半双工制式

半双工传输是指通信双方都有接收器和发送器，都能够进行数据的发送和接收，但不能在同一时刻接收和发送数据，即发送时不能接收，接收时不能发送，如图 9-3 所示。

3. 全双工制式

全双工传输是指通信双方均设有发送器和接收器，通信信道相互独立，既有发送信道又有接收信道。因此，全双工传输可实现通信双方数据的同时发送和接收，即发送时可以接收，接收时也可以发送，如图 9-4 所示。

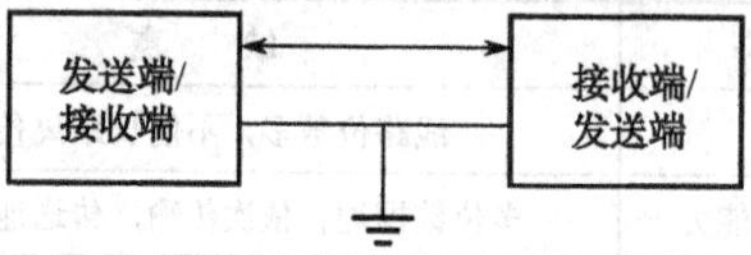

图 9-3 半双工通信

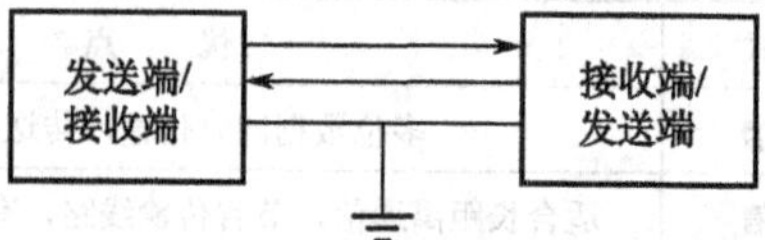

图 9-4 全双工通信

51 单片机内部的串行接口是全双工的，即它能同时发送和接收数据。发送缓冲器只能写入而不能读出，接收缓冲器只能读出而不能写入。串行口还具有接收缓冲功能，即从接收缓冲器中读出前一个已收到的字节数据之前，就可以开始接收第二字节数据了。串行口的内部结构如图 9-5 所示。

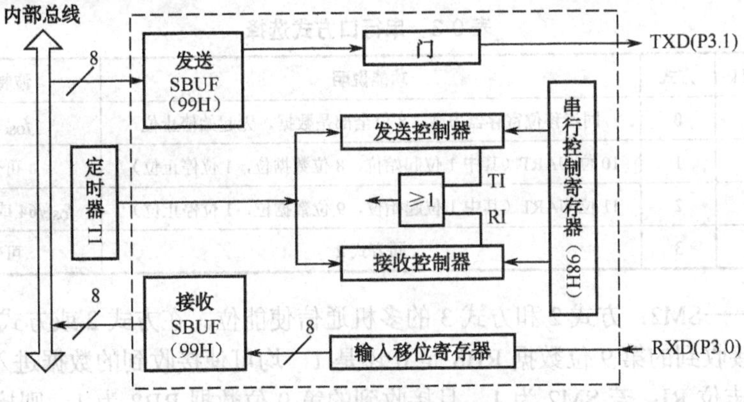

图 9-5 串行口结构示意图

9.3 单片机的串口缓冲器和工作寄存器

9.3.1 串口缓冲器 SBUF

串口缓冲器 SBUF，是在物理上彼此独立的两个缓冲器：一个是接收缓冲器，用于存放接收到的数据；另一个是发送缓冲器，用于存放待发送的数据。所以，数据的发送和接收可以同时进行。两个缓冲器共用一个地址 99H，通过对 SBUF 的读、写语句，可以区分当前进行的操作是针对接收缓冲器还是发送缓冲器：如果 CPU 在写 SBUF，操作的对象就是发送缓冲器；而 CPU 在读 SBUF 时，操作的对象就是接收缓冲器了。例如：

```
SBUF=send[i];            //发送第 i 个数据
buffer[i]=SBUF;          //接收数据
```

9.3.2 串行口的工作寄存器

51 串行口工作时，需要进行相关寄存器的设置。只有设置正确，串行口才能正常工作。需要进行设置的寄存器，有串行口控制寄存器 SCON、电源控制器 PCON、中断允许寄存器 IE 和中断优先级寄存器 IP。其中 IE 和 IP 寄存器已在第 4 章有过详细介绍，此处重点介绍 SCON 和 PCON。

1. 串行口控制寄存器 SCON

串行口控制寄存器 SCON 是一个 8 位的寄存器，如表 9-2 所示。系统复位时，SCON 中的所有位都被清 0。其各位功能及含义如下。

表 9-2 SCON 寄存器

位 7	位 6	位 5	位 4	位 3	位 2	位 1	位 0
SM0	SM1	SM2	REN	TB8	RB8	TI	RI

（1）位 7、位 6——SM0、SM1：串行口操作方式选择位。SM0 和 SM1 这两个选择位组合后，对应串行口的四种工作方式，具体如表 9-3 所示。

表 9-3 串行口方式选择

SM0 SM1	方式	功能说明	波特率
0 0	0	同步移位寄存器方式，8 位全部是数据，无起始停止位	fosc/12
0 1	1	10 位 UART（其中 1 位起始位，8 位数据位，1 位停止位）	可变
1 0	2	11 位 UART（其中 1 位起始位，9 位数据位，1 位停止位）	fosc/64 或 fosc/32
1 1	3	同方式 2	可变

（2）位 5——SM2：方式 2 和方式 3 的多机通信使能位。在方式 2 或方式 3 中，若 SM2 为 0，则不论接收到的第 9 位数据 RB8 是 0 还是 1，均可使接收到的数据进入 SBUF，并激活接收中断标志位 RI；若 SM2 为 1，且接收到的第 9 位数据 RB8 为 1，则接收到的数据进入 SBUF，并激活接收中断标志位 RI；若 SM2 为 1，且接收到的第 9 位数据 RB8 为 0，则接收到的数据被丢弃，接收中断标志 RI 不会被激活。在方式 1 中，若 SM2=1，则只有在收到有效的停止位时，才会激活 RI。在方式 0 中，SM2 必须置为 0。

（3）位 4——REN：串行数据接收允许位。REN=1，允许串行口接收数据；REN=0，禁止串行口接收数据。该位由软件置位或清 0。

（4）位 3——TB8：方式 0 和方式 1 中不使用该位。在方式 2 和方式 3 中，TB8 中的值（1 位二进制数）是发送数据的第 9 位，可按需要由软件指定其功能（数据的奇偶校验位或多机通信中的地址帧/数据帧的标志，一般 1 是地址帧，0 是数据帧）。

（5）位 2——RB8：是方式 2 和方式 3 中已接收到的第 9 位数据。在方式 1 中，若 SM2=0，RB8 是接收到的停止位。在方式 0 中，不使用 RB8 位。

（6）位 1——TI：发送中断标志位。在方式 0 中，当串行发送完 8 位数据时，由硬件置 1，表明发送中断有请求；在其他方式中，在发送停止位时，由内部硬件置 1。需要特别注意的是，无论在何种方式，该位都必须由软件来清 0。

（7）位 0——RI：接收中断标志位。在方式 0 中，当串行接收到 8 位数据结束时，由硬件置 1。无论在何种方式，该位都必须由软件来清 0。

2. 电源控制器 PCON

PCON 是一个特殊功能寄存器，它是一个 8 位寄存器。在串口通信中，只用到 8 位中 SMOD 这一位（位 7）。该位是波特率选择位，在串行口工作在方式 1、2 或 3 时，若 SMOD=1，则波特率提高一倍。复位时，SMOD 值为 0。

3. 中断允许寄存器 IE

中断允许寄存器 IE 的位 4（ES）是串行口中断允许位，ES=1，允许串行口中断（总开关 EA=1 时）；ES=0，禁止串行口中断。中断允许寄存器 IE 如表 9-4 所示。

表 9-4 IE 寄存器

位 7	位 6	位 5	位 4	位 3	位 2	位 1	位 0
EA			ES	ET1	EX1	ET0	EX0

4. 中断优先级寄存器 IP

中断优先级寄存器 IP 的位 4（PS），是串行口中断优先级控制位。PS=1，串行口定义为高优先级中断源；PS=0，串行口定义为低优先级中断源。

9.3.3 串行口工作方式

串行口的工作方式由 SM0 和 SM1 定义，编码和功能如表 9-3 所示，下面分别介绍 4 种工作方式及其用途。

1. 方式 0

串行口的工作方式 0 为同步移位寄存器输入输出方式，可外接移位寄存器，以扩展 I/O 口，也可外接同步 I/O 设备。

当串行口在方式 0 下发送（输出）数据时，数据串行逐位从 RXD 引脚输出；而 TXD 引脚则作移位脉冲的输出端，输出移位需要的同步时钟。当串行口在方式 0 下接收（输入）数据时，RXD 端为数据输入端，TXD 仍为同步脉冲信号输出端。接收器接收 RXD 端输入的数据信息，波特率是振荡频率的 1/12。

方式 0 主要用于 I/O 扩展的场合。此方式下的串行口，通过外接串入并出移位寄存器，可扩展输出口；通过外接并入串出移位寄存器，可扩展输入口。

串行口工作在方式 0 时，需要注意以下两点。

（1）方式 0 发送或接收完 8 位数据后，发送中断标志 TI 或接收中断标志 RI，由硬件置 1。但在 CPU 响应了发送中断或接收中断的中断请求，并转入中断服务程序时，CPU 并不自动将 TI 或 RI 清 0，因此，用户必须编程将中断标志 TI 或 RI 清 0。

（2）串行口在方式 0 下工作时，SM2 位必须为 0。

2. 方式 1

串行口工作在方式 1 时，是一个波特率可变的 10 位异步通信接口，即 1 位起始位，8 位数据位（低位在先）和 1 位停止位，其中起始位和停止位是在发送时自动插入的。波特率的大小，取决于定时器 1 或定时器 2 的溢出速率。

当串行口在方式 1 下发送（输出）数据时，TI 必须为 0。当 CPU 执行任何一条以 SBUF 为目的寄存器的指令或语句，都启动一次发送。数据发送完时，发送中断标志位 TI 置 1。当串行口在方式 1 下接收（输入）数据时，其接收的前提条件是，串行口控制寄存器 SCON 的 REN 位为 1，同时还要满足两个条件：①RI 必须为 0；②SM2=0 或者接收到的停止位为 1，否则接收到的数据会被丢弃。如果正确接收，则接收到的数据被装载进 SBUF 和 RB8 位，接收中断标志位 RI 被置 1。

方式 1 一般多用于两个单片机之间的数据通信。串行口工作在方式 1 时，发送中断标志 TI 或接收中断标志 RI，须由用户清 0。

3. 方式 2 和方式 3

串行口工作在方式 2 和方式 3，是 11 位的异步通信接口。方式 2 和方式 3 的操作过程完全一样，仅仅是波特率不同。方式 2 的波特率固定，为 $f_{osc}/32$ 或 $f_{osc}/64$；方式 3 的波特率可变，取决于定时器 1 或定时器 2 溢出速率。方式 2 和方式 3 的帧格式如表 9-5 所示。

表 9-5　方式 2 和方式 3 的帧格式

位 0	位 1	位 2	位 3	位 4	位 5	位 6	位 7	位 8	位 9	位 10
起始	D0	D1	D2	D3	D4	D5	D6	D7	TB8/RB8	停止

当串行口在方式 2 或者方式 3 下发送（输出）数据时，任何一条写 SBUF 的语句，都可启动一次发送。当第 9 位数据（TB8）输出之后，发送中断标志位 TI 被置 1。当串行口在方式 2 或者方式 3 下接收（输入）数据时，其前提条件依然是，SCON 寄存器的 REN 位为 1；同时还要满足两个条件：①RI 必须为 0；②SM2=0 或者接收到的停止位为 1，否则接收到的数据会被丢弃。如果正确接收，则接收到的数据被装载进 SBUF 和 RB8 位，接收中断标志位 RI 被置 1。

需要注意的是，在方式 2 和方式 3 中，装入 RB8 的是第 9 位数据，而不是停止位；但在方式 1 中，装入 RB8 的第 9 位是停止位。

9.3.4　波特率

串行口每秒钟发送（或接收）的二进制数的位数称为波特率，一般用 Mb/s、kb/s 或 b/s 作单位表示。设发送一位数据所需要的时间为 T，则波特率为 $1/T$。为保证数据的正确发送和接收，单片机间必须使用相同的波特率。

串行口以方式 0 工作时，波特率固定为时钟振荡器频率的 1/12；以方式 2 工作时，波特率为时钟振荡器频率的 1/64 或 1/32（PCON 中的 SMOD 位为 1 对应 1/32；PCON 中的 SMOD 位为 0 对应 1/64）。

方式 1 和方式 3 的波特率，由定时器 1 的溢出率所决定。当定时器 1 作波特率发生器时，波特率由下式确定：

$$\text{波特率}=\frac{2^{\mathrm{SMOD}}}{32}\times \mathrm{T1}\ \text{溢出率}$$

上述波特率的计算公式也可以表示为：

$$\text{波特率}=\frac{2^{\mathrm{SMOD}}}{32}\times\frac{f_{\mathrm{OSC}}}{12\times(256-X)}$$

其中，X 是定时器 T1 工作在方式 2 时的定时初始值。

在串行通信的实际使用中，单片机的晶振频率必须选用 11.0592 MHz；否则，在定时器 1 的初值计算时，将会出现晶振频率不能被整除的问题，使波特率存在较大误差，从而导致串行通信的质量变差。另外，在波特率选定之后，可查看常用波特率与定时器 T1 初值关系表，如表 9-6 所示，直接获得定时器 T1 初始值 X。

表 9-6　常用波特率与定时器 T1 初值关系表

方式	晶振频率 f_{OSC}（MHz）	SMOD	波　特　率	定时器 T1		
				$C/\overline{T}$	方式	初始值
0	12	X	$f_{\mathrm{OSC}}/12$=1 Mb/s	×	×	×
2	12	0	$f_{\mathrm{OSC}}/64$=187.5 kb/s	×	×	×
	12	1	$f_{\mathrm{OSC}}/32$=375 kb/s	×	×	×

续表

方式	晶振频率 f_{OSC}（MHz）	SMOD	波特率	定时器 T1		
				$C/\overline{T}$	方式	初始值
1 或 3	12	1	$\frac{2^1}{32}\times\frac{12M}{12\times(256-255)}=62.5\text{ kb/s}$	0	2	0xFF
	11.0592	1	$\frac{2^1}{32}\times\frac{11.0592M}{12\times(256-253)}=19.2\text{ kb/s}$	0	2	0xFD
	11.0592	0	$\frac{2^0}{32}\times\frac{11.0592M}{12\times(256-253)}=9.6\text{ kb/s}$	0	2	0xFD
	11.0592	0	$\frac{2^0}{32}\times\frac{11.0592M}{12\times(256-250)}=4.8\text{ kb/s}$	0	2	0xFA
	11.0592	0	$\frac{2^0}{32}\times\frac{11.0592M}{12\times(256-244)}=2.4\text{ kb/s}$	0	2	0xF4
	11.0592	0	$\frac{2^0}{32}\times\frac{11.0592M}{12\times(256-232)}=1.2\text{ kb/s}$	0	2	0xE8

实例 33　单片机间的串行通信

1. 功能说明

单片机 a 与单片机 b，通过串行口进行通信。a 机发送数据，b 机接收 a 机发送的数据，并进行相应处理。按键 K1 每按下一次，连接在 b 机 P2.0 引脚的蜂鸣器就报警鸣响一次，同时，连接在 b 机 P2.7 引脚的发光二极管 D1 闪烁一次。按键 K2 每按下一次，连接在 b 机 P2.0 引脚的蜂鸣器报警鸣响两次，同时，连接在 b 机 P2.7 引脚的发光二极管 D1 闪烁两次。

2. 硬件说明

（1）硬件电路连接如图 9-6 所示，单片机 a 的 P3.1 引脚（TXD），连接到单片机 b 的 P3.0 引脚（RXD）。

（2）按键 K1 和 K2 分别连接到单片机 a 的 P1.0 和 P1.1 引脚；

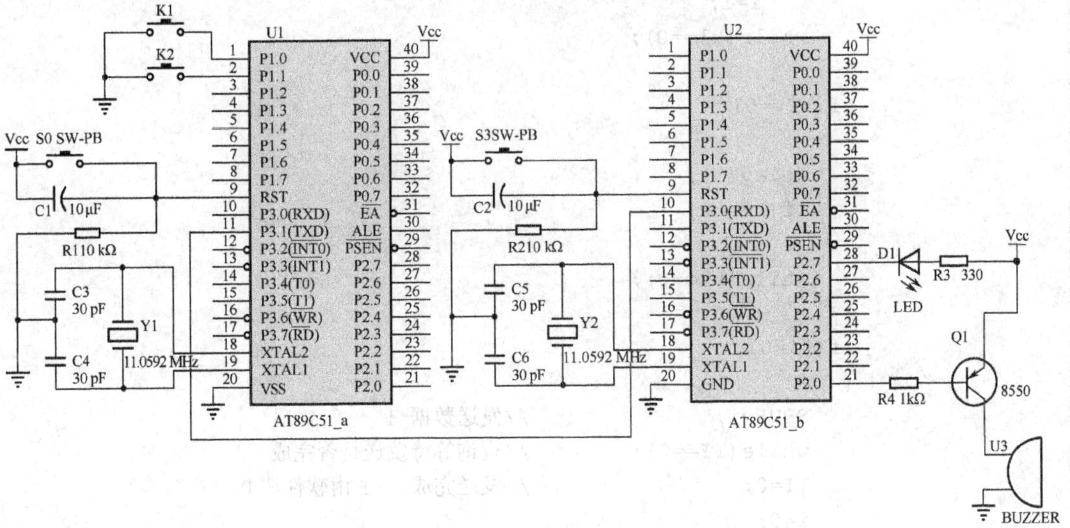

图 9-6　双机串口通信硬件连接图

3. 程序清单

（1）双机串口通信，a 机发送数据程序：

```
#include <reg52.h>
#define uchar unsigned char
sbit k1=P1^0;
sbit k2=P1^1;
uchar i=0;
//**************************************************************
void delay(uchar i)                   //延时子函数
{
    uchar j,k;
    for(k=0;k<i;k++)
        for(j=0;j<110;j++);
}
//**************************************************************
main()                                //主函数
{
    TMOD=0x20;                        //定时器 1 工作于方式 2
    TL1=0xF4;                         //波特率为 2400b/s
    TH1=0xF4;
    TR1=1;
    SCON=0x50;                        //设置串行口工作在方式 1，允许接收
    while(1)
    {
        if(k1==0)
        {
            delay(5);
            if(k1==0)
                i=1;
            while(k1==0);
        }
        if(k2==0)
        {
            delay(5);
            if(k2==0)
                i=2;
            while(k2==0);
        }
        if(i!=0)
        {
            SBUF=i;                   //发送数据 i
            while(TI==0);             //查询等待发送是否完成
            TI=0;                     //发送完成，TI 由软件清 0
            i=0;
        }
```

```
    }
}
```

(2) 双机串口通信，b 接收数据程序

```
#include<reg52.h>
#define uchar unsigned char
#define uint unsigned int
sbit beep=P2^0;
sbit D1=P2^7;
uchar x=0,y;
//**************************************************************
void delay(uchar i)              //延时子函数
{
    uchar j,k;
    for(k=0;k<i;k++)
        for(j=0;j<110;j++);
}
//**************************************************************
main()                           //主函数
{
    TMOD=0x20;                   //定时器 1 工作于方式 2
    TL1=0xF4;                    //波特率为 2400 b/s
    TH1=0xF4;
    TR1=1;
    SCON=0x50;                   //设置串行口工作在方式 1，允许接收
    ES=1;                        //开串行口中断
    EA=1;                        //开总中断允许位
    while(1)
    {
        if(x==1)                 //K1 控制报警闪烁一次
        {
            beep=0;
            D1=1;
            delay(200);
            beep=1;
            D1=0;
            delay(200);
            D1=1;
            x=0;
        }
        if(x==2)                 //K2 控制报警闪烁十次
        {
            for(y=10;y>0;y--)
            {
                beep=0;
                D1=1;
```

```
                    delay(200);
                    beep=1;
                    D1=0;
                    delay(200);
                }
                D1=1;
                x=0;
            }
        }
    }
//************************************************************
void serial(void) interrupt 4        //串口中断类型号为 4
{
    EA=0;                            //关中断
    RI=0;                            //软件清除中断标志位
    x=SBUF;                          //接收数据
    EA=1;                            //开中断允许位
}
```

9.4 单片机多机通信

承前所述，串行口以方式 2 和方式 3 接收时，若 SM2 为 1，则只有当接收器接收到的第 9 位数据为 1 时，数据才被装入接收缓冲器，并将接收中断标志 RI 位置 1，同时向 CPU 发出中断申请；如果接收到的第 9 位数据为 0，则不产生中断标志，接收到的数据也将被丢弃；而 SM2 为 0 时，当接收到一个数据信息后，不管第 9 位数据是 1 还是 0，都使接收中断标志位 RI 置 1，并将接收到的数据装入接收缓冲器。通过上述这种方式，就可以实现多个单片机之间的通信。图 9-7，为一种简单的主从式的多机通信系统，主机控制它与各个从机之间的通信，而各个从机之间的通信也必须经过主机才能实现，可见，从机是被动的。

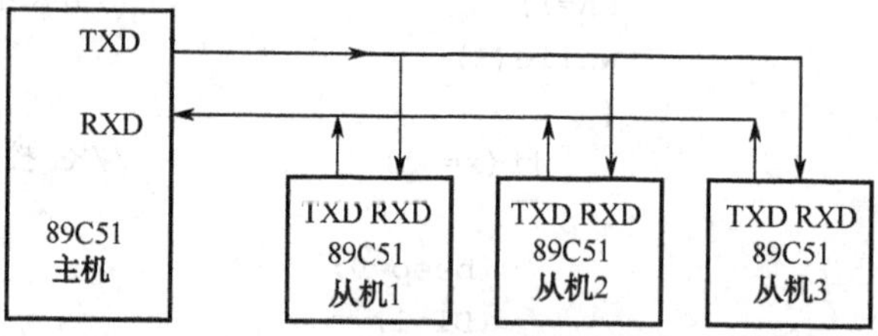

图 9-7　多机通信连接原理图

从机的初始化程序（或相关的处理程序）中，将从机的串行口设置在方式 2 或方式 3 下，用于接收数据，且置 SM2 为 1 和允许串行口中断。当主机准备发送一数据块给从机时，主机首先送出一个地址字节，用于辨认目标从机。可用发送数据的第 9 位来区别当前发送的是地址字节信息还是数据字节信息：发出地址信息时第 9 位为 1，发数据（包括命令）信息时第 9 位为 0。主机发送的是地址信息，所以发送数据的第 9 位为 1；而各从机接收到主机发送来的地址信息中，接收到的第 9 位信息（RB8）必定为 1。由于此时所有从机的 SM2 都为 1，因此所有从机将其接收中断标志 RI 置 1，并将接收到的地址信息存进 SBUF 中。这时，让每一台从机都检查一下，看自己的地址与接收到主机发送来的地址是否相符。若某一台从机的地址与接收到的地址相符，则将该从机的 SM2 位清 0；其他地址不相符的从机，则保持 SM2=1 的状态不变。地址相符的从机，将 SM2 位清 0 的目的，是准备接收主机即将发送来的数据（或命令）。在主机发送数据时，地址相符的从机由于 SM2=0，则不论接收的第 9 位（RB8）是 0 还是 1，它都将接收到的数据存入 SBUF，并激活接收中断标志 RI。相反，那些地址不相符的从机，由于 SM2 依旧保持为 1，则当主机发送数据时（主机发送的第 9 位数据是 0；其中，0 代表的是数据，而 1 代表的是地址），这些从机接收到的第 9 位数据也是 0，于是，这些从机将所接收到的数据丢失，同时并不激活接收中断标志位 RI。这样，就实现了主机仅对地址相符的那一台从机传输数据信息的功能。

实例 34　三个单片机间的通信与显示控制

1. 功能说明

A、B、C 三个单片机中，A 为主机，B 和 C 为从机。独立按键 K1 是主机 A 外部中断 0 的中断源。当 K1 被第一次按下时，数码管 1 显示数字 1，数码管 2 显示字符“A”（“A”是主机 A 的编号）；同时，连接到主机 A 上 P1.0 引脚的 LED 灯，闪烁 4 次后熄灭。当 K1 被第二次按下时，数码管 1 显示数字 2，数码管 2 显示字符“B”（“B”是从机 B 的编号，此值由从机 B 传回到主机）；同时，连接到从机 B 上的 P1.0 引脚的 LED 灯，闪烁 4 次后熄灭。当 K1 被第三次按下时，数码管 1 显示数字 3，数码管 2 显示字符“C”（“C”是从机 C 的编号，此值由从机 C 传回到主机）；同时，连接到从机 C 上的 P1.0 引脚的 LED 灯，闪烁 4 次后熄灭。当 K1 被第四次按下时，数码管 1 显示数字 1，数码管 2 显示字符“A”（“A”是主机 A 的编号）；同时，连接到主机 A 上 P1.0 引脚的 LED 灯，闪烁 4 次后熄灭……。上述过程循环进行。

2. 硬件说明

（1）硬件电路如图 9-8 所示。主机 A 的 P0 口和 P2 口，分别连接共阴数码管 1 和 2，数码管使用 74HC573 驱动；独立按键 K1 连接到主机 A 的 P3.2 引脚；主机 A 上 P1 口的 P1.0 引脚连接有一只发光二极管 D3；从机 B 和从机 C 的 P3.1 引脚，都连接到主机 A 的 P3.0 引脚；从机 B 和从机 C 的 P3.0 引脚都连接到主机 A 的 P3.1 引脚。

（2）从机 B 和从机 C，除跟主机通过串行线连接外，其 P1 口分别连接一只发光二极管 D2 和 D1。

3. 程序清单

（1）多机通信主机 A 程序

```
#include <reg52.h>
#define uchar unsigned char
#define uint unsigned int
uchar code tab[]={0x3F,0x06,0x5B,0x4F,0x66,0x6D,0x7D,0x07,
              0x7F,0x6F,0x77,0x7C,0x39,0x5E,0x79,0x71};
uchar mode=0;
sbit D3=P1^0;
sbit kk=P3^2;
//************************************************************
```

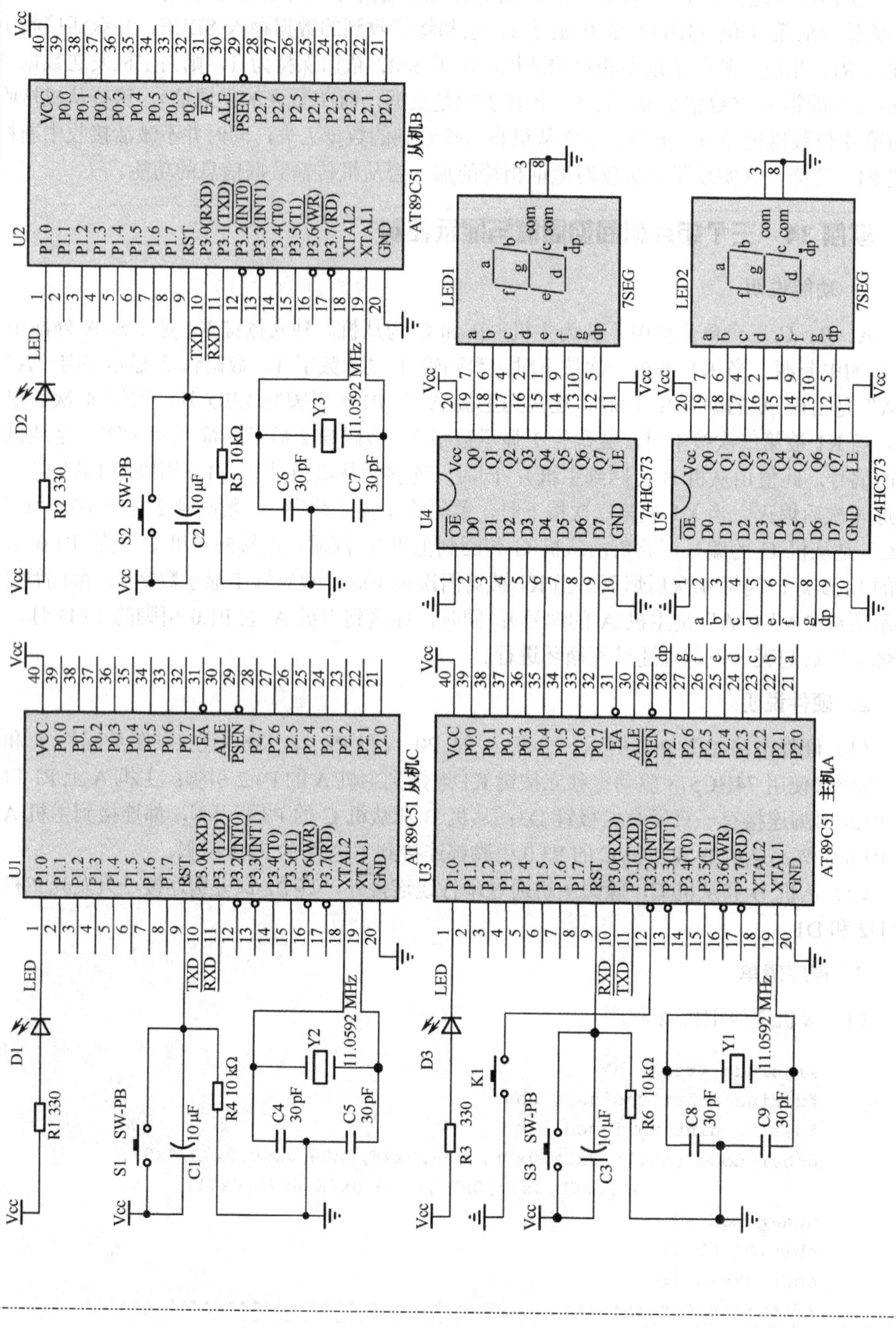

图9-8　单片机多机通信硬件连接图

```
void init()
{
    TMOD=0x20;                  //设定时器 1 的工作方式为方式 2
    TH1=0xfd;                   //设置串行口波特率为 9600
    TL1=0xfd;
    TR1=1;
    SCON=0xd0;                  //设置串行口的工作方式为方式 3，允许接收
    PCON=0x00;
    EA=1;                       //开总中断允许位
    ES=1;                       //开串行口中断
    TI=0;
}
//*************************************************************
void delay(uint i)              //延时子函数
{
    uint j,k;
    for(k=0;k<i;k++)
        for(j=0;j<110;j++);
}
//*************************************************************
void serial_procedure(uchar c)                  //本机串口发送程序
{
    SBUF=c;
    while(TI==0);
    TI = 0;
}
//*************************************************************
void host_control(uchar Add, uchar Cmd)     //主机控制处理程序
{
    TB8 = 1;                                    //地址信息标志
    serial_procedure(Add);
    delay(50);
    TB8 = 0;                                    //数据信息标志
    serial_procedure(Cmd);
    delay(50);
}
//*************************************************************
void key(void)
{
    uchar k;
    if(kk==0)
    {
        delay(10);
        if(kk==0)
        {
            mode=(mode+1)%4;
```

```
            P0=tab[mode];                   //模式数据送 P0 口显示
            if(mode==1)
            {
               P2=tab[10];
               for(k=0;k<=3;k++)
               {
                  D3=0;
                  delay(300);
                  D3=1;
                  delay(300);
               }
            }
         else if(mode==2)
         {
            D3=1;
            host_control('B','O');
         }
         else if(mode==3)
         {
            D3=1;
            host_control('C','O');
         }
         while(kk==0);
         }
      }
}
//**********************************************************************
void UART(void) interrupt 4             //串口数据接收中断处理程序
{
   if(RI)
   {
      RI=0;
      if(SBUF=='B')
         P2=tab[11];
      if(SBUF=='C')
         P2=tab[12];
   }
}
//**********************************************************************
main(void)                              //主程序
{
   init();
   P0=0x00;
   P1=0xff;
   P2=0x00;
   while(1)
```

```
    {
        key();
    }
}
```

（2）多机通信从机 B 程序

```
#include <reg52.h>
#define uchar unsigned char
#define uint unsigned int
sbit D2=P1^0;
uchar RecData;
//************************************************************
void init()
{
    TMOD=0x20;                         //设定定时器 1 的工作方式为方式 2
    TH1=0xfd;                          //设置串行口波特率为 9600
    TL1=0xfd;
    TR1=1;
    SCON=0xf0;                         //设置串行口的工作方式为方式 3，允许接收
    PCON=0x00;
    ES=1;                              //开串行口中断
    EA=1;                              //开总中断允许位
}
//************************************************************
void delay(uint i)                     //延时子函数
{
    uint j,k;
    for(k=0;k<i;k++)
        for(j=0;j<110;j++);
}
//************************************************************
void serial_procedure(uchar c)         //本机串口发送程序
{
    SBUF=c;
    while(TI==0);
    TI=0;
}
//************************************************************
void UART(void) interrupt 4            //串口数据接收中断处理程序
{
    uchar k;
    if(RI)
    {
        RecData=SBUF;
        RI=0;
        if(RB8==1)                     //地址
```

```
        {
            if(RecData=='B') //接收地址与自己地址相符，置 SM2=0，准备接收数据
            {
                SM2=0;
                serial_procedure('B');
            }
        else                                //接收地址与自己地址不相符
            SM2=1;                          //丢弃数据
        }
        if(RB8==0)                          //数据接收
        {
            if(RecData=='O')
            {
                for(k=0;k<=3;k++)
                {
                    D2 = 0;
                    delay(300);
                    D2 = 1;
                    delay(300);
                }
            }
            if(RecData=='C')
                D2 = 1;
            SM2 = 1;
        }
    }
}
//*************************************************************
main()
{
    init();
    P1=0xff;
    while(1);
}
```

（3）多机通信从机 C 程序

```
#include <reg52.h>
#define uchar unsigned char
#define uint unsigned int
sbit D1=P1^0;
uchar RecData;
//*************************************************************
void init()
{
    TMOD=0x20;                          //设定定时器 1 的工作方式为方式 2
    TH1=0xfd;                           //设置串行口波特率为 9600
```

```
    TL1=0xfd;
    TR1=1;
    SCON=0xf0;                          //设置串行口的工作方式为方式 3，允许接收
    PCON=0x00;
    EA=1;                               //开总中断允许位
    ES=1;                               //开串行口中断
}
//*************************************************************
void delay(uint i)                      //延时子函数
{
    uint j,k;
    for(k=0;k<i;k++)
        for(j=0;j<110;j++);
}
//*************************************************************
void serial_procedure(uchar c)          //本机串口发送程序
{
    SBUF=c;
    while(TI==0);
    TI=0;
}
//*************************************************************
void UART(void) interrupt 4             //串口数据接收中断处理程序
{
    uchar k;
    if(RI)
    {
        RecData=SBUF;
        RI = 0;
        if(RB8==1)                      //地址
        {
            if(RecData=='C')  //接收地址与自己地址相符，置 SM2=0，准备接收数据
            {
                SM2=0;
                serial_procedure('C');
            }
            else                        //接收地址与自己地址不相符
                SM2=1;                  //丢弃数据
        }
        if(RB8 == 0)                    //数据接收
        {
            if(RecData=='O')
            {
                for(k=0;k<=3;k++)
                {
                    D1=0;
```

```
                    delay(300);
                    D1=1;
                    delay(300);
                }
            }
            if(RecData=='B')
                D1=1;
            SM2=1;
        }
    }
}
//************************************************************
main()                                          //主程序
{
    init();
    P1=0xff;
    while(1);
}
```

9.5 单片机与PC间通信

单片机和 PC 间的通信，是单片机应用系统中非常重要的一种数据交换方式。PC 上的 COM1 和 COM2 是 PC 和单片机连接的主要接口，它们采用的是 RS-232C 接口标准。

此处有必要介绍一下 RS-232C 标准（协议）。RS-232C 标准（协议）的全称是 EIA-RS-232C 标准，其中 EIA（Electronic Industry Association）代表美国电子工业协会，RS（Recommended Standard）代表推荐标准，232 是标识号，C 代表 RS232 的最新一次修改。常用标准有 RS-232C、RS-422A、RS-423A、RS-485 等。这里只介绍 RS-232C 标准（简称 RS232）。

1. 电气特性

EIA-RS-232C 对电器特性、逻辑电平和各种信号线的功能都做了详细的规定。

在 TXD 和 RXD 上：逻辑 1(MARK)=−3～−15 V；逻辑 0(SPACE)=+3～+15 V。

在 RTS、CTS、DSR、DTR 和 DCD 等控制线上：信号有效（接通，ON 状态，正电压）=+3～+15 V；信号无效（断开，OFF 状态，负电压)= −3～−15 V。

2. 连接器的机械特性

连接器：由于 RS-232C 并未定义连接器的物理特性，因此，出现了 DB-25、DB-15 和 DB-9 等多种类型的连接器。目前，较为常用的串口是 9 针串口（DB-9），下面重点介绍 DB-9 连接器。常见的 9 针串口及其电路符号如图 9-9 所示。其中，图 9-9（a）称为公头，一般作为主板上 COM1 和 COM2 两个串行接口的连接器；图 9-9（b）为母头，作为连接线的接头。在实际使用中应注意区别。公头和母头的针脚顺序完全相同，电路符号也相同，如图 9-9（c）所示。DB-9 的 9 根引脚功能及含义如表 9-7 所示。

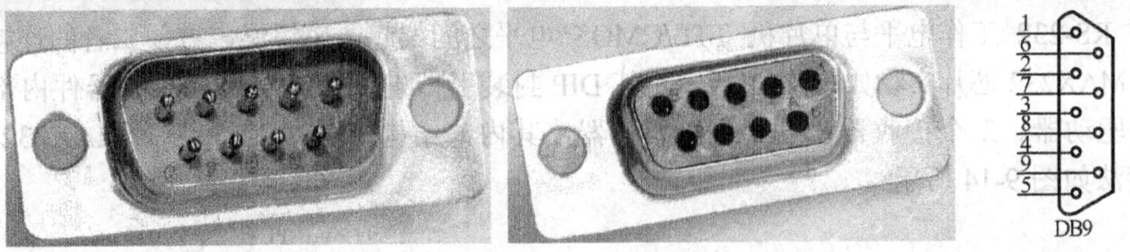

(a)　　　　　　(b)　　　　　　(c)

图 9-9　DB-9 串口接头

3. 接线方式

通信距离较近时（小于 12m），可以用电缆线直接连接标准 RS232 端口；若通信距离较远，则需附加调制解调器（MODEM）。最简单、最常用的接线方式是三线制接法，即通信双方的接收数据线（RXD）、发送数据线（TXD）和信号地线（GND）三根线连接即可，注意，双方的信号地线直接连接，而接收数据线和发送数据线则是交叉连接的，如图 9-10 所示。

表 9-7　9 针串口 DB9 信号引脚说明

针号	缩写	功 能 说 明
1	DCD	数据载波检测
2	RXD	接收数据（串行输入）
3	TXD	发送数据（串行输出）
4	DTR	数据终端准备
5	GND	信号地
6	DSR	数据设备准备好
7	RTS	请求发送
8	CTS	清除发送
9	RI	振铃指示

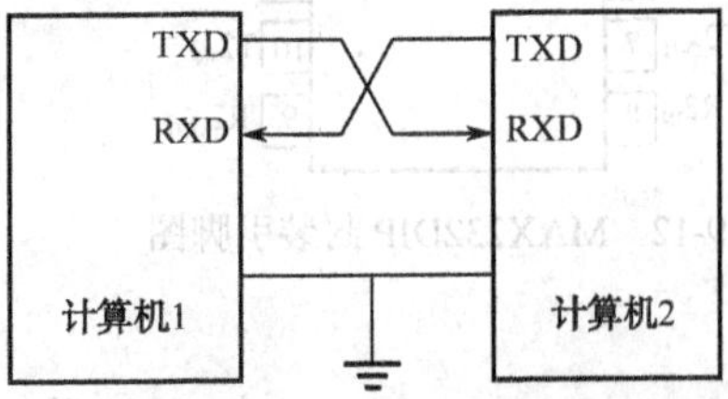

图 9-10　串口三线通信示意图

4. 串口调试中的注意事项

（1）连接缆线长度，在通信速率低于 20 kb/s 时，RS-232C 能连接的最大物理距离为 15 m。

（2）不同编码机制不能混接，如 RS-232C 不能直接与 RS-422 接口相连，必须通过转换器才能连接。

（3）串口调试时使用专门调试工具，如串口调试助手、串口精灵、超级终端等，可以收到事半功倍的效果。

（4）不要带电插拔串口，否则可能导致串口损坏。

如上所述，RS-232 通信的典型工作电平为+3～+12 V 与−3～−12 V，而单片机常用的是 TTL 电平，二者是不能够直接进行连接的，否则会烧坏单片机。因此，要实现单片机和计算机之间的 RS-232 通信，就必须选用相应的接口转换芯片。

MAX232 是由美国 Maxim 公司推出的一款兼容 RS-232 标准的芯片。通过该芯片，可以在 RS-232 工作电平与单片机 TTL/CMOS 电平之间架起一座桥梁，方便二者的连接和通信。MAX232 芯片实物如图 9-11 所示，其 DIP 封装引脚图如图 9-12 所示。该器件内部包含 2 个驱动器、2 个接收器和一个电压发生器，其内部结构如图 9-13 所示。MAX232 的典型接法如图 9-14 所示。

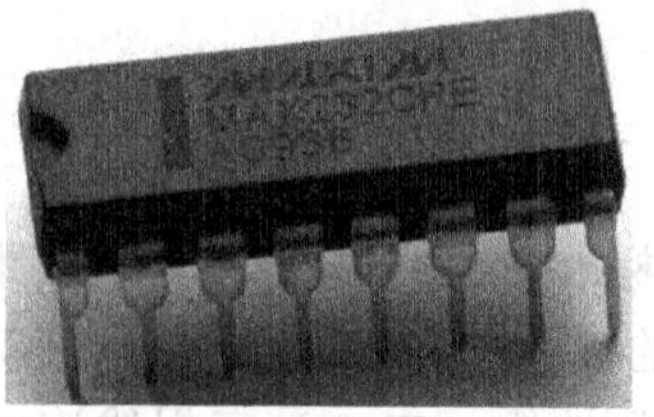

图 9-11　MAX232 芯片实物

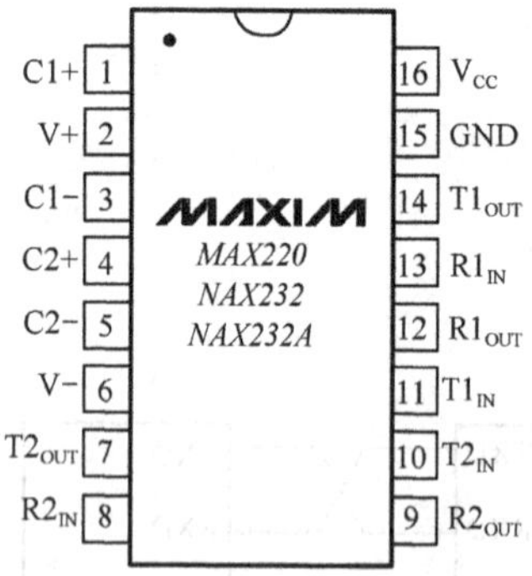

图 9-12　MAX232DIP 封装引脚图

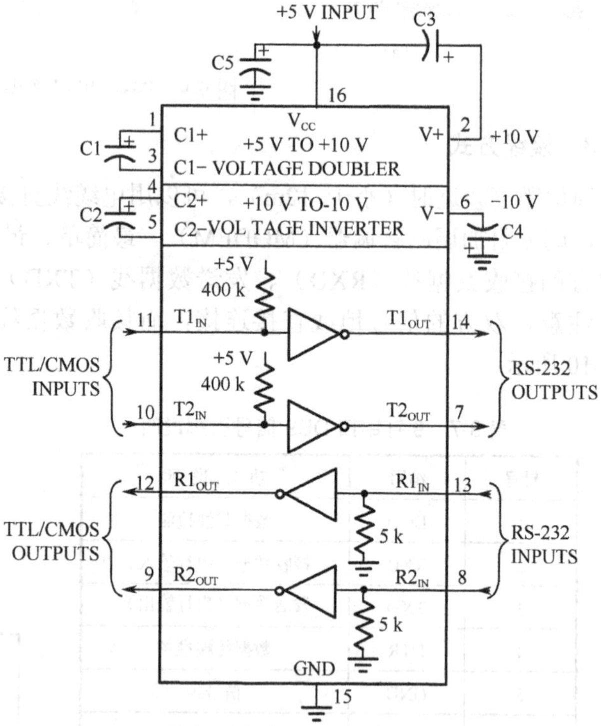

图 9-13　MAX232 内部结构图

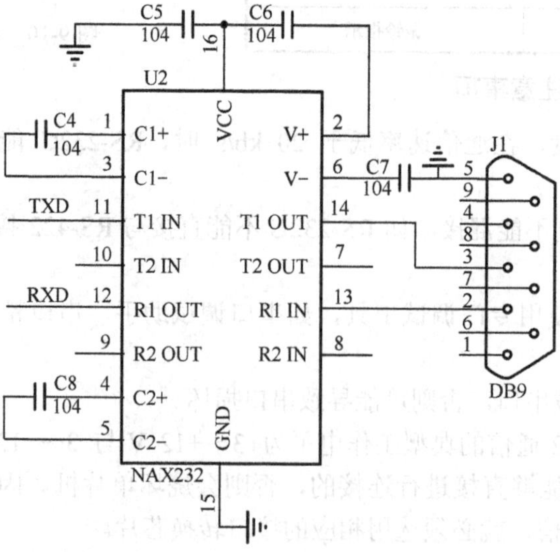

图 9-14　MAX232 芯片引脚及典型接法

实例 35　单片机向 PC 发送和显示数据

1. 功能说明

单片机通过串口向 PC 发送数据。上位机 PC 通过串口调试软件，显示接收到的数据“This is a test program!”。

2. 硬件说明

硬件连接电路如图 9-15 所示。单片机连接芯片 MAX232，经 DB9 连接至 PC 的 COM 口。

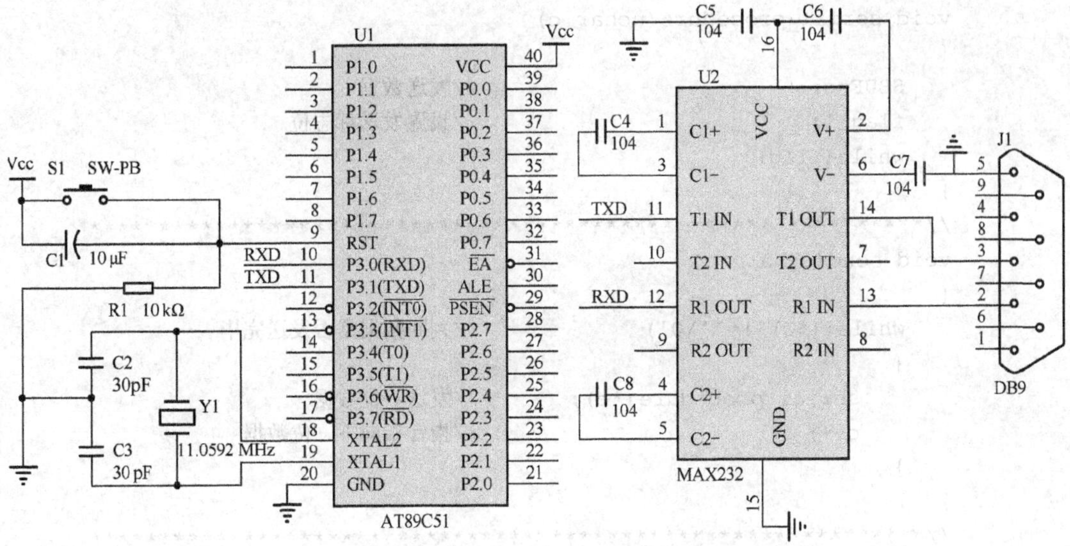

图 9-15　单片机向 PC 传送数据硬件连接电路图

3. 软件说明

PC 串口调试助手接收到单片机发送来的数据，显示结果如图 9-16 所示。

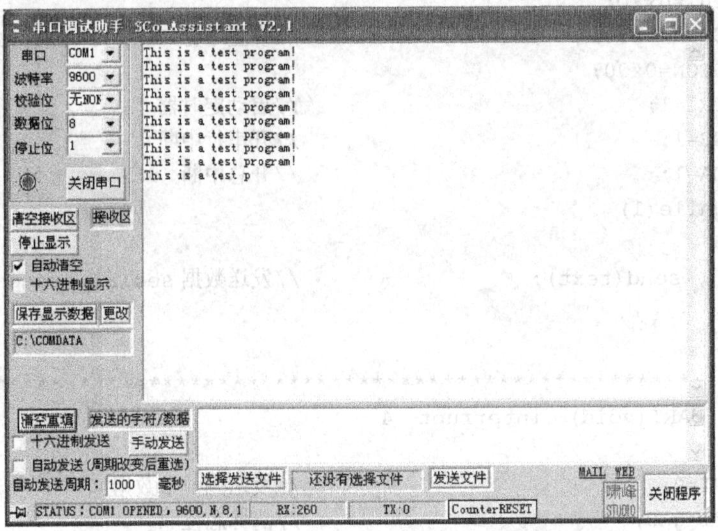

图 9-16　串口调试助手接收到单片机发送来的数据

4. 程序清单

单片机串口向 PC 发送数据程序如下：

```
#include <reg52.h>
#define uchar unsigned char
#define uint unsigned int
bit flag=0;                              //发送标志位
uchar code text[] = "This is a test program! \r\n\n";
//*************************************************************
void serial_procedure(uchar c)
{
    SBUF=c;                              //发送数据
    flag=1;                              //设置发送标志位
    while(flag);
}
//*************************************************************
void send(uchar *c)
{
    while((*c) != '\0')                  //判断数据是否发送完毕
    {
        serial_procedure(*c);            //发送一位数据
        c++;                             //指针指向下一位数据
    }
}
//*************************************************************
main()
{
    TMOD=0x20;                           //设置波特率为 9600 和定时器 1 工作方式
    TL1=0xFD;                            //设置初始值
    TH1=0xFD;
    SCON=0x50;                           //设置串行口工作方式 1，允许接收
    PCON=0x00;
    TR1=1;                               //启动定时器
    ES=1;                                //开串行中断
    EA=1;                                //开总中断
    while(1)
    {
        send(text);                      //发送数据 serial_procedure
    }
}
//*************************************************************
void UART(void)  interrupt  4
{
    TI=0;                                //发送完一个数据
    flag=0;                              //清标志位
}
```

实例 36　PC 向单片机发送数据

1. 功能说明

PC 通过串口向单片机发送命令数据。单片机上电工作，在未接收到 PC 发送来的任何数据时，其 P2 口的 8 只发光二极管流水闪烁；当单片机接收到 PC 发送的十六进制命令数据是“01”时，单片机 P2 口的 8 只发光二极管整体亮灭 3 次；当单片机接收到 PC 发送的十六进制命令数据是“02”时，又恢复到先前 8 只发光二极管流水闪烁的工作状态。

2. 硬件说明

硬件连接电路如图 9-17 所示，PCCOM 口，经 DB9 连线接 MAX232，实现电平转换后与单片机的 P3.0 和 P3.1 连接。

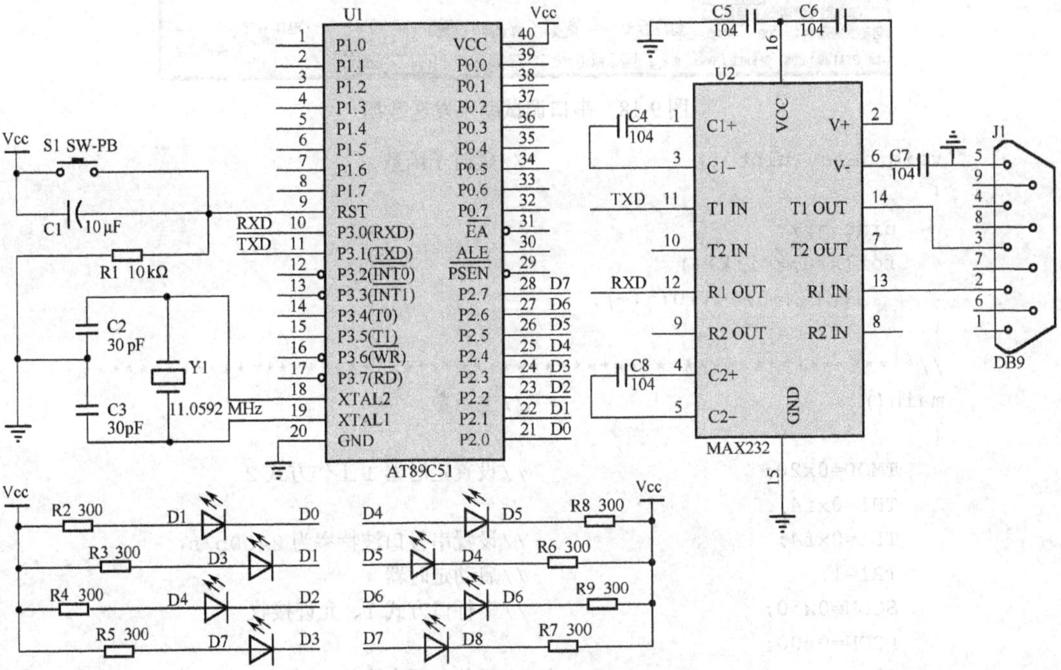

图 9-17　PC 向单片机发送数据硬件连接电路图

3. 软件说明

PC 使用串口调试助手发送数据，操作如图 9-18 所示。

4. 程序清单

PC 向单片机发送数据程序如下：

```
#include <reg52.h>
#define uchar unsigned char
#define uint unsigned int
uint i,j;
//**********************************************************
```

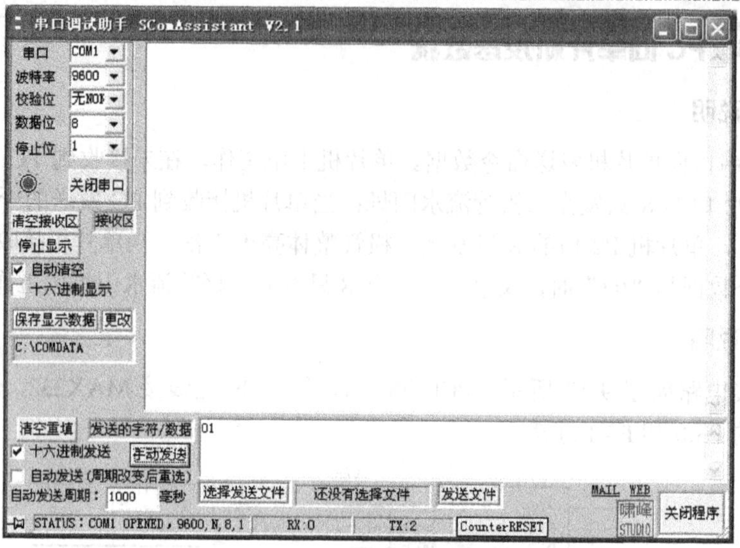

图 9-18　串口调试助手发送数据

```
void delay(uint i)                  //延时子函数
{
    uint j,k;
    for(k=0;k<i;k++)
        for(j=0;j<110;j++);
}
//*************************************************************
main()                              //主函数
{
    TMOD=0x20;                      //设置定时器 1 工作方式 2
    TH1=0xf4;
    TL1=0xf4;                       //设置串行口波特率为 2400b/s,
    TR1=1;                          //启动定时器
    SCON=0x50;                      //串行口方式 1、允许接收
    PCON=0x00;
    EA=1;                           //开总中断允许位
    ES=1;                           //开串行口中断
    while(1)
    {
        for(i=256;i>0;i--)
        {
            P2=i;
            delay(10);
        }
    }
}
//*************************************************************
void UART(void)  interrupt 4    //串行口中断号是 4
{
```

```
        uchar i;
        EA=0;                           //关中断
        if(RI==1)                       //接收到数据
        {
            RI=0;                       //软件清除中断标志位
            if(SBUF==0x01)              //判断是否01H亮灯命令
            {
                SBUF=0x01;              //将收到的01H命令回发给主机
                while(!TI);             //查询发送
                TI=0 ;                  //发送成功，由软件清TI
                i=P2;                   //保护现场，保存P2口状态
                for(j=3;j>0;j--)        //P2口LED闪烁3次
                {
                    P2=0x00 ;
                    delay(500);
                    P2=0xff ;
                    delay(500);
                }
                while(SBUF!=0x02)       //判断是否02H命令
                {
                    while(!RI) ;        //等待接收下一个命令
                    RI=0;               //软件清除中断标志位
                }
                SBUF=0x02;              //将收到的02H命令回发给主机
                while(!TI);             //查询发送
                TI=0 ;                  //发送成功，由软件清TI
                P2=i;                   //恢复现场，送回P2口原来状态
                EA=1;                   //开中断
            }
            else
                EA=1;
        }
    }
```

思考题 9

1. 简述8051单片机内部串行接口的4种工作方式。
2. 什么是串行异步通信？有哪几种帧格式？
3. 什么是波特率？如何设置单片机的波特率？
4. 串行通信的制式有哪些，各自的特点是什么？
5. 定时器1作串口波特率发生器时，为什么采用方式2?
6. 单片机多机通信时主机和从机如何设置自己的工作方式？
7. 单片机与PC能否直接通信？若不能，原因是什么？应如何连接才能保证单片机与PC间安全准确通信？

第10章 步进电机控制

步进电机（Stepping Motor），顾名思义，就是一步一步行进的电机，是一种将电脉冲转化为角位移的执行元件。当步进驱动器接收到一个脉冲信号，它就驱动步进电机按设定的方向转动一个固定的角度（步进角），它的旋转是以步进角为单位一步一步运行的。可以通过控制脉冲个数来控制角位移量，从而达到准确定位的目的；同时也可以通过控制脉冲频率来控制电机转动的速度和加速度，从而达到调速的目的。对于转动方向，是沿顺时针还是沿逆时针，则由输入脉冲的先后顺序决定。由此可见，步进电机非常适合用数字或微型计算机来控制，用单片机控制步进电机自然就顺理成章了。

10.1 步进电机的工作原理与控制

步进电机的实物图如图 10-1 所示。

图 10-1 步进电机的实物图

10.1.1 步进电机的分类

目前比较常用的步进电机，包括反应式步进电机（VR）、永磁式步进电机（PM）、混合式步进电机（HB）和单相式步进电机等。永磁式步进电机一般为两相，步进角一般为 7.5° 或 15°，特点是输出力矩大，动态性能好，但步进角大。反应式步进电机一般为三相，步进角一般为 1.5°，可实现大转矩输出，但噪声和振动都较大。混合式步进电动机综合了反应式、永磁式步进电动机两者的优点，它的步进角小，输出力矩大，动态性能好，是目前性能最好的步进电动机，其中两相步进角一般为 1.8°。这种步进电机的应用最为广泛。

10.1.2　步进电机的工作原理

在结构方面，步进电机与其他类型的电机类似，主要构件依然是定子和转子，且定子和转子上有许多细小的齿。其中，转子是永久性磁铁，定子上绕有励磁线圈。

步进电机的工作原理，简言之就是：脉冲电流流过定子上的励磁线圈，产生磁场，将转子上邻近的异名磁极吸引过来，使转子绕轴转动。给步进电机通入一个脉冲电流，步进电机就转动一步，再通入一个脉冲，它会再转动一步，因此，只要依照特定顺序连续不断地给励磁线圈通入脉冲电流，步进电机就会按照要求连续不断地转动起来。步进电机转过的角位移量（角度）与输入的脉冲个数成正比，通过控制脉冲个数就可以控制角位移量。步进电机的转速是由脉冲频率控制的，两个相邻脉冲电流之间的时间间隔越短，单位时间内通入步进电机的脉冲电流个数就越多，则转子转过的角位移量就越大，即角速度越大，步进电机就转得越快。给多个励磁线圈依次通电的次序决定步进电机转动的方向。

10.1.3　步进角和励磁线圈通电方式

1. 步进电机的相线数

依据步进电机定子上励磁线圈的配置不同，步进电机可分为 2 相、3 相、4 相、5 相等，比较常见的是 2 相和 4 相步进电机。

图 10-2 是 2 相 4 线步进电机电路示意图。图中，红绿为 1 相，黄蓝为另 1 相。有四根线，所以称为 2 相 4 线。

图 10-3 是 4 相 6 线步进电机电路示意图。图中，4 相分别是红、黄、绿、蓝。红白构成 1 相，绿白也构成 1 相，黄黑、蓝黑也各自构成 1 相，共计 4 相，外加白和黑两根线，便构成 4 相 6 线。

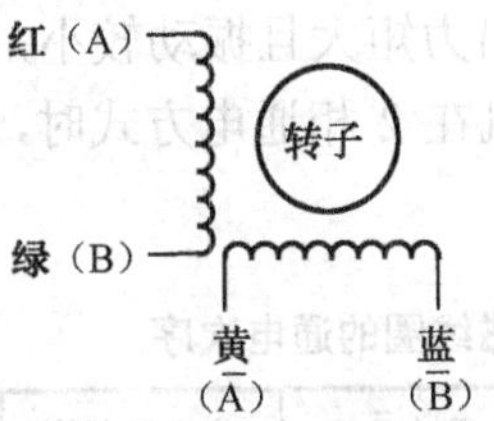

图 10-2　2 相 4 线步进电机电路示意图

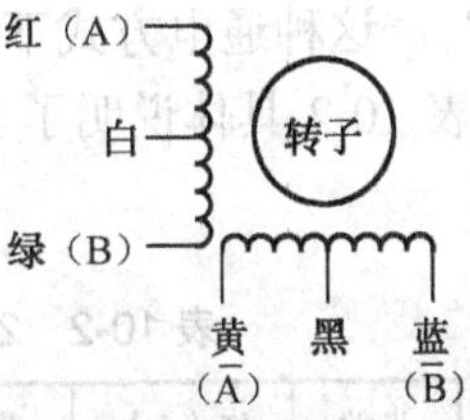

图 10-3　4 相 6 线步进电机电路示意图

2. 步进角

若转子上有 N 个齿，则相邻两个齿之间的距离（齿间距）θ 为：$\theta=360°\div N$；步进角 $\delta=$ 齿间距÷（2×相数）。对于 4 相 50 齿的步进电机而言，齿间距 $\theta=360°\div 50=7.2°$；步进角 $\delta=7.2°\div(2\times 4)=0.9°$，即该步进电机每行进一步，转子转过 0.9°。而对于 2 相 50 齿的步进电机而言，步进角 $\delta=7.2°\div(2\times 2)=1.8°$，即该步进电机每行进一步，转子转过 1.8°。

3. 励磁线圈通电方式

对于步进电机而言，其励磁线圈的排列顺序，以及通入的脉冲电流的次序，不仅决定了转子的转动方向，还与步进电机的转动力矩、动态特性等紧密相关，所以非常重要。以下以 2 相 4 线步进电机为例（步进角 1.8°），说明其励磁线圈通电方式。

1）1 相通电

1 相通电方式是在任意时刻，只有一个励磁线圈通有脉冲电流，每通入一个脉冲电流，步进电机转过 1.8°。这种通电方式最简单，且步进精度高，但输出的转动力矩较小，振动较大。

这种通电方式一般以四步为一个周期，周而复始地循环。表 10-1 具体说明了 2 相 4 线步进电机 1 相通电方式时，各励磁线圈的通电次序。

表 10-1　1 相通电方式时各励磁线圈的通电次序

步数	红（A）	黄（B）	绿（$\overline{A}$）	蓝（$\overline{B}$）	十六进制值
1	1	0	0	0	0x08
2	0	1	0	0	0x04
3	0	0	1	0	0x02
4	0	0	0	1	0x01

如表 10-1 所示，从第 1 步开始，再依次是第 2 步、第 3 步、第 4 步，并按表中所示给具体励磁线圈通入脉冲电流（1 代表高电平，表示通入脉冲电流；0 代表低电平，表示不通入脉冲电流），步进电机转子就转过了 4×1.8°=7.2°（假设是顺时针）。如果需要继续顺时针转动，则又从第 1 步开始，即步数依照 1→2→3→4→1→2 的顺序。如果要顺时针转一圈，则需要 50 次从第 1 步到第 4 步这样的循环（50×7.2°=360°）。如果要逆时针转一圈，同样需要循环 50 次，但是通电次序与顺时针转动相反，即步数依照 4→3→2→1→4→3 的顺序。

2）2 相通电

2 相通电方式是在任意时刻，有两个励磁线圈通有脉冲电流，每通入一个脉冲电流，步进电机转过 1.8°。这种通电方式下，步进电机的输出力矩大且振动较小，所以这种通电方式被较多使用。表 10-2 具体说明了 2 相 4 线步进电机在 2 相通电方式时，各励磁线圈的通电次序。

表 10-2　2 相通电方式时各励磁线圈的通电次序

步数	红（A）	黄（B）	绿（$\overline{A}$）	蓝（$\overline{B}$）	十六进制值
1	1	1	0	0	0x0C
2	0	1	1	0	0x06
3	0	0	1	1	0x03
4	1	0	0	1	0x09

2 相通电方式下的正反转控制、转动一圈所需循环次数，与 1 相通电方式相同。此处不再重述。

3）1-2 相通电

1-2 相通电方式，是 1 相通电方式与 2 相通电方式交替通电的方式，每通入一个脉冲电流，步进电机转过 0.9°。这种通电方式下，步进电机的步进角小且振动小，所以在需要精确控制的场合使用较多。表 10-3 具体说明了 2 相 4 线步进电机在 1-2 相通电方式时，各励磁线圈的通电次序。其步数是 8 步，且转动一圈依旧需要 50 次循环（0.9° ×8×50=360° ）。

表 10-3　1-2 相通电方式时各励磁线圈的通电次序

步数	红（A）	黄（B）	绿（$\bar{A}$）	蓝（$\bar{B}$）	十六进制值
1	1	0	0	0	0x08
2	1	1	0	0	0x0C
3	0	1	0	0	0x04
4	0	1	1	0	0x06
5	0	0	1	0	0x02
6	0	0	1	1	0x03
7	0	0	0	1	0x01
8	1	0	0	1	0x09

10.1.4　步进电机的驱动电路

由于单片机的输出电流太小，远不能满足步进电机转动的需要，因此步进电机必须要有驱动电路的驱动，才能正常转动。以下介绍三种常用的驱动电路。

1. 基于 ULN2803 的步进电机驱动电路

对于电流小于 0.5 A 的步进电机，可以使用基于 ULN2803 的驱动电路。

ULN2803 的 PDIP16 封装的实物图如图 10-4 所示，其引脚图如图 10-5 所示。

图 10-4　ULN2803 的 PDIP16 封装的实物图

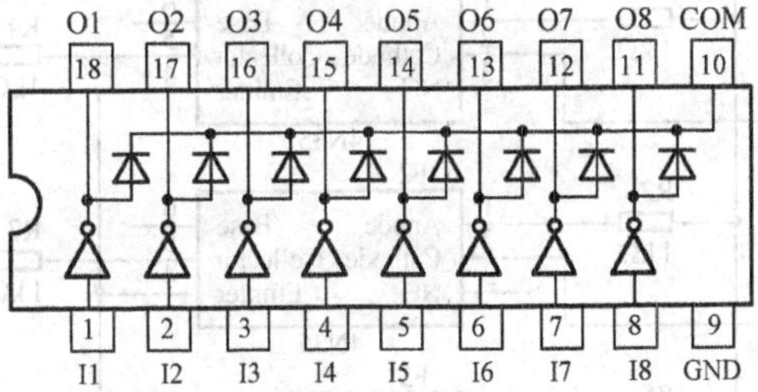

图 10-5　ULN2803 的 PDIP16 封装引脚图

从 ULN2803 的内部结构可见，ULN2803 从本质而言是一个八路非门，内部集成有续流二极管，所以，被用做电机驱动时不用外接续流二极管。输入引脚有 I1～I8，对应的输出引脚为 O1～O8，GND 接地，COM 端一般接电源正极。

为了防止外加 12 V 电压经三极管的基极进入单片机，一般都采用光耦进行隔离，此处选用光耦 4N35 进行隔离。4N35 的实物图如图 10-6 所示，引脚图如图 10-7 所示。

图 10-6　光耦 4N35 实物图

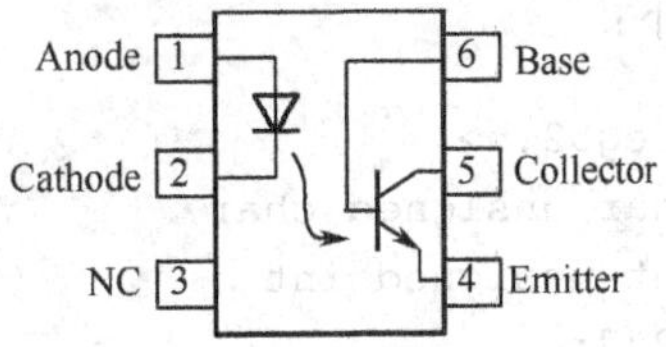

图 10-7　光耦 4N35 引脚图

下面以 4 相 6 线步进电机为例说明基于 ULN2803 驱动电路的设计方法。当单片机 51 的 I/O 口引脚输出高电平时，对应的隔离光耦不导通，其集电极输出为高电平，此高电平再经 ULN2803 内部非门作用后，自然呈现低电平，而中间抽头（白和黑）是共同连接到 12 V 电源端的，此时此相励磁线圈通电，步进电机转动。相反，当单片机 51 的 I/O 口引脚输出低电平时，励磁线圈未通电，步进电机不转动。所以，在此条件下，单片机 I/O 引脚输出高电平可以使步进电机转动。具体电路图设计如图 10-8 所示。

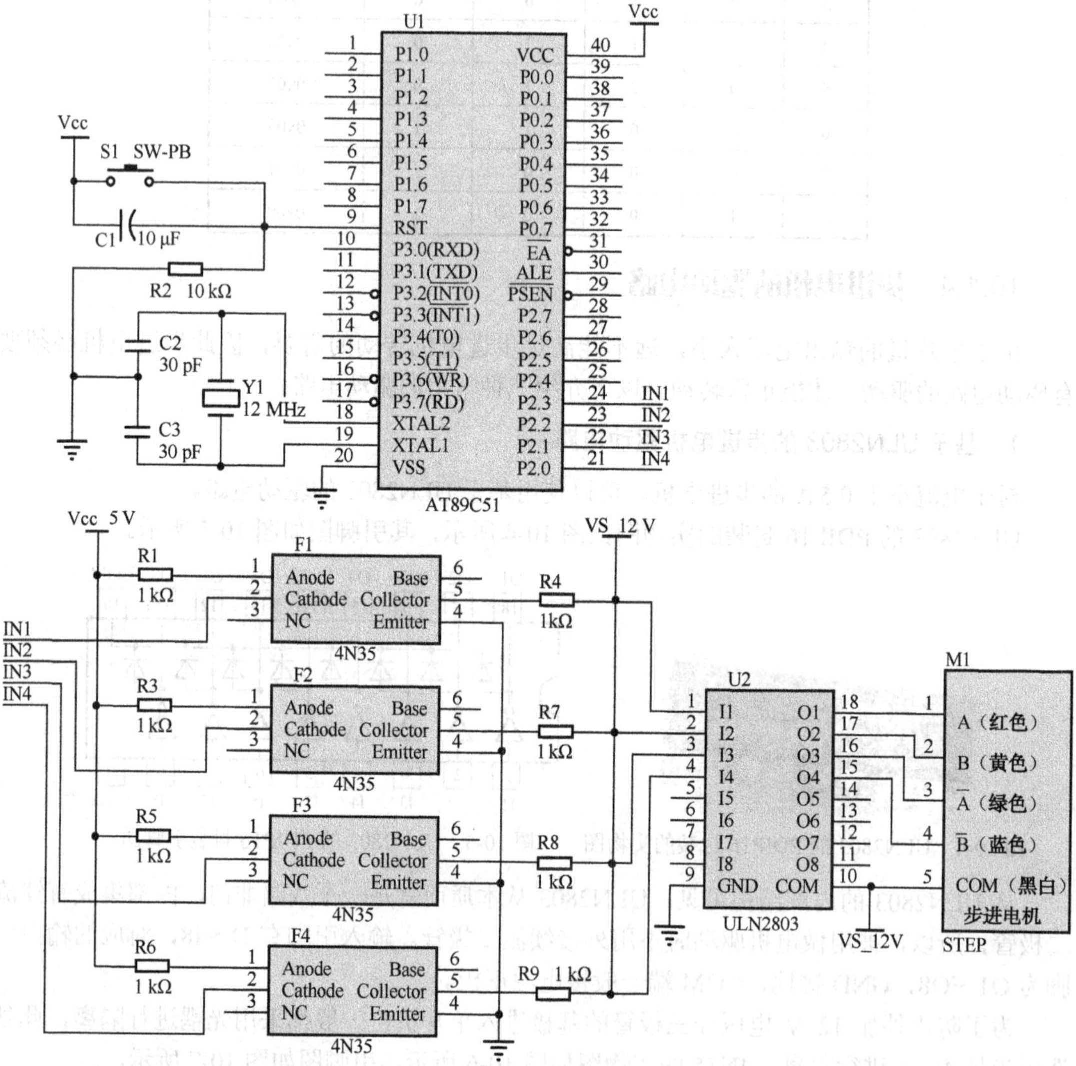

图 10-8　基于 ULN2803 的小功率步进电机驱动电路

程序清单如下：

```
#include <reg52.h>
#define uchar unsigned char
#define uint unsigned int
sbit IN1=P2^3;
```

```
sbit IN2=P2^2;
sbit IN3=P2^1;
sbit IN4=P2^0;
void delay(void)
{
    uint i,j;
    for(i=1;i<=2;i++)
        for(j=0;j<=150;j++);
}
main()
{
    while(1)
    {
    / *******************第一模块：1-2 相通电*******************/
        IN1=1;IN2=0;IN3=0;IN4=0; delay();
        IN1=1;IN2=1;IN3=0;IN4=0; delay();
        IN1=0;IN2=1;IN3=0;IN4=0; delay();
        IN1=0;IN2=1;IN3=1;IN4=0; delay();
        IN1=0;IN2=0;IN3=1;IN4=0; delay();
        IN1=0;IN2=0;IN3=1;IN4=1; delay();
        IN1=0;IN2=0;IN3=0;IN4=1; delay();
        IN1=1;IN2=0;IN3=0;IN4=1; delay();
    / *******************第二模块：2 相通电*******************/
        IN1=1;IN2=0;IN3=0;IN4=1; delay();
        IN1=1;IN2=1;IN3=0;IN4=0; delay();
        IN1=0;IN2=1;IN3=1;IN4=0; delay();
        IN1=0;IN2=0;IN3=1;IN4=1; delay();
    / *******************第三模块：1 相通电*******************/
        IN1=1;IN2=0;IN3=0;IN4=0; delay();
        IN1=0;IN2=1;IN3=0;IN4=0; delay();
        IN1=0;IN2=0;IN3=1;IN4=0; delay();
        IN1=0;IN2=0;IN3=0;IN4=1; delay();
    }
}
```

其中，第一模块是 1-2 相通电，第二模块是 2 相通电，第三模块是 1 相通电（注：三个模块分别单独运行）。若步进电机振动比较明显，可以通过修改延时时间加以解决。

2. 基于 TIP122 的步进电机驱动电路

图 10-9　TIP122 实物图

TIP122 是中功率达林顿晶体管，其电流放大倍数高达 1000，在需要大电流的步进电机驱动电路设计中，被常常选用。TIP122 的实物图如图 10-9 所示。其正面从左至右，三个引脚依次是：基极、集电极和发射极。考虑到 51 单片机 I/O 口的输出电流只有 μA 级，难以满足 TIP122 基极输入电流的需要，所以将单片机 I/O 输出的电流先经反向放大器放大，以确保给

TIP122 的基极提供足够大的电流。反向放大器选用 74LS00，74LS00 是 4 路两输入与非门，只需将两输入引脚短接，其输出就如同非门。同时，基极电阻的作用是用来抑制可能过大的基极电流。在输出端，要连接一个二极管 IN4007 作为励磁线圈放电时的续流二极管。这样，图 10-10 所示就是完整的基于 TIP122 的步进电机驱动电路。

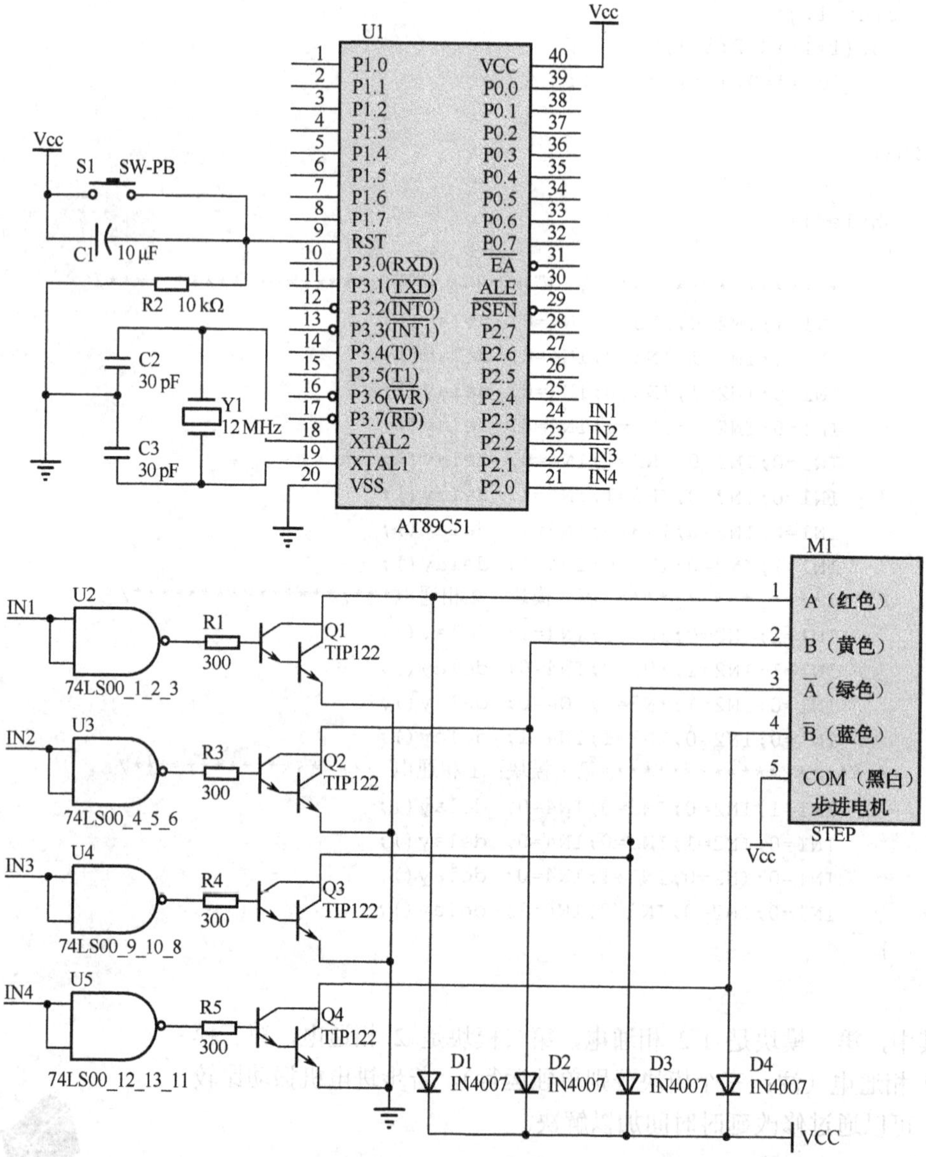

图 10-10 基于 TIP122 的步进电机驱动电路

从图 10-10 中可见，如果 51 单片机的 I/O 引脚输出低电平，经 74LS00 非门后变为高电平，此高电平可以使达林顿管 TIP122 导通，使其集电极输出低电平，而连接到步进电机的公共端的电源，与此低电平构成回路，可以给励磁线圈供电，使步进电机转动。因此，在此电路中，51 单片机引脚输出低电平，将使对应的励磁线圈带电。

程序清单如下：

```
#include <reg52.h>
#define uchar unsigned char
#define uint unsigned int
sbit IN1=P2^3;
sbit IN2=P2^2;
sbit IN3=P2^1;
sbit IN4=P2^0;
void delay(void)
{
    uint i,j;
    for(i=1;i<=2;i++)
        for(j=0;j<=150;j++);
}
main()
{
    uint m,n;
    for(m=1;m<=10;m++)
    {
        for(n=1;n<=50;n++)
        {
        / ********第一模块：1-2 相通电*********/
            IN1=0;IN2=1;IN3=1;IN4=1; delay();
            IN1=0;IN2=0;IN3=1;IN4=1; delay();
            IN1=1;IN2=0;IN3=1;IN4=1; delay();
            IN1=1;IN2=0;IN3=0;IN4=1; delay();
            IN1=1;IN2=1;IN3=0;IN4=1; delay();
            IN1=1;IN2=1;IN3=0;IN4=0; delay();
            IN1=1;IN2=1;IN3=1;IN4=0; delay();
            IN1=0;IN2=1;IN3=1;IN4=0; delay();
        / ********第二模块： 2 相通电**********/
            IN1=0;IN2=1;IN3=1;IN4=0; delay();
            IN1=0;IN2=0;IN3=1;IN4=1; delay();
            IN1=1;IN2=0;IN3=0;IN4=1; delay();
            IN1=1;IN2=1;IN3=0;IN4=0; delay();
        / *********第三模块： 1 相通电*********/
            IN1=0;IN2=1;IN3=1;IN4=1; delay();
            IN1=1;IN2=0;IN3=1;IN4=1; delay();
            IN1=1;IN2=1;IN3=0;IN4=1; delay();
            IN1=1;IN2=1;IN3=1;IN4=0; delay();
        }
    }
    while(1);
}
```

其中，第一模块是 1-2 相通电，第二模块是 2 相通电，第三模块是 1 相通电（注：三个模块分别单独运行）。若步进电机振动比较明显，可以通过修改延时时间加以解决。

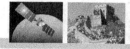

3. 基于 L298N 的步进电机驱动电路

L298N 是专用驱动集成电路，属于 H 桥式集成电路，其输出电流典型为 2 A，电流最高可达 4 A，最高工作电压可达 50 V，可以驱动感性负载，如大功率直流电机、步进电机、电磁阀等。L298N 的输入端可与单片机直接相连，从而很方便用单片机去控制。为了避免电机对单片机的干扰，电路中一般会加入光耦，进行光电隔离，从而使系统能更稳定、可靠地工作。L298N 的实物图如图 10-11 所示，其引脚图如图 10-12 所示。

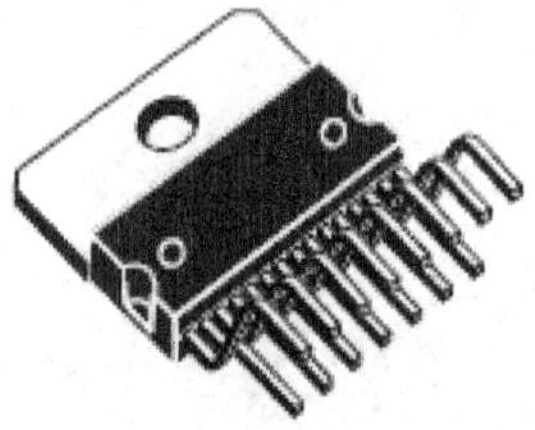

图 10-11　L298N 实物图图

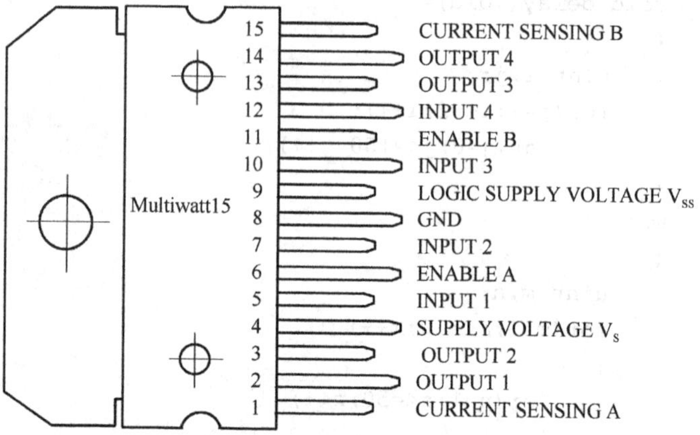

图 10-12　L298N 引脚图

基于 L298N 的步进电机驱动电路如图 10-13 所示。使用光耦进行隔离和使用 IN4007 做续流二极管的作用不再赘述。使用时，L298N 的使能端 ENA 和 ENB 都接高电平。从图 10-13 中不难分析出，51 单片机 I/O 引脚输出高电平可以使相应的励磁线圈通电，从而驱动步进电机转动。

程序清单如下：

```
#include <reg52.h>
#define uchar unsigned char
#define uint unsigned int
sbit IN4=P2^0;
sbit IN3=P2^1;
sbit IN2=P2^2;
sbit IN1=P2^3;
sbit ENA=P2^4;
sbit ENB=P2^5;
void delay(uchar m)
{
    uint i,j;
    for(i=1;i<=m;i++)
        for(j=0;j<=150;j++);
}
//************************************************
void cw12p(uchar nquan)      //1-2 相顺时针
{
```

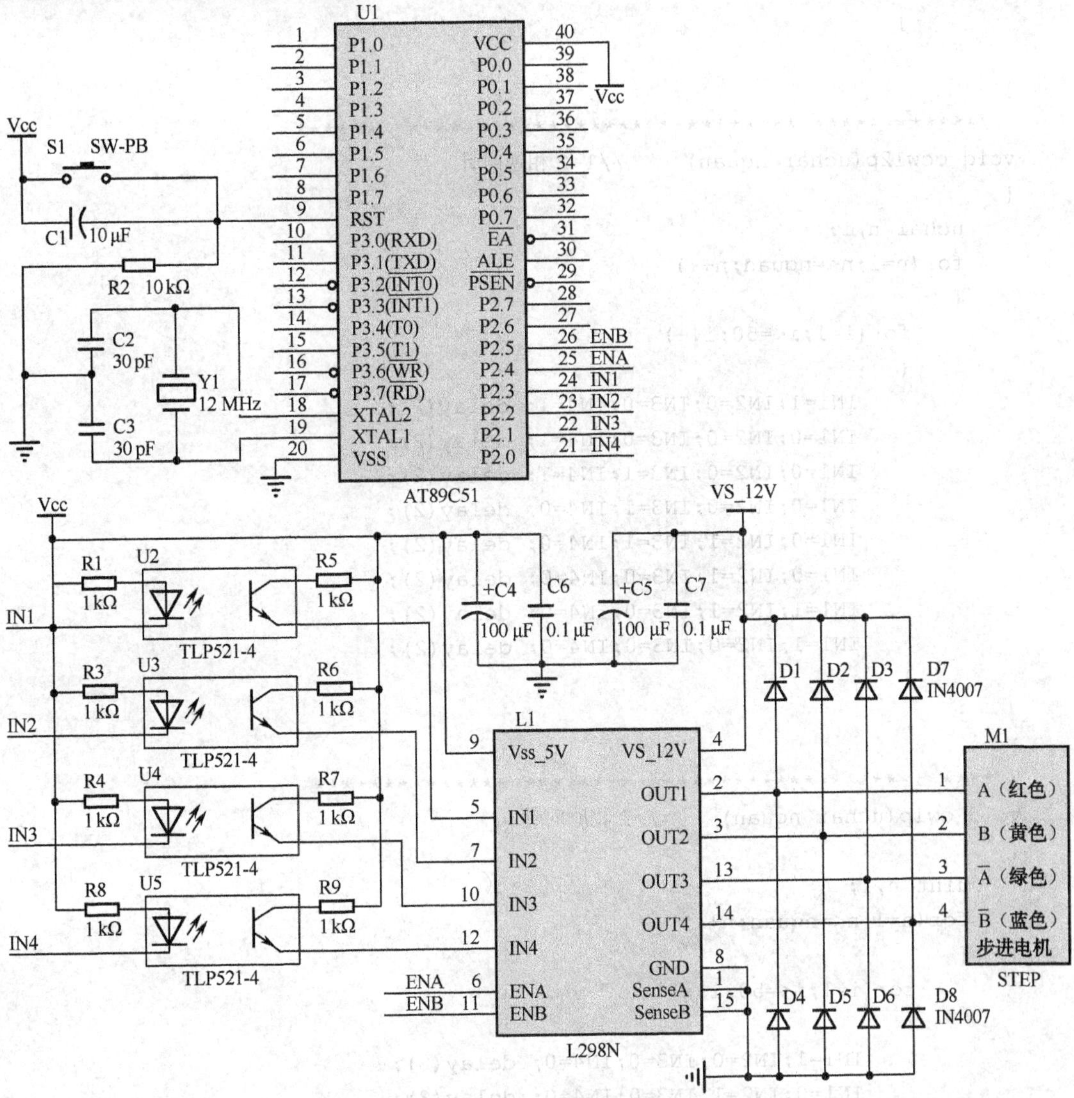

图 10-13　基于 L298N 的步进电机驱动电路

```
    uchar n,i;
    for(n=1;n<=nquan;n++)
    {
        for(i=1;i<=50;i++)
        {
            IN1=1;IN2=0;IN3=0;IN4=0; delay(2);
            IN1=1;IN2=1;IN3=0;IN4=0; delay(2);
            IN1=0;IN2=1;IN3=0;IN4=0; delay(2);
            IN1=0;IN2=1;IN3=1;IN4=0; delay(2);
            IN1=0;IN2=0;IN3=1;IN4=0; delay(2);
            IN1=0;IN2=0;IN3=1;IN4=1; delay(2);
            IN1=0;IN2=0;IN3=0;IN4=1; delay(2);
            IN1=1;IN2=0;IN3=0;IN4=1; delay(2);
```

```
        }
    }
}
//**************************************************
void ccw12p(uchar nquan)      //1-2 相逆时针
{
    uchar n,i;
    for(n=1;n<=nquan;n++)
    {
        for(i=1;i<=50;i++)
        {
            IN1=1;IN2=0;IN3=0;IN4=1; delay(2);
            IN1=0;IN2=0;IN3=0;IN4=1; delay(2);
            IN1=0;IN2=0;IN3=1;IN4=1; delay(2);
            IN1=0;IN2=0;IN3=1;IN4=0; delay(2);
            IN1=0;IN2=1;IN3=1;IN4=0; delay(2);
            IN1=0;IN2=1;IN3=0;IN4=0; delay(2);
            IN1=1;IN2=1;IN3=0;IN4=0; delay(2);
            IN1=1;IN2=0;IN3=0;IN4=0; delay(2);
        }
    }
}
//**************************************************
void cw1p(uchar nquan)      //1 相顺时针
{
    uint n,i;
    for(n=1;n<=nquan;n++)
    {
        for(i=1;i<=50;i++)
        {
            IN1=1;IN2=0;IN3=0;IN4=0; delay(8);
            IN1=0;IN2=1;IN3=0;IN4=0; delay(8);
            IN1=0;IN2=0;IN3=1;IN4=0; delay(8);
            IN1=0;IN2=0;IN3=0;IN4=1; delay(8);
        }
    }
}
//**************************************************
void ccw1p(uchar nquan)      //1 相逆时针
{
    uchar n,i;
    for(n=1;n<=nquan;n++)
    {
        for(i=1;i<=50;i++)
        {
            IN1=0;IN2=0;IN3=0;IN4=1; delay(8);
```

```
            IN1=0;IN2=0;IN3=1;IN4=0; delay(8);
            IN1=0;IN2=1;IN3=0;IN4=0; delay(8);
            IN1=1;IN2=0;IN3=0;IN4=0; delay(8);
        }
    }
}
//**********************************************
void cw2p(uchar nquan)      //2 相顺时针
{
    uchar n,i;
    for(n=1;n<=nquan;n++)
    {
        for(i=1;i<=50;i++)
        {
            IN1=1;IN2=0;IN3=0;IN4=1; delay(4);
            IN1=1;IN2=1;IN3=0;IN4=0; delay(4);
            IN1=0;IN2=1;IN3=1;IN4=0; delay(4);
            IN1=0;IN2=0;IN3=1;IN4=1; delay(4);
        }
    }
}
//**********************************************
void ccw2p(uchar nquan)     //2 相逆时针
{
    uchar n,i;
    for(n=1;n<=nquan;n++)
    {
        for(i=1;i<=50;i++)
        {
            IN1=0;IN2=0;IN3=1;IN4=1; delay(4);
            IN1=0;IN2=1;IN3=1;IN4=0; delay(4);
            IN1=1;IN2=1;IN3=0;IN4=0; delay(4);
            IN1=1;IN2=0;IN3=0;IN4=1; delay(4);
        }
    }
}
//**********************************************
main()
{
    ENA=1;
    ENB=1;
    while(1)
    {
        //cw12p(5);   //串联接法时，12 相延时 2 ms；并联接法时，1 相延时 2 ms
        //ccw12p(5);
        // cw1p(5);   //串联接法时，1 相延时 4 ms；并联接法时，1 相延时 8 ms
```

```
        //ccw1p(5);
        cw2p(5);        //串联接法时，1 相延时 2 ms；并联接法时，1 相延时 4 ms
        ccw2p(5);
    }
}
```

10.2 步进电机的线路连接

10.2.1 二相四线步进电机

二相四线步进电机的电路示意图如图 10-14 所示，其接线端头一般是红、黄、绿、蓝四种颜色，这种步进电机一般用 H 桥式驱动电路驱动，如基于 L298N 的步进电机驱动。在步进角为 1.8° 时，无论是 1 相通电，还是 2 相通电，200 个脉冲电流将使其转动一圈，对于 1-2 相通电，一般是 8 拍励磁，步进角为 0.9° ，400 个脉冲电流将使其转动一圈。

10.2.2 4 相 6 线步进电机

4 相 6 线步进电机的电路示意图如图 10-15 所示，其接线端头除红、黄、绿、蓝四种颜色，还有一黑一白两根中间抽头，这种步进电机可以用 H 桥式驱动电路驱动，也可以用基于 ULN2803 或者 TIP122 的驱动电路。不同之处是，在使用基于 L298N 的 H 桥式驱动电路驱动时，中间抽头的两根线（黑白）可以悬空不接，仍然按照 2 相 4 线的连接方法接线。在使用基于 ULN2803 或者 TIP122 的驱动电路时，中间抽头的两根线（黑白）要同时连接到电源的正极才可以工作。其他与 2 相 4 线连接相同。

10.2.3 4 相 8 线步进电机

4 相 8 线步进电机的电路示意图如图 10-16 所示。它的接线端有红长、红短、绿长、绿短、黄长、黄短、蓝长和蓝短八根线。它的连接方式有两种：并联接法和串联接法

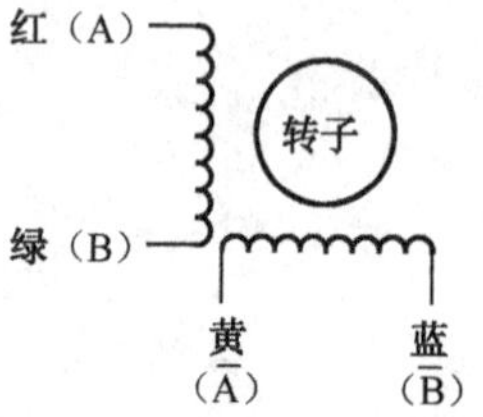

图 10-14 2 相 4 线步进电机的电路示意图

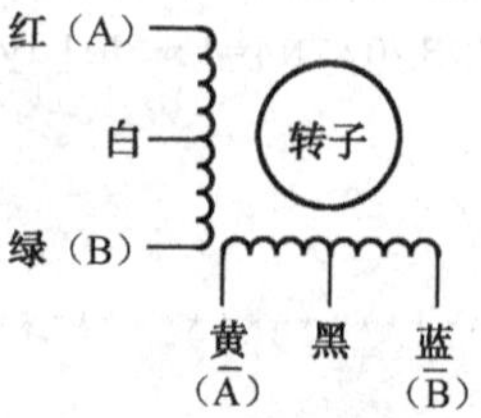

图 10-15 4 相 6 线步进电机的电路示意图

图 10-16 4 相 8 线步进电机的电路示意图

1. 并联接法

并联接法就是把 4 相 8 线连接成 4 相 4 线模式：红长并接绿短后再连接到 A，红短并接绿长后再连接 B，黄长并接蓝短后再连接到 $\overline{A}$，黄短并接蓝长连接到 $\overline{B}$ 。具体连线如图 10-17 所示。

2. 串联接法

串连接法就是将 4 相 8 线连接成 4 相 6 线的形式：红短连接绿短，黄短连接蓝短，红长连接 A，黄长连接 B；绿长连接 $\overline{A}$，蓝长连接 $\overline{B}$。红短连接绿短，黄短连接蓝短后可以作为中间抽头来使用。具体连接方法如图 10-18 所示。

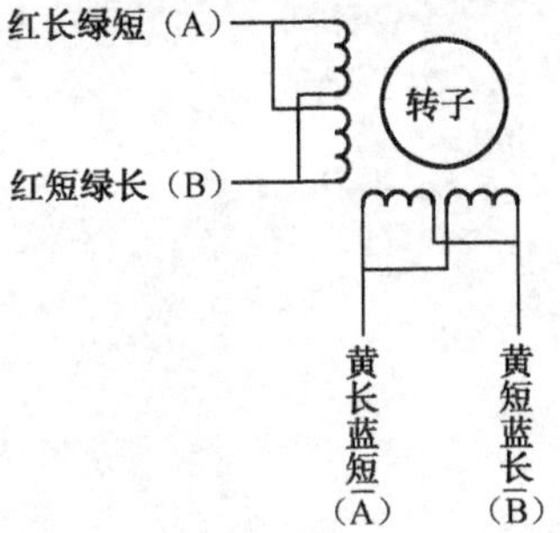

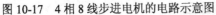

图 10-17　4 相 8 线步进电机的电路示意图

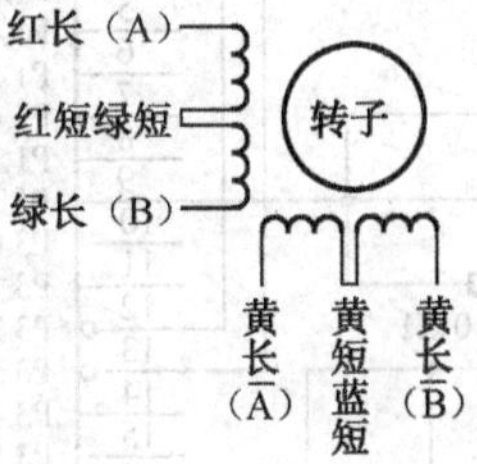

图 10-18　4 相 8 线步进电机的电路示意图

实例 37　用独立按键控制步进电机的转速

1. 功能要求

通过独立按键实现步进电机转速的控制。

2. 硬件说明

硬件电路如图 10-19 所示，在基于 L298N 驱动的步进电机硬件电路中，增加独立按键 K1 和 K2，它们分别连接到单片机的 P3.2 和 P3.3 引脚，作为外部中断的中断源信号。其中 K1 用于加速控制，K2 用于减速控制。

3. 软件说明

（1）步进电机转速的快慢，取决于每相线圈励磁之后延时时间的长短，延时时间短，则转速就快；延时时间长，则转速就慢。

（2）按键 K1 的每一次按下，都将引起外部中断 0 发生，外部中断 0 的中断服务程序，主要使延时时间减小，即让电机加速。加速到某一较高速度后，就保持此速度不变（封顶）。

（3）按键 K2 的每一次按下，都将引起外部中断 1 发生，外部中断 1 的中断服务程序，主要使延时时间增加，即让电机减速。减速到某一较低速度时，就保持此速度不变（封底）。

4. 程序清单

```
#include <reg52.h>
#define uchar unsigned char
#define uint unsigned int
sbit IN4=P2^0;
sbit IN3=P2^1;
sbit IN2=P2^2;
sbit IN1=P2^3;
```

```
    sbit ENA=P2^4;
    sbit ENB=P2^5;
    sbit spup=P3^2;
```

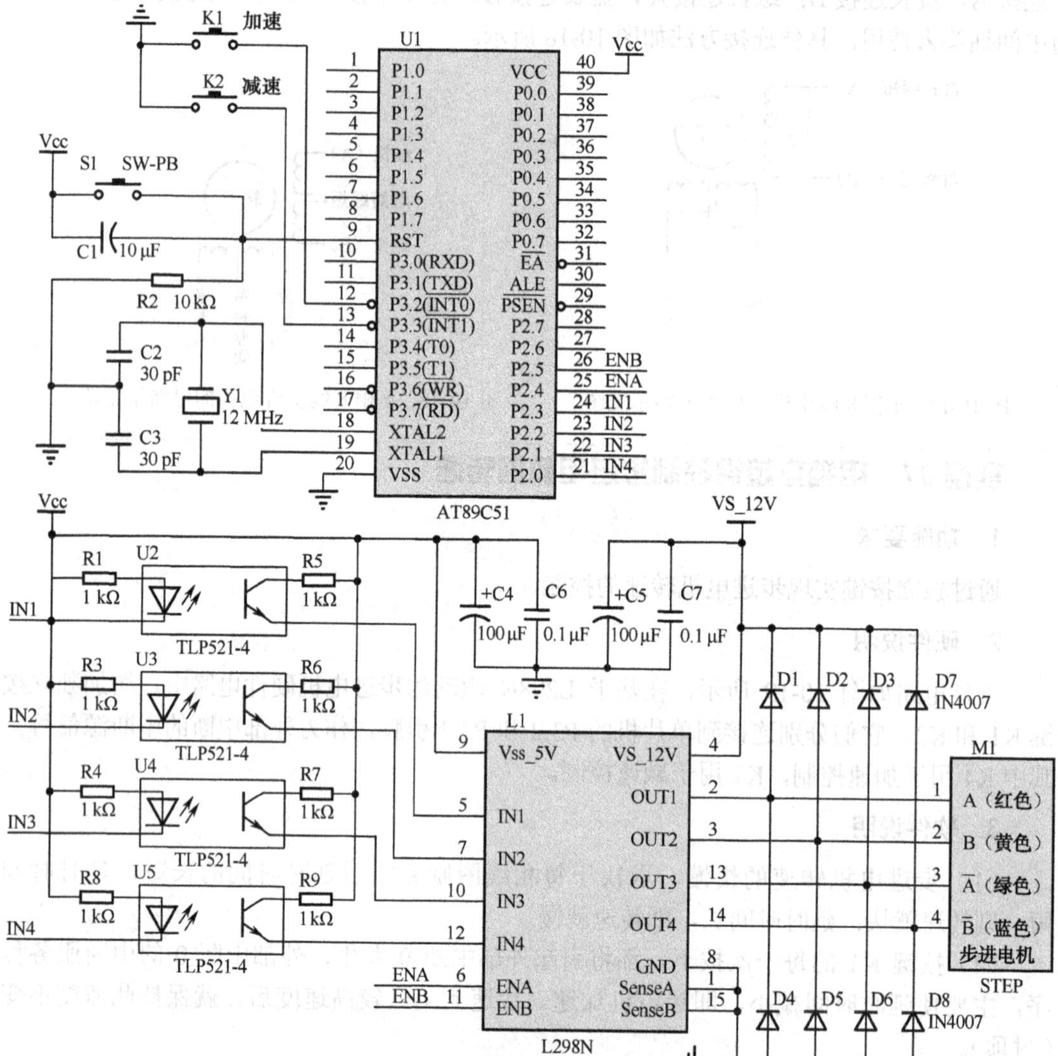

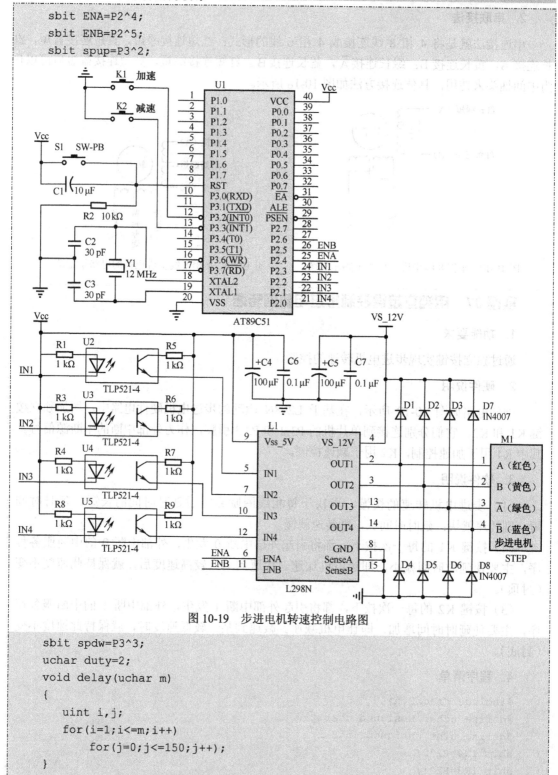

图 10-19　步进电机转速控制电路图

```
    sbit spdw=P3^3;
    uchar duty=2;
    void delay(uchar m)
    {
       uint i,j;
       for(i=1;i<=m;i++)
           for(j=0;j<=150;j++);
    }
    //*************************************************
    void cw2p(void)
```

```
{
   uchar i;
   for(i=1;i<=50;i++)
   {
      IN1=1;IN2=0;IN3=0;IN4=1; delay(duty);  //2 相顺时针
      IN1=1;IN2=1;IN3=0;IN4=0; delay(duty);
      IN1=0;IN2=1;IN3=1;IN4=0; delay(duty);
      IN1=0;IN2=0;IN3=1;IN4=1; delay(duty);
   }
}
//*********************************************
main()
{
   IT0=1;
   EX0=1;
   IT1=1;
   EX1=1;
   EA=1;
   ENA=1;
   ENB=1;
   while(1)
   {
      cw2p();
   }
}
void int0(void) interrupt 0
{
   duty--;         //加速
   if(duty<=2)
      duty=2;      //封顶
}
void int1(void) interrupt 2
{
   duty++;         //减速
   if(duty>=50)
      duty=50;     //封底
}
```

本例通过控制每相励磁之后延时时间的长短，来控制电机的转速，其本质是控制励磁线圈的通电频率。在步进角不变的前提下，每相励磁之后的延时时间越长，励磁线圈的通电频率就越低，转速自然越慢；相反，每相励磁之后的延时时间越短，励磁线圈的通电频率就越高，转速也就越快。考虑到在时间控制方面，定时器有不可比拟的优势，所以本例也可使用定时器来控制励磁线圈的通电频率，从而达到控制电机转速的目的。

硬件电路不变，如图 10-19 所示。软件程序中，通过按键 K1 和 K2，来控制定时器定时的长短，从而控制励磁线圈的通电频率，最终控制电机的转速。程序清单如下：

```
#include <reg52.h>
#define uchar unsigned char
#define uint unsigned int
sbit IN4=P2^0;
sbit IN3=P2^1;
sbit IN2=P2^2;
sbit IN1=P2^3;
sbit ENA=P2^4;
sbit ENB=P2^5;
sbit spup=P3^2;
sbit spdw=P3^3;
uint tt=2500,ph=0;
//************************************************
main()
{
   IT0=1;
   EX0=1;
   IT1=1;
   EX1=1;
   TMOD=0x01;
   TH0=(65536-2500)/256;
   TL0=(65536-2500)%256;
   ET0=1;
   EA=1;
   TR0=1;
   ENA=1;
   ENB=1;
   while(1);
}
void int0(void) interrupt 0
{
   tt=tt-500;
   if(tt<=2500)
       tt=2500;
}
void t0(void) interrupt 1
{
   TH0=(65536-tt)/256;
   TL0=(65536-tt)%256;
   ph++;
   switch(ph%4)
   {
       case 0:IN1=1;IN2=0;IN3=0;IN4=1;break;
       case 1:IN1=1;IN2=1;IN3=0;IN4=0;break;
       case 2:IN1=0;IN2=1;IN3=1;IN4=0;break;
       case 3:IN1=0;IN2=0;IN3=1;IN4=1;break;
```

```
        default:break;
    }
}
void int1(void) interrupt 2
{
    tt=tt+500;
    if(tt>=50000)
        tt=50000;
}
```

思考题 10

1. 步进电机中“步进”是何含义？它与普通电机的区别是什么？
2. 步进电机如何分类，其控制方式有何特点？
3. 步进电机的步进角如何定义，与控制电平的关系如何？
4. 步进电机通电方式有哪些，具体编制其通电次序。
5. 步进电机为什么需要驱动？常用的驱动方式有哪些？如何选用？
6. 步进电机的转速如何控制？
7. 查阅资料，说明 PWM 波的概念。

第 11 章 使用 DS18B20 温度传感器测温

在现实生产生活中，小到测量体温的温度计，大到航天飞机的温控系统，处处都离不开温度测量。工业生产中的三大指标（流量、压力、温度）之一就是温度，温度测量可以说是无处不在的，遍布了人们生活生产的方方面面。

DS18B20 是美国 DALLAS 半导体公司生产的数字化温度传感器，它与以往模拟量温度传感器不同，数字化是其一大特点，它能将被测环境温度直接转化为数字量，并以串行数据流的形式，传输给单片机等微处理器去处理。DS18B20 温度传感器的另一个主要特点——它是单总线的，即它与单片机等微处理器连接时，只需一条线，只占用一个 I/O 引脚，并且不再需要其他任何外部元器件，这就大大简化了它与单片机之间的接口电路。

11.1 DS18B20 温度传感器

目前，使用最普遍的 DS18B20 温度传感器是三脚 TO-92 直插式封装，这种封装的 DS18B20 实物图如图 11-1 所示。可以看到它体积很小，只有三只引脚，外形与一般的三极管极其相似。图 11-2 是 DS18B20 三脚 TO-92 直插式封装图，表 11-1 列出了 DS18B20 各个引脚的定义。

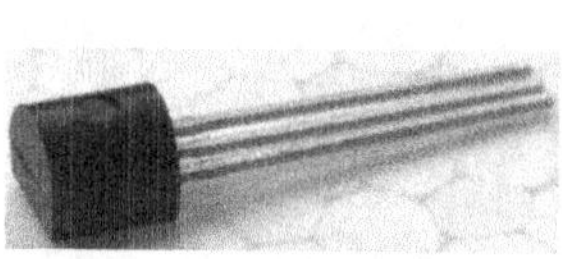

图 11-1 DS18B20 实物图

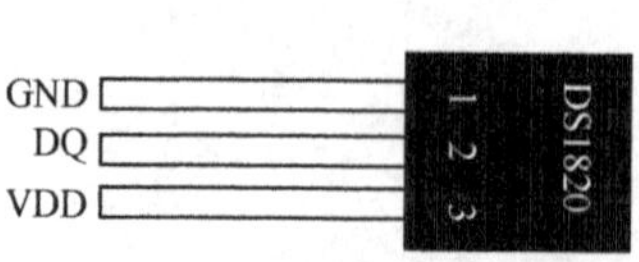

图 11-2 DS18B20 引脚图

表 11-1 DS18B20 引脚定义

引脚序号	引脚名称	功能描述
1	GND	接地端
2	DQ	数据输入/输出端
3	VDD	电源端

（1）独特的单总线（一条线）接口，与微处理器通信只需占用一个 I/O 引脚，且硬件连接无须其他外部元件。

（2）测量结果是数字量，可直接与微处理器通信。

（3）供电电压范围 3.0～5.5 V；在寄生电源方式下可由数据线供电。

（4）测温范围-55～+125℃；在-10～+85℃范围内，测量精度可达±0.5℃。

（5）可编程的 9～12 位测温分辨率，对应的可分辨温度值分别为 0.5℃、0.25℃、0.125℃、0.0625℃；12 位分辨率时的温度测量转换最长时间（上限）只有 750 ms。

（6）每一片 DS18B20 都有自己独一无二的芯片序列号；多片 DS18B20 可以并联在一条数据总线上，实现不同地点的多点组网测温。

（7）应用范围包括温度调控、工业现场测温、消费类产品、温度计及热敏系统等。

11.2　DS18B20 温度传感器的测温工作原理

DS18B20 的核心功能就是测量被测环境温度并直接转换成为数字量。我们使用 DS18B20 测温，就是要将 DS18B20 转换成的数字量温度值从 DS18B20 内部读出，送给单片机进行处理，所以了解 DS18B20 内部存储器的结构和组成是必要的。另外，学习控制 DS18B20 测温和读取温度值的相关指令也是不可或缺的。以下从这两个方面分别加以说明。

11.2.1　DS18B20 内部的存储器

笼统而言，DS18B20 内部有三个存储器：64 位光刻 ROM、中间结果暂存 RAM 和 E^2RAM。

1. 64 位光刻 ROM

前面已经提及，每一片 DS18B20 都有一个独一无二的序列号，用于唯一标识当前这片 DS18B20。这个序列号是 DS18B20 的生产厂家 DALLAS 公司在生产该片 DS18B20 时固化在其内部 ROM 中的。ROM 共有 64 位，所以称为 64 位光刻 ROM 号码，其中的 48 位是序列号，其数据格式如图 11-3 所示。

位63　　位56	位55　　位8	位7　　位0
8位CRC码	48位序列号	家族代码28H

图 11-3　64 位光刻 ROM 数据格式

这 64 位号码从最低位（位 0）到最高位（位 63）划分为三个组成部分，分别是：最低 8 位，中间 48 位和最高 8 位，如图 11-3 所示。其中，最低 8 位对每一片 DS18B20 而言都相同，其值是 0x28，称为家族代码。这个值是专门分配给 DS18B20 家族的，用以区别单总线设备中的不同家族。中间 48 位是唯一标识当前这片 DS18B20 的产品序列号。任意一片 DS18B20 的家族代码都是 0x28H，但它们的 48 位产品序列号绝对不相同，这 48 位一般称为 48 位序列号。最高 8 位是根据前面所述 56 位（8 位+48 位=56 位）计算出的 CRC 码，一般不大使用，读者可以不予深究。

功能描述	字节地址
温度值低8位	0
温度值高8位	1
设置温度上限值	2
设置温度下限值	3
设置寄存器字节	4
保留	5
保留	6
保留	7

图 11-4　中间结果暂存 RAM

2. 中间结果暂存 RAM

中间结果暂存 RAM 共有 8 个字节，其结构如图 11-4 所示。

其中，字节地址 0 是所测温度数值的低 8 位，字节地址 1 是所测温度数值的高 8 位，字节地址 2 是设定温度的上限值，字节地址 3 是设定温度的下限值，字节地址 4 是配置寄存器字节。字节地址 5、6、7 保留。这 8 个字节中，除字节地址 0、1、4 以外的 5 个字节几乎不使用，可以忽略，重点掌握字节地址 0、1、4 就足够了。

字节地址 0 和字节地址 1 中存放的就是测量的温度值，字节地址 1 中存放的是高 8 位，字节地址 0 中存放的是低 8 位。它们中的温度数据存储格式如图 11-5 所示。其中，高 5 位是符号位 S。若 5 个 S 全为 0 则表示温度是正值，由于是正值，补码与原码相同，余下的 11 位按图示各位的权重计算加权和，所得数值就是所测温度值；若 5 个 S 全为 1，则余下 11 位的补码对应的加权和数值就是所测温度值，这个温度值自然是零度以下，是负值。在实际计算温度值时，在得到 11 位数值的原码值以后，再乘以 0.0625 就得到所测的温度值。这样计算的原因是：可以将图 11-5 中的小数点（在权重 2^0 和 2^{-1} 之间）向右移动 4 位，即整个数值扩大了 2^4=16 倍，要使它与原值相等，自然需要再除以 16，即相当于乘以 0.0625。

S	S	S	S	S	2^6	2^5	2^4

2^3	2^2	2^1	2^0	2^{-1}	2^{-2}	2^{-3}	2^{-4}

图 11-5　温度数据存储格式

字节地址 4 是配置寄存器字节。前面已经提及，DS18B20 的测温有 9 位、10 位、11 位、12 位四种分辨率，实际测温时选用哪种分辨率，可以通过具体编程，设定该配置寄存器实现。DS18B20 出厂时设定的默认测温分辨率是 12 位。字节地址 4 配置寄存器字节的数据格式如图 11-6 所示。其中，R1 和 R0 的四种组合一一对应 9 位、10 位、11 位、12 位四种分辨率。对应关系如表 11-2 所示。附带说明的是，一般选用出厂时设定的默认测温分辨率 12 位，不用改动。

位7	位6	位5	位4	位3	位2	位1	位0
0	R1	R0	1	1	1	1	1

图 11-6　配置寄存器字节的数据格式

表 11-2　R1 和 R0 的四种组合与测温分辨率的关系

R1	R0	温度分辨率	最大转换时间
0	0	9 位	93.75 ms（$t_{conv}/8$）
0	1	10 位	187.5 ms（$t_{conv}/4$）
1	0	11 位	375 ms（$t_{conv}/2$）
1	1	12 位	750 ms（t_{conv}）

设置温度上限值
设置温度下限值
设置寄存器字节

图 11-7　E^2RAM 的结构

3. E^2RAM

E^2RAM 的结构如图 11-7 所示。可以看到，E^2RAM 中的内容，与中间结果暂存 RAM 中字节地址 2、3、4 的内容完全一致，即 E^2RAM 是中间结果暂存 RAM 字节地址 2、3、4 的备份或复制。这个存储器一般不使用，可以忽略，不予考虑。

综上所述，在不改变测温出厂分辨率（12 位）的前提下，DS18B20 内部三个存储器中，我们需关注的就只有 64 位光刻 ROM、中间结果暂存 RAM 中用于存放温度值的字节地址 0 和字节地址 1 了，这无疑大大简化了对 DS18B20 的使用。

11.2.2 DS18B20 的指令

DS18B20 的指令可分为三大类：第一类是与 64 位光刻 ROM 相关的一系列指令；第二类是与中间结果暂存 RAM 相关的温度值读取指令；第三类是控制温度转换的控制类指令。上面刚刚提及，在不改变测温出厂分辨率（12 位）的前提下，DS18B20 内部存储器中，我们只需关注 64 位光刻 ROM 和中间结果暂存 RAM 中字节地址 0 和字节地址 1 中的温度值。考虑到 DS18B20 的指令集中，部分指令极少使用，此处仅就常用的、关键的指令做解释说明，其余指令请读者查阅相关资料。

1. 与 64 位光刻 ROM 相关的指令

1）读 64 位光刻 ROM 号码指令（0x33）

本条指令用于读取唯一标识当前这片 DS18B20 的 64 位号码，但要求总线上只能有一片 DS18B20，否则会出现多片 DS18B20 冲突的问题。

2）匹配 64 位光刻 ROM 号码指令（0x55）

当单总线上挂接了多片 DS18B20 时，本条指令用于选取其中一片 DS18B20 与微处理器进行通信。执行本指令 0x55 后，紧跟其后的是一个 64 位光刻 ROM 号码（特别注意：在输入 64 位光刻 ROM 号码时，低位在前）。这一个 64 位光刻 ROM 号码，将与单总线上每一片 DS18B20 的 64 位光刻 ROM 号码进行比对，号码匹配的那一片 DS18B20 将被选中，执行后续微处理器发出的各类指令，如转换温度、读取温度值等；而号码不匹配的那些 DS18B20 将不执行任何指令，继续等待下去，直到总线复位后，再次等待下一次可能被选中的机会。

3）跳过 64 位光刻 ROM 号码匹配指令（0xCC）

可以设想，如果总线上只有一片 DS18B20 挂接其上，执行温度转换指令、读取温度值指令等只能是针对这一片 DS18B20 而言。如果先读取其 64 位光刻 ROM 号码，然后再匹配这 64 位光刻 ROM 号码，显然是画蛇添足，多此一举，所以完全可以跳过 64 位光刻 ROM 号码的匹配环节，直接执行转换温度、读取温度值等指令。应该注意的是，不需要执行匹配时，不用执行上一条 0x55 指令，但必须执行跳过指令，即执行 0xCC 指令完成跳过功能。

4）搜索 64 位光刻 ROM 指令（0xF0）

当总线上挂接多片 DS18B20 芯片时，执行本指令可以搜索当前挂接在总线上的 DS18B20 芯片的个数，并识别它们的 64 位光刻 ROM 号码，方便后续分别操作各个 DS18B20 芯片。

2. 与中间结果暂存 RAM 相关的温度数值读取指令

读中间结果暂存 RAM 指令（0xBE）。

单片机发出并执行读中间结果暂存 RAM 指令 0xBE 后，就可以从字节地址 0 开始，依次读取中间结果暂存 RAM 的 8 个字节中的数据，每次读取一个字节。由于温度值只保存在前面两个字节中，实际应用中只读取前两个字节就可以了。

3. 控制温度转换指令

启动温度转换指令（0x44）

本指令是启动温度转换指令。转换结束后，温度值被存入中间结果暂存 RAM 的字节地址 0（低 8 位）和字节地址 1（高 8 位）中，然后就可以使指令 0xBE 从中读取温度值了。

11.2.3 DS18B20 的通信规则

仅用一条线通信的 DS18B20 系统，在与微处理器通信时，其数据的传输规则不同于一般芯片，其特殊性表现在每次操作都要按部就班地执行以下四个步骤。

S1：初始化 DS18B20。

S2：向 DS18B20 发送与 64 位光刻 ROM 相关的指令。

S3：执行与中间结果暂存 RAM 相关的指令（包括控制温度转换指令）。

S4：数据处理。

以下针对实际使用中的三个主要操作：读取 64 位光刻 ROM 号码、启动 DS18B20 温度转换、读取温度值，来细化上述四个步骤。

1）读取 64 位光刻 ROM 号码

S1：初始化 DS18B20。

S2：单片机向 DS18B20 发送读 64 位光刻 ROM 号码指令 0x33。

S3：读取 64 位光刻 ROM 号码不涉及对中间结果暂存 RAM 的操作，此步骤可跳过。

S4：单片机从单总线上一位接着一位地读取数据，共计 64 位，得到 64 位光刻 ROM 号码（注意：低位在前）。

2）启动 DS18B20 温度转换操作

S1：初始化 DS18B20。

S2：单片机向 DS18B20 发送跳过 64 位光刻 ROM 号码匹配指令 0xCC（假设只有一片 DS18B20 挂接在总线上）。

S3：单片机向 DS18B20 发送启动温度转换指令 0x44。

S4：本操作只启动温度转换，无数据处理，故本步骤可省略。

3）读取温度操作

S1：初始化 DS18B20。

S2：单片机向 DS18B20 发送跳过 64 位光刻 ROM 号码匹配指令 0xCC（假设只有一片 DS18B20 挂接在总线上）。

S3：单片机向 DS18B20 发送读中间结果暂存 RAM 指令 0xBE。

S4：单片机从单总线上一位接着一位地读取，连续读取两个字节的数据（低字节在前，高位在前），得到待测温度值的低字节和高字节数据。

此处还需要解释说明两点。

（1）DS18B20 的操作时序很严格，特别是延时，要比较精确才行。所以以上每一步骤后都紧跟一段延时，具体延时时间多长，下面讲解的 DS118B20 的初始化、数据读写操作时序等再给出详细说明。

（2）由于 DS18B20 是单总线的，只有一条线与单片机的一个 I/O 引脚相连接。在初始化、指令数据、64 位光刻 ROM 号码、温度值等数据中，有些数据是从单片机发送到 DS18B20 的，有些数据是从 DS18B20 传送到单片机的，所有数据都是（也只能）借助这一条线在传输，因此所有数据都是在单片机与 DS18B20 之间一位一位地串行传输的。

11.2.4 DS18B20 的初始化、数据读写操作时序

前面已经提及，由于 DS18B20 是单总线的，因此其操作时序很严格，特别是延时，要

比较精确才行。

1. DS18B20 的初始化

DS18B20 的初始化时序如图 11-8 所示。

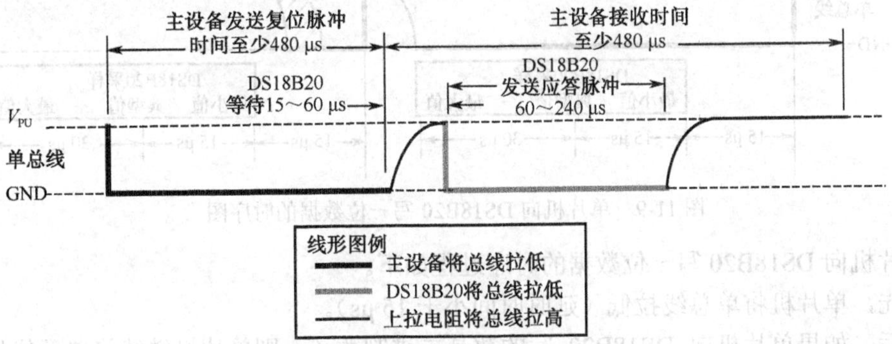

图 11-8　DS18B20 的初始化时序图

DS18B20 的初始化时序过程如下。

（1）首先是单片机发送一低电平到单一总线上，将单总线拉低，拉低的时间至少是 480 μs，但不能超过 960 μs。实际使用中，一般取 750 μs 左右。

（2）单片机释放单总线的控制权，转而准备被动地接收 DS18B20 发送来的数据。此时，连接在单总线上 10 kΩ 的上拉电阻，将单总线由低电平拉高到高电平，此电平从低变化到高的上升沿信号被 DS18B20 捕捉到以后，单总线转而由 DS18B20 控制了。

（3）当 DS18B20 控制了总线时，在等待 15～60 μs 以后，DS18B20 将单总线再次拉低，作为向单片机做出的回应，表明自己（DS18B20）已经就绪，准备接收后续单片机发送来的指令等。DS18B20 将单总线拉低的时间至少是 60 μs，但不能超过 240 μs。

（4）随后，DS18B20 释放单总线，单总线上 10 kΩ 的上拉电阻，再次将单总线由低电平拉高到高电平。至此，DS18B20 的初始化完成。

具体到程序设计时，可以简化初始化过程。具体实现如下。

首先，单片机发送一低电平到单一数据总线上，将单总线拉低，这一低电平的持续时间是 750 μs 左右，时间值 750 μs=480 μs+40 μs+230 μs，其中 480 μs 是单片机将总线拉低所需的最少时间，40 μs 是单片机释放总线后 DS18B20 等待时间（大约），230 μs 是 DS18B20 的反馈应答的低电平时间。这样处理的目的，是忽略 DS18B20 的反馈应答，改为延时处理。原因是单片机将总线拉低后，何时释放总线不太好把握，自然不太好确定何时接收 DS18B20 反馈应答的低电平，采用延时以后，可以不必考虑单片机何时释放总线、DS18B20 等待多长时间、DS18B20 发回应答低电平多长一段时间后又释放了总线、总线又被上拉电阻拉高等。通过延时，当这一系列过程结束后，单总线是高电平就行，所以可以进入下一步骤：拉高总线。

然后，单片机发送一高电平到单一数据总线上，将单总线拉高，拉高时间为 500 μs 左右。

2. 单片机向 DS18B20 写数据

单片机向 DS18B20 写一位数据的时序如图 11-9 所示。

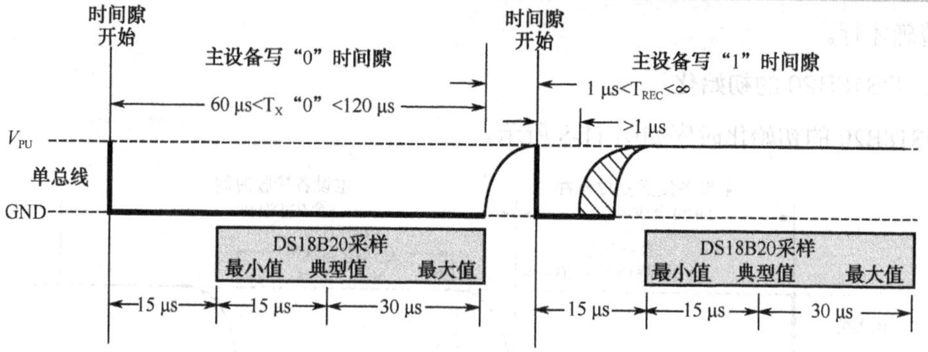

图 11-9 单片机向 DS18B20 写一位数据的时序图

单片机向 DS18B20 写一位数据的时序过程如下。

首先，单片机将单总线拉低（延时时间小于 15 μs）。

然后，如果单片机向 DS18B20 写的数是二进制数 0，则单片机继续将单总线拉低，让 DS18B20 采样当前单总线上的数据（低电平，即数据 0），此总线拉低的延时时间最大 45 μs，因为单片机向 DS18B20 写一位数据的时间必须在 60 μs 内完成；如果单片机向 DS18B20 写的数是二进制数 1，则单片机释放总线，由外接上拉电阻将单总线拉高，供 DS18B20 采样当前单总线上的数据（高电平，数据 1）。实际编程中，将上拉电阻拉高总线更改为单片机将单总线拉高。只要得到高电平，不必考虑由谁将其拉高。同样，此拉高的延时时间最大也是 45 μs，以此保证单片机向 DS18B20 写一位数据的时间。

最后，单片机再次将单总线拉高，延时 10 μs 左右，准备下一位数据写入 DS18B20。

具体程序设计时，实现如下。

（1）单片机将单总线拉低，延时 15 μs；

（2）如果写 0，单片机将单总线拉低，延时 60 μs；如果写 1，单片机将单总线拉高，延时 40 μs；

（3）单片机将单总线拉高，延时 10 μs。

3. 单片机从 DS18B20 读数据

单片机从 DS18B20 读一位数据的时序如图 11-10 所示。

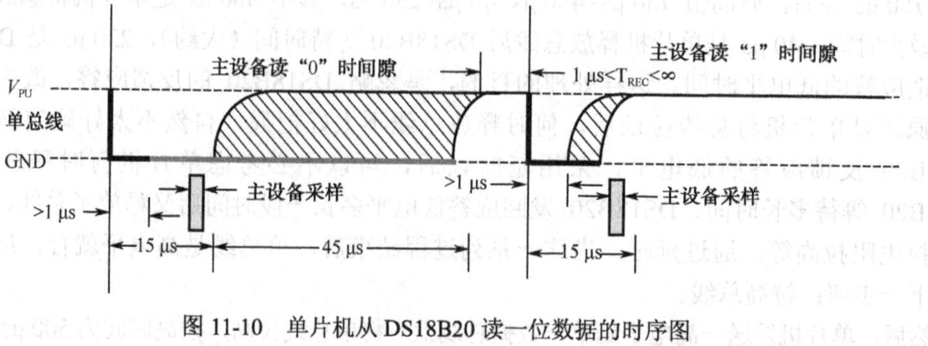

图 11-10 单片机从 DS18B20 读一位数据的时序图

从图 11-10 可以看到，单片机从 DS18B20 读一位数据时序比较严格，留给单片机采样窗口很窄，单片机从 DS18B20 读取一位二进制数据的时间，必须控制在开始读以后的 15 μs 以内。具体分析如下。

（1）单片机将单总线拉低，拉低后的延时时间极短，一般在 1 μs 以内。

（2）单片机释放单总线，由 DS18B20 将单总线拉低，或者由外接上拉电阻将单总线拉高，供单片机去采样 0 或者 1。需要强调的是：此时单片机只是读取这些高低电平，而不是去控制单总线被拉低或者拉高。整个拉低或者拉高电平的持续时间只有 15-2=13 μs 左右，单片机此时应抓紧时间去读取，否则电平就要发生变化了。

具体程序设计时，实现如下。

（1）单片机将单总线拉低，拉低后的延时 1 μs；

（2）单片机将单总线拉高，这一点不是单片机从 DS18B20 读一位数据的时序要求决定的，而是 51 单片机的 I/O 口在输入数据前必须先写 1 决定的。为了使单片机 I/O 口读取数据稳定，此处一般延时 8 μs 左右；

（3）单片机读取单总线上的数据。

实例 38 用一片 DS/8B20 实现温度测量

1. 功能要求

单片机与一片 DS18B20 连接，在 1602 液晶屏第一行，显示所测的温度值（数据已处理过），以及中间结果暂存 RAM 的字节地址 0 和字节地址 1 的温度值（数据未处理）；在 1602 液晶屏第二行，显示该片 DS18B20 的 64 位光刻 ROM 号码。

2. 硬件说明

硬件电路图如图 11-11 所示。注意 DQ 引脚接有一个 10 kΩ 的上拉电阻。实际实验结果如图 11-12 所示。

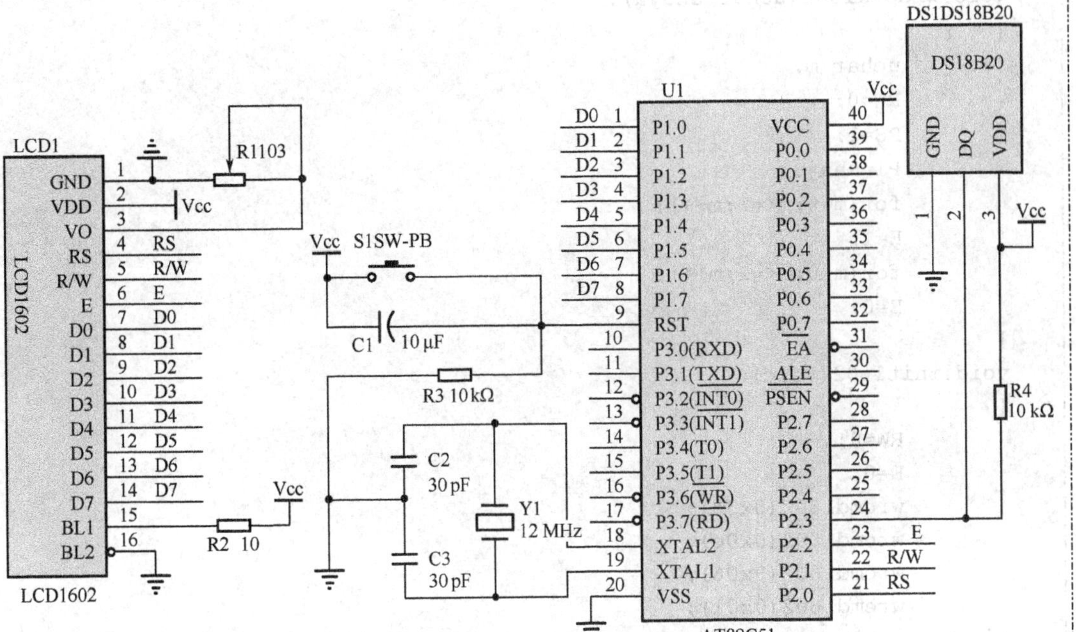

图 11-11 一片 DS18B20 与单片机的连接

3. 程序清单

图 11-12　一片 DS18B20 测温、测序列号实际练习结果

```
#include <reg52.h>
#include <intrins.h>
#define uchar unsigned char
#define uint unsigned int
sbit RS=P2^0;
sbit RW=P2^1;
sbit E=P2^2;
sbit DQ=P2^3;
uint temp;
uchar wdL,wdH;
static uchar sn[8]={0};
uchar code b2hex[]="0123456789ABCDEF";
//************************************
void wrcmd1602(uchar cmd)
{
        uchar m;
        RW=0;
        RS=0;
        P1=cmd;
        for(m=0;m<=2;m++);
        E=1;
        for(m=0;m<=2;m++);
        E=0;
}
void wrdata1602(uchar shuju)
{
        uchar m;
        RW=0;
        RS=1;
        P1=shuju;
        for(m=0;m<=2;m++);
        E=1;
        for(m=0;m<=2;m++);
        E=0;
}
void init1602(void)
{
        RW=0;
        E=0;
        wrcmd1602(0x38);
        wrcmd1602(0x0c);
        wrcmd1602(0x06);
        wrcmd1602(0x01);
}
void disp1602(uchar x,uchar y,uchar ch)
```

```
{
        uchar m;
        wrcmd1602(0x80+x*0x40+y);
        for(m=0;m<=252;m++);
    wrdata1602(ch);
}
//***************************************
void init18b20(void)
{
    uchar m;
    DQ=0;
    for(m=0;m<=90;m++);  //延时 732 μs
    DQ=1;
    for(m=0;m<=65;m++);  //延时 532 μs
}
void wrcmd18b20(uchar cmd18b20)
{
    bit sendbit;
    uchar i,m;
    for(i=1;i<=8;i++)
    {
        sendbit=cmd18b20&0x01;
        cmd18b20=cmd18b20>>1;
        if(sendbit==0)
        {
            DQ=0;
            for(m=0;m<=2;m++);  //延时 12 μs
            DQ=0;
            for(m=0;m<=20;m++); //延时 66 μs
            DQ=1;
            for(m=0;m<=2;m++);  //延时 12 μs
        }
        else
        {
            DQ=0;
            for(m=0;m<=1;m++);  //延时 9 μs
            DQ=1;
            for(m=0;m<=10;m++); //延时 36 μs
            DQ=1;
            for(m=0;m<=1;m++);  //延时 9 μs
        }
    }
}
bit rdbit18b20(void)
{
    uchar m;
```

```
    bit onebit;
    DQ=0;
    _nop_();                //延时 1 μs
    DQ=1;                   //单片机的 I/O 口用作输入时，必须先写入 1
    for(m=0;m<=1;m++);  //延时 9 μs
    onebit=DQ;
    for(m=0;m<=10;m++);  //延时 36 μs
    return(onebit);
}
uchar rdbyte18b20(void)
{
    uchar i,j;
    uint wenduzhi=0;
    for(i=1;i<=8;i++)
    {
        j=rdbit18b20();
        wenduzhi=(j<<7)|(wenduzhi>>1);
    }
    return(wenduzhi);
}
void stconv18b20(void)
{
    uchar m,n;
    init18b20();
    for(m=0;m<=1;m++);         //延时 9 μs
    wrcmd18b20(0xCC);
    for(m=0;m<=1;m++);         //延时 9 μs
    wrcmd18b20(0x44);
    for(n=0;n<=250;n++)
        for(m=0;m<=250;m++);
    for(n=0;n<=250;n++)
        for(m=0;m<=250;m++);       //延时 760 ms
}
uint rdwendu(void)
{
    init18b20();
    wrcmd18b20(0xCC);
    wrcmd18b20(0xBE);
    wdL=rdbyte18b20();
    wdH=rdbyte18b20();
    temp=wdH;
    temp=temp<<8;
    temp=temp|wdL;
    temp=(uint)((float)temp*0.0625*10+0.5);
    return(temp);
}
```

```
void rd18b20rom(void)
{
    uchar j;
    init18b20();
    wrcmd18b20(0x33);
    for(j=0;j<=7;j++)
    {
        sn[j]=rdbyte18b20();
        _nop_();
    }
}
/*************************************************/
main()
{
    uint t,k;
    init1602();
    rd18b20rom();
    for(k=0;k<=7;k++)
    {
        disp1602(1,2*k,b2hex[(sn[k]&0xf0)>>4]);
        disp1602(1,2*k+1,b2hex[sn[k]&0x0f]);
    }
    disp1602(0,5,39);
    disp1602(0,6,'C');
    while(1)
    {
        stconv18b20();
        t=rdwendu();
        disp1602(0,0,t/100+'0');
        disp1602(0,1,t/10%10+'0');
        disp1602(0,2,'.');
        disp1602(0,3,t%10+'0');
        disp1602(0,14,b2hex[(wdL&0xf0)>>4]);
        disp1602(0,15,b2hex[wdL&0x0f]);
        disp1602(0,12,b2hex[(wdH&0xf0)>>4]);
        disp1602(0,13,b2hex[wdH&0x0f]);
    }
}
```

实例 39　用四片 DS18B20 实现温度测量

1. 功能要求

单片机与四片 DS18B20 连接：在 1602 液晶屏第一行起始位置显示“1:”，其后显示第一片 DS18B20 所测温度值；在 1602 液晶屏第一行中间位置显示“2:”，其后显示第二片 DS18B20 所测温度值；在 1602 液晶屏第二行起始位置显示“3:”，其后显示第三片 DS18B20 所测温度值；在 1602 液晶屏第二行中间位置显示“4:”，其后显示第四片 DS18B20 所测温度值。

2. 硬件说明

硬件连接电路如图 11-13 所示，四片 DS18B20 的同名引脚分别并联，DQ 引脚仍接上拉电阻。实际实验结果如图 11-14 所示。

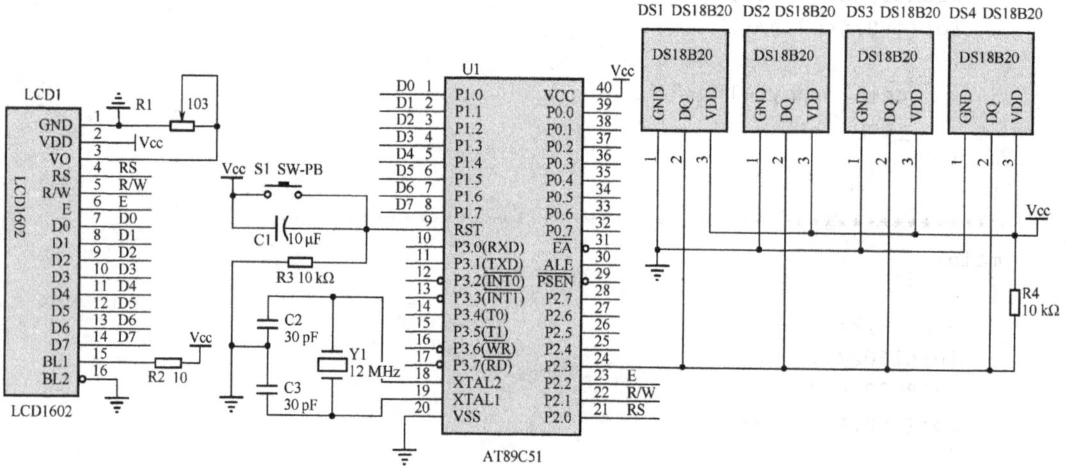

图 11-13　四片 DS18B20 与单片机的连接电路图

3. 程序清单

图 11-14　四片 DS18B20 测温练习结果

```
#include <reg52.h>
#include <intrins.h>
#define uchar unsigned char
#define uint unsigned int
sbit RS=P2^0;
sbit RW=P2^1;
sbit E=P2^2;
sbit DQ=P2^3;
uint temp;
uchar wdL,wdH;
uchar code sn[][8]={ {0x28,0x0D,0x3F,0x2C,0x03,0x00,0x00,0x39},
                     {0x28,0xE7,0x50,0x2C,0x03,0x00,0x00,0xA1},
                     {0x28,0xB2,0x40,0x2C,0x03,0x00,0x00,0x18},
                     {0x28,0xD1,0x45,0x2C,0x03,0x00,0x00,0x50}
                   };
//*********************************************
void wrcmd1602(uchar cmd)
{
    uchar m;
    RW=0;
    RS=0;
    P1=cmd;
    for(m=0;m<=2;m++);
    E=1;
    for(m=0;m<=2;m++);
```

```
    E=0;
  }
  void wrdata1602(uchar shuju)
  {
    uchar m;
    RW=0;
    RS=1;
    P1=shuju;
    for(m=0;m<=2;m++);
    E=1;
    for(m=0;m<=2;m++);
    E=0;
  }
  void init1602(void)
  {
    RW=0;
    E=0;
    wrcmd1602(0x38);
    wrcmd1602(0x0c);
    wrcmd1602(0x06);
    wrcmd1602(0x01);
  }
  void disp1602(uchar x,uchar y,uchar ch)
  {
    uchar m;
    wrcmd1602(0x80+x*0x40+y);
    for(m=0;m<=252;m++);
    wrdata1602(ch);
  }
  //**************************************************
  void init18b20(void)
  {
    uchar m;
    DQ=0;
    for(m=0;m<=90;m++);  //延时 732 μs
    DQ=1;
    for(m=0;m<=65;m++);  //延时 532 μs
  }
  void wrcmd18b20(uchar cmd18b20)
  {
    bit sendbit;
    uchar i,m;
    for(i=1;i<=8;i++)
    {
        sendbit=cmd18b20&0x01;
        cmd18b20=cmd18b20>>1;
```

```
        if(sendbit==0)
        {
            DQ=0;
            for(m=0;m<=2;m++);  //延时 12 μs
            DQ=0;
            for(m=0;m<=20;m++); //延时 66 μs
            DQ=1;
            for(m=0;m<=2;m++);  //延时 12 μs
        }
        else
        {
            DQ=0;
            for(m=0;m<=1;m++);  //延时 9 μs
            DQ=1;
            for(m=0;m<=10;m++); //延时 36 μs
            DQ=1;
            for(m=0;m<=1;m++);  //延时 9 μs
        }
    }
}
bit rdbit18b20(void)
{
   uchar m;
   bit onebit;
   DQ=0;
   _nop_();
   DQ=1;
   for(m=0;m<=1;m++);  //延时 9 μs
   onebit=DQ;
   for(m=0;m<=10;m++); //延时 36 μs
   return(onebit);
}
uchar rdbyte18b20(void)
{
   uchar i,j;
   uint wenduzhi=0;
   for(i=1;i<=8;i++)
   {
       j=rdbit18b20();
       wenduzhi=(j<<7)|(wenduzhi>>1);
   }
   return(wenduzhi);
}
/***********************************************/
void match18b20(uchar n)
{
```

```
    uchar i;
    init18b20();
    wrcmd18b20(0x55);
    for(i=0;i<=7;i++)
    {
        wrcmd18b20(sn[n][i]);
        _nop_();
    }
}
//**********************************************
void stconv18b20(void)
{
    uchar m,n;
    init18b20();
    for(m=0;m<=1;m++);      //延时 9 μs
    wrcmd18b20(0xCC);
    for(m=0;m<=1;m++);      //延时 9 μs
    wrcmd18b20(0x44);
    for(n=0;n<=250;n++)
        for(m=0;m<=250;m++);
    for(n=0;n<=250;n++)
        for(m=0;m<=250;m++);//延时 760 ms
}
uint rdwendu(uchar n)
{
    init18b20();
    match18b20(n-1);
    wrcmd18b20(0xBE);
    wdL=rdbyte18b20();
    wdH=rdbyte18b20();
    temp=wdH;
    temp=temp<<8;
    temp=temp|wdL;
    temp=(uint)((float)temp*0.0625*10+0.5);
    return(temp);
}
/**********************************************/
main()
{
    uint t;
    init1602();
    init18b20();
    disp1602(0,0,'1');
    disp1602(0,1,':');
    disp1602(0,8,'2');
    disp1602(0,9,':');
```

```
    disp1602(1,0,'3');
    disp1602(1,1,':');
    disp1602(1,8,'4');
    disp1602(1,9,':');
    while(1)
    {
        stconv18b20();
        t=rdwendu(1);
        disp1602(0,2,t/100+'0');
        disp1602(0,3,t/10%10+'0');
        disp1602(0,4,'.');
        disp1602(0,5,t%10+'0');
        t=rdwendu(2);
        disp1602(0,10,t/100+'0');
        disp1602(0,11,t/10%10+'0');
        disp1602(0,12,'.');
        disp1602(0,13,t%10+'0');

        t=rdwendu(3);
        disp1602(1,2,t/100+'0');
        disp1602(1,3,t/10%10+'0');
        disp1602(1,4,'.');
        disp1602(1,5,t%10+'0');

        t=rdwendu(4);
        disp1602(1,10,t/100+'0');
        disp1602(1,11,t/10%10+'0');
        disp1602(1,12,'.');
        disp1602(1,13,t%10+'0');
    }
}
```

思考题 11

1. DS18B20传感器是由哪家公司生产的，其特点是什么？
2. DS18B20的测温范围是多少？测温精度是多少？
3. DS18B20内部存储器有哪些？主要功能是什么？
4. 画出DS18B20外部电源供电方式与单片机的连接电路图。
5. 利用for循环如何实现较精确延时？
6. 查阅资料回答常用的温度传感器还有哪些，它们有什么特点？

第12章 使用DS12C887设计高精度时钟

实时时钟（Real Time Clock，RTC）是一种计时器，如同一只正常行走的钟表；但它又不同于一般的钟表，除能提供日期、时间信息外，还因其内部自带有晶振和锂电池，在已经启动的前提下，即使外部供电电源断电，仍能继续正常计时。另外，众所周知，温度变化是影响电子产品性能的一个重要因素。实时时钟内部采取的高精度温度补偿等有效措施，在计时精度方面优势明显。在需要高精度计时的场合，选用实时时钟，无疑是必要的，也是明智的。

本章以高性能、低功耗的实时时钟芯片DS12C887为对象，在介绍其结构原理的基础上，重点介绍在51单片机的控制下，DS12C887基本功能的开发使用。

12.1 时钟芯片DS12C887的特性与引脚功能

DS12C887实时时钟芯片，是DALLAS公司生产的高性能、低功耗的时钟日历芯片。24脚双列直插封装的DS12C887实物如图12-1所示，其封装图如图12-2所示。相比一般的集成电路芯片，该芯片比较厚实，原因是其内部封装了晶振和可充电的锂电池。

图12-1 DS12C887实物图

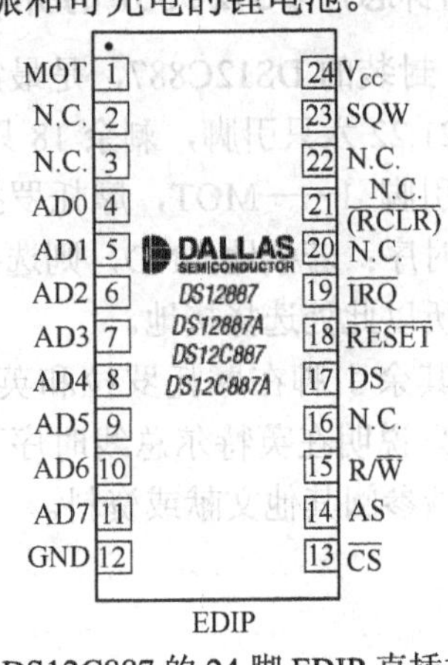

图12-2 DS12C887的24脚EDIP直插式封装图

1. 时钟芯片 DS12C887 的特性

图 12-2 是其 24 脚 EDIP 直插式封装图，表 12-1 列出了 DS12C887 各个引脚的定义。

表 12-1　DS12C887 各个引脚的定义

引脚序号	引脚名称	功能描述	引脚序号	引脚名称	功能描述
1	MOT	总线时序选择端	16	NC	空引脚
2～3	NC	空引脚	17	DS	读输入允许端（Intel）
4～11	AD0～AD7	地址数据复用总线	18	R / $\overline{\text{W}}$	复位端
12	GND	接地端	19	$\overline{\text{RESET}}$	中断请求输出端
13	$\overline{\text{CS}}$	片选端	20～22	NC	空引脚
14	AS	地址选通输入端	23	SQW	方波输出端
15	R / $\overline{\text{W}}$	写输入允许端（Intel）	24	Vcc	电源端

DS12C887 实时时钟芯片的特性如下。

（1）可以自动计算并提供 2100 年之前的年、月、日、星期、时、分、秒等时间信息，并带有闰年补偿。

（2）有二进制和 BCD 码两种表示时间的数据格式供选择。

（3）有 24 小时制和带有 AM、PM 的 12 小时制模式供选择。

（4）可选择夏时制模式（编者注：我国曾在 1990 年前后，在夏季试行过夏时制，后取消）。

（5）有摩托罗拉和英特尔两种总线时序供选择。

（6）14 字节的时钟和控制寄存器。

（7）三个彼此独立的可屏蔽中断。

（8）可编程的方波输出。

（9）可每秒一次到每天一次的闹铃设置。

（10）电源失效自动检测和切换电路。

（11）EDIP 封装内部集成有晶振和锂电池。

（12）可选的工业级温度范围。

（13）应用范围包括嵌入式系统、民用电表、保障或安全系统、网络集线器、路由器等。

2. 时钟芯片 DS12C887 的引脚功能

EDIP 封装的 DS12C887，是最常见的一款实时时钟芯片，它是 24 脚双列直插，但缺少 2,3,16,20,21,22 六只引脚，剩余 18 只引脚。

（1）引脚 1——MOT，摩托罗拉/英特尔总线时序选择端。若接电源 Vcc，则选择摩托罗拉总线时序；若接地 GND，则选择英特尔总线时序。与 51 单片机连接时，选择英特尔总线时序，所以此处选择接地。

注：其余引脚在摩托罗拉和英特尔总线时序下的功能和使用方式略有不同，鉴于篇幅，此处只说明在英特尔总线时序下的功能和使用方式；摩托罗拉总线时序下的功能和使用方式，请参阅其他文献或资料。

（2）引脚 2,3,16,20,21,22——NC，空引脚。

（3）引脚 4～11——AD0～AD7，地址数据复用总线。该总线采用时分复用技术，即将一个读或者写操作的总线周期，按时间分成前后两个部分：总线周期的前半部分，总线上传输的是地址信息；总线周期的后半部分，总线上传输的是数据信息。

（4）引脚 12——GND，接地端。

（5）引脚 13——$\overline{CS}$，片选端。低电平有效。

（6）引脚 14——AS，地址选通输入端。在进行读或者写操作时，AS 的下降沿，将总线 AD0～AD7 上的地址信息，锁存进 DS12C887 芯片中；下一个发生在 AS 上的上升沿，将清除该地址信息，清除地址信息操作不受$\overline{CS}$片选信号的控制。

（7）引脚 15——R/$\overline{W}$，写输入允许端。在写操作总线周期的后半部分，在 R/$\overline{W}$低电平有效的前提下，R/$\overline{W}$上的上升沿，将总线 AD0～AD7 上的数据信息锁存进 DS12C887 芯片中，以此完成数据的写操作。

（8）引脚 17——DS，读输入允许端。在读操作总线周期的后半部分，在 DS 低电平有效的前提下，DS 上的上升沿，使单片机读取总线 AD0～AD7 上的数据信息，以此完成数据的读操作。

（9）引脚 18——$\overline{RESET}$，复位端。低电平有效，典型连接中，一般将$\overline{RESET}$连接到电源 *Vcc*，以防止电源的接入和断开破坏 DS12C887 芯片中的控制寄存器。

（10）引脚 19——$\overline{IRQ}$，中断请求输出端。DS12C887 中三个可屏蔽、彼此独立的中断，只要有一个被允许，且该中断的确发生，则$\overline{IRQ}$将保持低电平，直到发生读取 DS12C887 中的控制寄存器 C 时，才清除$\overline{IRQ}$上的低电平。若要使用 DS12C887 中的中断，此引脚一般连接到 51 单片机的外部中断 P3.2 引脚或者 P3.3 引脚。

（11）引脚 23——SQW，方波输出端。通过设置 DS12C887 中控制寄存器 A 的低四位 RS3～RS0，有 15 种频率可选，在 DS12C887 中控制寄存器 B 的第三位 SQWE 置 1（方波输出允许）的条件下，可从 SQW 引脚输出所选频率的方波。

（12）引脚 23——*Vcc*，电源端。

12.2 DS12C887 实时时钟芯片工作原理

DS12C887 实时时钟芯片内部集成有存储器，其中，前 14 个字节最为重要，它们是 DS12C887 实时时钟芯片时间和控制寄存器。通过向其中部分寄存器的对应地址位置写入时间、日历等数据，可以初始化或者设置实时时钟开始计时的起始时间、日历等信息。伴随着 DS12C887 芯片每秒钟自动更新这些时间和日历信息，这些时间、日历信息就如同一只正常行走的钟表一样，一秒一秒地行进，记录着时间的流逝、日月的更迭。因为它与我们日常生活中的时钟同步，所以称为实时时钟。但这都发生在 DS12C887 芯片内部的时间和控制寄存器中，现在只需要通过读操作，将这些保存在寄存器中的实时时钟值读取出来，显示出来，用于工业或民生。如果想直观地看到实时时钟如同钟表一样地一秒一秒行进，只需用显示设备（如液晶）把保存在寄存器中的实时时钟值读取并显示出来即可。

DS12C887 计时的高精度特性是以其内部晶振的高度精确性为前提基础的，辅助以晶振电路与装载电容的高精度匹配作为晶振修正和高精度温度补偿等有效方法，使 DS12C887 计时的精度得以保障。

DS12C887 内部自带可充电的锂电池，在供电电源正常工作时，DS12C887 在正常工作的同时，还能给内部的锂电池充电；当供电电源出现故障或断电时，系统会自动切换到锂电池供电模式，计时不会被中断，时钟仍然在有条不紊地行进，继续计时。当系统再次上电后，不用重新设置初始时间，计时系统会继续正常工作。

12.2.1 DS12C887 内部的存储器

DS12C887 内部的存储器主要是前 14 个，如表 12-2 所示。它们可分为两类，一类是前 10 个，为时间、日历信息；第二类是地址为 0x0A～0x0D 的 4 个控制寄存器。

表 12-2 DS12C887 内部的存储器

地址	位 7	位 6	位 5	位 4	位 3	位 2	位 1	位 0	功能	取值范围
00H	0	0	秒						秒	00～3B
01H	0	0	秒						闹铃秒	00～3B
02H	0	0	分						分	00～3B
03H	0	0	分						闹铃分钟	00～3B
04H	AM/PM	0	0	0	小时				小时	01～0C+AM/PM
	0			小时						00～17
05H	AM/PM	0	0	0	小时				闹铃小时	01～0C+AM/PM
	0			小时						00～17
06H	0	0	0	0	0	日			日	01～07
07H	0	0	0	日期					日期	01～1F
08H	0	0	0	0	月				月	01～0C
09H	0	年							年	00-63
0AH	UIP	DV2	DV1	DV0	RS3	RS2	RS1	RS0	控制	—
0BH	SET	PIE	AIE	UIE	SQWE	DM	24/12	DSE	控制	—
0CH	IRQF	PF	AF	UF	0	0	0	0	控制	—
0DH	VRT	0	0	0	0	0	0	0	控制	—
0EH～31H	X	X	X	X	X	X	X	X	RAM	—
32H	N/A				N/A				世纪	—
33H～7FH	X	X	X	X	X	X	X	X	RAM	—

1. 时间、日历信息寄存器

时间、日历信息寄存器的地址 00H～09H，共 10 个字节，依次对应秒、闹铃秒、分钟、闹铃分钟、小时、闹铃小时、星期、日、月、年共计 10 个时间、日历信息。对它们的写操作可以对这些时间、日历信息进行设置；对它们的读操作会得到当前的时间、日历信息。

2. 控制寄存器

1）控制寄存器 A

位 7	位 6	位 5	位 4	位 3	位 2	位 1	位 0
UIP	DV2	DV1	DV0	RS3	RS2	RS1	RS0

（1）位 7——UIP，更新标志位。UIP 为 1，表明时间、日历信息马上更新；UIP 为 0，表明至少在 244μs 内时间、日历信息不会更新，此时可以通过读操作获取这些信息，也可以通过写操作设置这些信息。可以通过设置控制寄存器 B 位 7（SET 位）为 1 将 UIP 位清 0。

（2）位 6,5,4——DV2～DV0，晶振开启/关闭、复位倒计时链。当 DV2、DV1、DV0 三位组合值为二进制 010 时，晶振工作并正常计时；当 DV2、DV1、DV0 三位组合值为二进制 11X 时，晶振工作但计时停止，时间、日历值保持不变；当 DV2、DV1、DV0 三位组合值为除以上两种二进制组合以外的任意组合值时，晶振停止工作，计时自然也停止了。

（3）位 3～0——RS3～RS0，方波频率选择位。这四位组合用来选择 15 级分频器的 13 种分频之一，或者禁止分频器输出。可以从 SQW 引脚输出所选频率的方波和/或产生一个周期中断。表 12-3 为周期中断时间、方波频率与 RS3～RS0 组合的关系。

表 12-3　周期中断时间、方波频率与 RS3～RS0 组合的关系

控制寄存器的方波频率选择位				周期中断时间	SQW 引脚输出的方波频率
RS3	RS2	RS1	RS0		
0	0	0	0	None	None
0	0	0	1	3.90625 ms	256 Hz
0	0	1	0	7.8125 ms	1238 Hz
0	0	1	1	122.070 μs	8.192 kHz
0	1	0	0	244.141 μs	4.096 kHz
0	1	0	1	488.281 μs	2.048 kHz
0	1	1	0	976.5625 μs	1.024 kHz
0	1	1	1	1.953125 ms	512 Hz
1	0	0	0	3.90625 ms	256 Hz
1	0	0	1	7.8125 ms	128 Hz
1	0	1	0	15.625 ms	64 Hz
1	0	1	1	31.25 ms	32 Hz
1	1	0	0	62.5 ms	16 Hz
1	1	0	1	125 ms	8 Hz
1	1	1	0	250 ms	4 Hz
1	1	1	1	500 ms	2 Hz

2）控制寄存器 B

位 7	位 6	位 5	位 4	位 3	位 2	位 1	位 0
SET	PIE	AIE	UIE	SQWE	DM	24/12	DSE

（1）位 7——SET，更新设置位。SET 位为 0，则芯片每隔一秒钟更新一次，即更新正常进行；SET 位为 1，更新禁止，此时可以初始化实时时钟的时间、日历起始值。

（2）位 6——PIE，周期中断使能位。PIE 位为 1，周期中断使能，允许输出到 IRQ 端；PIE 位为 0，周期中断禁止，不允许输出到 IRQ 端。

（3）位 5——AIE，闹铃中断使能位。AIE 位为 1，闹铃中断使能，允许输出到 IRQ 端；AIE 位为 0，闹铃中断禁止，不允许输出到 IRQ 端。

（4）位 4——UIE，更新结束中断使能位。UIE 位为 1，更新结束中断使能，允许输出到 IRQ 端；UIE 位为 0，更新结束中断禁止，不允许输出到 IRQ 端。

（5）位 3——SQWE，方波输出使能位。SQWE 位为 1，允许方波从 SQW 引脚输出；SQWE 位为 0，禁止方波从 SQW 引脚输出，SQW 引脚输出的是持续的低电平。

（6）位 2——DM，二进制/BCD 码选择位。DM 位为 1，时间、日历使用二进制数据格式；DM 位为 0，时间、日历使用 BCD 码数据格式。

（7）位 1——24/12，24 小时/12 小时制格式选择位。该位为 1，小时选用 24 小时制格式；该位为 0，小时选用带有 AM、PM 的 12 小时制格式。

（8）位 0——DSE，夏时制使能位。DSE 位为 1，采用夏时制；DSE 位为 0，不采用夏时制。

3）控制寄存器 C

位7	位6	位5	位4	位3	位2	位1	位0
IRQF	PF	AF	UF	0	0	0	0

（1）位 7——IRQF，中断请求标志位。周期中断、闹铃中断、更新结束中断，三者中只要有一个中断发生，IRQF 位都会置 1，IRQF 位一旦置 1，IRQ 引脚就会拉低为低电平。通过读控制寄存器 C 操作可使 IRQF 位清 0。

（2）位 6——PF，周期中断标志位。周期中断发生，PF 位就会被置 1。通过读控制寄存器 C 操作可以使 PF 位清 0。

（3）位 5——AF，闹铃中断标志位。闹铃中断发生，AF 位就会被置 1。通过读控制寄存器 C 操作可以使 AF 位清 0。

（4）位 4——UF，更新结束中断标志位。更新结束中断发生，UF 位就会被置 1。通过读控制寄存器 C 操作可以使 UF 位清 0。

（5）位 3～0——保留未使用。

4）控制寄存器 D

位7	位6	位5	位4	位3	位2	位1	位0
VRT	0	0	0	0	0	0	0

（1）位 7——VRT，RAM、时间有效位。VRT 位可读不可写。读取该位，结果应该为 1，若出现 0，则表明内带锂电池已经耗尽，RAM 中的时间、日历信息已不可靠。

（2）位 6～0——保留。

12.2.2　DS12C887 工作时序分析

1. Intel 总线写时序

Intel 总线模式下的写时序如图 12-3 所示。

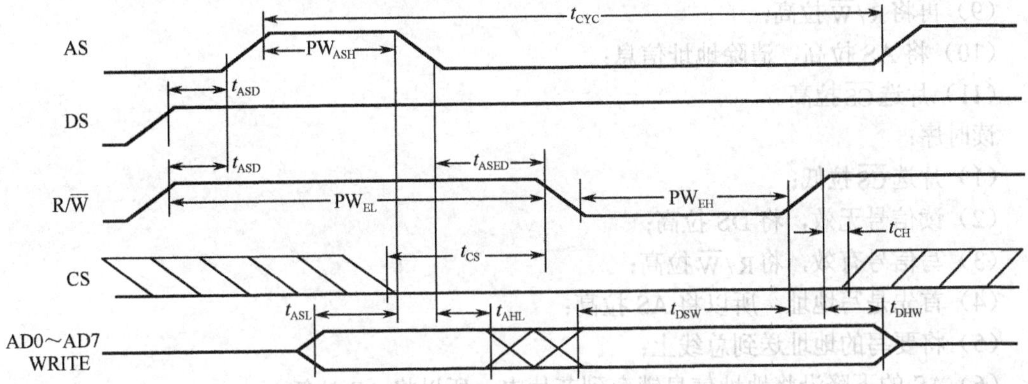

图 12-3　Intel 总线写时序

2. Intel 总线读时序

Intel 总线模式下的读时序如图 12-4 所示。

由图 12-4 可知，整个总线周期分为前后两个部分：前半部分是写地址，后半部分是写或者读数据。AS 为地址选通输入信号，DS 可以理解为低电平有效的读输入允许信号，$R/\overline{W}$ 可以理解为高电平有效的写输入允许信号，$\overline{CS}$ 为低电平有效的片选信号。具体写和读时序如下。

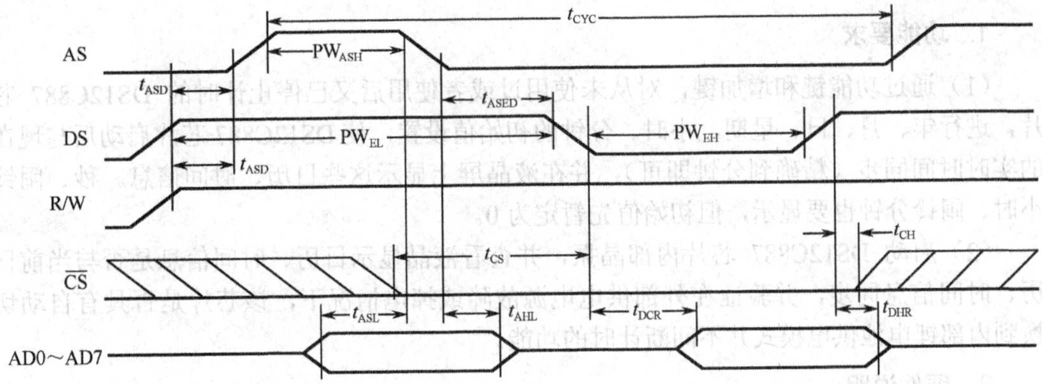

图 12-4　Intel 总线读时序

写时序：

（1）片选$\overline{CS}$拉低；

（2）读信号无效，将 DS 拉高；

（3）写信号有效，将$R/\overline{W}$拉高；

（4）首先是写地址，所以将 AS 拉高；

（5）将要写的地址送到总线上；

（6）AS 的下降沿将地址信息锁存到芯片中，所以将 AS 拉低；

（7）写完了地址，该写数据了，所以将数据送到总线上；

（8）写数据时需要$R/\overline{W}$的上升沿，所以先将$R/\overline{W}$拉低；

（9）再将$R/\overline{W}$拉高；

（10）将 AS 拉高，清除地址信息；

（11）片选$\overline{CS}$拉高。

读时序：

（1）片选$\overline{CS}$拉低；

（2）读信号无效，将 DS 拉高；

（3）写信号有效，将$R/\overline{W}$拉高；

（4）首先是写地址，所以将 AS 拉高；

（5）将要写的地址送到总线上；

（6）AS 的下降沿将地址信息锁存到芯片中，所以将 AS 拉低；

（7）写完了地址，该读数据了，所以将 DS 拉低，使读有效；

（8）数据要输入单片机 51，首先要给单片机 I/O 口写 1，所以给单片机 I/O 口写 0xFF；

（9）从单片机 I/O 口读取数据；

（10）DS 拉高，使读操作失效；

（11）将 AS 拉高，清除地址信息；

（12）片选$\overline{CS}$拉高。

实例 40　可调高精度时钟设计

1. 功能要求

（1）通过功能键和增加键，对从未使用过或者使用后又已停止计时的 DS12C887 芯片，进行年、月、日、星期、小时、分钟的初始值设置，使 DS12C887 芯片启动后与现在的实时时间同步（精确到分钟即可），并在液晶屏上显示这些日历、时间信息。秒、闹铃小时、闹铃分钟也要显示，但初始值先暂定为 0。

（2）启动 DS12C887 芯片内部晶振，并查看液晶显示日历、时间信息是否与当前日历、时间信息同步，并验证在外部供电电源故障或掉电情况下，该芯片是否具有自动切换到内部锂电池供电模式并不间断计时的功能。

2. 硬件说明

（1）硬件连接电路如图 12-5 所示，本例选择英特尔总线时序，所以 DS12C887 的引脚 1 接地；

（2）数据口选用 51 单片机的 P0 口，所以 P0 口接有 5.1 kΩ 的上拉电阻。

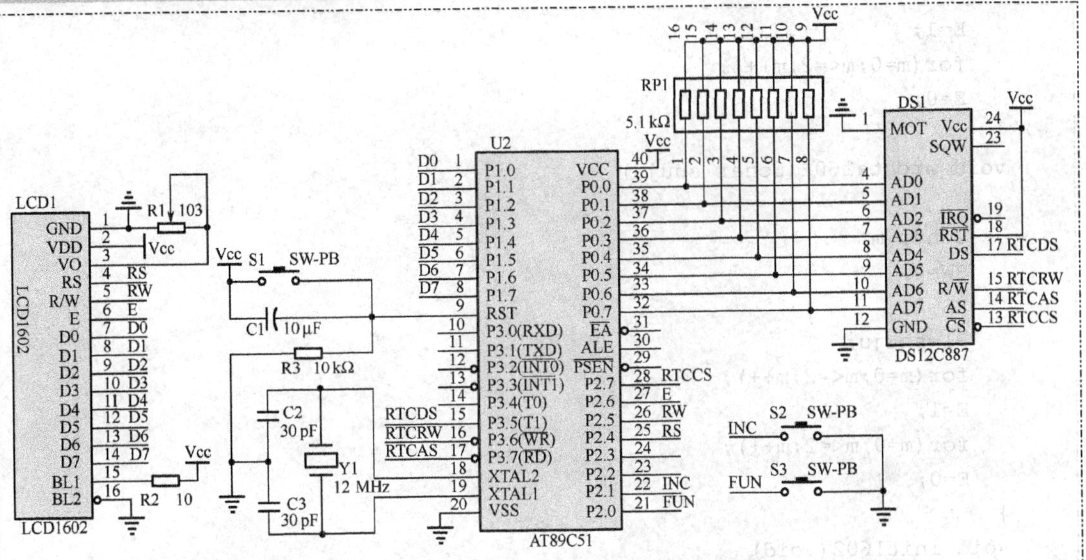

图 12-5　DS12C887 与 51 单片机硬件连接电路图

3. 程序清单

```
#include <reg52.h>
#define uchar unsigned char
#define uint unsigned int
uchar ADJ=0;
uchar code weight[]={20,13,32,7,24,60};
uchar year=0,month=1,day=1,week=0,hour=0,minute=0,second=0;
uchar ahour=0,aminute=0,asecond=0,func=0;
sbit FUN=P2^0;
sbit INC=P2^1;
sbit RS=P2^4;
sbit RW=P2^5;
sbit E=P2^6;
sbit RTCCS=P2^7;
sbit RTCDS=P3^5;
sbit RTCRW=P3^6;
sbit RTCAS=P3^7;
uchar code setmesg[6][11]={{"SET YEAR   "},{"SET MONTH  "},
                   {"SET DAY    "},{"SET WEEK   "},
                   {"SET HOUR   "},{"SET MINUTE "}};
//*************************************************************
void wrcmd1602(uchar cmd)
{
uchar m;
   RW=0;
   RS=0;
   P1=cmd;
   for(m=0;m<=2;m++);
```

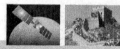

```
    E=1;
    for(m=0;m<=2;m++);
    E=0;
}
void wrdata1602(uchar shuju)
{
    uchar m;
    RW=0;
    RS=1;
    P1=shuju;
    for(m=0;m<=2;m++);
    E=1;
    for(m=0;m<=2;m++);
    E=0;
}
void init1602(void)
{
    RW=0;
    E=0;
    wrcmd1602(0x38);
    wrcmd1602(0x0c);
    wrcmd1602(0x06);
    wrcmd1602(0x01);
    wrcmd1602(0x80);
}
void disp1602(uchar x,uchar y,uchar ch)
{
    uchar m;
    wrcmd1602(0x80+x*0x40+y);
    for(m=0;m<=252;m++);
    wrdata1602(ch);
}
/**************************************************/
void write12c887(uchar add,uchar data12c887)
{
    RTCCS=0;
    RTCDS=1;
    RTCRW=1;
    RTCAS=1;
    P0=add;
    RTCAS=0;
    P0=data12c887;
    RTCRW=0;
    RTCRW=1;
    RTCAS=1;
    RTCCS=1;
```

```
}
uchar read12c887(uchar add)
{
   uchar sta12c887;
   RTCCS=0;
   RTCDS=1;
   RTCRW=1;
   RTCAS=1;
   P0=add;
   RTCAS=0;
   RTCDS=0;
   P0=0xff;
   sta12c887=P0;
   RTCDS=1;
   RTCAS=1;
   RTCCS=1;
   return(sta12c887);
}
void wram12c887(void)
{
   write12c887(0,second);
   write12c887(1,asecond);
   write12c887(2,minute);
   write12c887(3,aminute);
   write12c887(4,hour);
   write12c887(5,ahour);
   write12c887(6,week);
   write12c887(7,day);
   write12c887(8,month);
   write12c887(9,year);
}
void dispRTC(void)
{
   disp1602(0,0,2+'0');
   disp1602(0,1,0+'0');
   year=read12c887(9);
   disp1602(0,2,year/10+'0');
   disp1602(0,3,year%10+'0');
   month=read12c887(8);
   disp1602(0,5,month/10+'0');
   disp1602(0,6,month%10+'0');
   day=read12c887(7);
   disp1602(0,8,day/10+'0');
   disp1602(0,9,day%10+'0');
   week=read12c887(6);
   switch(week)
```

```
    {
        case 0: disp1602(0,11,+'S');disp1602(0,12,+'U');
                disp1602(0,13,+'N');disp1602(0,14,+'_');
                disp1602(0,15,+'7');break;
        case 1: disp1602(0,11,+'M');disp1602(0,12,+'O');
                disp1602(0,13,+'N');disp1602(0,14,+'_');
                disp1602(0,15,+'1');break;
        case 2:     disp1602(0,11,+'T');disp1602(0,12,+'U');
                disp1602(0,13,+'E');disp1602(0,14,+'_');
                disp1602(0,15,+'2');break;
        case 3:     disp1602(0,11,+'W');disp1602(0,12,+'E');
                disp1602(0,13,+'D');disp1602(0,14,+'_');
                disp1602(0,15,+'3');break;
        case 4:     disp1602(0,11,+'T');disp1602(0,12,+'H');
                disp1602(0,13,+'U');disp1602(0,14,+'_');
                disp1602(0,15,+'4');break;
        case 5:     disp1602(0,11,+'F');disp1602(0,12,+'R');
                disp1602(0,13,+'I');disp1602(0,14,+'_');
                disp1602(0,15,+'5');break;
        case 6:     disp1602(0,11,+'S');disp1602(0,12,+'A');
                disp1602(0,13,+'T');disp1602(0,14,+'_');
                disp1602(0,15,+'6');break;
    }
    hour=read12c887(4);
    disp1602(1,0,hour/10+'0');
    disp1602(1,1,hour%10+'0');
    disp1602(1,2,':');
    minute=read12c887(2);
    disp1602(1,3,minute/10+'0');
    disp1602(1,4,minute%10+'0');
    disp1602(1,5,':');
    second=read12c887(0);
    disp1602(1,6,second/10+'0');
    disp1602(1,7,second%10+'0');
    disp1602(1,10,'A');
    ahour=read12c887(5);
    disp1602(1,11,ahour/10+'0');
    disp1602(1,12,ahour%10+'0');
    disp1602(1,13,':');
    aminute=read12c887(3);
    disp1602(1,14,aminute/10+'0');
    disp1602(1,15,aminute%10+'0');
}
/*******************************************************/
void set(uchar m6)
{
```

```
    uint k,sv, i=0;
    switch(m6)
    {
        case 0:sv=read12c887(9);break;
        case 1:sv=read12c887(8);break;
        case 2:sv=read12c887(7);break;
        case 3:sv=read12c887(6);break;
        case 4:sv=read12c887(4);break;
        case 5:sv=read12c887(2);break;
        default:break;
    }
    while(1)
    {
        for(k=0;k<=10;k++)
            disp1602(0,k,setmesg[m6][k]);
        disp1602(1,0,sv/10+'0');
        disp1602(1,1,sv%10+'0');
        if(INC==0)
        {
            for(k=0;k<=20;k++);
            if(INC==0)
            {
                i=0;
                sv++;
                sv%=weight[m6];
                while(INC==0);
            }
        }
        i++;
        if(i>=100)
            break;
    }
    wrcmd1602(0x01);
    switch(m6)
    {
        case 0:year=sv;break;
        case 1:month=sv;break;
        case 2:day=sv;break;
        case 3:week=sv;break;
        case 4:hour=sv;break;
        case 5:minute=sv;break;
        default:break;
    }
}
void adjust(void)
{
```

```
    uint m,i=0;
    while(1)
    {
        if(FUN==0)
        {
            for(m=0;m<=20;m++);
            if(FUN==0)
            {
                i=0;
                func++;
                while(FUN==0);
            }
        }
        i++;
        if(i>=20000)
            break;
        }
        if(func!=0)
        {
            wrcmd1602(0x01);
            switch(func)
            {
                case 1: set(0);break;
                case 2: set(1);break;
                case 3: set(2);break;
                case 4: set(3);break;
                case 5: set(4);break;
                case 6: set(5);break;
                default:break;
            }
        func=0;
    }
    ADJ=0;
    wram12c887();
}
/**************************************************/
main()
{
    uchar m;
    init1602();
    wram12c887();
    while(1)
    {
        dispRTC();
        if(FUN==0)
        {
```

```
            for(m=0;m<=20;m++);
            if(FUN==0)
            {
            ADJ=1;
            while(FUN==0);
            }
        }
        if(ADJ)
            adjust();
    }
}
```

启动和查看程序清单如下：

```
#include <reg52.h>
#define uchar unsigned char
#define uint unsigned int
uchar
year,month,day,week,hour,minute,second,ahour,aminute,asecond,func;
sbit RS=P2^4;
sbit RW=P2^5;
sbit E=P2^6;
sbit RTCCS=P2^7;
sbit RTCDS=P3^5;
sbit RTCRW=P3^6;
sbit RTCAS=P3^7;
//****************************************************************
void wrcmd1602(uchar cmd)
{
    uchar m;
    RW=0;
    RS=0;
    P1=cmd;
    for(m=0;m<=2;m++);
    E=1;
    for(m=0;m<=2;m++);
    E=0;
}
void wrdata1602(uchar shuju)
{
    uchar m;
    RW=0;
    RS=1;
    P1=shuju;
    for(m=0;m<=2;m++);
    E=1;
    for(m=0;m<=2;m++);
    E=0;
```

```
}
void init1602(void)
{
    RW=0;
    E=0;
    wrcmd1602(0x38);
    wrcmd1602(0x0c);
    wrcmd1602(0x06);
    wrcmd1602(0x01);
    wrcmd1602(0x80);
}
void disp1602(uchar x,uchar y,uchar ch)
{
    uchar m;
    wrcmd1602(0x80+x*0x40+y);
    for(m=0;m<=252;m++);
    wrdata1602(ch);
}
/***********************************************/
void write12c887(uchar add,uchar data12c887)
{
    RTCCS=0;
    RTCDS=1;
    RTCRW=1;
    RTCAS=1;
    P0=add;
    RTCAS=0;
    P0=data12c887;
    RTCRW=0;
    RTCRW=1;
    RTCAS=1;
    RTCCS=1;
}
/***********************************************/
uchar read12c887(uchar add)
{
    uchar sta12c887;
    RTCCS=0;
    RTCDS=1;
    RTCRW=1;
    RTCAS=1;
    P0=add;
    RTCAS=0;
    RTCDS=0;
    P0=0xff;
    sta12c887=P0;
```

```
    RTCDS=1;
    RTCAS=1;
    RTCCS=1;
    return(sta12c887);
}
void dispRTC(void)
{
    disp1602(0,0,2+'0');
    disp1602(0,1,0+'0');
    year=read12c887(9);
    disp1602(0,2,year/10+'0');
    disp1602(0,3,year%10+'0');
    month=read12c887(8);
    disp1602(0,5,month/10+'0');
    disp1602(0,6,month%10+'0');
    day=read12c887(7);
    disp1602(0,8,day/10+'0');
    disp1602(0,9,day%10+'0');
    week=read12c887(6);
    switch(week)
    {
        case 0: disp1602(0,11,+'S');disp1602(0,12,+'U');
                disp1602(0,13,+'N');disp1602(0,14,+'_');
                disp1602(0,15,+'7');break;
        case 1: disp1602(0,11,+'M');disp1602(0,12,+'O');
                disp1602(0,13,+'N');disp1602(0,14,+'_');
                disp1602(0,15,+'1');break;
        case 2: disp1602(0,11,+'T');disp1602(0,12,+'U');
                disp1602(0,13,+'E');disp1602(0,14,+'_');
                disp1602(0,15,+'2');break;
        case 3: disp1602(0,11,+'W');disp1602(0,12,+'E');
                disp1602(0,13,+'D');disp1602(0,14,+'_');
                disp1602(0,15,+'3');break;
        case 4: disp1602(0,11,+'T');disp1602(0,12,+'H');
                disp1602(0,13,+'U');disp1602(0,14,+'_');
                disp1602(0,15,+'4');break;
        case 5: disp1602(0,11,+'F');disp1602(0,12,+'R');
                disp1602(0,13,+'I');disp1602(0,14,+'_');
                disp1602(0,15,+'5');break;
        case 6: disp1602(0,11,+'S');disp1602(0,12,+'A');
                disp1602(0,13,+'T');disp1602(0,14,+'_');
                disp1602(0,15,+'6');break;
    }
    hour=read12c887(4);
    disp1602(1,0,hour/10+'0');
    disp1602(1,1,hour%10+'0');
```

```
        disp1602(1,2,':');
        minute=read12c887(2);
        disp1602(1,3,minute/10+'0');
        disp1602(1,4,minute%10+'0');
        disp1602(1,5,':');
        second=read12c887(0);
        disp1602(1,6,second/10+'0');
        disp1602(1,7,second%10+'0');
        disp1602(1,10,'A');
        ahour=read12c887(5);
        disp1602(1,11,ahour/10+'0');
        disp1602(1,12,ahour%10+'0');
        disp1602(1,13,':');
        aminute=read12c887(3);
        disp1602(1,14,aminute/10+'0');
        disp1602(1,15,aminute%10+'0');
    }
    /****************************************************/
    main()
    {
        init1602();
        write12c887(0x0b,0x06);//本行和下一行，在启动DS12C887时使用，且只执行一次
        write12c887(0x0a,0x20);
        //// write12c887(0x0a,0x20); //本行在停止DS12C887时使用，且只执行一次。
        while(1)
        dispRTC();
    }
```

实例 41　具有闹铃功能的高精度时钟设计

1. 功能要求

（1）对于一片已启动日历、时间信息与现实同步计时的 DS12C887 芯片，通过功能键和增加键，能对闹铃的小时和分钟值进行设置；闹铃时间设置期间不影响计时。

（2）闹铃开关按钮用于启动或关闭闹铃，可以在任意时刻启动或关闭闹铃，且次数不限，并用发光二极管的点亮和熄灭分别表征闹铃的启动和关闭。

（3）闹铃开关开启时，发光二极管点亮，如果当前实时时间的小时和分钟值与设置的闹铃时间值相同（不考虑秒位），则闹铃响起；如果当前实时时间的小时和分钟值与设置的闹铃时间值不相同，则闹铃不响。

（4）若闹铃未开启，即处于关闭状态，无论当前实时时间与设置的闹铃时间值是否相同，闹铃都不响起。

（5）闹铃响铃期间，若按闹铃按钮开关，关闭闹铃，则闹铃停止，发光二极管熄灭；闹铃响铃期间，若不按按钮，则闹铃响铃 15 秒左右，自行停闹并关闭发光二极管。

2. 硬件说明

硬件连接电路如图 12-6 所示，相比上面的实例，仅多了一个按钮。

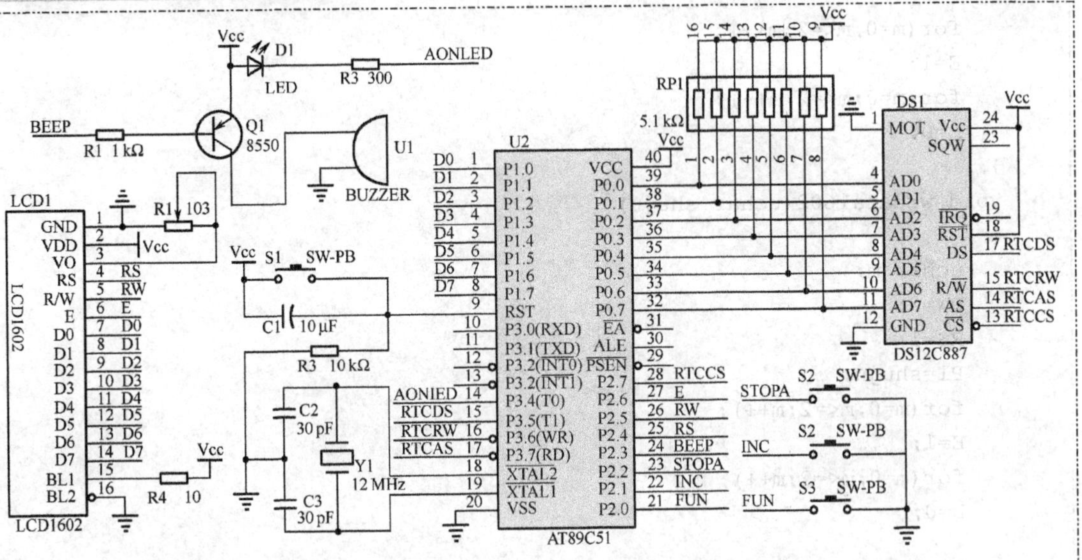

图 12-6　DS12C887 与 51 单片机硬件连接电路图

3. 程序清单

```
#include <reg52.h>
#define uchar unsigned char
#define uint unsigned int
uchar code weight[]={24,60};
uchar year,month,day,week,hour,minute,second,ahour,aminute,asecond;
uchar CH,CM,AH,AM,AONC=0,func=0;
bit ADJA=0;
sbit FUN=P2^0;
sbit INC=P2^1;
sbit STOPA=P2^2;
sbit BEEP=P2^3;
sbit RS=P2^4;
sbit RW=P2^5;
sbit E=P2^6;
sbit RTCCS=P2^7;
sbit AONLED=P3^4;
sbit RTCDS=P3^5;
sbit RTCRW=P3^6;
sbit RTCAS=P3^7;
uchar code setmesg[2][11]={{"SET AHOUR  "},{"SET AMINUTE"}};
//*************************************************************
void wrcmd1602(uchar cmd)
{
    uchar m;
    RW=0;
    RS=0;
    P1=cmd;
```

```
    for(m=0;m<=2;m++);
    E=1;
    for(m=0;m<=2;m++);
    E=0;
}
void wrdata1602(uchar shuju)
{
    uchar m;
    RW=0;
    RS=1;
    P1=shuju;
    for(m=0;m<=2;m++);
    E=1;
    for(m=0;m<=2;m++);
    E=0;
}
void init1602(void)
{
    RW=0;
    E=0;
    wrcmd1602(0x38);
    wrcmd1602(0x0c);
    wrcmd1602(0x06);
    wrcmd1602(0x01);
    wrcmd1602(0x80);
}
void disp1602(uchar x,uchar y,uchar ch)
{
    uchar m;
    wrcmd1602(0x80+x*0x40+y);
    for(m=0;m<=252;m++);
    wrdata1602(ch);
}
/**************************************************/
void write12c887(uchar add,uchar data12c887)
{
    RTCCS=0;
    RTCDS=1;
    RTCRW=1;
    RTCAS=1;
    P0=add;
    RTCAS=0;
    P0=data12c887;
    RTCRW=0;
    RTCRW=1;
    RTCAS=1;
```

```
    RTCCS=1;
}
uchar read12c887(uchar add)
{
    uchar sta12c887;
    RTCCS=0;
    RTCDS=1;
    RTCRW=1;
    RTCAS=1;
    P0=add;
    RTCAS=0;
    RTCDS=0;
    P0=0xff;
    sta12c887=P0;
    RTCDS=1;
    RTCAS=1;
    RTCCS=1;
    return(sta12c887);
}
void wralarm(void)
{
    write12c887(3,aminute);
    write12c887(5,ahour);
}
void dispRTC(void)
{
    disp1602(0,0,2+'0');
    disp1602(0,1,0+'0');
    year=read12c887(9);
    disp1602(0,2,year/10+'0');
    disp1602(0,3,year%10+'0');
    month=read12c887(8);
    disp1602(0,5,month/10+'0');
    disp1602(0,6,month%10+'0');
    day=read12c887(7);
    disp1602(0,8,day/10+'0');
    disp1602(0,9,day%10+'0');
    week=read12c887(6);
    switch(week)
    {
        case 0: disp1602(0,11,+'S');disp1602(0,12,+'U');
                disp1602(0,13,+'N');disp1602(0,14,+'_');
                disp1602(0,15,+'7');break;
        case 1: disp1602(0,11,+'M');disp1602(0,12,+'O');
                disp1602(0,13,+'N');disp1602(0,14,+'_');
                disp1602(0,15,+'1');break;
```

```
        case 2: disp1602(0,11,+'T');disp1602(0,12,+'U');
                disp1602(0,13,+'E');disp1602(0,14,+'_');
                disp1602(0,15,+'2');break;
        case 3: disp1602(0,11,+'W');disp1602(0,12,+'E');
                disp1602(0,13,+'D');disp1602(0,14,+'_');
                disp1602(0,15,+'3');break;
        case 4: disp1602(0,11,+'T');disp1602(0,12,+'H');
                disp1602(0,13,+'U');disp1602(0,14,+'_');
                disp1602(0,15,+'4');break;
        case 5: disp1602(0,11,+'F');disp1602(0,12,+'R');
                disp1602(0,13,+'I');disp1602(0,14,+'_');
                disp1602(0,15,+'5');break;
        case 6: disp1602(0,11,+'S');disp1602(0,12,+'A');
                disp1602(0,13,+'T');disp1602(0,14,+'_');
                disp1602(0,15,+'6');break;
    }
    hour=read12c887(4);
        disp1602(1,0,hour/10+'0');
        disp1602(1,1,hour%10+'0');
        disp1602(1,2,':');
    minute=read12c887(2);
        disp1602(1,3,minute/10+'0');
        disp1602(1,4,minute%10+'0');
        disp1602(1,5,':');
    second=read12c887(0);
        disp1602(1,6,second/10+'0');
        disp1602(1,7,second%10+'0');
        disp1602(1,10,'A');
    ahour=read12c887(5);
        disp1602(1,11,ahour/10+'0');
        disp1602(1,12,ahour%10+'0');
        disp1602(1,13,':');
    aminute=read12c887(3);
        disp1602(1,14,aminute/10+'0');
        disp1602(1,15,aminute%10+'0');
}
/*****************************************************/
void setalarm(uchar m2)
{
   uint k,sv,i=0;
   switch(m2)
   {
       case 0:sv=read12c887(5);break;
       case 1:sv=read12c887(3);break;
       default:break;
   }
```

```
    while(1)
    {
        for(k=0;k<=10;k++)
            disp1602(0,k,setmesg[m2][k]);
        disp1602(1,0,sv/10+'0');
        disp1602(1,1,sv%10+'0');
        if(INC==0)
        {
            for(k=0;k<=20;k++);
            if(INC==0)
            {
                i=0;
                sv++;
                sv%=weight[m2];
                while(INC==0);
            }
        }
        i++;
        if(i>=100)
            break;
    }
    wrcmd1602(0x01);
    switch(m2)
    {
        case 0:ahour=sv;  break;
        case 1:aminute=sv;break;
        default:break;
    }
}
void adjustalarm(void)
{
    uint m,i=0;
    while(1)
    {
        if(FUN==0)
        {
            for(m=0;m<=20;m++);
            if(FUN==0)
            {
                i=0;
                func++;
                while(FUN==0);
            }
        }
    i++;
    if(i>=20000)
```

```
        break;
    }
    if(func!=0)
    {
        wrcmd1602(0x01);
        switch(func)
        {
            case 1: setalarm(0);break;
            case 2: setalarm(1);break;
            default:break;
        }
    func=0;
    }
    ADJA=0;
    wralarm();
}
void bp(void)
{
    uint i,j;
    CH=read12c887(4);
    CM=read12c887(2);
    AH=read12c887(5);
    AM=read12c887(3);
    if(CH==AH && CM==AM)
    {
        for(j=0;j<=50;j++)
        {
            BEEP=0;
            for(i=0;i<=30000;i++);
            BEEP=1;
            for(i=0;i<=30000;i++);
            if(STOPA==0)
            {
                for(i=0;i<=20;i++);
                if(STOPA==0)
                {
                    while(STOPA==0);
                    AONC=0;
                    break;
                }
            }
        }
    AONC=0;
    }
}
/**************************************************/
```

```
main()
{
   uchar m;
   init1602();
   BEEP=1;
   while(1)
   {
      dispRTC();
      if(FUN==0)
      {
         for(m=0;m<=20;m++);
         if(FUN==0)
         {
            ADJA=1;
            while(FUN==0);
         }
      }
      if(ADJA)
      adjustalarm();
      if(STOPA==0)
      {
         for(m=0;m<=20;m++);
         if(STOPA==0)
         {
            AONC++;
            while(STOPA==0);
         }
      }
      if(AONC%2==1)
      {
         AONLED=0;
         bp();
      }
      else
         AONLED=1;
   }
}
```

思考题 12

1. 什么是实时时钟，它有什么特点？
2. DS12C887 是哪家公司的产品，其特性如何？
3. DS12C887 需要启动吗？如若需要，启动后还能停止吗？
4. DS12C887 在启动之后再断电，则时钟暂停。此说法对吗？为什么？
5. DS12C887 中，如何设置日期和时间值？

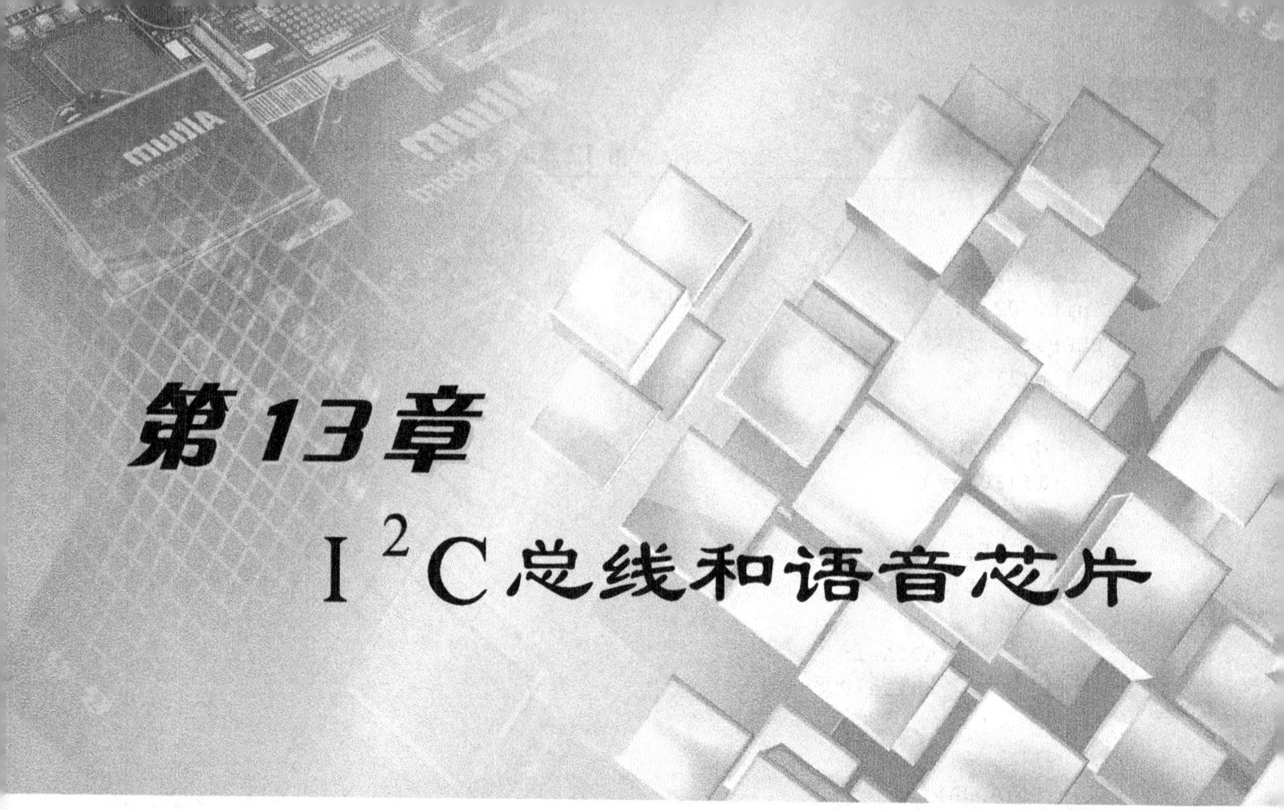

第13章 I²C总线和语音芯片

基于串行总线扩展的单片机应用系统，具有硬件简单、更改和扩充灵活，软件编写方便等特点，是单片机应用系统开发的一项重要内容。目前，串行总线扩展方式，主要有Philips公司的I^2C（Inter IC）总线、Motorola公司的SPI（Serial Peripheral Interface，串行外设接口）总线、Dallas公司的单总线（One-Wire）和NS的Microwire/Plus总线等形式。

AT24C02芯片是典型的I^2C总线接口器件，以此芯片为对象，首先介绍I^2C总线的通信协议，并将该协议具体运用到单片机的AT24C02存储器扩展实例中。科大讯飞的XF-S4240A语音合成模块与单片机的通信方式，除串口通信、SPI通信外，也支持I^2C总线方式。在分别单独使用这三种通信方式实现语音播放的基础上，最后综合AT24C02和XF-S4240A这两个器件，基于I^2C总线，使用AT24C02存储信息，并使用XF-S4240A模块，将AT24C02中存储的信息实现语音播放。

13.1 单片机与I^2C总线通信

51单片机内没有集成I^2C总线接口模块，但这并不等于51单片机不能与I^2C总线器件或设备通信，只要用软件正确地模拟出I^2C总线的工作时序，51单片机与I^2C总线器件或设备之间的通信就能实现。

13.1.1 I^2C总线与单片机的连接和工作方式

I^2C总线是由Philips公司推出的一种芯片间串行传输总线方式，它在计算机制造（监控电源、风扇、内存、硬盘、网络、系统温度等参数）、电信设备（服务器、中继器等）、消费类电子（LCD电视、数码相机，IC卡等）、手持设备（PDA，蜂窝电话等）等领域都有广泛的使用。

I^2C 总线为同步传输总线，它用两条线实现主从设备间的双向通信，其中一条线是串行时钟线SCL，负责发送同步时钟信号；另一条是串行数据线SDA，负责串行数据的双向传输。

I²C 总线器件与单片机的连接如图 13-1 所示。

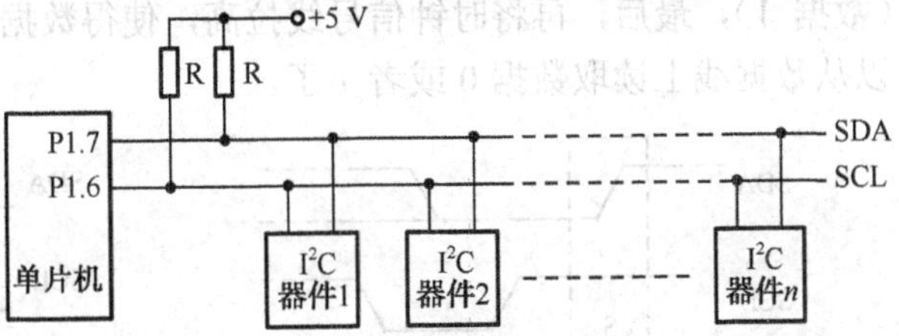

图 13-1 I²C 总线器件与单片机的连接

从图 13-1 中可以看到，I²C 总线器件与单片机的连接的确简单：从单片机的两个 I/O 引脚各引出一条线，再各自外接一 10kΩ 的上拉电阻，一条作 SCL 线，另一条作 SDA 线，各个 I²C 总线器件只要挂接在 SCL 和 SDA 这两条线上即可。这时，单片机与每个 I²C 总线器件可以通信，各个 I²C 总线器件之间也可以互相通信，而且增加或减少挂接在总线上的 I²C 总线器件的操作也变得异常简便。

I²C 总线一般工作在主从方式下，即单片机是主设备，挂接在总线上的各个 I²C 总线器件都是从设备。主设备负责产生时钟信号，负责发出启动通信、传输数据、停止通信等指令，而从设备在主设备的控制之下完成各种通信任务。

13.1.2 I²C 总线的通信协议

1. I²C 总线通信格式

在传输一个字节的数据时，I²C 总线通信一般要经历启动、传输数据、应答、停止四个步骤，其通信格式如图 13-2 所示。

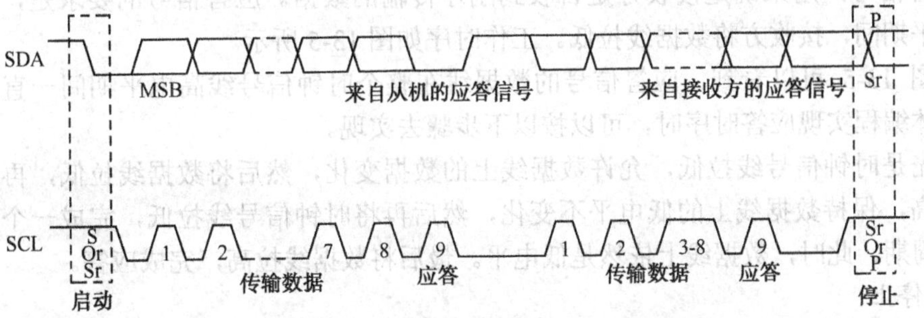

图 13-2 I²C 总线通信格式

1）*启动*

I²C 总线通信的启动信号是由主机发出的，它是在串行时钟信号 SCL 高电平期间，串行数据线 SDA 上若出现下降沿，则启动一次 I²C 总线通信。启动时序如图 13-3 所示。

2）传输数据

在一个字节数据的传输过程中，串行时钟总线依次发送 8 个时钟脉冲信号，每一个时钟脉冲期间发送或接收一位二进制数据，且字节数据的高位在前，低位在后。

I²C 总线通信中，不论是发送还是接收，在时钟信号为高电平期间，数据线上的数据必须保持稳定；只有在时钟信号为低电平期间，才允许数据线上的数据发生变化。此协议称为数据有效协议，如图 13-4 所示。

在主机执行一位数据发送时，首先是将时钟信号线拉低，此时，允许数据线上的数据发生改变，然后依据需要发送的这一位数据是 0 还是 1，将数据线拉低（数据 0）或者拉高

（数据 1），最后，再将时钟信号线拉高，使得数据线上的数据保持不变，此时，从设备就可以从数据线上读取数据 0 或者 1 了。

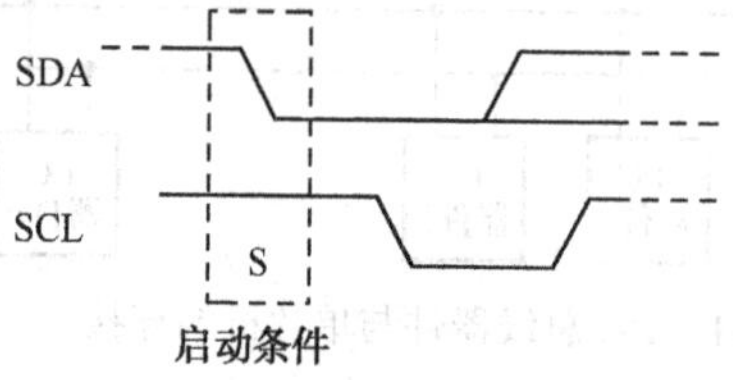

图 13-3　I²C 总线启动时序

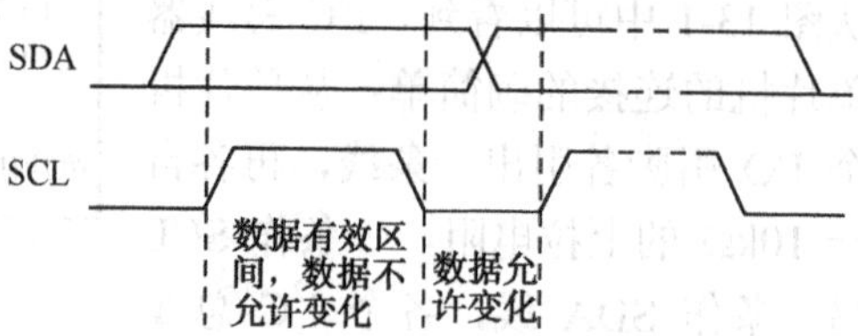

图 13-4　I²C 总线上数据有效协议

在主机执行一位数据接收时，首先是主机将时钟信号线拉低，将数据线拉高，这样做的目的是：第一，允许数据线上数据发生变化；第二，满足 51 单片机 I/O 口在执行数据输入前，要先向 I/O 口写 1 的要求；最后，是让从设备把要传送给主机的数据（0 或者 1），发送到数据线上。在实现这些既定任务后，再将时钟信号线拉高，使得从设备放到数据线上的数据保持稳定不变，这时，主机便可以读取数据线上的数据（0 或者 1）了。读完一位数据后，时钟信号线被拉低，允许从机将下一位待发送的数据发送到数据线上，等待时钟信号线再次被拉高时，主机再去读取数据线上的数据，依此时序，直至从机发送、主机接收的一个字节 8 位数据全部被主机接收到为止。

3）应答

不论是主机还是从机，也不论是发送还是接收，每传输一个字节，都要由接收方发送一个应答信号，用来确定接收方是否收到刚才传输的数据。应答信号的要求是，在时钟信号高电平期间，接收方将数据线拉低。工作时序如图 13-5 所示。

从图 13-5 可以看到，应答信号的数据线在整个时钟信号线高电平期间一直保持低电平。具体编程实现应答时序时，可以按以下步骤去实现。

首先是时钟信号线拉低，允许数据线上的数据变化，然后将数据线拉低，再将时钟信号线拉高，保持数据线上的低电平不变化，然后再将时钟信号线拉低，完成一个完整的时钟信号周期，此时，数据线上依然是低电平。最后将数据线拉高，完成应答。

4）停止

I²C 总线通信的停止信号也是由主机发出的。在串行时钟信号 SCL 高电平期间，串行数据线 SDA 上若出现上升沿，则停止 I²C 总线通信。停止时序如图 13-6 所示。

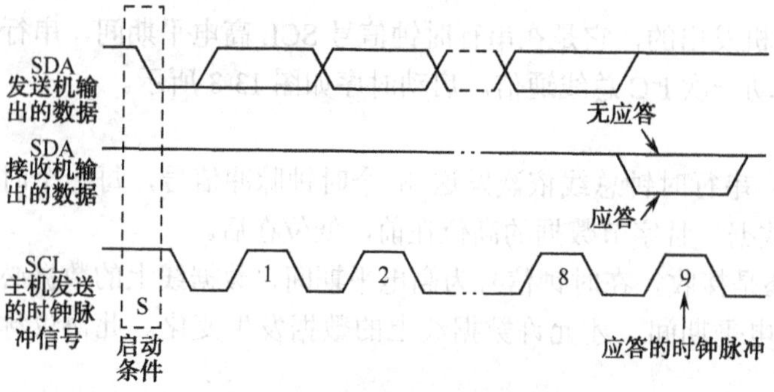

图 13-5　I²C 总线应答时序图

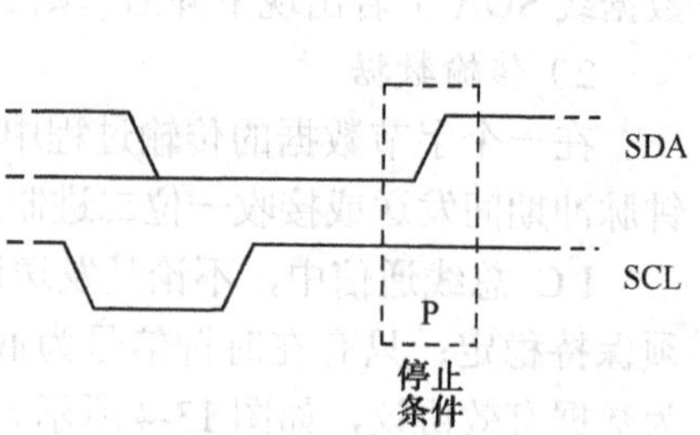

图 13-6　I²C 总线停止时序

2. 单片机模拟 I²C 总线通信

1）初始化 I²C 总线

I²C 总线进入正式通信前，须处于空闲状态，这时，两条线 SCL 和 SDA 都必须拉高，处于高电平，此过程称为初始化 I²C 总线。

```
void initi2c(void)
{
    sda=1;_nop_();_nop_();
    scl=1;_nop_();_nop_();
}
```

2）启动 I²C 总线

```
void starti2c(void)
{
    sda=1;_nop_();_nop_();
    scl=1;_nop_();_nop_();
    sda=0;_nop_();_nop_();
}
```

3）主机发送一个字节的数据

```
void wr1byte(uchar ch1)
{
    uchar i;
    for(i=0;i<8;i++)
    {
        ch1=ch1<<1;
        scl=0; _nop_(); _nop_();
        sda=CY;_nop_(); _nop_();
        scl=1; _nop_(); _nop_();
    }
}
```

4）主机接收一个字节的数据

```
uchar rd1byte(void)
{
    uchar i,rdshuju=0;
    scl=0;_nop_(); _nop_();
    sda=1;
    for(i=0;i<8;i++)
    {
        scl=1;_nop_(); _nop_();
        rdshuju=(rdshuju<<1)|sda;
        scl=0;_nop_(); _nop_();
    }
```

```
    return(rdshuju);
}
```

5）应答

```
void acki2c(void)
{
    scl=0; _nop_();_nop_();
    sda=0;
    scl=1;_nop_();_nop_();
    scl=0;_nop_();_nop_();
    sda=1;
}
```

6）停止 I^2C 总线

```
void stopi2c(void)
{
    sda=0;_nop_();_nop_();
    scl=1;_nop_();_nop_();
    sda=1;_nop_();_nop_();
}
```

13.2 串行 I^2C 总线 E^2PROM 芯片 AT24C02

AT24C02 是 Atmel 公司生产的 E^2PROM 芯片，它是典型的 I^2C 总线接口器件。AT24C02 的存储容量是 2Kb，即 2×1024÷8=256B。它的实物如图 13-7 所示。

1. AT24C02 的引脚功能

图 13-8 是其 PDIP 封装图，表 13-1 列出了 AT24C02 的各引脚定义。

图 13-7　AT24C02 实物图

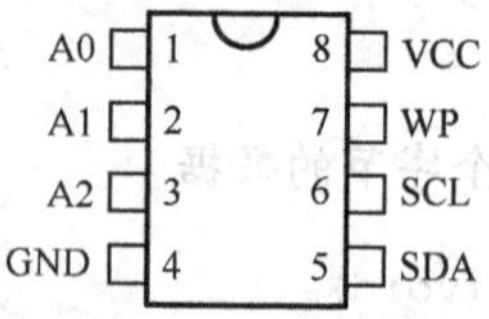

图 13-8　AT24C02 PDIP 封装图

表 13-1　AT24C02 引脚定义

引脚序号	引脚名称	功能描述	引脚序号	引脚名称	功能描述
1	A0	设备地址引脚	5	SDA	串行数据输入/输出端
2	A1	设备地址引脚	6	SCL	同步时钟信号输出端
3	A2	设备地址引脚	7	WP	写保护端
4	GND	接地端	8	VCC	电源端

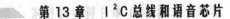

（1）引脚 1～3——A0～A2，设备地址引脚。A0～A2 三只引脚有 8 种组合形式，意味着 I^2C 总线上最多可以挂接 8 片 AT24C02，A0～A2 类似于组合片选信号。

（2）引脚 4——GND，接地端。

（3）引脚 5——SDA，串行数据输入/输出引脚。

（4）引脚 6——SCL，同步时钟信号输出端，用于输出时钟信号。

（5）引脚 7——WP，写保护端。若 WP 引脚接地 GND，则此芯片可以进行正常的读或者写操作；若 WP 引脚接电源 VCC，则 2Kb 的存储器只能进行读而不能进行写操作。

（6）引脚 8——VCC，电源端。

2. AT24C02 的存储器

AT24C02 的存储空间大小是 256 个字节，其字节的寻址范围是 0x00～0xFF，256 个字节被划分 32 个页面，每页 8 个字节。对 AT24C02 可以按字节访问，也可以按页访问。

3. 对 AT24C02 的读/写操作

1）设备地址

若只有一片 AT24C02 被挂接在 I^2C 总线上，则硬件连接中，引脚 1～3（A0～A2）都接地，表明设备片选地址为二进制数 000 的芯片被选中，读/写操作自然是针对当前这片 AT24C02 而言。

在 I^2C 设备通信中，不同的设备有不同的设备号，对于 E^2PROM 存储器而言，其设备号是二进制数 1010，即十六进制数 A，其单字节设备地址的数据格式如图 13-9 所示。图中，字节的高四位就是设备号 1010，低四位的前三位是片选地址（第 0 片，A2A1A0 的组合为 000；第 1 片，A2A1A0 的组合为 001；…；第 7 片，A2A1A0 的组合为 111）。最低位为 R/W 位，即读/写方式选择位：若是进行读操作，则最低位为 1；若是进行写操作，则最低位为 0。对单片 AT24C02 执行写操作，其设备地址为 10100000B=A0H；若是读操作，则为 10100001=A1H。

位7	位6	位5	位4	位3	位2	位1	位0
1	0	1	0	A2	A1	A0	R/W

图 13-9 设备地址的数据格式

2）写操作

对 AT24C02 的写操作包括两种情形：单字节写操作和页写操作。

（1）单字节写操作

对 AT24C02 进行字节写操作的数据格式如图 13-10 所示。可以看到，字节写操作包括以下几个步骤：第一步是启动 I^2C 通信；第二步是发送设备地址 0xA0（单片 AT24C02）；第三步是发送应答信号；第四步是发送 AT24C02 存储器字节地址（范围是 00H～FFH）；第五步是发送应答信号；第六步是发送准备写入的数据；第七步是发送应答信号；第八步是停止 I^2C 通信。

（2）页写操作

对 AT24C02 进行页写操作的数据格式如图 13-11 所示。可以看到，页写操作本质上是多字节数据的连续存储器字节地址写操作。此时，存储器字节地址不需要一一提供，只需指定存储器字节的首地址即可。启动、设备地址、应答信号、停止，都与单字节写操作相同。

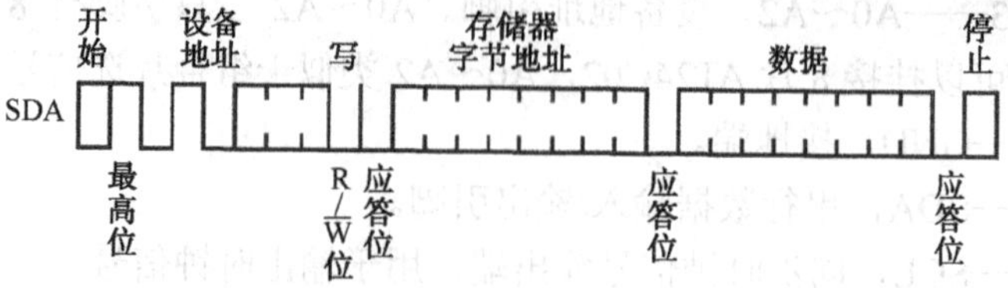

图 13-10　字节写操作的数据格式

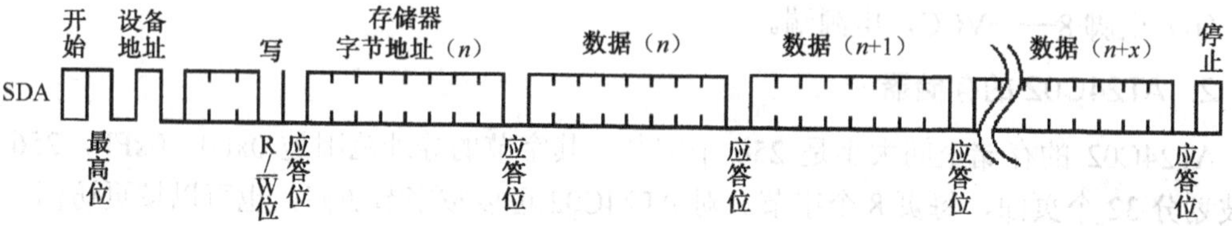

图 13-11　页写操作的数据格式

3）读操作

对 AT24C02 的读操作也分为当前地址读操作、随机地址读操作和顺序地址读操作三种情形。

（1）当前地址读操作

对 AT24C02 进行当前地址读操作的数据格式如图 13-12 所示。在对 AT24C02 进行读或者写操作时，其内部存储器的地址在自动加 1，所以当完成一次读或者写操作以后，在不指定存储器地址的情况下，也可以进行读操作。

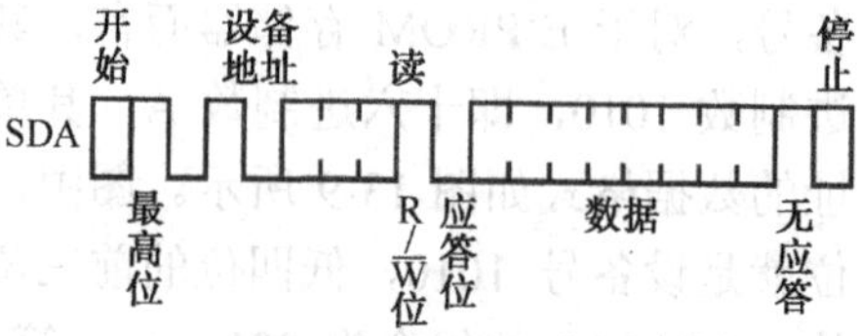

图 13-12　当前地址读操作的数据格式

（2）随机地址读操作

对 AT24C02 进行随机地址读操作的数据格式如图 13-13 所示。它是三种读操作中使用最频繁的一种。这种读操作能对 AT24C02 存储器地址范围 00H～FFH 中的每一个字节单独访问，进行读取操作。

从图 13-13 中可以看到，在实际执行读操作之间，要先进行一次哑写操作，指定准备实施读操作的存储器字节地址；在未停止通信的基础上，再次启动 I^2C 通信，并发送读操作的设备地址（0xA1）；在应答信号之后，数据线上就是读取的数据。

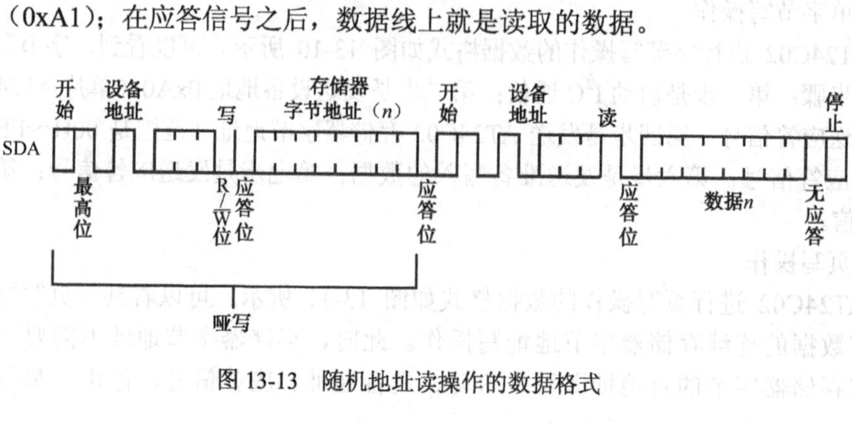

图 13-13　随机地址读操作的数据格式

（3）顺序地址读操作

对 AT24C02 进行顺序地址读操作的数据格式如图 13-14 所示。顺序地址读操作，是在当前地址读操作或随机地址读操作的前提下进行的，此读操作的存储器地址，就是先前读操作的地址加 1，所以顺序地址读操作不用指定存储器的地址。

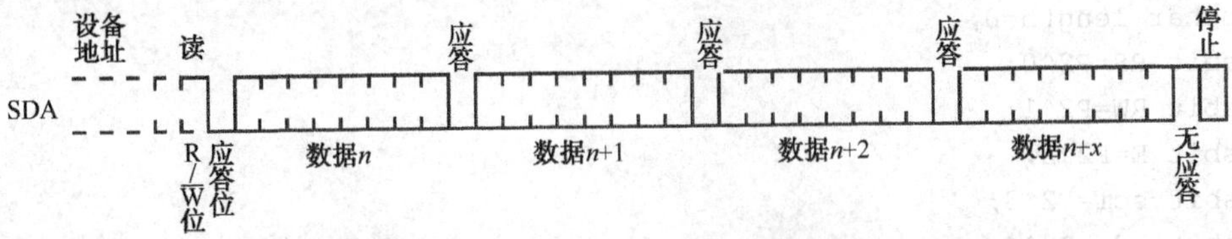

图 13-14　顺序地址读操作的数据格式

需要特别强调的是：在页写操作和顺序地址读操作中，要注意是否已经写或者读到了本页的末尾，此时继续写或者读，则读/写操作的存储器地址将会滚转到本页的首地址，类似卷帘效应。

实例 42　使用 I²C 总线通信对 AT24C02 进行数据读/写操作

1. 功能要求

使用 I²C 总线通信，将数据写入 AT24C02 后再从其中读取出来，并在液晶上将准备写入的数据和从 AT24C02 读出的数据进行显示、比对，以此验证对 AT24C02 进行的读/写操作是否正确。

2. 硬件说明

硬件连接电路如图 13-15 所示。本例只有一片 AT24C02，所以 A0、A1、A2 三引脚都接地。另外，上拉电阻都选 10 kΩ。

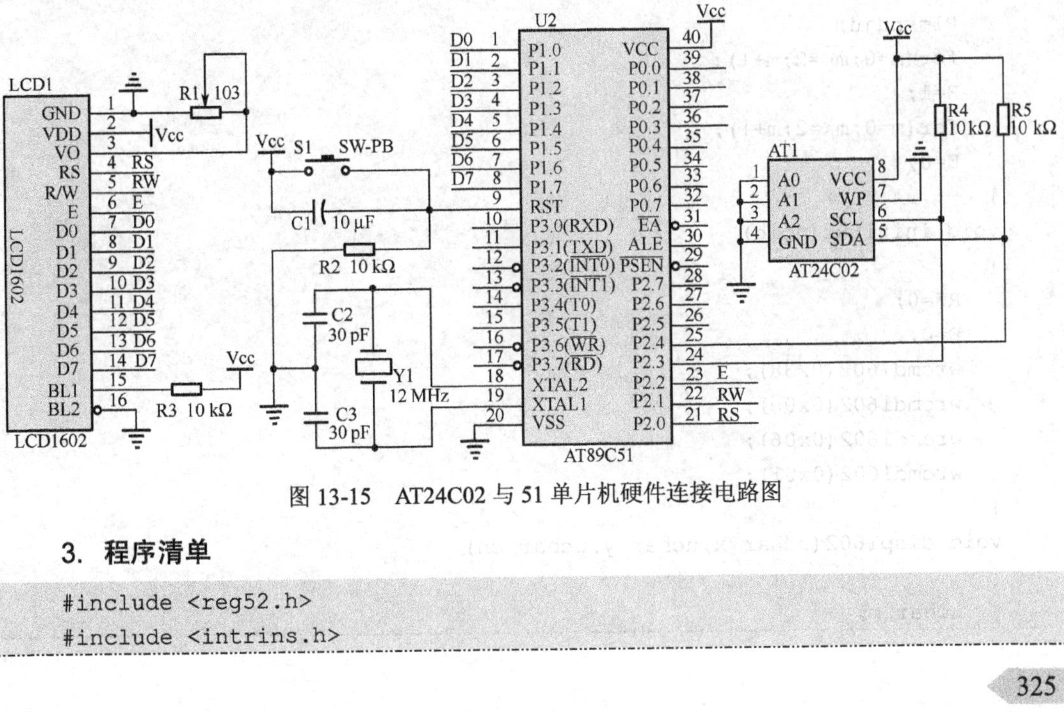

图 13-15　AT24C02 与 51 单片机硬件连接电路图

3. 程序清单

```
#include <reg52.h>
#include <intrins.h>
```

```
#include <string.h>
#define uchar unsigned char
#define uint unsigned int
uchar code tab[]="0123456789ABCDEF";
uchar  tab2[20];
uchar length=0;
sbit RS=P2^0;
sbit RW=P2^1;
sbit E=P2^2;
sbit scl=P2^3;
sbit sda=P2^4;
//**************************
void wrcmd1602(uchar cmd)
{
   uchar m;
   RW=0;
   RS=0;
   P1=cmd;
   for(m=0;m<=2;m++);
   E=1;
   for(m=0;m<=2;m++);
   E=0;
}
void wrdata1602(uchar shuju)
{
   uchar m;
   RW=0;
   RS=1;
   P1=shuju;
   for(m=0;m<=2;m++);
   E=1;
   for(m=0;m<=2;m++);
   E=0;
}
void init1602(void)
{
   RW=0;
   E=0;
   wrcmd1602(0x38);
   wrcmd1602(0x0c);
   wrcmd1602(0x06);
   wrcmd1602(0x01);
}
void disp1602(uchar x,uchar y,uchar ch)
{
   uchar m;
```

```
    wrcmd1602(0x80+x*0x40+y);
    for(m=0;m<=252;m++);
    wrdata1602(ch);
}
//****************************
void initi2c(void)
{
    sda=1;_nop_();_nop_();
    scl=1;_nop_();_nop_();
}
void starti2c(void)
{
    sda=1;_nop_();_nop_();
    scl=1;_nop_();_nop_();
    sda=0;_nop_();_nop_();
}
void stopi2c(void)
{
    sda=0;_nop_();_nop_();
    scl=1;_nop_();_nop_();
    sda=1;_nop_();_nop_();
}
void acki2c(void)
{
    scl=0;_nop_();_nop_();
    sda=0;
    scl=1;_nop_();_nop_();
    scl=0;_nop_();_nop_();
    sda=1;
}
void wr1byte(uchar ch1)
{
    uchar i,k;
    for(i=0;i<8;i++)
    {
        ch1=ch1<<1;
        scl=0; _nop_(); _nop_();
        sda=CY;_nop_(); _nop_();
        scl=1; _nop_(); _nop_();
    }
}
uchar rd1byte(void)
{
    uchar i;
    uchar rdshuju=0;
    scl=0;_nop_(); _nop_();
```

```
    sda=1;
    for(i=0;i<8;i++)
    {
        scl=1;_nop_(); _nop_();
        rdshuju=(rdshuju<<1)|sda;
        scl=0;_nop_(); _nop_();
    }
    return(rdshuju);
}
void wri2c(uchar add,uchar shuju)
{
    starti2c();
    wr1byte(0xa0);
    acki2c();
    wr1byte(add);
    acki2c();
    wr1byte(shuju);
    acki2c();
    stopi2c();
}
uchar rdi2c(uchar add)
{
    uchar shuju;
    starti2c();
    wr1byte(0xa0);
    acki2c();
    wr1byte(add);
    acki2c();
    starti2c();
    wr1byte(0xa1);
    acki2c();
    shuju=rd1byte();
    stopi2c();
    return(shuju);
}
//********************************************
main()
{
    uchar i,temp;
    uint m;
    init1602();
    initi2c();
    length=strlen(tab);
    for(i=0;i<=length-1;i++)
    {
        wri2c(i,tab[i]);
```

```
        for(m=0;m<=200;m++);
    }
    for(i=0;i<=length-1;i++)
    {
        temp=rdi2c(i);
        tab2[i]=temp;
        for(m=0;m<=200;m++);
    }
    for(i=0;i<=length-1;i++)
    {
        disp1602(0,i,tab[i]);
        disp1602(1,i,tab2[i]);
    }
    while(1);
}
```

13.3 XF-S4240A 语音合成模块及应用

XF-S4240 中文语音合成模块，是安徽中科大讯飞信息科技有限公司（科大讯飞）推出的一款针对嵌入式应用领域而设计，具有任意中文文本及英文字母合成功能的语音合成模块。该模块可以通过异步串口、SPI 接口及 I^2C 总线三种方式，接收待合成的文本，直接合成为语音输出。该模块的主要特点是，合成语音自然度高，控制接口简单方便，功能强大。主要应用有车载 GPS 导航、车载电话、信息电话、公交车语音报站器、考勤机、打卡机、税控机、POS 机、智能仪器、智能玩具、排队机、自动售货机等。

XF-S4240 中文语音合成模块的工作电压为 DC3.3V（范围 3.0～3.6 V）；提供通用异步串行数据通信接口、SPI 数据通信接口及 I^2C 总线数据通信接口；音频输出最大幅度 3.0 V。

1. XF-S4240 中文语音合成模块的引脚功能

XF-S4240 中文语音合成模块实物正反面如图 13-16 所示，引脚图如图 13-17 所示。表 13-2 是其引脚定义和说明。

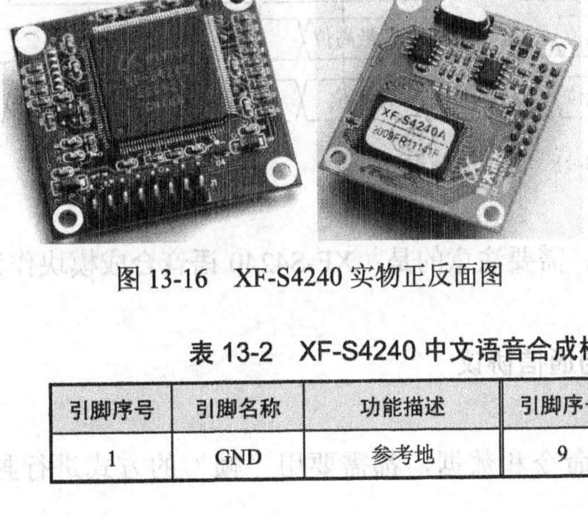

图 13-16　XF-S4240 实物正反面图

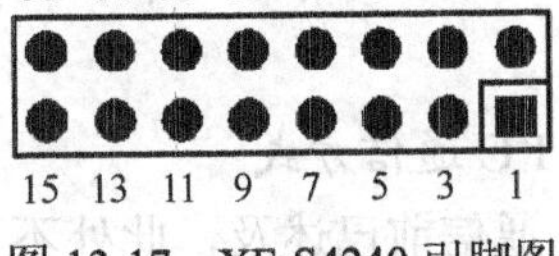

图 13-17　XF-S4240 引脚图

表 13-2　XF-S4240 中文语音合成模块引脚定义和说明

引脚序号	引脚名称	功能描述	引脚序号	引脚名称	功能描述
1	GND	参考地	9	RST	外部复位信号输入

续表

引脚序号	引脚名称	功能描述	引脚序号	引脚名称	功能描述
2	Vcc	+3.3 V 工作电源	10	TXD	异步串口数据输出
3	GND	参考地	11	I^2C_SCL	I^2C 串行时钟输入
4	Line out	声音信号输出	12	I^2C_SDA	I^2C 串行数据接口
5	GND	参考地	13	SPI_SCK	SPI 串行时钟输入
6	GND	参考地	14	SPI_SSEL	SPI 使能选择输入
7	RDY/BSY	工作状态指示输出	15	SPI_MISO	SPI 串行数据输出
8	RXD	异步串口数据输入	16	SPI_MOSI	SPI 串行数据输入

2. XF-S4240 中文语音合成模块的通信方式

XF-S4240 语音合成板卡，支持 UART、SPI 和 I^2C 三种通信方式，用户上位机可选择其中任意一种通信方式同合成板卡进行通信，下面分别介绍板卡的这三种通信方式。

1）UART 通信方式

UART 通信，即异步串口通信。51 单片机的串口可以与 XF-S4240 中文语音合成模块直接通信，波特率设置为 9600bps，由于是单片机发送数据到语音芯片，无须传输语音芯片到单片机的回馈信息，所以硬件连接只需单片机的 P3.1 引脚 TXD 连接到语音芯片的第 8 引脚 RXD 即可。

2）SPI 通信方式

SPI（Serial Peripheral Interface）：串行外围设备接口总线，是 Motorola 公司推出的一种全双工、同步串行通信接口。它只需四条线就可以完成与单片机的通信，这四条线是串行时钟线（SCK）、主机输入/从机输出数据线（MISO）、主机输出/从机输入数据线（MOSI）、低电平有效从机选择线 SSEL。当 SPI 工作时，在移位寄存器中的数据，逐位从输出引脚（MOSI）输出（高位在前）；同时，从输入引脚（MISO）接收的数据，逐位移到移位寄存器（高位在前）。发送一个字节后，从另一个外围器件接收字节数据，进入移位寄存器，即完成一个字节数据的传输。它的实质是两个器件寄存器内容的交换。主 SPI 的时钟信号（SCK）使传输同步。SPI 通信的时序图如图 13-18 所示。

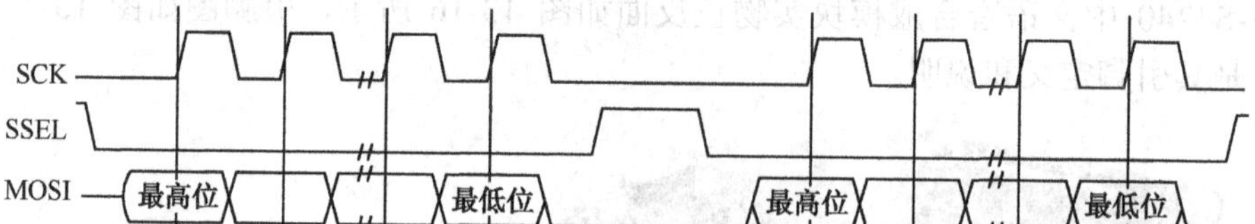

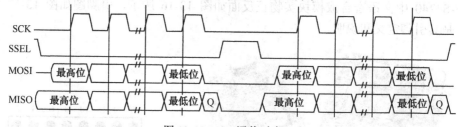

图 13-18　SPI 通信时序

3）I^2C 通信方式

I^2C 通信前已述及，此处不再赘述。需要注意的是：XF-S4240 语音合成模块作为 I^2C 通信的从设备时，其设备号为 0x80。

3. XF-S4240 中文语音合成模块的通信协议

1）单片机发送的控制命令

单片机发送给 XF-S4240 的所有命令和数据，都需要用“帧”的方式进行封装后传输，如表 13-3 所示。帧由帧头标志、数据区长度和数据区三部分组成。表 13-4 是对命令帧的说明。

表 13-3　命令帧封装格式

帧　头	数据区长度	数　据　区
0xFD（1 个字节）	0xXX,0xXX（2 个字节）	Data

表 13-4　命令帧说明

名　称	长　度	说　明
帧头	1 个字节	定义为十六进制数"0xFD"
数据区长度	2 个字节	用两个字节表示，高字节在前，低字节在后
数据区	＜1024 个字节	由命令字和命令参数组成，长度和"数据区长度"指定值相一致

数据区由命令字和命令参数组成。XF-S4240 的命令字如表 13-5 所示。

表 13-5　XF-S4240 的命令字

名　称	发送的数据	说　明
命令字	0x01	语音合成命令
	0x02	停止合成命令，没有参数
	0x03	暂停合成命令，没有参数
	0x04	恢复合成命令，没有参数
	0x21	TTS 系统状态查询命令
	0x88	系统进入 Power Down 模式，Reset 之后恢复

在上述的 8 个命令字中，只介绍最重要、使用最频繁的语音合成命令，其他命令请读者参考 XF-S4240 中文语音合成模块开发指南。

2）语音合成命令

表 13-6 就语音合成命令的格式、命令帧的帧头、数据区长度、数据区的每个部分都给出了详尽的说明，并举出具体的实例说明其使用方法。

表 13-6　语音合成命令

<table>
<tr><th>名　称</th><th>发送的数据</th><th colspan="3">说　明</th></tr>
<tr><td>命令字</td><td>0x01</td><td colspan="3">带文本编码设置的文本播放命令</td></tr>
<tr><td rowspan="6">参数列表</td><td rowspan="5">0xXX</td><td rowspan="5">文本编码格式，取值 0～3，1 个字节。</td><td>参数取值</td><td>文本编码格式</td></tr>
<tr><td>0x00</td><td>GB2312</td></tr>
<tr><td>0x01</td><td>GBK</td></tr>
<tr><td>0x02</td><td>BIG5</td></tr>
<tr><td>0x03</td><td>UNICODE</td></tr>
<tr><td>Data</td><td colspan="3">待合成文本</td></tr>
</table>

续表

<table>
<tr><th>名　称</th><th>发送的数据</th><th>说　明</th></tr>
<tr><td>命令帧格式结构</td><td colspan="2">
<table>
<tr><th rowspan="2">帧头</th><th colspan="2">数据区长度</th><th colspan="3">数据区</th></tr>
<tr><th>高字节</th><th>低字节</th><th>命令字</th><th>文本编码格式</th><th>待合成文本</th></tr>
<tr><td>0xFD</td><td>0xHH</td><td>0xLL</td><td>0x01</td><td>0x00～0x03</td><td>……</td></tr>
</table>
</td></tr>
<tr><td>示例</td><td colspan="2">
语音合成“GB2312”编码格式的“单片机应用技术”。
每个汉字的长度是 2 个字节，“单片机应用技术”7 个汉字共计 14 个字节；命令字“0x01”计 1 个字节，“GB2312”文本编码格式“0x00”计 1 个字节，所以数据区长度是 16 字节，即数据区长度部分高字节为“0x00”，低字节为“0x10”（十进制 16）。
<table>
<tr><th rowspan="2">帧头</th><th colspan="2">数据区长度</th><th colspan="4">数据区</th></tr>
<tr><th>高字节</th><th>低字节</th><th>命令字</th><th>文本编码格式</th><th colspan="2">“单”</th></tr>
<tr><td>0xFD</td><td>0x00</td><td>0x10</td><td>0x01</td><td>0x00</td><td>0xB5</td><td>0xA5</td></tr>
</table>
<table>
<tr><th colspan="8">数据区</th></tr>
<tr><th colspan="2">“片”</th><th colspan="2">“机”</th><th colspan="2">“应”</th><th colspan="2">“用”</th></tr>
<tr><td>0xC6</td><td>0xAC</td><td>0xBB</td><td>0xFA</td><td>0xD3</td><td>0xA6</td><td>0xD3</td><td>0xC3</td></tr>
</table>
<table>
<tr><th colspan="4">数据区</th></tr>
<tr><th colspan="2">“技”</th><th colspan="2">“术”</th></tr>
<tr><td>0xBC</td><td>0xBC</td><td>0xCA</td><td>0xF5</td></tr>
</table>
</td></tr>
</table>

实例 43　采用 UART 通信方式通过 XF-S4240 播放合成语音

1. 功能要求

单片机通过串口发送数据到 XF-S4240 中文语音合成模块合成语音，并通过扬声器播放合成语音。

2. 硬件说明

（1）因为仅是 51 单片机向 XF-S4240 语音合成模块发送数据，所以 51 单片机的 P3.1(TXD)引脚，直接连接到 XF-S4240 的异步串口数据输入引脚 RXD（第 8 引脚）即可。

（2）XF-S4240 的工作电压是 3.3 V，一般使用 AMS1117-3.3 稳压芯片，将 5 V 电压稳压到 3.3 V 后再使用。详情请参见第 5 章液晶显示输出中相关叙述。

（3）从 XF-S4240 第 4 引脚 Line out 输出的信号，必须经音频功放电路放大后，才能驱动扬声器发声，此处选用音频功放芯片 LM386 及相关辅助器件，构成音频功放电路；如图 13-19 所示。

（4）单片机外接晶振是 11.0592 MHz。

3. 程序清单

```
#include <reg52.h>
#include <string.h>
#define uchar unsigned char
```

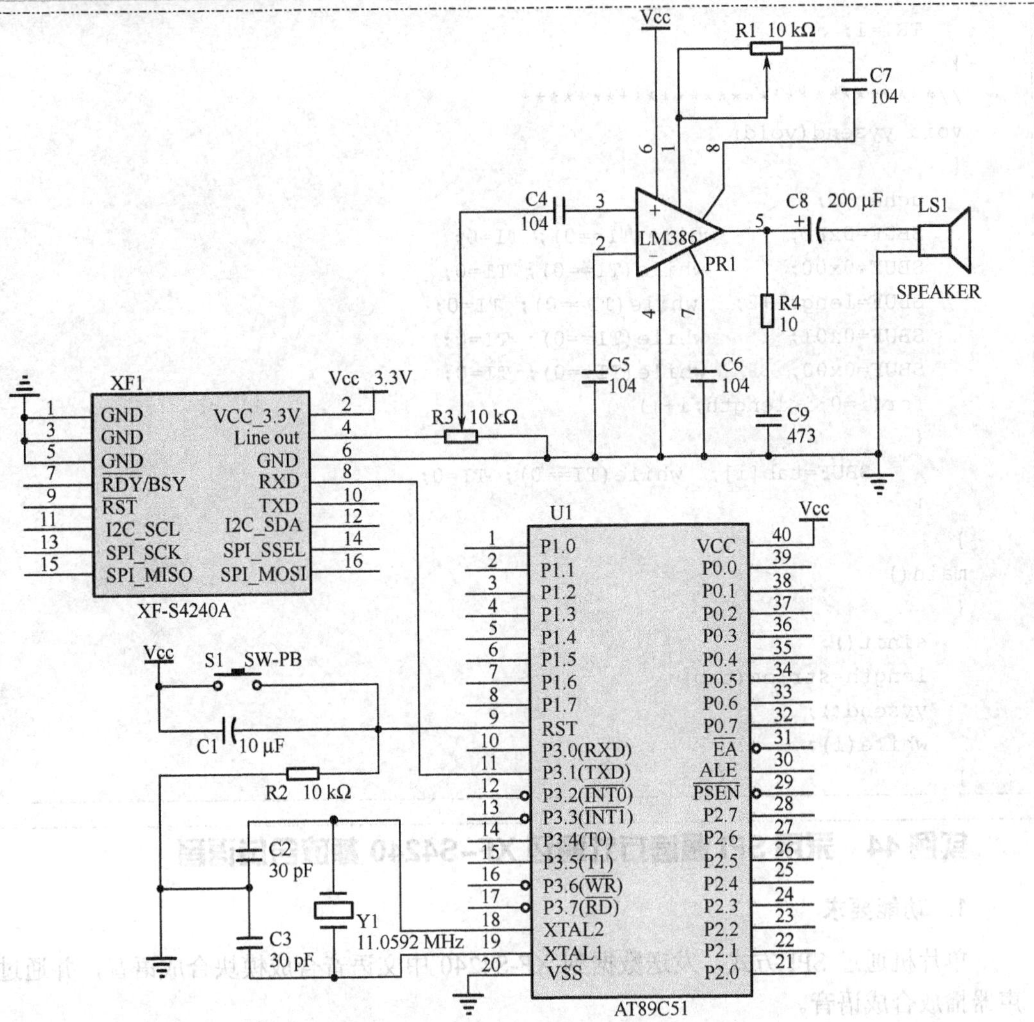

图 13-19　51 单片机与语音模块 XF-S4240 间串口通信电路图

```
#define uint unsigned int
uchar code tab[]="12345，上山打老虎";
uchar length=0;
//****重要提示：因为使用串口通信，所以晶振必须选用 11.0592MHz
void sinit(void)
{
   TMOD=0x20;
   TH1=0xfa;
   TL1=0xfa;
   PCON=0x80;
   SCON=0x50;
   TI=0;
   RI=0;
   EA=0;
   REN=1;
```

```
    TR1=1;
  }
  //******************************
  void yysend(void)
  {
    uchar i;
    SBUF=0xFD;      while(TI==0); TI=0;
    SBUF=0x00;       while(TI==0); TI=0;
    SBUF=length+2;   while(TI==0); TI=0;
    SBUF=0x01;       while(TI==0); TI=0;
    SBUF=0x00;       while(TI==0); TI=0;
    for(i=0;i<length;i++)
    {
        SBUF=tab[i];  while(TI==0); TI=0;
    }
  }
  main()
  {
    sinit();
    length=strlen(tab);
    yysend();
    while(1);
  }
```

实例 44　采用 SPI 通信方式通过 XF-S4240 播放合成语音

1. 功能要求

单片机通过 SPI 方式，发送数据到 XF-S4240 中文语音合成模块合成语音，并通过扬声器播放合成语音。

2. 硬件说明

硬件连接电路如图 13-20 所示。音频功放部分与前述串口通信方式完全相同，此处仅将通信方式改为 SPI 即可。

3. 程序清单

```
#include <reg52.h>
#include <string.h>
#define uchar unsigned char
#define uint unsigned int
sbit ssel=P2^5;
sbit mosi=P2^6;
sbit sck=P2^7;
uchar code tab[]="[m4][n1][y1]12345,上山打老虎";
uchar length=0;
//********************************************
void yyspitx(uchar ch1)
```

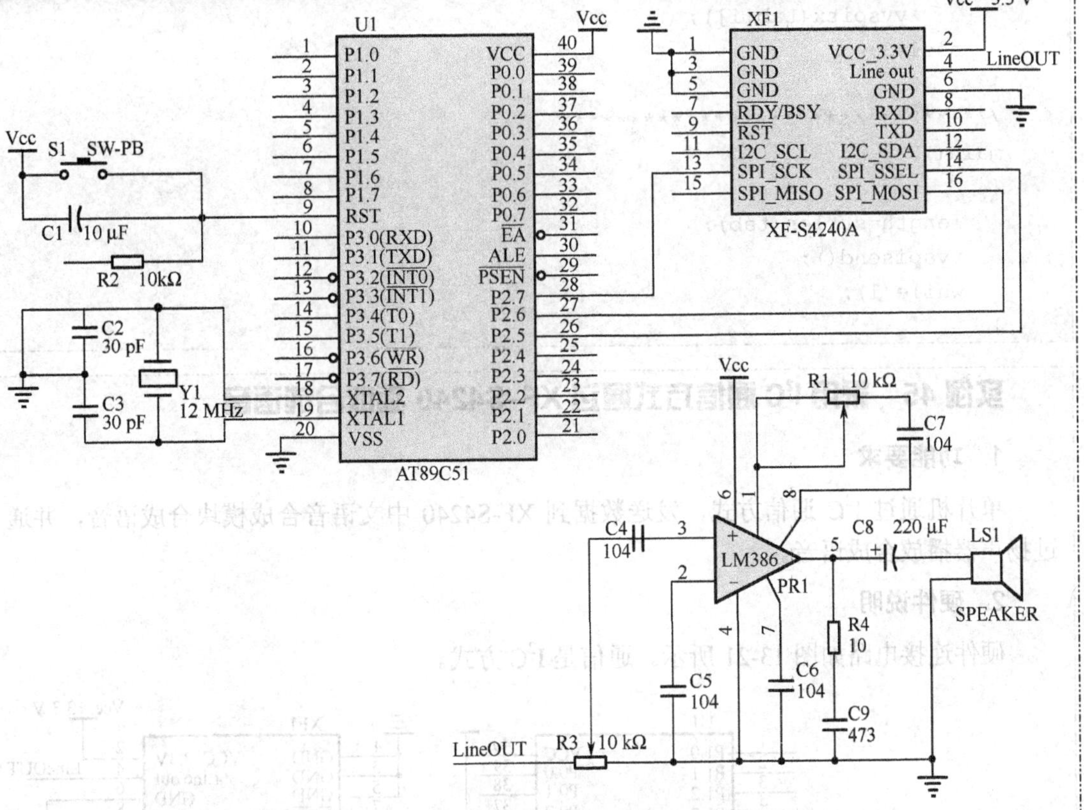

图 13-20　51 单片机与语音模块 XF-S4240 间 SPI 通信电路图

```
{
    uchar i;
    for(i=0;i<8;i++)
    {
        ch1=ch1<<1;
        mosi=CY;
        sck=1;
        sck=0;
    }
}
void yyspisend(void)
{
    uint i;
    sck=0;
    ssel=0;
    yyspitx(0xFD);
    yyspitx(0x00);
    yyspitx(length+2);
    yyspitx(0x01);
    yyspitx(0x00);
    for(i=0;i<length;i++)
```

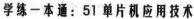

```
        yyspitx(tab[i]);
    ssel=1;
}
//*******************************
main()
{
    length=strlen(tab);
    yyspisend();
    while(1);
}
```

实例 45　采用 I²C 通信方式通过 XF-S4240 播放合成语音

1. 功能要求

单片机通过 I²C 通信方式，发送数据到 XF-S4240 中文语音合成模块合成语音，并通过扬声器播放合成语音。

2. 硬件说明

硬件连接电路如图 13-21 所示。通信是 I²C 方式。

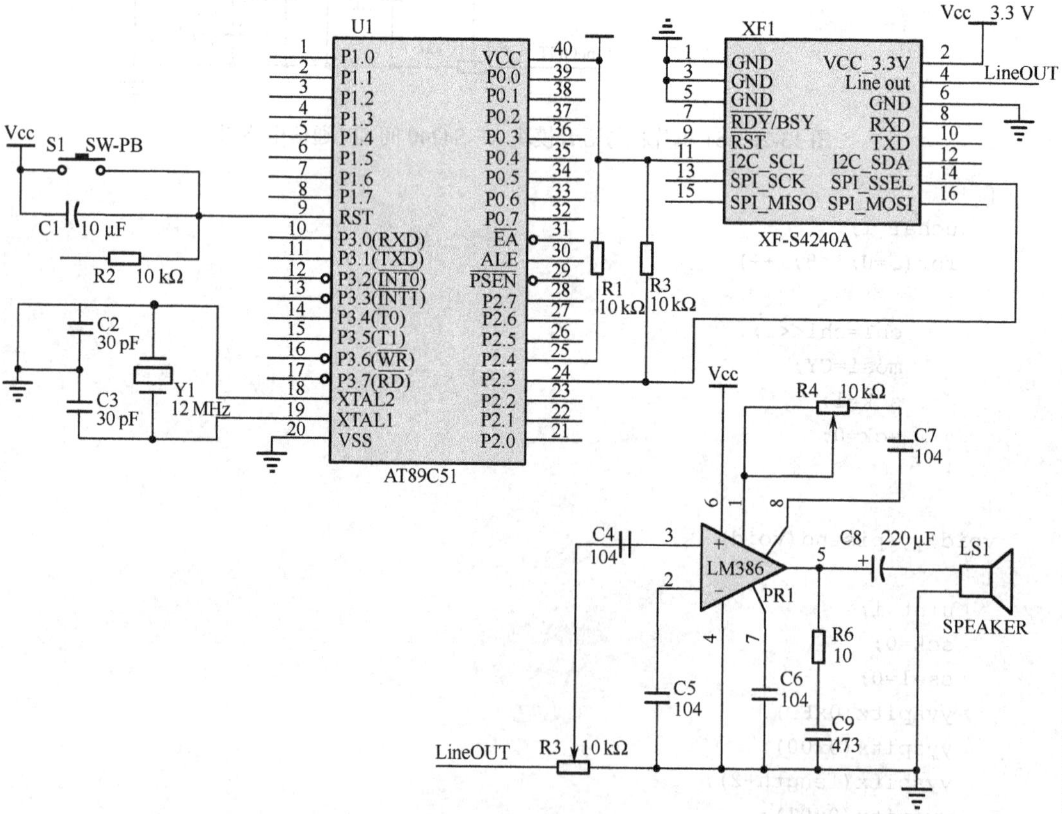

图 13-21　51 单片机与语音模块 XF-S4240 间 I²C 通信电路图

3. 程序清单

```
#include <reg52.h>
#include <intrins.h>
#include <string.h>
#define uchar unsigned char
#define uint unsigned int
sbit sda=P2^3;
sbit scl=P2^4;
uchar code tab[]="[m4][n1][y1]12345，上山打老虎";
uchar length;
//****************************
void initi2c(void)
{
   sda=1;_nop_();_nop_();
   scl=1;_nop_();_nop_();
}
//******************************
void starti2c(void)
{
   sda=1;_nop_();_nop_();
   scl=1;_nop_();_nop_();
   sda=0;_nop_();_nop_();
}
//******************************
void stopi2c(void)
{
   sda=0;_nop_();_nop_();
   scl=1;_nop_();_nop_();
   sda=1;_nop_();_nop_();
}
//******************************
void acki2c(void)
{
   scl=0;_nop_();_nop_();
   sda=0;
   scl=1;_nop_();_nop_();
   scl=0;_nop_();_nop_();
   sda=1;
}
//********************************
void wr1byte(uchar ch1)
{
   uchar i,k;
   for(i=0;i<8;i++)
   {
       ch1= ch1<<1;
```

```
        scl=0; _nop_(); _nop_();
        sda=CY;_nop_(); _nop_();
        scl=1; _nop_(); _nop_();
    }
}
//*********************************
void wryyi2c(uchar yyshuju)
{
    starti2c();
    wr1byte(0x80);
    acki2c();
    wr1byte(yyshuju);
    acki2c();
    stopi2c();
}
//****************************************
void yyi2csend(void)
{
    uchar i;
    wryyi2c(0xFD);
    wryyi2c(0x00);
    wryyi2c(length+2);
    wryyi2c(0x01);
    wryyi2c(0x00);
    for(i=0;i<length;i++)
        wryyi2c(tab[i]);
}
//*****************************
main()
{
    initi2c();
    length=strlen(tab);
    yyi2csend();
    while(1);
}
```

实例 46 采用 I²C 通信方式在 AT24C02 中存/取数据并使用 XF-S4240 播放合成语音

1. 功能要求

运用 I²C 总线协议，首先将数据写入 AT24C02 存储器，再从 AT24C02 存储器读出这些数据，并发送到 XF-S4240A 语音合成模块进行语音合成，并通过扬声器播放出来。

2. 硬件说明

硬件电路图如图 13-22 所示。通信是 I²C 方式。

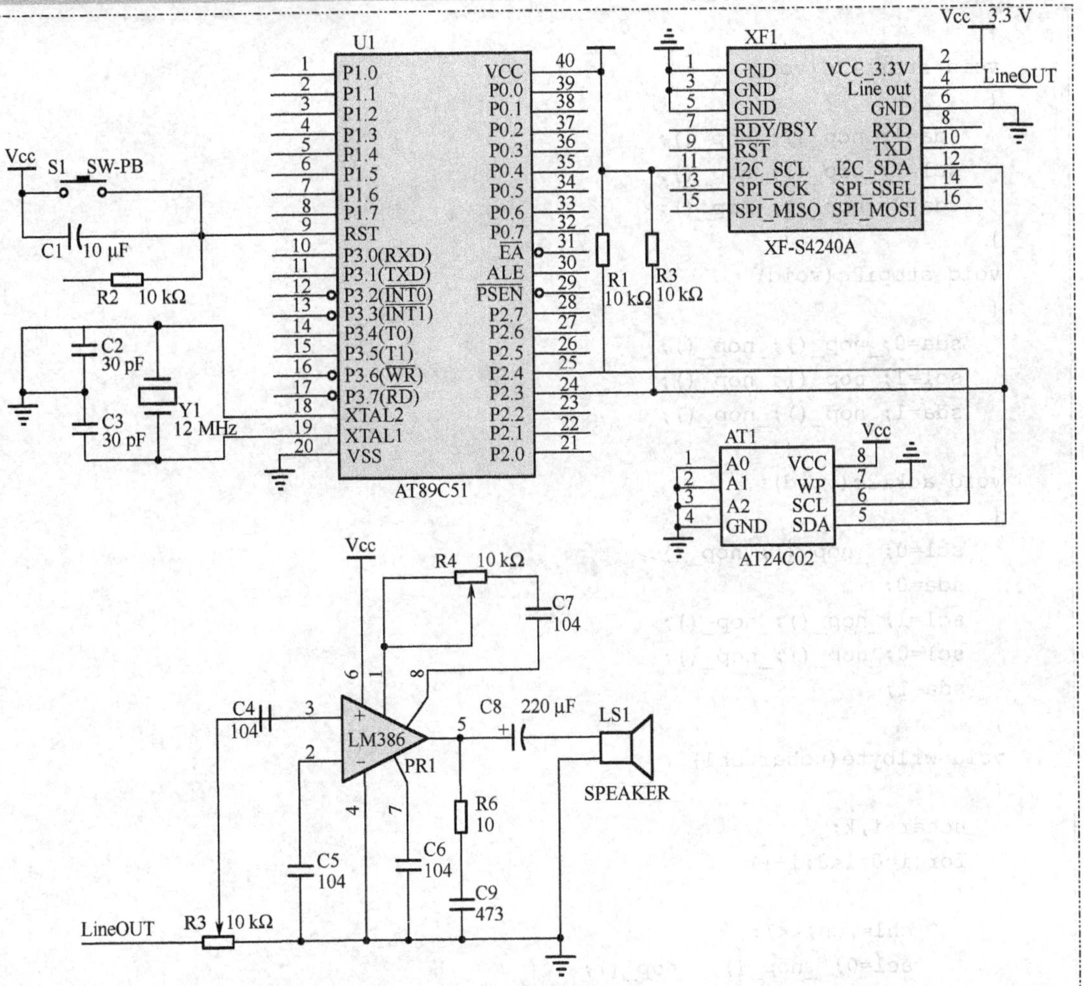

图 13-22　语音模块 XF-S4240 与 I²C 综合应用电路图

3. 程序清单

```
#include <reg52.h>
#include <intrins.h>
#include <string.h>
#define uchar unsigned char
#define uint unsigned int
uchar code tab[]="[m4][n1][y1]12345,上山打老虎";
uchar tab2[40];
uchar length=0;
sbit sda=P2^3;
sbit scl=P2^4;
//****************************
void initi2c(void)
{
   sda=1;_nop_();_nop_();
   scl=1;_nop_();_nop_();
```

```
}
void starti2c(void)
{
    sda=1;_nop_();_nop_();
    scl=1;_nop_();_nop_();
    sda=0;_nop_();_nop_();
}
void stopi2c(void)
{
    sda=0;_nop_();_nop_();
    scl=1;_nop_();_nop_();
    sda=1;_nop_();_nop_();
}
void acki2c(void)
{
    scl=0; _nop_();_nop_();
    sda=0;
    scl=1;_nop_();_nop_();
    scl=0;_nop_();_nop_();
    sda=1;
}
void wr1byte(uchar ch1)
{
    uchar i,k;
    for(i=0;i<8;i++)
    {
        ch1= ch1<<1;
        scl=0; _nop_(); _nop_();
        sda=CY;_nop_(); _nop_();
        scl=1; _nop_(); _nop_();
    }
}
uchar rd1byte(void)
{
    uchar i, rdshuju=0;
    scl=0;_nop_(); _nop_();
    sda=1;
    for(i=0;i<8;i++)
    {
        scl=1;_nop_(); _nop_();
        rdshuju=(rdshuju<<1)|sda;
        scl=0;_nop_(); _nop_();
    }
    return(rdshuju);
}
void wri2c(uchar add,uchar shuju)
```

```
{
    starti2c();
    wr1byte(0xa0);
    acki2c();
    wr1byte(add);
    acki2c();
    wr1byte(shuju);
    acki2c();
    stopi2c();
}
uchar rdi2c(uchar add)
{
    uchar shuju;
    starti2c();
    wr1byte(0xa0);
    acki2c();
    wr1byte(add);
    acki2c();
    starti2c();
    wr1byte(0xa1);
    acki2c();
    shuju=rd1byte();
    stopi2c();
    return(shuju);
}
void wryyi2c(uchar yyshuju)
{
    starti2c();
    wr1byte(0x80);
    acki2c();
    wr1byte(yyshuju);
    acki2c();
    stopi2c();
}
void yyi2csend(void)
{
    uchar i;
    wryyi2c(0xFD);
    wryyi2c(0x00);
    wryyi2c(length+2);
    wryyi2c(0x01);
    wryyi2c(0x00);
    for(i=0;i<length;i++)
        wryyi2c(tab2[i]);
}
//*******************************************
```

```
main()
{
    uint i;
    uint m;
    uchar result;
    initi2c();
    length=strlen(tab);
    for(i=0;i<length;i++)
    {
        wri2c(i,tab[i]);
        for(m=0;m<=200;m++);
    }
    for(i=0;i<length;i++)
    {
        result=rdi2c(i);
        tab2[i]=result;
        for(m=0;m<=200;m++);
    }
    yyi2csend();
    while(1);
}
```

思考题 13

1. 什么是 I^2C 总线？它应用在哪些场合？

2. 简述 I^2C 总线对初始化、启动、停止的电平要求。

3. 利用 AT24C04 对数据进行存储和掉电保护的原理是什么？

4. XF-S4240 中文语音合成模块的通信方式有哪些？各有什么特点？

5. 简述 XF-S4240 中文语音合成模块的语音合成命令的格式、命令帧的帧头、数据区长度、数据区各部分的含义。

6. 除本书中所列，利用 I^2C 总线进行数据传输的芯片还有哪些？

附录A 常用字符与ASCII码对照表

ASCII值	字符	控制字符	ASCII值	字符	ASCII值	字符	ASCII值	字符
000	NUL	NUL	032	(Space)	064	@	096	'
001	☺	SOH	033	!	065	A	097	a
002	●	STX	034	"	066	B	098	b
003	♥	ETX	035	#	067	C	099	c
004	♦	EOT	036	$	068	D	100	d
005	♣	END	037	%	069	E	101	e
006	♠	ACK	038	&	070	F	102	f
007	Beep	BEL	039	'	071	G	103	g
008	BackSpace	BS	040	(	072	H	104	h
009	Tab	HT	041	)	073	I	105	i
010	换行	LF	042	*	074	J	106	j
011	home	VT	043	+	075	K	107	k
012	进纸	FF	044	,	076	L	108	l
013	回车	CR	045	-	077	M	109	m
014	♬	SO	046	。	078	N	110	n
015	☼	SI	047	/	079	O	111	o
016	▶	DLE	048	0	080	P	112	p
017	◀	DC1	049	1	081	Q	113	q
018	↕	DC2	050	2	082	R	114	r
019	‼	DC3	051	3	083	S	115	s
020	¶	DC4	052	4	084	T	116	t
021	§	NAK	053	5	085	U	117	u
022	▬	SYN	054	6	086	V	118	v
023	↨	ETB	055	7	087	W	119	w
024	↑	CAN	056	8	088	X	120	x
025	↓	EM	057	9	089	Y	121	y
026	→	SUB	058	:	090	Z	122	z
027	←	ESC	059	;	091	[	123	{
028	∟	FS	060	<	092	\	124	¦
029	◆	GS	061	=	093	]	125	}
030	➡	RS	062	>	094	∧	126	~
031	⬇	US	063	?	095		127	⌂

附录B 单片机程序的下载烧片

通过本书的学习，读者已经掌握了单片机 C 语言应用开发的基本方法，但是要完成一个完整的应用系统开发，在软硬件都调试通过之后，还有最后关键的一步——程序的下载烧片。下载烧片就是将软件编译生成的.hex 文件烧写到单片机内部的 ROM、EPROM 或 Flash 中。早期的 PROM 是一次性烧写，对应存储单元的熔丝被烧断（作为"1"）或者未烧断（作为"0"），由于只能烧写一次，且不可再恢复，所以称为烧写。尽管现在用于存储程序的存储器可以被烧写上万次，但这一称呼一直被延续下来，使用至今。烧写工作完成之后，将单片机芯片连接到具体的硬件电路中，当单片机系统上电或复位后，烧写到程序存储器中的程序就会被一条一条执行，编程者设计的完成一定特定工作的设计意愿得以实现。

程序烧写的过程是通过 PC 和单片机通信，PC 将程序编译生成的.hex 文件（或.bin 文件）通过串口或 USB 等接口传送到编程器（或称为程序烧写器）或下载器，由它们按照相关协议与单片机之间进行通信，把数据写到单片机的 ROM、EPROM 或 Flash 中。下面介绍两种常用单片机程序烧写方式供读者参考。

（1）编程器烧写。将单片机芯片插到编程器烧写插座上，操作 PC 的配套软件，将文件烧写到芯片，目前市售的单片机都支持此烧写方式。

（2）在线烧写。对于内部是 Flash 存储器的芯片来说，如 AT89S 系列、STC 系列，它们支持在系统编程（In System Programmable，ISP）技术，可以实现单片机芯片不离开单片机应用开发系统就能实现在线烧写程序。

B.1 使用编程器为单片机烧写程序

图 B-1 是常用的一种单片机编程器实物，由北京鑫润飞电子科技有限公司出品。图 B-2 为该编程器配套的上位机软件图标，左键双击打开后界面如图 B-3 所示。

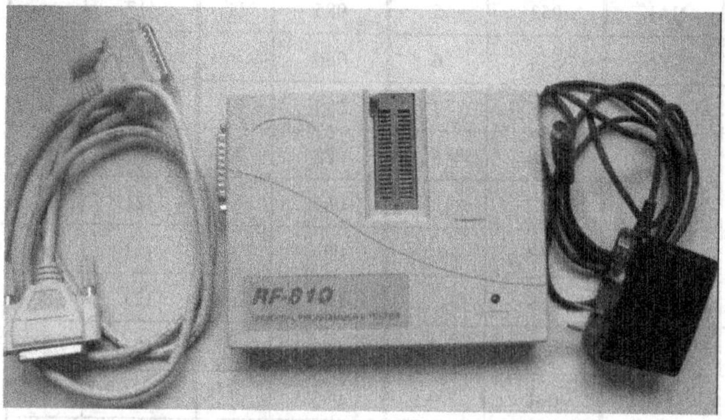

图 B-1 编程器实物

图 B-2 RF-810 软件图标

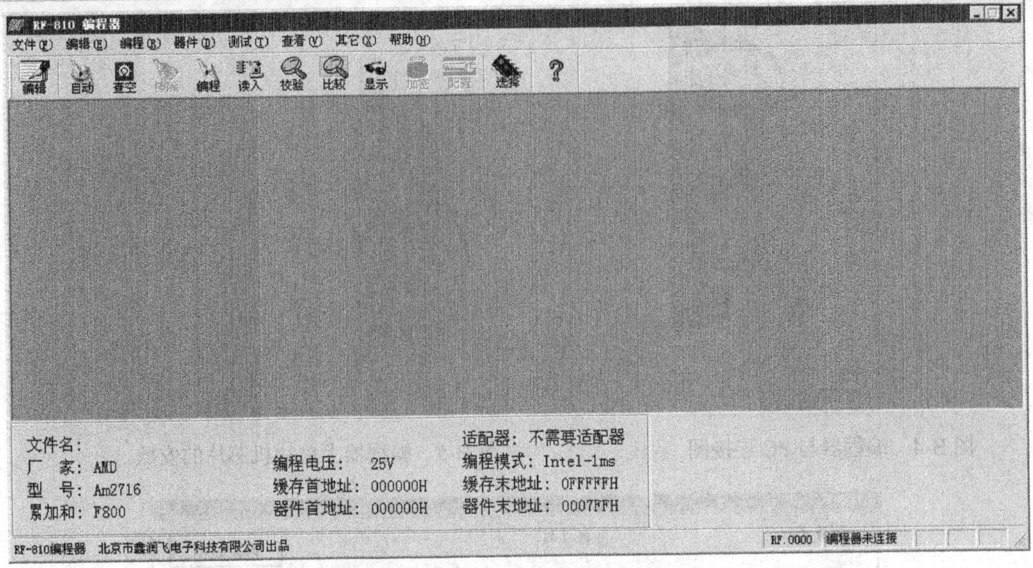

图 B-3　RF-810 编程器软件界面

下面以一个实例说明程序烧写过程。

1. 实例任务

将编译好的十六进制文件 LED.hex，通过 RF-810 编程器及其软件烧写到 89C51 单片机中。

2. 硬件准备

（1）RF-810 编程器一套（编程器，连接线，配套电源）。

（2）待编程的 89C51 芯片。

3. 软件准备

（1）RF-810 编程器配套上位机软件。

（2）编译通过的十六进制文件 LED.hex。

4. 操作过程

第一步，通过连接线将编程器与 PC 连接好，并连接编程器电源如图 B-4 所示（注意：不能在通电时将编程器与 PC 连接，否则可能烧毁 PC 接口）。

第二步，将 89C51 芯片按照正确的方向安放在编程器芯片插座中，并拨动锁紧插座手柄固定芯片，如图 B-5 所示（注意：不要放反，否则可能烧毁芯片），然后打开编程器电源开关。

第三步，打开编程器配套 PC 软件，进行器件选择：

（1）选择菜单栏【器件】→【器件选择】或单击工具栏 选择 图标打开“器件选择”对话框如图 B-6 所示；

（2）在该对话框的“类型选择”选择区域中，选中【MPU/MCU】单选按钮；“厂家选择”中选择【ATMEL】；“器件选择”中选择【AT89C51】；

（3）单击【确定退出】按钮，完成设置并关闭对话框。

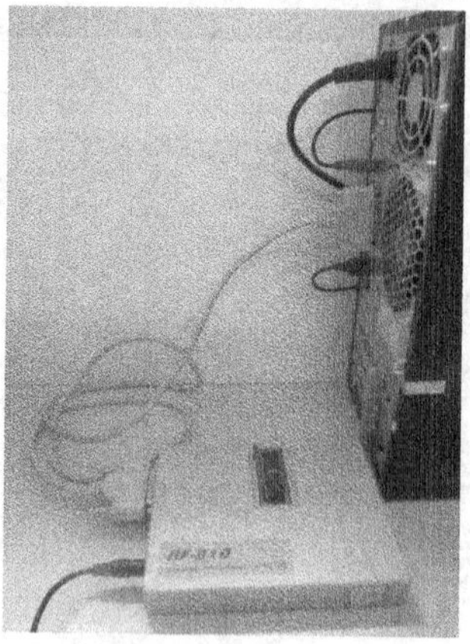

图 B-4　编程器与 PC 连接图

图 B-5　编程器上单片机芯片的安放

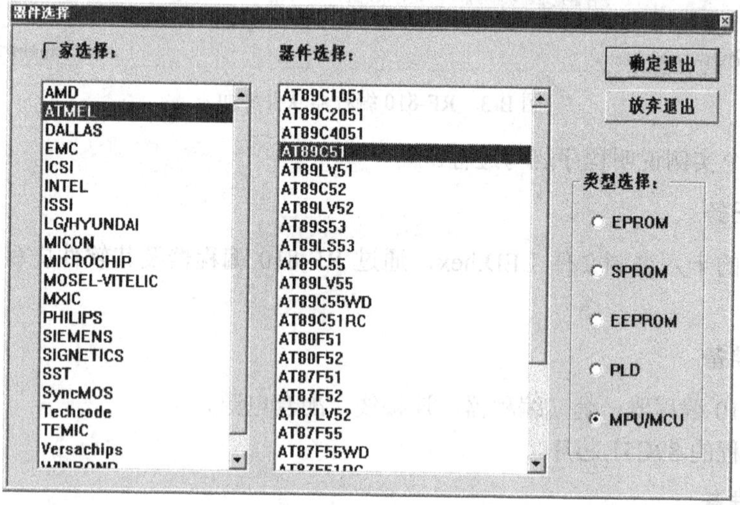

图 B-6 “器件选择”对话框

第四步，读入 LED.hex 文件：

（1）选择菜单栏【文件】→【读入文件】→【Intel Hex.文件】；

（2）打开“文件读入”对话框如图 B-7 所示，默认设置，单击【确定】按钮；

（3）打开“读入文件”对话框如图 B-8 所示，选择要烧写的.hex 文件；

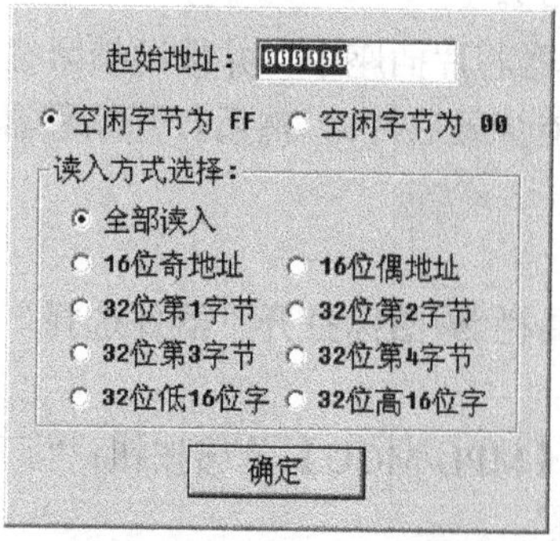

图 B-7 “文件读入”对话框

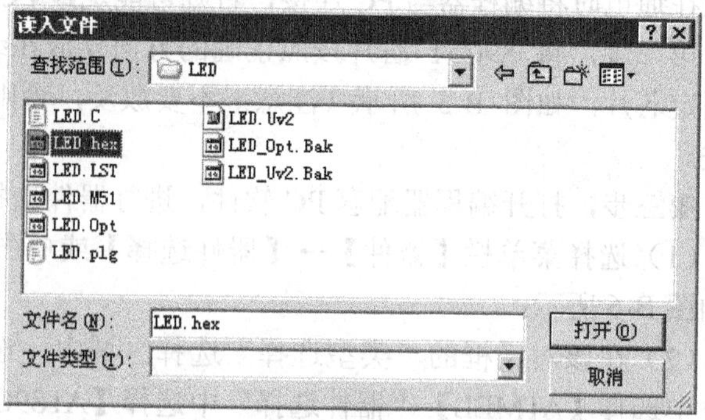

图 B-8　选择.hex 文件

（4）系统弹出如图 B-9 所示的提示信息，单击【确定】按钮完成文件读入到编程软件。

第五步，擦除芯片原有程序：

（1）选择菜单栏【编程】→【擦除】或单击工具栏图标，打开“芯片擦除”对话框如图 B-10 所示；

（2）单击【确定】按钮，完成芯片内原有程序的擦除。

第六步，烧写 LED.hex 文件：

（1）选择菜单栏【编程】→【编程】或单击工具栏图标，打开“芯片编程”对话框如图 B-11 所示；

（2）单击【确定】按钮，完成向芯片烧写新的程序。

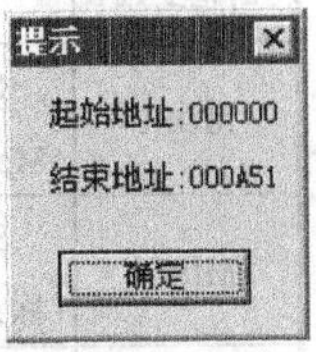

图 B-9 文件添加提示

至此，通过上述的一系列操作，编译好的 LED.hex 就被烧写到了 89C51 芯片内，取下芯片，安装到相应系统板即可观察验证程序执行情况。

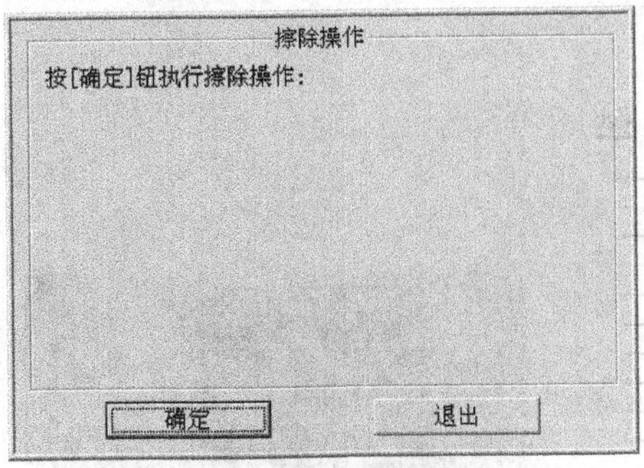

图 B-10 “芯片擦除”对话框

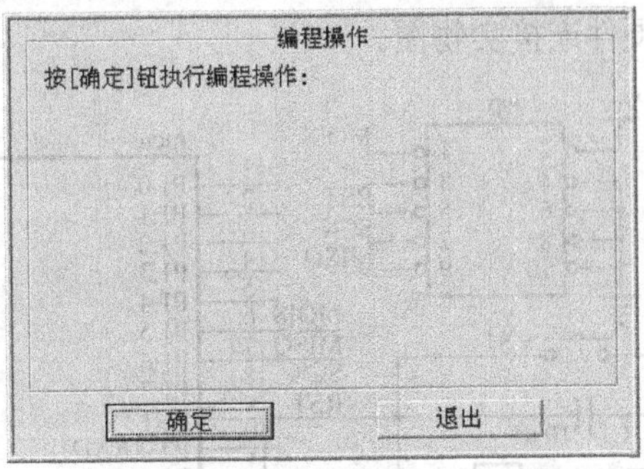

图 B-11 “芯片编程”对话框

B.2 使用 ISP 下载线烧写程序

使用 ISP 下载线烧写程序只针对 AT89S 系列或 STC 系列单片机，即内部具有 Flash 存储器的单片机，此类单片机具有 ISP 接口，通过专用的下载线就可以将程序烧写到单片机中。下面介绍一种常用的 USB 下载线及软件操作方法，供读者参考。

图 B-12 是我们制作的 USB ISP 下载线外观，它通 USB 接口连接到 PC，另一端通过遵循 SPI（Serial Peripheral interface，高速同步串行口）协议的连线连接到单片机对应引脚，各引脚定义如表 B-1 所示。

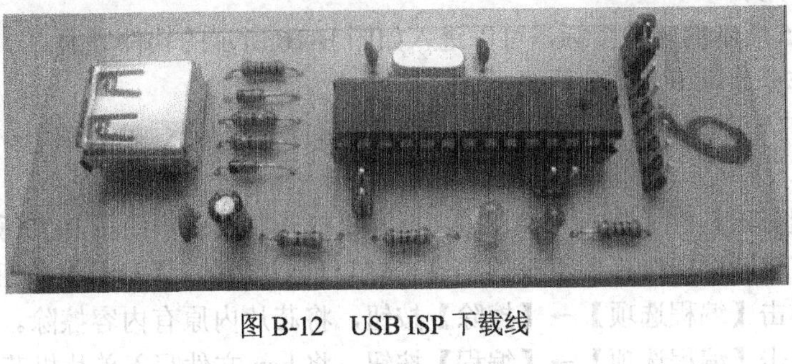

图 B-12 USB ISP 下载线

表 B-1 SPI 引脚定义和说明

引脚名称	功 能	对应连接单片机引脚
MOSI	SPI 总线主机（PC）输出/从机（单片机）输入（SPI Bus Master Output/Slave Input），简称：数据串行输出	89S51 P1.5 引脚
MISO	SPI 总线主机输入/从机输出（SPI Bus Master Input/Slave Output），简称：串行数据输入	89S51 P1.6 引脚
SCK	（Synchronie Control Clock）同步控制时钟	89S51 P1.7 引脚
RST	（Reset）从机复位信号	89S51 复位引脚
Vcc	电源	89S51 电源
GND	接地	89S51 地

当下载线对应引脚与单片机连接如图 B-13 时，就完成了下载线的硬件连接。图 B-14 是硬件连接实物图。

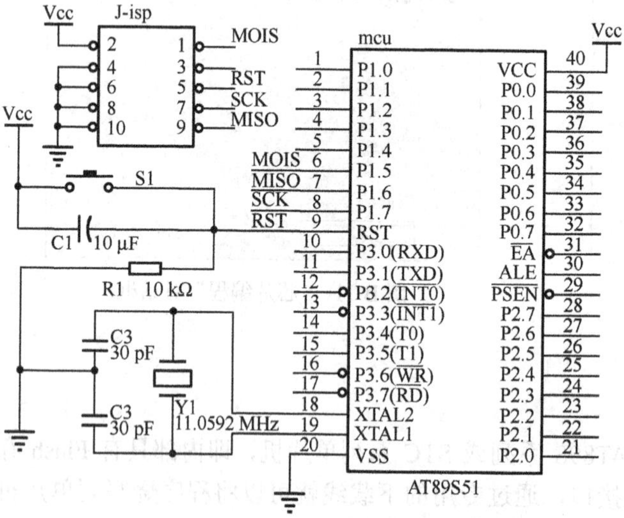

图 B-13 下载线与单片机连接原理图

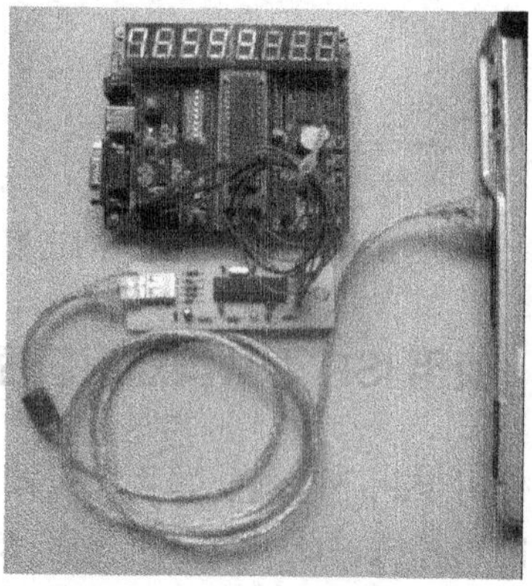

图 B-14 下载线与单片机系统板连接实物图

接下来，介绍软件的操作和设置。用于单片机 ISP 下载的软件很多，常用的如 ISPlay、PonyProg2000、IspPgm 等，在这里主要介绍一种方便实用的程序下载软件 AVR_fighter，由 ZS 软件工作室开发。

单击图 B-15 所示的软件图标，可以进入如图 B-16 所示的软件界面。

该软件操作分为以下几个步骤。

第一步，在【编程选项】选项卡中的【芯片选择】选项区域，选择用于下载程序的芯片类型。

第二步，选择工具栏【装入 FLASH】，打开“打开”对话框如图 B-17 所示。

第三步，在对话框中选择要下载的程序“LED.hex”，单击【打开】按钮。

第四步，单击【编程选项】→【擦除】按钮，将芯片内原有内容擦除。

第五步，单击【编程选项】→【编程】按钮，将.hex 文件写入单片机芯片。

完成上述步骤，读者就可以尽情享受单片机程序在系统板上流畅运行的快乐了。

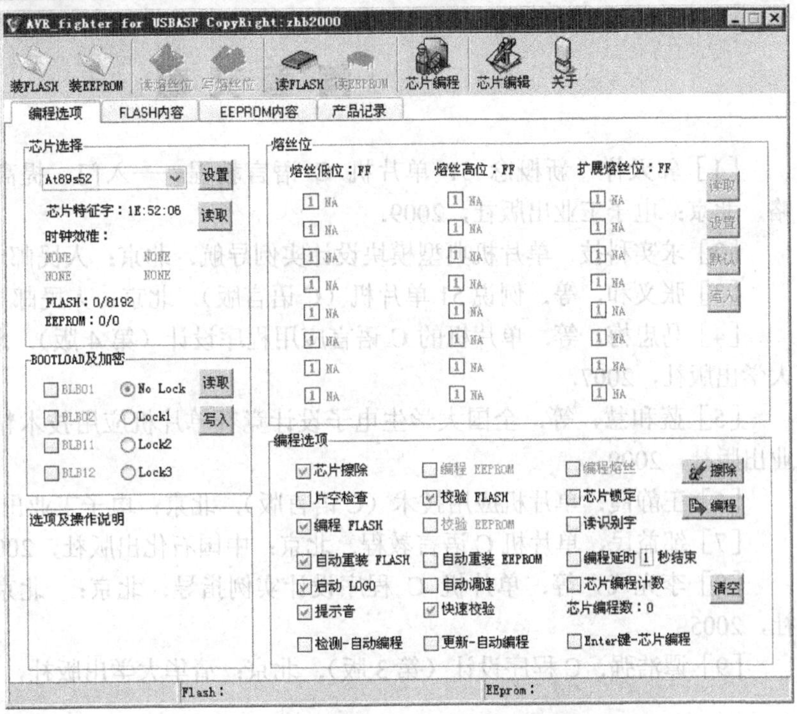

图 B-15　AVR_fighter 软件图标　　　　图 B-16　AVR_fighter 软件界面

随着单片机技术的发展，支持 ISP 功能单片机市场占有率急剧上升，并且伴随 Atmel 宣布停产 89C 系列芯片，具有在线调试功能的下载线应用会更加广泛，读者可以从网上自行查阅相关资料自制下载线，这将大大方便学习者的程序调试工作。

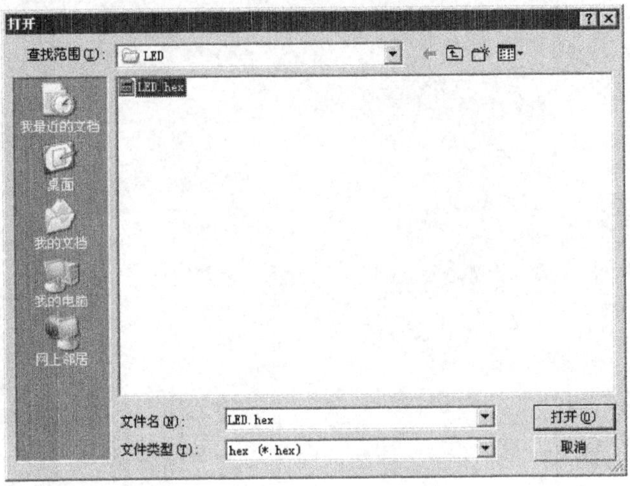

图 B-17　装入.hex 文件对话框

参考文献

［1］郭天祥. 新概念 51 单片机 C 语言教程——入门、提高、开发、拓展全攻略. 北京：电子工业出版社，2009.

［2］求实科技. 单片机典型模块设计实例导航. 北京：人民邮电出版社，2004.

［3］张义和，等. 例说 51 单片机（C 语言版）. 北京：人民邮电出版社，2009.

［4］马忠梅，等. 单片机的 C 语言应用程序设计（第 4 版）. 北京：北京航空航天大学出版社，2007.

［5］蓝和慧，等. 全国大学生电子设计竞赛单片机应用技术精解. 北京：电子工业出版社，2009.

［6］王静霞. 单片机应用技术（C 语言版）. 北京：电子工业出版社，2009.

［7］邹益民. 单片机 C 语言教程. 北京：中国石化出版社，2009.

［8］李光飞，等. 单片机 C 程序设计实例指导. 北京： 北京航空航天大学出版社，2005.

［9］谭浩强. C 程序设计（第 3 版）. 北京：清华大学出版社，2005.